北大版·"十四五"普通高等教育本科规划教材

高等院校材料专业"互联网+"创新规划教材

材料性能学

（第 3 版）

	付 华	石家庄铁道大学
主 编	张光磊	山东大学
	李洪义	北京工业大学

合 编	吴红亚　王彩辉　蒋晓军　王 志　秦胜建　秦国强	石家庄铁道大学
	郭 娜	中车石家庄车辆有限公司
	金华江	河北鼎瓷电子科技有限公司
	谷青博	石家庄封测电子科技有限公司
	张 标	天津一号线轨道交通运营有限公司
	郭晓煜	河北中瓷电子科技有限公司
	程国君	中研新材料股份有限公司
	王永芳	河北省产学研合作促进会

| 主 审 | 王金淑 | 北京工业大学 |

北京大学出版社

PEKING UNIVERSITY PRESS

内 容 简 介

材料科学蓬勃发展，有力支撑了世界高新科技和社会经济的不断进步，我国也已成为材料科学大国、材料产业大国和材料教育大国。 材料科学研究的核心是材料的结构与性能的关系，材料的性能是材料研究的根本目标和最终目的。 本书系统介绍了材料的力学性能和物理性能的基本概念、物理本质、变化规律及相应性能指标的工程意义。

全书分为三篇，共 15 章，内容包括材料的弹性变形，材料的塑性变形，材料的断裂与断裂韧性，材料的扭转、弯曲、压缩性能，材料的硬度，材料的冲击韧性及低温脆性，材料的疲劳性能，材料的磨损性能，材料的高温蠕变性能，材料在环境介质作用下的腐蚀，材料的强韧化，材料的热学性能，材料的磁学性能，材料的电学性能和材料的光学性能。

本书可作为材料科学与工程类一级学科专业公共课"材料性能学"或二级学科专业（教育部新的学科专业目录）的教材，也可作为研究生及有关工程技术人员、企业管理人员的参考书。

图书在版编目(CIP)数据

材料性能学/付华，张光磊，李洪义主编. —3 版. —北京：北京大学出版社，2024.6
高等院校材料专业"互联网+"创新规划教材
ISBN 978 - 7 - 301 - 34903 - 8

Ⅰ.①材…　Ⅱ.①付…②张…③李　Ⅲ.①工程材料—结构性能—高等学校—教材
Ⅳ.①TB303

中国国家版本馆 CIP 数据核字（2024）第 054445 号

书　　　名	材料性能学　（第 3 版）	
	CAILIAO XINGNENGXUE (DI - SAN BAN)	
著作责任者	付　华　张光磊　李洪义　主编	
策 划 编 辑	童君鑫	
责 任 编 辑	孙　丹　童君鑫	
数 字 编 辑	蒙俞材	
标 准 书 号	ISBN 978 - 7 - 301 - 34903 - 8	
出 版 发 行	北京大学出版社	
地　　　址	北京市海淀区成府路 205 号　100871	
网　　　址	http://www.pup.cn　新浪微博：@北京大学出版社	
电 子 邮 箱	编辑部 pup6@pup.cn　总编室 zpup@pup.cn	
电　　　话	邮购部 010 - 62752015　发行部 010 - 62750672　编辑部 010 - 62750667	
印 刷 者	三河市北燕印装有限公司	
发 行 者	北京大学出版社	
经 销 者	新华书店	
	787 毫米×1092 毫米　16 开本　21 印张　512 千字	
	2010 年 9 月第 1 版　　2017 年 4 月第 2 版	
	2024 年 6 月第 3 版　　2024 年 6 月第 1 次印刷	
定　　　价	68.00 元	

第3版前言

新质生产力是新材料、新能源、先进制造、电子信息等技术革命性突破的当代先进生产力。

党的二十大报告指出，必须坚持科技是第一生产力、人才是第一资源、创新是第一动力，深入实施科教兴国战略、人才强国战略、创新驱动发展战略，开辟发展新领域新赛道，不断塑造发展新动能新优势。中国制造业规模稳居世界第一，建成了世界最大的高速铁路网、高速公路网，机场港口、水利、能源、信息等基础设施建设取得重大成就。一些关键核心技术实现突破，战略性新兴产业发展壮大，载人航天、探月探火、深海深地探测、卫星导航、超级计算机、量子信息、核电技术、新能源技术、大飞机制造等取得重大成果，进入创新型国家行列。这些成就都离不开材料科学与工程学科的发展，离不开我国在高性能关键材料的研究与制备工艺上取得的突破成果。"一代材料，一代装备；一代材料，一代创新"，材料是国民经济建设和国防安全的物质基础。我国新材料强国战略是制造强国战备的重要支撑。

"材料性能学"是材料科学与工程一级学科的专业必修课，以材料的性能和使用效能为核心知识点。在材料研究的成分、工艺、结构、性能、使用效能五要素中，性能和使用效能是材料研究的最终目标，直接对接材料的工程实际应用。"材料性能学"课程内容包括材料的力学性能和物理性能两大部分，解释金属材料、无机非金属材料及高分子材料的强度、塑性、韧性、疲劳、磨损、热学、磁学、电学等性能指标的物理意义、影响因素、测试方法和工程应用等。

本书结合一流专业建设、一流课程建设、工程教育认证、"新工科"专业建设和课程思政建设目标，培养学生用传统力学/断裂力学、经典理论/量子理论解释材料力学和物理性能的物理意义；综合分析评估材料在不同使用条件和环境下的性能与材料成分、工艺与结构间的关系及变化规律，评价材料使用性能对社会、健康、安全、环境和社会可持续发展的影响；使用现代工具进行文献检索归纳、工程案例分析和有效沟通表达；树立家国情怀、科学素养、专业素养、职业道德和匠心精神。

为加强教材建设，推进教育数字化，在编写过程中体现"产教"融合和"科工教"融汇，编者对本书进行了第2次全面修订。将数字化信息技术手段应用于教材，利用"二维码"技术链接融合工程案例与科研成果的案例库。从专业理论蕴含的哲学思辨、历史大事件和重大工程事故案例反思、社会热点与专业最新发展成就、杰出学者和校友成就、中国重大工程建设成就中的家国情怀和匠心精神等角度，进行工程案例和课程思政案例建设，聚焦《超级工程》《大国重器》《国家记忆》等节目中材料自主创新突破性能局限的过程及工程应用，将课程基础知识点、性能机理的最新科研成果、中国工程建设成就案例融为一体。

本书由石家庄铁道大学、山东大学和北京工业大学合作编写，石家庄铁道大学付华、山东大学张光磊、北京工业大学李洪义担任主编，北京工业大学王金淑担任主审，具体编写分工如下：蒋晓军编写修改第1～3章，王志编写修改第4～7章，秦胜建编写修改第8～9章，王彩辉编写修改第10～12章，秦国强编写第13～14章，吴红亚编写第15章。

编者在编写本书时参考和引用了一些书籍、图片及视频资料，在此向其作者致以谢意。特别感谢央视网（https：//www.cctv.com/）、百度文库（http：//wenku.baidu.com）、维基百科（http：//www.wikipedia.org）、中国科技情报网（http：//www.chinainfo.gov.cn）、中国数字科技馆（http：//amuseum.cdstm.cn）、中国粉体网（http：//news.cnpowder.com.cn/61726.html）、《中国材料科学2035发展战略》、材料科学与工程公众号和抖音等书籍、网站和媒体的共享资料。感谢中车石家庄车辆有限公司郭娜、河北鼎瓷电子科技有限公司金华江、石家庄封测电子科技有限公司谷青博、天津一号线轨道交通运营有限公司张标、河北中瓷电子科技有限公司郭晓煜、中研新材料股份有限公司程国君、河北省产学研合作促进会王永芳等为案例设计提供的大力支持。感谢河北省课程思政示范中心——石家庄铁道大学工程文化研究与结构类课程思政示范中心的策划与支持。2023年6月，"材料性能学"课程被教育部认定为第二批国家级一流本科课程。

本书配有电子课件、教学大纲、网络课程、思政资料、知识图谱、试卷和答案、自测题等教学资源。

由于编者学识水平所限，书中疏漏之处在所难免，敬请读者批评指正。

编　者
2024年1月

资源索引

目　　录

第一篇

材料在单向静拉伸应力状态下的力学性能

材料的力学性能是指材料在不同环境（温度、介质和湿度等）下，承受各种外加载荷（拉伸、压缩、弯曲、扭转、冲击、交变应力等）时所表现出的力学特征。根据应力状态、温度及环境介质的不同，材料力学性能的主要研究内容包括：材料在静载荷下的弹性变形、塑性变形、断裂及断裂韧性、扭转、弯曲、压缩、硬度，动载荷下的冲击韧性、疲劳性能和摩擦磨损性能，低温条件下的低温脆性，高温条件下的蠕变，环境介质作用下的应力腐蚀、氢脆等（表Ⅰ-1）。材料的力学性能是确定工程构件、机器零件的工程设计参数的主要依据。这些力学性能均需按统一试验方法和程序标准在材料试验机上测定。

表Ⅰ-1　力学性能的分类

状　态		性　能	篇　章
应力状态	静载荷（单向静拉伸）	弹性变形、塑性变形、断裂及断裂韧性	第一篇
	其他应力状态	扭转、弯曲、压缩、硬度	
	动载荷	冲击韧性、疲劳性能、摩擦磨损性能	第二篇
温度	低温条件	低温脆性	
	高温条件	蠕变	
环境介质	应力作用	应力腐蚀、氢脆	

室温大气环境下的单向静拉伸状态是最简单的外加载荷和试样受力状态，单向静拉伸试验可以揭示材料在静载荷作用下的应力-应变关系及弹性变形、塑性变形（屈服变形、均匀塑性变形）、断裂（缩颈：不均匀集中塑性变形）三个阶段的特点和基本规律（图Ⅰ.1），可评定材料的基本力学性能指标，如屈服强度、抗拉强度、断后伸长率和断面收缩率等，还可以将该状态下的基础理论和规律推广到其他状态力学性能指标的研究中（图Ⅰ.2）。因此，单向静拉伸试验是工业生产和材料科学研究中应用广泛的材料力学性能试验。

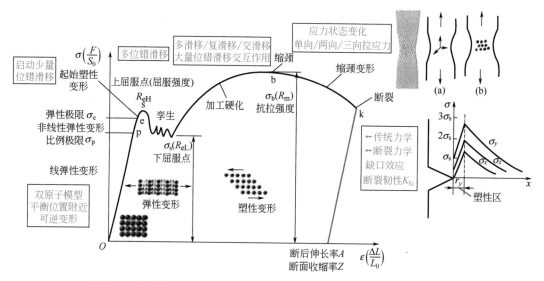

图Ⅰ.1　低碳钢（20钢）室温单向静拉伸应力-应变曲线变形机理演变

不同材料的力学性能有很大不同。一般地，金属材料有良好的塑性变形能力和较高的

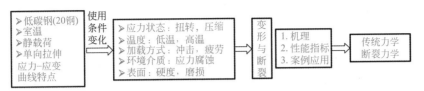

图 I.2　其他状态力学性能与单向静拉伸状态间的关系

强度，易加工成各种形状的产品；陶瓷材料有高的高温强度、耐磨性和耐蚀性，但较脆，很难加工成形；高分子材料在玻璃化温度 T_g 以下是脆性的，在 T_g 以上可以加工成形，但其强度很低。

本书将介绍不同材料的力学性能特点及基本力学性能指标的物理概念和工程意义，讨论材料力学行为的基本规律及其与组织结构的关系，探讨提高材料性能指标的途径和方向。这些性能指标既是材料工程应用、构件设计和科学研究等方面的计算依据，又是评定和选用的主要依据。

采用光滑圆柱试样在缓慢加载和低变形速率下进行单向静拉伸试验。不同材料或同一材料在不同条件下具有不同的拉伸曲线。图 I.3 所示为几种典型材料在室温下的工程应力-应变（σ-ε）曲线。高碳钢的工程应力-应变曲线只有弹性变形、少量均匀塑性变形；铜合金的工程应力-应变曲线有弹性变形、均匀塑性变形和不均匀塑性变形；陶瓷、玻璃只有弹性变形，而没有明显的塑性变形；橡胶的弹性变形量可达 1000%，而且只有弹性变形，不产生或产生很微小的塑性变形；工程塑料的应力-应变曲线有弹性变形、均匀塑性变形和不均匀集中塑性变形。这主要是由材料的键合方式、化学成分和组织结构等因素决定的。

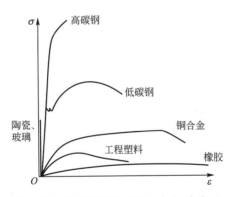

图 I.3　几种典型材料在室温下的工程应力-应变（σ-ε）曲线

图 I.4 所示为真应力-真应变（S-e）曲线。与 σ-ε 曲线相比，在弹性变形阶段，由于试样的伸长量和截面收缩量都很小，因此两条曲线基本重合，真实屈服应力和工程屈服应力的值非常接近；在塑性变形阶段，两者差异显著。在工程应用中，多数构件的变形量限制在弹性变形范围内，可以忽略两者差异。由于工程应力和工程应变便于测量、计算，因此，工程设计和材料选择时一般以工程应力、工程应变为依据。但在材料科学研究中，真应力与真应变具有重要意义。

图 I.5 所示为材料专业分析思维与本课程学习思维的关系。材料科学与工程专业研究材料的成分（配比）、合成与制备工艺、结构（原子结构、晶体结构、非晶结构、准晶

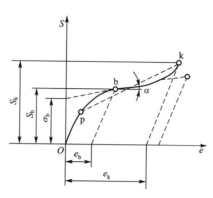

图Ⅰ.4　真应力-真应变（$S-e$）曲线

结构、微观组织结构）、性能与使用性能（使用效能）之间的关系，"材料性能学"课程研究材料性能的基本概念、物理本质、性能指标测试、工程意义、工程应用及影响因素，从而改进材料性能，制备高性能工程材料。

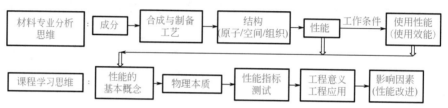

图Ⅰ.5　材料专业分析思维与课程学习思维的关系

低碳钢的拉伸试验(应力-应变曲线)

国家标准：金属材料拉伸试验

第 **1** 章
材料的弹性变形

本章知识构架

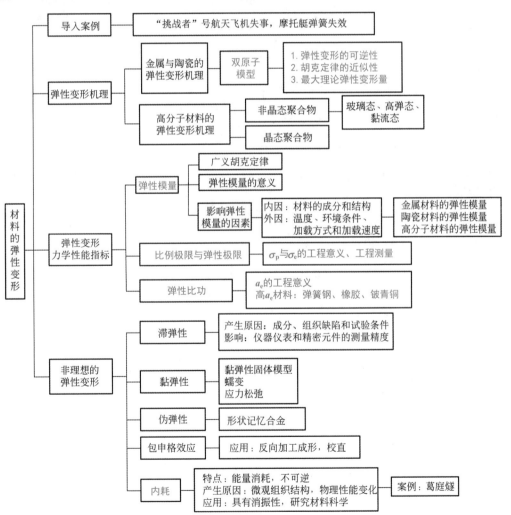

材料的弹性变形

- 导入案例 —— "挑战者"号航天飞机失事，摩托艇弹簧失效

- 弹性变形机理
  - 金属与陶瓷的弹性变形机理 —— 双原子模型
    - 1. 弹性变形的可逆性
    - 2. 胡克定律的近似性
    - 3. 最大理论弹性变形量
  - 高分子材料的弹性变形机理
    - 非晶态聚合物 —— 玻璃态、高弹态、黏流态
    - 晶态聚合物

- 弹性变形力学性能指标
  - 弹性模量
    - 广义胡克定律
    - 弹性模量的意义
    - 影响弹性模量的因素
      - 内因：材料的成分和结构
      - 外因：温度、环境条件、加载方式和加载速度
        - 金属材料的弹性模量
        - 陶瓷材料的弹性模量
        - 高分子材料的弹性模量
  - 比例极限与弹性极限 —— σ_p 与 σ_e 的工程意义、工程测量
  - 弹性比功 —— a_e 的工程意义 高 a_e 材料：弹簧钢、橡胶、铍青铜

- 非理想的弹性变形
  - 滞弹性 —— 产生原因：成分、组织缺陷和试验条件 影响：仪器仪表和精密元件的测量精度
  - 黏弹性 —— 黏弹性固体模型 蠕变 应力松弛
  - 伪弹性 —— 形状记忆合金
  - 包申格效应 —— 应用：反向加工成形，校直
  - 内耗 —— 特点：能量消耗，不可逆 产生原因：微观组织结构，物理性能变化 应用：具有消振性，研究材料科学 —— 案例：葛庭燧

导入案例

1986 年 1 月 28 日,"挑战者"号航天飞机在执行第 10 次太空任务时,因为右侧固态火箭推进器上的一个 O 形弹性密封环低温硬化失效而造成燃料泄漏,在升空后 73s 爆炸解体(图 1.01),7 名宇航员全部罹难。

2007 年 10 月 21 日,在 F1 摩托艇世界锦标赛深圳大奖赛决赛中,中国选手赛艇的两个固定艇罩弹簧都被拉得失去弹性(图 1.02),导致赛艇后盖掀飞,不得不退出比赛。

"挑战者"号航天飞机爆炸原因

弹簧失效

图 1.01 航天飞机爆炸解体　　　图 1.02 弹簧失效

台北101大楼阻尼器

中国三峡水电站是世界上最大的水电站,总装机容量世界第一。2019 年,针对"三峡大坝变形引发决堤的言论",我国监测资料表明,2019 年 4 月坝基垂直位移为 1.45~26.69mm,坝体沉降稳定,蓄水前后变化不明显;坝基上下游方向水平位移为 -0.24~4.63mm,蓄水前后坝基位移小于 1mm;坝顶上下游方向水平位移为 -1.82~28.7mm,受水位和温度的影响而呈周期性变化。因此,三峡坝体变形为弹性变形,各项指标均在设计允许范围内。

超高层建筑在大风中"摇摆"也处于弹性变形状态。上海中心大厦、金茂大厦和环球金融中心等超高建筑都不呈规整板式结构,而呈复杂曲面结构,通过外形优化可以延缓涡流,减轻弹性晃动;还可以在结构设计中加入主动抗风抗震阻尼结构。上海中心大厦的"慧眼"主阻尼器质量为 1000t,可以对抗 7 级地震和 12 级台风。台北 101 大楼的阻尼器质量为 660t,当超强台风速度为 240km/h 时,阻尼器的补偿幅度为 1m,可有效减轻大楼弹性晃动。

材料受到外力作用(受力)时产生弹性变形,除去外力后,变形消失而恢复原状。因此,弹性变形的本质是可逆变形。

根据材料在弹性变形中应力和应变的响应是否与时间有关,弹性变形可以分为理想弹性变形和非理想弹性变形两类。

理想弹性变形是指应力、应变同时响应的弹性变形,其与时间无关,即应变对应力的响应是瞬时的,应力和应变同相位,应变是应力的单值函数。若应力和应变的关系服从胡克定律,则属于线性弹性变形。在材料力学中,通常把构件简化为产生理想弹性变形的固体,即弹性变形体。

非理想弹性变形是指应力、应变不同时响应的弹性变形，其与时间有关，表现为应力与应变不同步，其关系不是单值关系。

衡量材料弹性变形能力的力学性能指标有弹性模量 E、比例极限 σ_p、弹性极限 σ_e 和弹性比功 a_e 等。

本章将从金属、陶瓷和高分子材料的弹性变形机理入手，分析不同材料弹性变形的物理本质，进一步分析弹性模量等力学性能指标的工程意义、变化规律及影响因素，了解材料的弹性性能与成分、结构等内在因素及温度、环境条件、加载方式、加载速度等外在因素之间的关系。

1.1 弹性变形机理

1.1.1 金属与陶瓷的弹性变形机理

弹性变形的特点是具有可逆性，即只要除去外力就消失而恢复原状的变形为弹性变形。金属和陶瓷弹性变形的微观过程可用双原子模型解释。

1. 弹性变形的可逆性

在离子间的相互作用下，晶格中的离子受离子间相互作用力的控制，在平衡位置附近做微小的热振动。一般认为，正离子和自由电子间的库仑力产生引力，离子之间因电子壳层应变而产生斥力，引力和斥力都是离子间距的函数，即

弹性变形

$$F_引 \propto \frac{1}{r^m},\ F_斥 \propto -\frac{1}{r^n}$$

图 1.1 所示为离子间相互作用的受力模型，在离子（N_1、N_2）的平衡位置合力为零。当外力作用于离子时，合力曲线的零点位置改变，离子的位置调整，即产生位移，离子位移的总和在宏观上表现为材料的变形。除去外力后，离子依靠相互作用力回到原来的平衡位置，宏观变形消失，表现出弹性变形的可逆性。

胡克与牛顿

2. 胡克定律的近似性

由双原子模型导出的离子间相互作用力与离子间的弹性位移呈抛物线关系，而并非胡克定律描述的直线关系。在平衡位置附近，胡克定律描述的应力-应变线性关系是近似的。

3. 最大理论弹性变形量

合力曲线有最大值 F_{max}，如果外力略大于 F_{max}，离子就可以克服引力而分离。F_{max} 是材料在弹性状态下的理论断裂抗力，此时相应的弹性变形量 $r_m - r_0$ 理论上可达 25%。

由于实际应用的工程材料中存在各种缺陷（如杂质、气孔或微裂纹），因此，当外力远小于 F_{max} 时，材料进入塑性变形或断裂阶段。实际上，材料的弹性变形只相当于合力曲线的起始阶段，弹性变形量较小（一般小于 1%），同时考虑仪器测量精度，应力和应变满足近似线性关系。

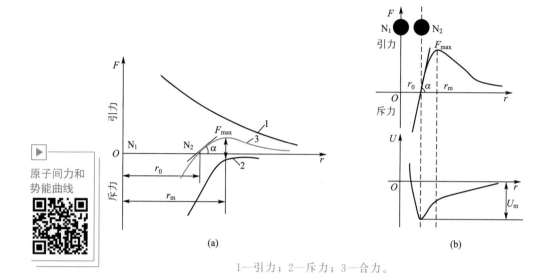

1—引力；2—斥力；3—合力。

图 1.1　离子间相互作用的受力模型

　　因此，无论弹性变形量和应力与应变是否呈线性关系，弹性变形都是可逆变形。金属和陶瓷晶体的弹性变形是处于晶格节点的离子在外力的作用下，在平衡位置附近产生的微小位移，即材料产生弹性变形的本质是构成材料的原子（离子）或分子在平衡位置产生可逆位移。

1.1.2　高分子材料的弹性变形机理

　　高分子聚合物（液体、软橡胶、刚性固体等）的可变范围最大，其变形行为与组织结构有关。聚合物由大分子链构成，这种大分子链一般都具有柔性，但易引起黏性流动，可采用适当交联保证弹性。高分子聚合物中除有整个分子的相对运动外，还有分子不同链段之间的相对运动。与金属相比，高分子材料的运动取决于温度和时间，具有明显的应力松弛特性，使聚合物变形具有一系列特点。

　　1. 非晶态聚合物的力学状态及变形机理

　　非晶态聚合物在不同的温度下呈现玻璃态、高弹态和黏流态，如图 1.2 所示，主要差别是变形能力和模量不同，因而称作力学性能三态，其是聚合物分子微观运动特征的宏观表现。玻璃态聚合物在达到一定温度时可以转变为高弹态聚合物，这一转变温度称为玻璃化转变温度，简称玻璃化温度，常以 T_g 表示。T_b 为保持玻璃态的最低温度，称为硬玻璃化温度或脆化温度。高弹态到黏流态的转变温度称为黏流温度，常以 T_f（或 T_m）表示。不同状态下的应力-应变曲线如图 1.3 所示。

　　（1）玻璃态。

　　进行拉伸试验时，弹性变形量很小，且形变与外力成正比，符合胡克定律。除去外力后，形变立即恢复，无弹性滞后，弹性模量比其他状态下的都大。当外力超过弹性极限时，试件发生脆性断裂，断口与应力方向垂直。这种弹性变形称为普弹性变形（图 1.3 中的 Oa 段）。

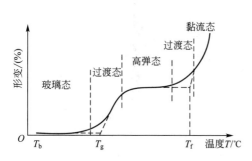

图 1.2 非晶态高聚物的力学状态

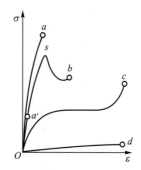

图 1.3 不同状态下的应力-应变曲线

在玻璃态下，聚合物分子运动的能量很低，不足以克服分子的内旋转势垒，大分子链段（由 40～50 个链节组成）和整个分子链的运动都是冻结的，或者说应力松弛时间无限大，只有小的运动单元才可以运动。此时，聚合物的力学性质与玻璃相似，因此称为玻璃态。在室温下，处于玻璃态的高聚物称为塑料。当 $T < T_b$ 时，高聚物处于硬玻璃态（图 1.3 中的 Oa' 段）；当 $T_b \leqslant T \leqslant T_g$ 时，高聚物处于软玻璃状态（图 1.3 中的 Os 段）。Oa' 以下为普弹性变形，键角和键长发生变化[图 1.4(a)]。$a's$ 段为受迫高弹性变形，链段沿外力取向[图 1.4（b）]。除去外力后，受迫高弹性变形被保留下来，成为"永久变形"，其数值为 300%～1000%。永久变形在本质上是可逆的，但只有加热温度高于 T_g，变形才可能恢复。

（2）高弹态。

在高弹态下，大分子具有足够的能量，链段开始运动，但整个大分子链尚不能运动。在外力作用下，大分子链可以通过链段的运动改变构象。分子受外力拉伸时，可以从卷曲的线团状态变为伸展状态，表现出很大的形变，约为 1000%。除去外力后，大分子链又通过链段的运动恢复到卷曲的线团状态[图 1.4（c）]。在外力作用下，这种大且逐渐恢复特征的形变称为高弹性（图 1.3 中的 Oc 段）。高弹态是高分子材料区别于低分子材料的重要标志。

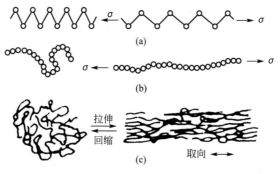

图 1.4 外力作用下高分子链的变化

高聚物在高弹态下的力学性能极其特殊，它有稳定的尺寸，当形变小时，其弹性响应满足胡克定律，像固体；但它的热膨胀系数和等温压缩系数与液体有相同的数量级，表明高弹态下高分子间的相互作用与液体相似；另外，高弹态下的形变应力随温度升高而增大，与气体的压强随温度升高而增大相似。高弹态材料具有以下特点：①可逆弹性形变大，可达 1000%，而一般金属材料的弹性形变不超过 1%；②弹性模量小，高弹模量约为 $10^5\,\mathrm{Pa}$，而一般金属材料的弹性模量为 $10^{10}\sim10^{11}\,\mathrm{Pa}$；③高聚物的高弹模量随温度的升高而增大，而金属材料的弹性模量随温度的升高而减小；④形变时有明显的热效应，当把橡胶试样快速拉伸（绝热过程）时温度升高（放热），回缩时温度降低（吸热），而金属材料与此相反。

熵弹性与能量弹性：高聚物的高弹性变形是卷曲分子链（熵值大，无序状态，混乱度大）在外力作用下，通过链段运动改变构象而伸展，并沿外力取向（熵值小，有序状态，混乱度小），除去外力后又恢复到卷曲状态的过程。在此过程中，熵变起主要作用，而内能几乎不变。金属、陶瓷材料在弹性变形过程中偏离原来的晶格位置，即变形功改变了原子间距，从而改变了原子间的作用力，使内能变化，但并不改变结构，原子排列的混乱度无太大变化。因此，高聚物的高弹性本质上是一种熵弹性，金属、陶瓷材料的普弹性本质上是能量弹性。

材料具有高弹性的必要条件：大分子链具有柔性；C—C 键内旋转，如图 1.5 所示，引起链段运动。但柔性链易产生链间滑动，引起非弹性的黏性流动，可采用分子链间交联（图 1.6）防止滑动，保证高弹性。

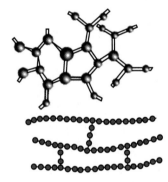

图 1.5　C—C 键内旋转　　　　　图 1.6　分子链间交联

在室温下，处于高弹态的高分子材料称为橡胶，研究高聚物的高弹性时一般采用橡胶。橡胶具有柔性、长链结构，卷曲分子链在外力作用下通过链段运动沿受力方向伸展，除去外力后又恢复到卷曲状态，其弹性变形量较大，应力和应变之间不呈线性关系。橡胶的适度交联可以阻止大分子链间质心发生位移的黏性流动，使橡胶充分表现出高弹性。可以通过交联剂（如硫黄、过氧化物等）与橡胶反应进行交联。

（3）黏流态。

在黏流态下，分子具有很高的能量，不仅链段能运动，而且整个大分子链能运动。或者说，不仅链段运动的松弛时间缩短，而且大分子链运动的松弛时间缩短。聚合物在外力作用下呈现黏性流动，分子间发生相对滑动。这种形变与低分子液体的黏性流动相似，都是不可逆的。除去外力后，形变不能恢复（图 1.3 中的 *Od* 段）。

2. 晶态聚合物的变形

完全结晶的高聚物内部为折叠分子链。在结晶区链段无法运动，弹性变形量较小，应力和应变之间可以看成具有单值线性关系，不存在高弹性。图 1.7 所示为晶态聚合物的典型应力-应变曲线。

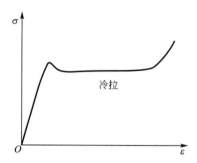

图 1.7　晶态聚合物典型应力-应变曲线

晶态聚合物与非晶态聚合物相比，相同点是都经历弹性变形、屈服、高弹形变及应变硬化等阶段，高弹形变在室温下不能自发恢复，可加热后恢复，该现象通常称为冷拉。其不同点如下：①产生冷拉的温度不同，非晶态聚合物的冷拉温度为 $T_b \sim T_g$，而晶态聚合物的冷拉温度为 $T_g \sim T_f$；②非晶态聚合物在冷拉过程中，聚集态结构的变化比晶态聚合物简单得多，它只发生分子链取向，不发生相变，而晶态聚合物包含结晶的破坏、取向和再结晶等过程。

影响晶态聚合物应力-应变曲线的因素有温度（与玻璃态聚合物相似）、应变速率（与玻璃态聚合物相似）、结晶度和球晶尺寸等，其中结晶度和球晶尺寸对晶态聚合物应力-应变曲线的影响如图 1.8 所示。

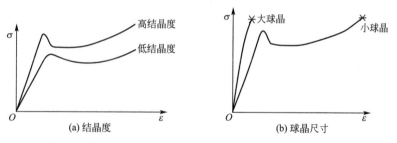

图 1.8　结晶度和球晶尺寸晶态聚合物应力-应变曲线的影响

1.2　弹性变形力学性能指标

表征弹性变形阶段的力学性能指标主要有弹性模量、比例极限与弹性极限、弹性比功。

1.2.1　弹性模量

1. 广义胡克定律

对具有普弹性的材料及弹性变形量不大的高弹性材料，在弹性范围内，当弹性变形量较小时，应力与应变的关系普遍服从胡克定律。若用正应力 σ_{xx}、σ_{yy}、σ_{zz} 和切应力 τ_{xy}、

τ_{yz}、τ_{zx} 代表作用在弹性体内某一点的应力状态，则产生的弹性应变可表示为正应变（长度的改变）ε_{xx}、ε_{yy}、ε_{zz} 和切应变（两坐标轴间夹角的改变）γ_{xy}、γ_{yz}、γ_{zx}。根据力的叠加原理（作用在弹性体上的合力产生的位移等于各分力产生的位移之和），应力分量与应变分量的线性关系服从胡克定律，6 个关系式如下。

$$\sigma_{xx}=C_{11}\varepsilon_{xx}+C_{12}\varepsilon_{yy}+C_{13}\varepsilon_{zz}+C_{14}\gamma_{xy}+C_{15}\gamma_{yz}+C_{16}\gamma_{zx}$$
$$\sigma_{yy}=C_{21}\varepsilon_{xx}+C_{22}\varepsilon_{yy}+C_{23}\varepsilon_{zz}+C_{24}\gamma_{xy}+C_{25}\gamma_{yz}+C_{26}\gamma_{zx}$$
$$\sigma_{zz}=C_{31}\varepsilon_{xx}+C_{32}\varepsilon_{yy}+C_{33}\varepsilon_{zz}+C_{34}\gamma_{xy}+C_{35}\gamma_{yz}+C_{36}\gamma_{zx}$$
$$\tau_{xy}=C_{41}\varepsilon_{xx}+C_{42}\varepsilon_{yy}+C_{43}\varepsilon_{zz}+C_{44}\gamma_{xy}+C_{45}\gamma_{yz}+C_{46}\gamma_{zx}$$
$$\tau_{yz}=C_{51}\varepsilon_{xx}+C_{52}\varepsilon_{yy}+C_{53}\varepsilon_{zz}+C_{54}\gamma_{xy}+C_{55}\gamma_{yz}+C_{56}\gamma_{zx}$$
$$\tau_{zx}=C_{61}\varepsilon_{xx}+C_{62}\varepsilon_{yy}+C_{63}\varepsilon_{zz}+C_{64}\gamma_{xy}+C_{65}\gamma_{yz}+C_{66}\gamma_{zx}$$

$$(1-1)$$

式中，C_{ij} 为弹性刚度系数，表示使晶体产生单位应变所需的应力。

式（1-1）也可写成如下形式。

$$\varepsilon_{xx}=S_{11}\sigma_{xx}+S_{12}\sigma_{yy}+S_{13}\sigma_{zz}+S_{14}\tau_{xy}+S_{15}\tau_{yz}+S_{16}\tau_{zx}$$
$$\varepsilon_{yy}=S_{21}\sigma_{xx}+S_{22}\sigma_{yy}+S_{23}\sigma_{zz}+S_{24}\tau_{xy}+S_{25}\tau_{yz}+S_{26}\tau_{zx}$$
$$\varepsilon_{zz}=S_{31}\sigma_{xx}+S_{32}\sigma_{yy}+S_{33}\sigma_{zz}+S_{34}\tau_{xy}+S_{35}\tau_{yz}+S_{36}\tau_{zx}$$
$$\gamma_{xy}=S_{41}\sigma_{xx}+S_{42}\sigma_{yy}+S_{43}\sigma_{zz}+S_{44}\tau_{xy}+S_{45}\tau_{yz}+S_{46}\tau_{zx}$$
$$\gamma_{yz}=S_{51}\sigma_{xx}+S_{52}\sigma_{yy}+S_{53}\sigma_{zz}+S_{54}\tau_{xy}+S_{55}\tau_{yz}+S_{56}\tau_{zx}$$
$$\gamma_{zx}=S_{61}\sigma_{xx}+S_{62}\sigma_{yy}+S_{63}\sigma_{zz}+S_{64}\tau_{xy}+S_{65}\tau_{yz}+S_{66}\tau_{zx}$$

$$(1-2)$$

式中，S_{ij} 为弹性柔度系数，表示晶体在单位应力作用下产生的应变。

弹性刚度系数和弹性柔度系数皆为材料的弹性系数。

由式（1-1）和式（1-2）可见，弹性刚度系数和弹性柔度系数各有 36 个，实际上，这 36 个系数不是独立的。可以从弹性应变能角度证明 $S_{ij}=S_{ji}$ 或 $C_{ij}=C_{ji}$，其中 $i\neq j$。因此，对于极端各向异性的单晶材料，在 36 个系数中，有 6 个 S_{ii} 和 15（30÷2）个 S_{ij}（$i\neq j$）是独立的，即只有 21 个系数是独立的。

独立弹性系数的演变

不同晶系独立弹性系数的数量见表 1-1。随着晶体对称性的提高，21 个系数中的有些系数彼此相等或为零，独立弹性系数减少。正交晶系具有 3 个互相垂直的对称轴，切应力只影响与其平行的平面的应变，不影响正应变，S_{11}、S_{22}、S_{33}、S_{44}、S_{55}、S_{66}、S_{12}、S_{13}、S_{23} 是独立的，即有 9 个独立的系数；对于常见的具有高对称性的立方晶系，由于其 3 个轴向是相等的，即 $S_{11}=S_{22}=S_{33}$，$S_{12}=S_{23}=S_{31}$，$S_{44}=S_{55}=S_{66}$，因此只有 3 个独立系数——S_{11}、S_{12} 和 S_{44}（C_{ij} 也是如此）。

表 1-1　不同晶系独立弹性系数的数量

晶系	三斜	单斜	正交	四方	六方	立方	各向同性的弹性体
独立弹性系数的数量	21	13	9	6	5	3	2

对于各向同性的弹性体，还存在另一个关系，即 $S_{44}=2(S_{11}-S_{12})$，立方晶系各向同性的弹性体只有两个独立弹性系数 S_{11} 和 S_{12}。若定义 $E=1/S_{11}$，$\nu=-S_{12}/S_{11}$，$G=1/2(S_{11}-S_{12})$，则胡克定律的工程应用形式为

$$\varepsilon_x = \frac{1}{E}[\sigma_x - \nu(\sigma_y + \sigma_z)]$$

$$\varepsilon_y = \frac{1}{E}[\sigma_y - \nu(\sigma_x + \sigma_z)] \quad\quad (1-3)$$

$$\varepsilon_z = \frac{1}{E}[\sigma_z - \nu(\sigma_x + \sigma_y)]$$

$$\gamma_{xy} = \frac{1}{G}\tau_{xy};\ \gamma_{yz} = \frac{1}{G}\tau_{yz};\ \gamma_{zx} = \frac{1}{G}\tau_{zx}$$

式中，E 为弹性模量（杨氏模量）；ν 为泊松比；G 为剪切模量（切变模量）。

另外，还定义了 $K = \Delta\sigma/(\Delta V/V_0)$ 为体积弹性模量，其中 $\Delta\sigma$ 为压力变化值；V_0 为弹性体的原始体积；ΔV 为弹性体的体积变化。在四个描述材料弹性的参数中，有两个是独立的，它们之间存在以下关系：$E = 2G(1+\nu)$，$E = 3K(1-2\nu)$。在单向拉伸条件下，上式可简化为 $\varepsilon_x = \frac{1}{E}\sigma_x$，$\varepsilon_y = \varepsilon_z = -\frac{\nu}{E}\sigma_x$。可见，在单向拉伸条件下，材料不仅在受拉方向上有伸长变形，而且在垂直于拉伸方向上有收缩变形。

对于立方晶系，在任一方向上，

$$\frac{1}{E} = S_{11} - 2\left[(S_{11} - S_{12}) - \frac{1}{2}S_{44}\right](l_1^2 l_2^2 + l_2^2 l_3^2 + l_3^2 l_1^2) \quad\quad (1-4)$$

$$\frac{1}{G} = S_{44} + 4\left[(S_{11} - S_{12}) - \frac{1}{2}S_{44}\right](l_1^2 l_2^2 + l_2^2 l_3^2 + l_3^2 l_1^2) \quad\quad (1-5)$$

式中，l 为所考虑方向与 $\{100\}$ 三个坐标轴夹角的余弦。若已知独立弹性系数，则可计算任一方向的弹性系数。

【例 1-1】 已知 25℃ 下 MgO 的弹性柔度系数 $S_{11} = 4.03 \times 10^{-12}\,\mathrm{Pa}^{-1}$，$S_{12} = -0.94 \times 10^{-12}\,\mathrm{Pa}^{-1}$，$S_{44} = 6.47 \times 10^{-12}\,\mathrm{Pa}^{-1}$，计算 MgO 单晶在 [100]、[110]、[111] 方向上的弹性系数。

解：计算出 MgO 单晶在 [100]、[110]、[111] 方向上与坐标轴 $\{100\}$ 的方向余弦，并代入式（1-4）和式（1-5），计算结果见表 1-2。

表 1-2 MgO 单晶在 [100]、[110]、[111] 方向上的弹性系数

方向	l_1^2	l_2^2	l_3^2	E/GPa	G/GPa
[100]	1	0	0	248.2	154.6
[110]	1/2	1/2	0	316.2	121.9
[111]	1/3	1/3	1/3	348.0	113.9

在这些参数中，最常用的是弹性模量 E。

2. 弹性模量的意义

弹性变形的应力和应变间的一个具有重要意义的关系常数是弹性模量。例如拉伸时 $\sigma = E\varepsilon$，剪切时 $\tau = G\gamma$。

在应力-应变关系中，当应变为一个单位时，弹性模量在数值上等于弹性应力，即弹性模量是产生单位弹性变形所需的应力，表征材料的弹性变形抗力（抵抗弹性变形的能力）。

在工程中，弹性模量是表征材料对弹性变形的抗力，即材料的刚度，其值越大，在相同应力下产生的弹性变形量就越小。设计机械零件或建筑结构时，为了保证不产生过大的弹性变形量，要考虑所选材料的弹性模量。因此，弹性模量是结构材料的重要力学性能。

比弹性模量又称比模量，其值为材料的弹性模量与单位体积质量的比值，单位为 $GPa \cdot g^{-1} \cdot cm^3$（m 或 cm）。例如，选择空间飞行器用材料时，为了既保证结构的刚度，又有较轻的质量，需选用比弹性模量大的材料。一般陶瓷的比弹性模量一般比金属的大；而在金属中，大多数金属的比弹性模量相差不大，只有铍的比弹性模量特别突出。

常用材料在常温下的弹性模量见表 1-3。

表 1-3　常用材料在常温下的弹性模量

材　　料	弹性模量 E/GPa	材　　料	弹性模量 E/GPa
低碳钢	200	尖晶石	240
低合金钢	200～220	石英玻璃	73
奥氏体不锈钢	190～200	氧化镁	210
铜合金	100～130	氧化锆	190
铝合金	60～75	尼龙	28
钛合金	96～110	聚乙烯	1.8～4.3
金刚石	1039	聚氯乙烯	0.1～2.8
碳化硅	414	皮革	0.12～0.4
三氧化二铝	380	橡胶	<0.08
烧结 Al_2O_3（孔隙率为 5%）	366	石墨	9

3. 影响弹性模量的因素

影响材料性能指标的因素众多，可以归纳为内因和外因，内因主要是指材料的成分和结构，外因主要是指温度、环境条件、加载方式和加载速度等。

材料的弹性模量是构成材料的离子或分子之间键合强度的主要标志，也是原子间结合力的反映和度量。因此，凡是影响键合强度的因素均能影响材料的弹性模量，内因包括材料成分、结合键类型、原子结构、晶体结构、微观组织结构，外因包括温度、加载方式、加载速度和载荷持续时间等。

（1）金属材料弹性模量的特点。

① 键合方式和原子结构。一般来说，在构成材料聚集状态的四种键合方式中，共价键、离子键和金属键都有较高的弹性模量。无机非金属材料大多由共价键或离子键及两种键合方式共同作用而成，有较高的弹性模量。金属及其合金为金属键结合，也有较高的弹性模量。高分子聚合物的分子之间为分子间作用力结合，分子间作用力较弱，高分子聚合物的弹性模量也较低。

金属元素的弹性模量与元素在周期表中的位置有关，还与元素的原子结构和原子半径有密切关系。原子半径越大，弹性模量越低。相对地，过渡元素都有较高的弹性模量，因为原子半径较小且 d 层电子引起较大的原子间结合力。

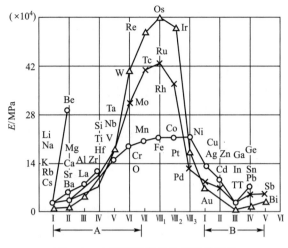

图 1.9　金属弹性模量的周期性变化

　　② 晶体结构。单晶体材料的弹性模量在不同晶体学方向上呈各向异性，即沿原子排列最密的晶向上弹性模量较大，反之较小。如 $\alpha-Fe$ 晶体沿 $<111>$ 晶向的 $E=2.7\times10^5\,MPa$，而沿 $<100>$ 晶向的 $E=1.25\times10^5\,MPa$。MgO 晶体在室温下沿 $<111>$ 晶向的 $E=3.48\times10^5\,MPa$，而沿 $<100>$ 晶向的 $E=2.48\times10^5\,MPa$。多晶体材料的弹性模量为各晶粒的统计平均值，表现为各向同性，但这种各向同性称为伪各向同性。非晶态材料（非晶态金属、玻璃等）的弹性模量呈各向同性。

　　③ 化学成分。材料化学成分的变化将引起原子间距或键合方式的变化，影响材料的弹性模量。与纯金属相比，合金的弹性模量随组成元素的质量分数、晶体结构和组织状态的变化而变化。

　　对于固溶体合金，弹性模量主要取决于溶剂元素的性质和晶体结构。随着溶质元素质量分数的增加，虽然固溶体的弹性模量发生改变，但一般在溶解度较小的情况下变化不大，如碳钢与合金钢的弹性模量相差不超过 5%。

　　在两相合金中，弹性模量的变化比较复杂，它与合金成分以及第二相的性质、数量、尺寸、分布状态有关。例如，在铝中加入质量分数为 15% 的镍（Ni）和质量分数为 13% 的硅（Si），形成具有较高弹性模量的金属化合物，使弹性模量由纯铝的约 $6.5\times10^4\,MPa$ 增高到 $9.38\times10^4\,MPa$。

　　④ 微观组织。对于金属材料，在合金成分不变的情况下，显微组织对弹性模量的影响较小，晶粒尺寸对弹性模量无影响。虽然钢经过淬火后的弹性模量有所下降，但回火后又恢复到退火状态的数值。

　　第二相对弹性模量的影响视体积比率和分布状态而定，大致可按两相混合物体积比率的平均值计算。对铝合金的研究表明，具有高弹性模量的第二相粒子可以提高合金的弹性模量，铍青铜经时效处理后的弹性模量可提高 20% 以上，但对于作为结构材料使用的大多数金属材料，在第二相所占比率较小的情况下，可以忽略其对弹性模量的影响。

　　冷加工可降低金属及合金的弹性模量，但一般改变量小于 5%，只有在形成强的织构时才有明显的影响，并出现弹性各向异性。

　　因此，作为金属材料刚度代表的弹性模量是原子间结合力程度的反映，也是一个对组织不敏感的性能指标。加入少量合金元素和热处理对弹性模量的影响不大，如碳钢、铸铁和合金钢的弹性模量$E≈200GPa$，而它们的屈服强度和抗拉强度差别很大。

⑤ 温度。一般来说，随着温度的升高，原子振动加剧，体积增大，原子间距增大，结合力减小，材料的弹性模量降低。例如，加热碳钢时，温度每升高100℃，弹性模量下降3%～5%。另外，随着温度的变化，材料发生固态相变时，弹性模量将发生显著变化。图1.10所示为四种材料的弹性模量随温度（温度与熔点之比）变化的情况。

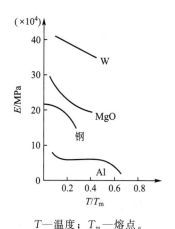

T—温度；T_m—熔点。

图1.10　四种材料的弹性模量随温度（温度与熔点之比）变化的情况

⑥ 加载方式、加载速度和载荷持续时间。因为金属的弹性变形速度与声速相同，远超过常见的加载速度，载荷持续时间也不会影响原子之间的结合力，所以加载方式（多向应力）、加载速度和载荷持续时间对金属材料的弹性模量几乎没有影响。

（2）陶瓷材料弹性模量的特点。

陶瓷材料在室温静拉伸（或静弯曲）载荷下，不出现塑性变形阶段，即弹性变形阶段结束后，立即发生脆性断裂。陶瓷材料在弹性变形范围内，应力和应变之间可以看成具有单值线性关系，而且弹性变形量较小。

陶瓷材料弹性变形的本质是处于晶格节点的离子在外力的作用下，在平衡位置附近产生的可逆微小位移。陶瓷材料弹性变形的微观过程也可用双原子模型解释。

与金属材料相比，陶瓷材料的弹性模量有如下特点。

① 陶瓷材料因具有强的离子键和共价键而表现出高的熔点，弹性模量比金属大得多，常相差数倍。试验证明，熔点与弹性模量常常保持一致关系，甚至成正比关系，这是由于熔点和弹性模量都取决于原子间的结合力。

② 金属材料的弹性模量是一个极为稳定的力学性能指标，合金化、热处理、冷热加工等均难以改变其数值。与金属材料不同，陶瓷材料的弹性模量不仅与结合键有关，而且工艺过程对陶瓷材料的弹性模量有重大影响。

工程陶瓷的弹性模量与构成陶瓷相的种类、粒度、分布、比率及孔隙率有关。因此，作为复杂多相体的陶瓷材料，由于各相的弹性模量相差较大，因此其弹性模量的理论计算非常困难，通常从宏观均质的假定出发，通过试验测得弹性模量的平均值。

陶瓷材料的孔隙率是与陶瓷成形、烧结工艺密切相关的重要物理参数，这是与金属不同的。大多金属制品（除粉末冶金外）通过冶炼制取，孔隙率很低，再加上后续压力加工，通常可以忽略不计气孔问题，但陶瓷中的气相往往是不可忽视的组成相。对连续基体内的密闭气孔，孔隙率对陶瓷材料弹性模量的影响大致可用式（1-6）表示。

$$E=E_0（1-1.9P+0.9P^2）\tag{1-6}$$

式中，E_0为无气孔时的弹性模量；P为孔隙率，适用于$P≤50%$，可见，随着孔隙率的增大，陶瓷的弹性模量降低。

表1-4所列是常见陶瓷的弹性模量。可以看出，金刚石的弹性模量最高，表明金刚石的结合键（共价键）是所有材料中最强的；其次是碳化物陶瓷（以共价键为主）；再次

是氮化物陶瓷；较弱的是氧化物陶瓷（以离子键为主）。

表 1-4　常见陶瓷的弹性模量

材　　料	弹性模量 E/GPa	材　　料	弹性模量 E/GPa
Al_2O_3 晶体	380	烧结 $MoSi_2$（$P=5\%$）	407
烧结 Al_2O_3（$P=5\%$）	366	WC	400～600
高铝瓷（$P=90\%～95\%$）	366	TaC	310～550
烧结氧化铍（$P=5\%$）	310	烧结 TiC（$P=5\%$）	310
热压 BN（$P=5\%$）	83	烧结 $MgAl_2O_4$（$P=5\%$）	238
热压 B_4C_3（$P=5\%$）	290	密实 SiC（$P=5\%$）	470
石墨（$P=20\%$）	9	烧结稳定化 ZrO_2（$P=5\%$）	150
烧结 MgO（$P=5\%$）	210	石英玻璃	72
莫来石瓷	69	金刚石	1000
滑石瓷	69	NbC	340～520
镁质耐火砖	170	碳纤维	250～450

③ 一般来说，在弹性范围内，金属的应力-应变曲线无论是拉伸还是压缩，其弹性模量都相等，即拉伸与压缩的应力-应变曲线都为一条直线。陶瓷材料压缩时的弹性模量一般大于拉伸时的弹性模量，这与陶瓷材料显微结构的复杂性和不均匀性有关。加载速度和载荷持续时间对陶瓷材料的弹性模量几乎没有影响。

（3）高分子材料弹性模量的特点。

高分子聚合物的物理性能及力学性能与温度和时间有密切关系。随着高分子聚合物力学状态的转变，其弹性模量也相应产生很大变化。如图 1.11 所示，随着温度的升高，弹性模量降低。橡胶的弹性模量随温度的升高略增大，这一点与其他材料不同，原因是温度升高时，高分子链运动加剧，力图恢复到卷曲平衡状态的能力增强。

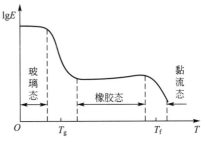

图 1.11　弹性模量随温度变化曲线

高分子聚合物在不同温度或不同外力作用时间（或频率）下都表现出相同的三种力学状态和两个转变，温度和时间对高分子聚合物力学松弛过程和黏弹性的影响有某种等效作用，升高温度与延长时间对分子运动来说是等效的，这就是时温等效原理。高分子聚合物的弹性模量和时间的关系与其和温度的关系相似，称为高分子材料强度和弹性模量的时温等效原理。一般来说，随着载荷时间的延长，弹性模量逐渐下降。因此，高分子聚合物的弹性模量称为松弛模量。图 1.12 所示为松弛模量随时间变化曲线。材料在外力作用下产生瞬时应变，高分子链内的键角和键长立即发生变化，此时弹性模量为玻璃态的弹性模量。随着时间的延长，卷曲的高分子链通过链段运动逐步伸展，高弹性变形量逐步增大，应力不断下降，此时弹性模量相当于由玻璃态向橡胶态转变时的弹性模量。荷载时间进一步延长时，高分子链间发生相互滑移，整链发生运动，产生黏性流动，材料的弹性模量降得很低。因此，高分子聚合物的弹性模量常用加载一段时间后的数值 $E(t)$ 表示，称为 t 秒松弛模量，如 10s 松弛模量等。

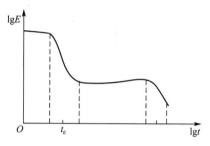

图 1.12 松弛模量随时间变化曲线

图 1.13 所示为玻璃态聚合物在不同拉伸速率下的应力-应变曲线（温度一定）。在动态应力下，高应变速率对应玻璃态，弹性模量较高；低应变速率对应橡胶态，弹性模量较低；中应变速率对应转变区，材料具有黏弹性。此外，高分子聚合物的弹性模量可以通过添加增强性填料提高。

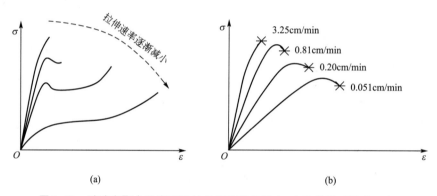

图 1.13 玻璃态聚合物在不同拉伸速率下的应力-应变曲线（温度一定）

1.2.2 比例极限与弹性极限

理论上，比例极限 σ_p 是保证材料的弹性变形按正比关系变化的最大应力，即在应力-应变曲线上开始偏离直线时的应力。弹性极限 σ_e 是原子偏离平衡位置产生可逆位移的最大应力，也是材料由弹性变形过渡到塑性变形的应力，应力超过弹性极限后，材料内位错开始滑移，产生永久位移，标志着塑性变形开始。

对于实际工程材料，采用普通的测试方法很难准确测出应力-应变曲线上开始偏离直线时的应力、可逆位移的最大应力和位错开始滑移对应的应力。因此，一般的工程测量方法和仪器测量精度很难准确地测定唯一的比例极限和弹性极限，比例极限与弹性极限只是理论上的物理定义。

为了便于实际测量和应用，国家标准对 σ_p 的定义为"规定非比例伸长应力"，即试验时非比例伸长达到原始标距长度规定的百分比时的应力，并以脚注表示非比例伸长。例如，$\sigma_{p0.01}$ 和 $\sigma_{p0.05}$ 分别表示规定非比例伸长率为 0.01% 和 0.05% 的应力。从这个意义上来说，比例极限和弹性极限没有质的区别，只是非比例伸长率不同。

实际上，比例极限和弹性极限与屈服强度的概念基本相同，都表示材料对微量塑性变形的抗力，影响材料比例极限与弹性极限的因素和影响屈服强度的因素也基本相同。

比例极限与弹性极限的工程意义：对于测力计弹簧等依靠弹性变形的应力正比于应变的关系显示载荷的，要求服役时其应力-应变关系严格遵守线性关系的机件，设计时按比例极限选择材料；对于服役时不允许产生微量塑性变形的机件，设计时按弹性极限选择材料。

1.2.3　弹性比功

弹性比功又称弹性比能、应变比能、弹性应变能，用 a_e 表示，它表示材料在弹性变形过程中吸收变形功的能力，一般用材料弹性变形达到弹性极限时单位体积吸收的弹性变形功表示。人们日常所说的材料的弹性实际上就是指材料的弹性比功。材料拉伸时的弹性比功可用图1.14所示的应力-应变曲线下的阴影面积表示，即

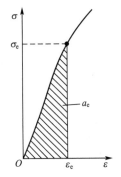

图 1.14　弹性比功

$$a_e \approx \frac{1}{2}\sigma_e\varepsilon_e = \frac{\sigma_e^2}{2E} \qquad (1-7)$$

式中，a_e 为弹性比功；σ_e 为弹性极限；ε_e 为与弹性极限对应的弹性应变。可以看出，有两种方法可以提高材料的弹性比功，一是提高弹性极限 σ_e，二是降低弹性模量。对于一般的工程材料，弹性模量不易改变，尤其是金属材料，因此常用提高弹性极限的方法来提高弹性比功。常用材料的弹性模量、弹性极限、弹性比功见表1-5。

表1-5　常用材料的弹性模量、弹性极限、弹性比功

材料		弹性模量 E/MPa	弹性极限 σ_e/MPa	弹性比功 a_e/MPa
中碳钢		2.1×10^5	310	0.2288
弹簧钢		2.1×10^5	960	2.194
硬铝		7.24×10^4	125	0.108
铜		1.1×10^5	27.5	0.0034
铍青铜		1.2×10^5	588	1.44
橡胶		$0.2\sim0.78$	2	$2.56\sim10$
合金弹簧钢	65Mn	2.0×10^5	1380（屈服强度）	4.761
	55Si2Mn	2.0×10^5	1480（屈服强度）	5.476
	50CrVA	2.0×10^5	1420（屈服强度）	5.041
冷轧不锈钢		2.0×10^5	1000（屈服强度）	2.5

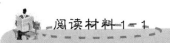

阅读材料 1-1

弹 簧 元 件

弹簧作为广泛应用的减振元件或储能元件应具有较高的弹性比功。弹簧钢（65Mn、

60Si2Mn 等）经冷加工或热处理后具有较高的弹性极限，使弹性比功提高，常用来制作各种弹簧。

磷青铜或铍青铜具有高的弹性比功且无铁磁性，常用来制作仪表弹簧。

橡胶具有低的弹性模量和高的弹性应变，也具有较大的弹性比功，常用来制作减振元件和储能元件，如电子器件中的按钮弹簧等。

1.3 非理想的弹性变形

非理想的弹性变形

实际上，绝大多数固体材料的弹性行为都表现出非理想弹性性质，工程中的材料按理想弹性应用只是一种近似处理。非理想的弹性变形分为滞弹性、黏弹性、伪弹性及包申格效应等。

1.3.1 滞弹性

滞弹性又称弹性后效，是指材料在快速加载或卸载后，随时间的延长而产生附加弹性应变的性能（图 1.15）。施加应力 σ_0 时，试样立即沿 OA 线产生瞬时应变 Oa。如果低于材料的微量塑性变形抗力，则应变 Oa 只是材料总弹性应变 OH 中的一部分，应变 aH 是在 σ_0 长期保持下逐渐产生的，aH 对应的时间过程为 ab 曲线。这种加载时应变落后于应力而与时间有关的滞弹性称为正弹性后效或弹性蠕变（变形随时间的延长而变化）。卸载时，如果速度比较大，则当应力下降为零时，只有 eH 部分应变立即卸掉，应变 eO 是在卸载后逐渐去除的（对应的时间过程为 cd 曲线）。卸载时应变落后于应力的现象称为反弹性后效。

滞弹性在金属材料和高分子材料中比较明显，滞弹性速率和滞弹性应变与材料成分、组织、试验条件有关。材料组织越不均匀，滞弹性越明显。钢经淬火或塑性变形后，组织不均匀性增强，滞弹性倾向增大。此外，温度升高和切应力分量增大使得滞弹性强烈，而在多向压应力（无切应力）的作用下完全看不到滞弹性现象。

金属产生滞弹性的原因可能与晶体中点缺陷的移动有关。例如，α-Fe 中的碳原子处于八面体空隙及等效位置上，施加 z 向拉应力后，x 轴和 y 轴上的碳原子向 z 轴扩散，使 z 轴方向继续伸长变形，产生附加弹性变形。因扩散需要时间，故附加应变为滞弹性应变。卸载后，z 轴上的多余碳原子又会扩散到原来的 x 轴和 y 轴上，滞弹性应变消失。

由于滞弹性对仪器仪表和精密机械中重要传感元件的测量精度有很大影响，因此选用材料时需要考虑滞弹性问题。对于长期受载的测力弹簧、薄膜传感器等，所选用材料的滞弹性较明显时，会使仪表精度不足，甚至无法使用。

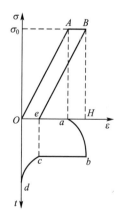

图 1.15 滞弹性

1.3.2 黏弹性

黏弹性是指材料在外力作用下,弹性和黏性两种变形机理同时存在的力学行为。其特征是应变对应力的响应(或反之)不是瞬时完成的,而需要通过一个弛豫过程,但卸载后应变恢复到初始值,不留下残余变形。应力和应变的关系与时间有关,可分为恒应变下的应力松弛 [图 1.16 (a)] 和恒应力下的蠕变 [图 1.16 (b)] 两种情况。所有聚合物、沥青、水泥混凝土、玻璃、金属等都具有黏弹性。

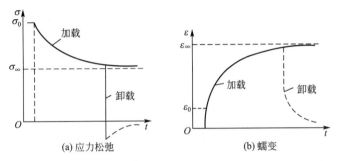

图 1.16 应力和应变的关系

黏弹性变形强烈地与时间有关,应变落后于应力。描述材料的黏弹性时,常采用标准线性固体模型,它由弹簧和黏壶构成,弹簧用来描述理想弹性变形,服从胡克定律,如图 1.17 (a) 所示;黏壶用来描述黏性效应,其为理想黏性液体,服从牛顿黏性定律,如图 1.17 (b) 所示。

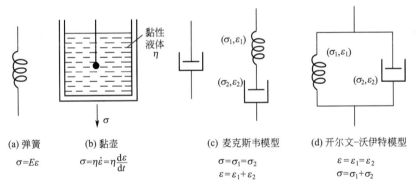

图 1.17 黏弹性固体模型

1868 年麦克斯韦提出一种液态黏弹性物体的流变模型,其为一个弹性元件和一个活塞元件的串联 [图 1.17 (c)],即内部结构由弹性和黏性两种成分组成的聚集体,其中弹性成分不成为骨架,而埋在连续的黏性成分中。因此,在恒定载荷下,储存于弹性体中的势能会随时间逐渐消失于黏性体中,表现为应力松弛。

1890 年开尔文提出一种固态黏弹性物体,即内部结构由坚硬骨架及填充于空隙的黏性液体组成一种多孔物体。其流变模型为并联的一个弹性元件和一个活塞元件 [图 1.17 (d)]。开尔文体受力时,变形须在一定时间后逐渐增大到最大弹性变形量,卸载后,变形也须在一定时间后趋于消失。一般非匀质材料(如水泥混凝土)具有开尔文体的结构特征。

在交变应力作用下，由于高分子材料的链段运动时受到内摩擦力作用，因此，当外力变化时，链段运动跟不上外力的变化，形变落后于应力变化。这是一种更接近实际使用条件的黏弹性行为。例如，许多塑料零件（如齿轮、阀门片、凸轮等）都是在周期性的动载下工作的；滚动的橡胶轮胎、传送带、吸收振动波的减振器等更是不停地承受交变载荷的作用。

1. 蠕变

蠕变是在一定的温度和较小的恒定外力（拉力、压力或扭力等）作用下，材料的形变随时间逐渐增大的现象。例如，如果软聚氯乙烯丝钩着一定质量的砝码，就会慢慢地伸长，卸下砝码后又慢慢地回缩，这就是聚氯乙烯的蠕变现象和回复现象。

实际上，蠕变反映了材料在一定外力作用下的尺寸稳定性和长期负载能力。对于尺寸精度要求高的高分子材料零部件，需要选择抗蠕变性好的高分子材料。主链含芳杂环的刚性链聚合物具有较好的抗蠕变性，成为应用广泛的工程塑料，可以代替金属材料加工机械零件。使用蠕变比较严重的材料时，必须采取必要的补救措施。例如硬聚氯乙烯具有良好的耐蚀性，可以用于加工化工管道、容器等设备；但它易蠕变，使用时必须增加支架以稳定尺寸。可采用硫化交联的方法阻止橡胶不可逆的黏性流动。图 1.18 所示为几种聚合物的蠕变性能比较（23℃）。

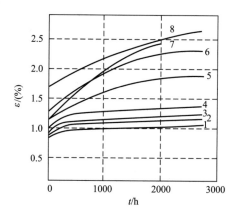

1—聚砜；2—聚苯醚；3—聚碳酸酯；4—改性聚苯醚；5—ABS（耐热级）；

6—聚甲醛；7—聚酰胺；8—ABS。

图 1.18　几种聚合物的蠕变性能比较（23℃）

2. 应力松弛

应力松弛是指在恒定温度和形变保持不变的情况下，材料内部的应力随时间逐渐减小的现象。例如使用含有增塑剂的聚氯乙烯丝捆物体，开始扎得很紧，而会随时间变松就是应力松弛现象；在高温下，紧固零件的内部弹性预紧应力随时间减小，会造成密封泄漏或松脱事故；采用振动法消除残余内应力就是加速应力松弛过程；打包带变松、橡皮筋变松都是应力松弛现象。

线型聚合物产生应力松弛的原因是试样承受的应力逐渐消耗在克服链段及分子链运动的内摩擦阻力上。在外力作用下，高分子链段沿外力方向被迫伸展，产生内应力。但是，通过链段热运动调整分子构象，使缠结点散开，分子链产生相对滑移，逐渐恢复其卷曲的原状，内应力逐渐消除，与之相平衡的外力也逐渐衰减，以维持恒定的形变。因交联聚合物整个分子不能产生质心位移的运动，故应力只能松弛到平衡值。

由于聚合物的分子运动具有温度依赖性，因此应力松弛现象受温度的影响很大。当温度很高时，链段运动受到的内摩擦力很小，应力松弛很快；当温度很低时，虽然应变会产生很大的内应力，但是链段运动受到的内摩擦力很大，应力松弛极慢；只有温度在 T_g 附近时，聚合物的应力松弛现象才明显。

应力松弛可用来估测某些工程塑料零件中夹持金属嵌入物（如螺母）的应力，也可用来测定塑料制品的剩余应力。由于应力松弛的结果一般比蠕变容易用黏弹性理论来解释，因此应力松弛常用于研究聚合物结构与性能的关系。

1.3.3　伪弹性

冷却转变时呈弹性长大、加热逆转变时呈弹性缩小的马氏体称为热弹性马氏体。在 M_s 以上对母相施加一定的外力，可诱发马氏体相变，称为应力诱发马氏体。伪弹性是指在一定温度下，当应力达到一定水平后产生应力诱发马氏体相变而产生的大幅度非线性弹性变形（高达 60%），也称相变伪弹性，其变形和吸能的物理机制在于热弹性奥氏体相和马氏体相的相互转化。

图 1-19 所示为伪弹性材料的应力-应变曲线，AB 段为常规弹性变形阶段，σ_B^M 为应力诱发马氏体相变开始的应力，在 C 点处马氏体相变结束。CD 段为马氏体的弹性应变阶段，卸载，马氏体弹性恢复，σ_F^P 表示开始逆向相变的应力，马氏体相变回原来组织，到 G 点完全恢复初始组织。GH 段为初始组织的弹性恢复阶段，恢复到初始组织状态，无残留变形。

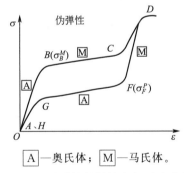

形状记忆合金

$\boxed{A}$—奥氏体；$\boxed{M}$—马氏体。

图 1.19　伪弹性材料的应力-应变曲线

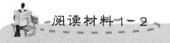阅读材料 1-2

阻尼器

伪弹性形状记忆合金阻尼器

消能减振阻尼器不仅需要很大的阻尼力和很强的耗能能力，还需要充分的变形恢复能力，以减小结构残余变形损伤累积。伪弹性形状记忆合金（shape memory alloy，SMA）能够在卸载后自主回复变形，产生应力-应

变的滞后关系,起到大变形回复和阻尼作用,利用其超弹性和自复位特性的阻尼器能提供稳定的自复位驱动力、超弹性变形能力与耗能能力;可实现快速现场安装,不会对其他构件造成预压等额外承载负担;无蠕变效应,自复位能力持久;具有良好的抗疲劳能力和耐蚀能力,能抵抗长时强震或反复余震,维护成本低,适用于恶劣环境,广泛应用于建筑和土木工程结构的振动及地震响应控制系统。

1.3.4　包申格效应

包申格(Bauschinger)效应是指金属材料经预先加载产生少量塑性变形(残余应变小于4%),卸载后同向加载时规定残余伸长应力增大,而反向加载时规定残余伸长应力减小的现象。

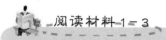阅读材料1-3

包申格效应的应用与控制

包申格效应是多晶体金属具有的普遍现象,所有退火态和高温回火态的金属都有包申格效应。对某些钢和钛合金,包申格效应可使规定残余伸长应力减小15%～20%。

包申格效应与金属材料微观组织结构的变化有关,尤其是与材料中位错运动所受的阻力变化有关。金属在载荷作用下产生少量塑性变形时,运动位错受阻,形成位错缠结或胞状组织。如果此时卸载并随即同向加载,则在原先加载的应力水平下,缠结的位错运动困难,宏观上表现为规定残余伸长应力增大。但如果卸载后施加反向应力,则位错反向运动时前方障碍较少,可以在较小应力下滑移较大距离,宏观上表现为规定残余伸长应力减小。

一方面,可以利用包申格效应减小形变应力,如薄板反向弯曲成形、拉拔的钢棒经过辊压校直等;另一方面,要考虑包申格效应的有害影响,如对于一些预先经受一定程度冷变形的材料,若载荷方向与冷变形方向相反,则微量塑变抗力减小,使构件的承载能力下降。

消除包申格效应的方法是对材料进行较大的塑性变形或对微量塑性变形的材料进行再结晶退火热处理。如通过预先施加较大塑性变形的方式消除小管径电阻焊管的包申格效应;在第二次反向受力前,使金属材料在回复或再结晶温度下退火,如钢在500℃以上退火;通过控制钢铁材料的组织,减少第二相粒子可以减弱包申格效应,如通过控轧控冷的方式获得X70高强管线钢的针状铁素体,代替铁素体+珠光体组织来减弱包申格效应。

1.3.5　内耗

对于理想弹性变形,应力和应变是单值、瞬时的,在弹性范围内加载时材料储存弹性能,卸载时释放弹性能,在弹性循环变形过程中没有能量损耗。对于非理想弹性变形时,应力和应变不同步,加载曲线与卸载曲线不重合,而是形成一条封闭回线,称为弹性滞后环,即加载时材料吸收的变形功大于卸载时释放的变形功,部分加载变形功被材料吸收。

这部分在变形过程中被吸收的功称为材料的内耗，其值可用回线面积度量。

当材料受到交变应力作用时，应力和应变都随时间不断变化。当应力和应变都以简单正弦曲线的规律变化时，受滞弹性（黏弹性）的影响，应变总是落后于应力，应变和应力之间存在一个相位差，从而产生阻尼作用，导致能量消耗。例如，即使一个音叉在真空中做弹性振动，受内耗的作用，振幅也会逐渐衰减。

单向加载和交变加载一个周期所形成的弹性滞后环曲线如图 1.20 所示。回线包围的面积代表应力-应变循环一个周期产生的能量损耗，回线面积越大，能量损耗越大。

材料产生内耗的原因与微观组织结构和物理性能变化有关，如两端被钉扎的位错的非弹性运动、间隙原子或置换原子在应力作用下产生的应力感生有序化、晶界的迁移、磁性的变化等。这些微观运动要消耗能量，引起材料内耗。

高分子材料拉伸时的外力，一方面用于改变分子链的构象，另一方面用于提供克服链段间内摩擦所需能量。卸载后，伸展的分子链重新蜷曲，高分子材料体系对外做功，但是分子链回缩时的链段运动仍需克服链段间的摩擦阻力。因此，在一个拉伸—回缩循环中，要消耗部分能量，转化为热能。内摩擦阻力越大，滞后现象越严重，内耗也越大。

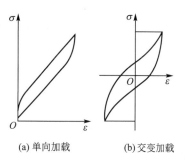

(a) 单向加载　　　　　(b) 交变加载

图 1.20　弹性滞后环曲线

 阅读材料 1-4

内耗的应用

内耗是材料的一种重要力学性能和物理性能。在力学性能方面，一般称内耗为材料的循环韧性，表示材料在交变载荷（振动）作用下吸收不可逆变形功的能力，又称消振性。材料循环韧性越强，自身的消振能力越强，对降低机械噪声、抑制高速机械的振动具有重要意义。例如，铸铁因含有石墨而不易传递机械振动，具有很强的消振性，常用于制造机床底座等；汽轮机叶片用具有高循环韧性的 12Cr13 钢制造。反之，选用循环韧性低的材料制造仪表传感元件，可以提高灵敏度；乐器所用材料的循环韧性越低，音质越好。在物理性能方面，可以利用内耗与材料成分、组织结构及物理性能变化的关系，研究材料科学。

中国物理学家葛庭燧（1913—2000）院士在 1947 年发明了葛氏扭摆仪，首次发现了晶界内耗峰——葛氏峰，以著名的"葛氏扭摆""葛氏内耗峰"和"葛氏晶粒间界理论"成为国际上滞弹性内耗研究领域的创始人之一，奠定了非线性滞弹性理论的实验基础。

葛庭燧

 综合习题

一、填空题

1. 金属材料的力学性能是指在载荷作用下抵抗_____或_____的能力。

2. 低碳钢拉伸试验的过程可以分为弹性变形、_____和_____三个阶段。

3. 线型无定形高聚物的三种力学状态是_____、_____、_____，它们的基本运动单元分别是_____、_____、_____，其分别是_____、_____、_____的使用状态。

二、概念辨析

1. 弹性变形、理想弹性变形、非理想弹性变形

2. 弹性模量、比例极限、弹性极限

3. 弹性比功与内耗

4. 时-温等效原理

三、选择题（单选或多选）

1. 下列不是力学性能的是（　　）。

A. 强度　　　　　　　　B. 切削加工性能　　　　　C. 韧性

D. 硬度　　　　　　　　E. 焊接性能

2. 下列属于物理性能的是（　　）。

A. 断裂韧性　　　　　　B. 应力腐蚀　　　　　　　C. 光电转换性能

D. 导热性能　　　　　　E. 强度

3. 要求空间飞行器材料既要轻质，又要保证结构刚度，使用（　　）作为衡量弹性性能的指标。

A. 弹性模量　　　　　　B. 切变模量　　　　　　　C. 弹性比功

D. 比弹性模量　　　　　E. 杨氏弹性模量

4. 可通过（　　）提高材料的弹性比功。

A. 提高抗拉强度，降低弹性模量

B. 提高弹性极限，降低弹性模量

C. 降低弹性极限，降低弹性模量

D. 降低弹性极限，提高弹性模量

5. 线型无定形高聚物在玻璃态进行弹性变形的基本运动单元包括（　　）。

A. 链段　　　　　　　　B. 链节或侧基

C. 大分子链　　　　　　D. 键长或键角

6. 线型无定形高聚物在高弹态进行弹性变形的基本运动单元包括（　　）。

A. 链段　　　　　　　　B. 链节或侧基

C. 大分子链　　　　　　D. 键长或键角

7. 为降低机器运行的噪声，机床底座应选用（　　）高的材料制造。

A. 弹性比功　　　　　　B. 冲击韧性　　　　　　　C. 循环韧性

D. 内耗　　　　　　　　E. 弹性模量

8. 弹性变形的本质是（　　）。

A. 与时间无关　　　　　B. 与时间有关　　　　　　C. 可逆变形

D. 应力应变同步　　　　E. 应力和应变呈线性关系

四、计算题

已知烧结 Al_2O_3 的气孔率 $P=5\%$，弹性模量 $E=370GPa$，若另一烧结 Al_2O_3 的弹性模量 $E=260GPa$，试求其气孔率。

五、思考题

不同材料（金属材料、陶瓷材料、高分子材料）的弹性模量主要受什么因素影响？

六、文献查阅及综合分析

查阅近期的科学研究论文，任选一种材料，以材料的弹性变形行为（理想弹性变形、非理想弹性变形）为切入点，分析材料的弹性性能与成分、结构、工艺之间的关系（给出必要的图表、参考文献）。分析角度参考材料研究的五要素图（图1.21）。

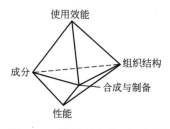

图 1.21　材料研究的五要素图

七、工程案例分析

请举一个实际工程案例，说明材料的弹性变形的应用、机理及性能指标的要求，完成PPT制作、课堂汇报与讨论，并提供案例来源、文字说明、图片、视频等资源。

第1章 试验方法（国家标准）

在线答题

第 2 章

材料的塑性变形

本章知识构架

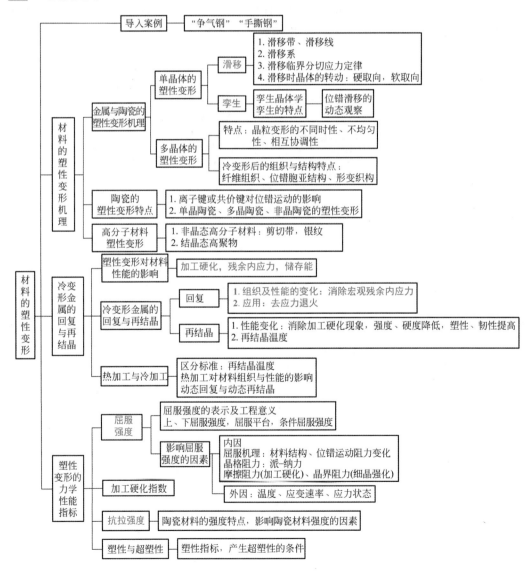

导入案例

塑性变形不仅可以把材料加工成各种形状和尺寸的制品，还可以改变材料的组织和性能。如广泛应用的各类钢材，根据断面形状的不同，一般分为型材、板材、管材和金属制品四大类。大部分钢材通过压力加工产生塑性变形。工字钢、槽钢、角钢等广泛应用于工业建筑和金属结构，如厂房、桥梁、船舶、农机车辆制造、输电铁塔、运输机械等。我国采用自主研发的工艺轧制出厚度仅为 0.015mm 的超薄"手撕钢"，用于制造航天隔热件、储能电池、传感器、太阳能、折叠显示屏、USB 接口等，被誉为"钢铁行业皇冠上的明珠"。

我国第一座自主设计和建造的双层铁路公路两用桥——南京长江大桥具有开创意义。1957 年建成的武汉长江大桥桥梁的主体钢材是 Q235（A3），其是从苏联进口的。1960 年，我国决定自主研发和生产南京长江大桥所需钢材。1963 年，鞍山钢铁厂成功研制生产 1.4 万吨 16Mn（Q345）桥梁钢，获第一届国家科学技术进步奖特等奖。南京长江大桥是 20 世纪 60 年代我国经济建设的重要成就，也是我国桥梁建设的重要里程碑，具有重要的经济意义、政治意义和战略意义，被称为"争气钢""争气桥"。

我国桥梁用钢经历了 16Mn（Q345）、14MnNbq（Q370）、15MnVNq（Q420）、Q460 和 WNQ570 等的发展历程。

2000 年 9 月建成的芜湖长江大桥（图 2.01）是国家"九五"重点交通建设项目，其为铁路公路两用钢桁梁斜拉桥，铁路桥长度为 10624.4m，公路桥长度为 6078.4m。其采用 14MnNbq 厚板焊接全封闭整体节点钢梁。

南京长江大桥—自力更生 16Mn 钢研制

"手撕钢"

图 2.01 芜湖长江大桥

钢材及轧钢

塑性变形

当外力大于晶体的弹性极限时，在切应力的作用下，晶体中相邻原子面间产生相对位移，原子从一个平衡位置进入相邻的另一个平衡位置。去除外力后，原子不能回复而产生永久变形，即塑性变形是材料微观结构的相邻部分产生永久性位移的现象。

衡量材料塑性变形性能的力学性能指标有屈服强度 σ_s、抗拉强度 σ_b、加工硬化指数 n、延伸率 δ 及断面收缩率 ψ 等。

材料的种类和性质不同，其塑性变形机理也不同。本章从简单的金属与陶瓷单晶体入手，研究晶体塑性变形的机理和规律，对比分析金属、陶瓷、高分子材料的塑性变形特点和物理本质，解释塑性变形材料的强度及塑性变形性能的工程意义、变化规律及影响因素，理解材料的塑性变形性能与材料内在因素（成分、结构、组织等）及外在因素（温度、加载条件等）的关系，结合工程应用案例分析，提高材料强度和塑性变形性能指标及发挥材料潜力、开发新材料的主要途径。

2.1　材料的塑性变形机理

塑性变形理论的发展

　　1864—1868 年，特雷斯卡提出产生塑性变形的最大切应力条件。1911 年，卡门在三向流体静压力的条件下，对大理石和砂石进行了轴向抗压试验。1914 年，伯克尔对铸锌进行了轴向抗压试验。试验结果表明，固体的塑性变形性能不仅取决于成分、组织等内在因素，还与应力状态等外在因素有关。1913 年，米泽斯提出产生塑性变形的形变能条件。1926 年洛德、1931 年泰勒和奎尼分别用不同的试验方法证实了上述结论。

　　金属晶体塑性研究开始于金属单晶的制造和 X 射线衍射分析方法的运用。伊拉姆、戈尔德施米特和巴雷特等人研究了金属晶体内塑性变形的主要形式——滑移及孪生。随后，人们运用晶体缺陷理论和现代分析方法对塑性变形机理进行了深入研究。

　　塑性变形理论主要应用于如下两个领域：①解决材料的强度问题，包括基础研究和使用设计等；②探讨塑性加工，解决施加的力与变形条件的关系及塑性变形后材料的性质变化等。

2.1.1　金属与陶瓷的塑性变形机理

　　1. 单晶体的塑性变形

金属与陶瓷单晶体材料的常见塑性变形机理有滑移和孪生两种。

（1）滑移。

① 滑移机制。

滑移的概念：滑移是在切应力的作用下，晶体的一部分相对于另一部分沿一定的晶面（滑移面）和晶向（滑移方向）产生相对位移，而不破坏晶体内部原子排列规律的塑性变形方式。

　　滑移的位错机制：晶体的塑性变形是通过位错的滑移进行的，塑性变形是位错滑移运动的结果。当一根位错沿着一定的滑移面运动时，移出晶体表面形成的台阶是一个伯格斯矢量。

　　滑移的痕迹：磨制抛光的试样经过塑性变形后，在光学显微镜下可看到其表面有许多高度不同的台阶、平行线或交叉线，称为滑移带。在电子显微镜下，一条线由更多小台阶和一组平行线构成，称为滑移线（图 2.1）。100～200nm 的滑移台阶约有 400～800 个位错移出晶体表面。滑移带和滑移线只是晶格滑移结果的表象，重新抛光后可去除。

图 2.1　滑移线

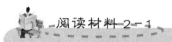

滑移

② 滑移系。

滑移系的概念：一个滑移面及其一个滑移方向组成一个滑移系。

滑移面的选择：滑移面通常是晶体中的最密排面，由于最密排面间的间距大、作用力小，因此位错滑移易在最密排面间进行，形成滑移台阶。

滑移方向的选择：滑移方向总是晶体中的最密排方向，由于最密排方向上的原子间距最小，位错滑移矢量（伯格斯矢量）小，位错滑移引起的晶格畸变程度和应力场小，因此位错易滑移。

不同晶体结构的滑移系如表 2-1 和图 2.2 所示。

表 2-1　不同晶体结构的滑移系

晶体结构	面心立方	体心立方	密排六方
滑移面及其数量	{111}，4 个	{110}，6 个	{0001}，1 个
滑移方向及其数量	⟨110⟩，3 个	⟨111⟩，2 个	⟨1120⟩，3 个
滑移系数量	12 个	主滑移系 12 个；次滑移系中，12 个 {112} 和 24 个 {123}	3 个

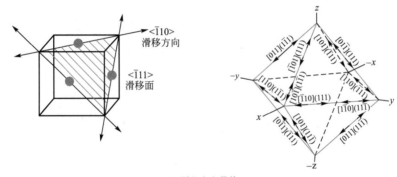

(a) 面心立方晶体

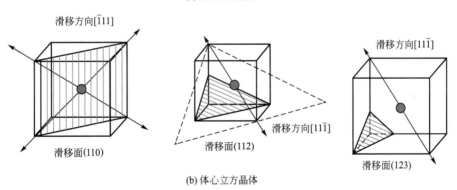

(b) 体心立方晶体

图 2.2　不同晶体结构的滑移系

滑移系数量是影响材料塑性的重要因素。

① 一般情况下，滑移系越多，材料的塑性越好。密排六方晶体（hcp）的滑移系少（只有 3 个），塑性较低。面心立方晶体（fcc）和体心立方晶体（bcc）的滑移系有 12 个，塑性高于密排六方晶体。

② 在相同滑移系数量下，晶体的致密度和滑移方向对滑移的影响更大，材料的塑性与滑移面密排程度和滑移方向数量有关。例如，面心立方晶体（如 Cu、Al 等）的致密度比体心立方晶体（如 α-Fe）高，滑移方向更多，位错滑过晶体点阵时受到的阻力更小，位错更容易运动，因此面心立方晶体的塑性优于体心立方晶体。

③ 滑移系数量不是决定材料塑性的唯一因素。材料的塑性除与晶体结构（滑移系）有关，还与成分、杂质、变形程度和温度等因素有关。体心立方晶体的滑移系除 12 个 {110} 密排面构成的主滑移系外，非密排面 {112} 和 {123} 也是滑移面，因此有 48 个潜在滑移系，但在实际变形条件下，这些滑移系不一定同时滑移，不能推断体心立方晶体的塑性最好。当温度升高时，体心立方晶体的 {112} 晶面及 {123} 晶面可能成为滑移面，从而提高材料的塑性。此外，在塑性变形时，只有某滑移系上的分切应力达到临界值才会产生滑移。

材料的塑性除与晶体结构（滑移系）有关，还与杂质对变形的影响、加工硬化的影响、屈服强度和金属断裂抗力有关。

理论上，滑移系的开动对应宏观上晶体的屈服。但实际上，金属晶体滑移的理论临界分切应力值是实测值的几百至几千倍，说明滑移系不是晶体一部分相对于另一部分的整体切动，而是通过位错在滑移面上的运动逐步实现的。

④ 滑移的临界分切应力定律。金属晶体中可能存在很多滑移系，如面心立方晶体有 12 个滑移系，在塑性变形时，12 个滑移系能否同时开动呢？

图 2.3 所示为横截面面积为 A_0 的单晶试棒在拉力 P 的作用下产生塑性变形。任取一个法线为 N 的滑移面，OT 为该面上的任一滑移方向。法线方向 ON 与拉力轴方向 OP 的夹角为 ϕ，滑移方向 OT 与拉力轴方向 OP 的夹角为 λ。滑移方向、拉力轴方向和滑移面法线一般不在同一平面内，即 $\phi+\lambda \neq 90°$。由图 2.3 可知，外力在滑移方向上的分切应力

$$\tau = \frac{P\cos\lambda}{\dfrac{A_0}{\cos\phi}} = \frac{P}{A_0}\cos\lambda\cos\phi \qquad (2-1)$$

当 $\sigma = \sigma_s$ 时，晶体产生屈服，塑性变形开始。临界分切应力

$$\tau_c = \sigma_s\cos\lambda\cos\phi \qquad (2-2)$$

式中，$\cos\lambda\cos\phi$ 称为取向因子 Ω。式（2-2）为滑移的临界分切应力定律，称为戈尔德施米特规则，可表达如下：当外力作用在滑移面滑移方向上的分切应力达到临界值 τ_c 时，位错的滑移开动，晶体产生屈服，$\sigma = \sigma_s$。

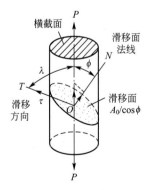
图 2.3 单晶试棒拉伸

戈尔德施米特认为：τ_c 是常数，对某种材料是定值，只与晶体结构、滑移系类型、变形温度及对滑移阻力有影响的因素有关，而与取向因子 Ω 无关。但材料的屈服强度 σ_s 随拉力轴相对于晶体的取向（ϕ 和 λ）变化。Ω 值大时，材料的屈服强度较低，称为软取向。假定 ON、OT、OP 都在同一平面上，则 $\lambda+\phi=90°$。当 $\phi=\lambda=45°$ 时，$\Omega=1/2$，Ω 值最大，为软取向。反之，Ω 值小时，材料的屈服强度较高，称为硬取向。当滑移面垂直于拉力轴或平行于拉力轴时，$\phi=90°$ 或 $\lambda=90°$，$\Omega=0$，外力在滑移面上的分切应力为零，位错不能滑移。σ_s 与 Ω 的关系如图 2.4 所示。

只有当外力在某个滑移面的滑移方向上的分切应力达到某

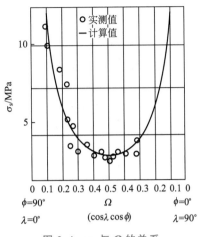

图 2.4 σ_s 与 Ω 的关系

临界值时,滑移系才开动。当有许多滑移系时,需要看外力在哪个滑移系上的分切应力最大,分切应力最大的滑移系先开动。

滑移的应力条件:在多个滑移系中,滑移面和滑移方向与外力成 45°,即处于软取向的滑移系获得最大分切应力,达到临界分切应力 τ_c 时先开动。

表 2-2 所列为一些金属晶体滑移的临界分切应力。20 世纪 30 年代人们通过试验测得临界分切应力。20 世纪 40 年代提出了位错滑移机制的解释。20 世纪 50 年代位错滑移机制通过电子显微镜观察得到直接试验证明。

表 2-2 一些金属晶体滑移的临界分切应力

金 属		温度	滑移系	临界分切应力 τ_c/MPa
面心立方晶体	Al	室温	{111}<110>	0.79
	Cu			0.98
	Ni			5.68
体心立方晶体	Fe	室温	{110}<111>	27.44
	Nb			33.80
密排六方晶体	Ti	室温	{10$\bar{1}$0}<11$\bar{2}$0>	13.7
	Mg	330℃	{0001}<11$\bar{2}$0>	0.76
				0.64
			{10$\bar{1}$1}<11$\bar{2}$0>	3.92

【例 2-1】 在面心立方晶胞 [001] 上施加 100MPa 的应力,求滑移系 (111) [01$\bar{1}$] 上的分切应力。

解:首先确定该滑移系对应力轴的相对取向,滑移面 (hkl) 为 (111),应力轴 $[uvw]$ 为 [001],如图 2.5 所示。

滑移方向 [01$\bar{1}$] 和应力轴 [001] 的夹角 $\lambda = 45°$,$\cos\lambda \approx 0.707$。

滑移面 (111) 和应力轴 [001] 的夹角

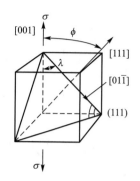

图 2.5　滑移系对应力轴的相对取向

$$\cos\phi = \frac{h\mu+k\nu+l\omega}{\sqrt{h^2+k^2+l^2}\sqrt{\mu^2+\nu^2+\omega^2}} = \frac{1}{\sqrt{3}}$$

$$\phi \approx 54.76°$$

由戈尔德施米特规则得

$$\tau = \sigma\cos\lambda\cos\phi = 100 \times \frac{1}{\sqrt{3}} \times 0.707 \approx 40.8\text{MPa}$$

所以，滑移系 $(111)[01\bar{1}]$ 上的分切应力为 40.8MPa。

⑤ 滑移时晶体的转动。晶体在拉伸或压缩时的滑移变形过程中，各滑移层像扑克牌一样层层滑开，并伴随一个力偶，力偶 σ_1 及 σ_2 使滑移面向拉伸轴向转动。拉伸时，滑移面和滑移方向趋于平行于压力轴；压缩时，晶面逐渐趋于垂直于压力轴。滑移时晶体的转动如图 2.6 所示。晶体转动的结果是当 ϕ、λ 远离 45°时，滑移变得困难，称为几何硬化；当 ϕ、λ 接近 45°时，滑移变得容易，称为几何软化。软取向与硬取向可以相互转换。

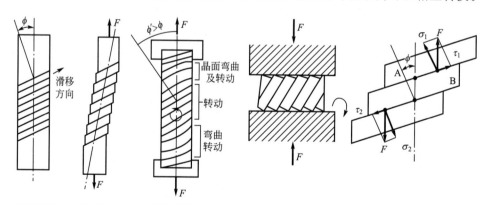

(a) 滑移带　　(b) 滑移层　　(c) 拉伸时晶体的转动　　(d) 压缩时晶体的转动　　(e) 伴生的力偶

图 2.6　滑移时晶体的转动

单晶体滑移层滑开、压缩转运

由于晶体内部成分和结构不均匀（存在杂质和缺陷），因此塑性变形时的滑移和转动在晶体中分布不均匀，滑移和转动在某些区域受阻，形成转角较小的带状区域，称为形变带；当位错堆积在受阻部位（存在杂质和缺陷），滑移和转动只发生在一个狭窄的带状区域时，该区域称为扭折带。形变带和扭折带都是不均匀滑移的特殊表现，但形变带中的转动是逐渐产生的；而扭折带的转动都集中在带内，相邻的带外部分既不滑移又不转动。

⑥ 滑移方式。根据滑移系开动的数量和顺序，滑移方式分为单滑移、交滑移、多滑移和复滑移。戈尔德施米特规则不仅阐明了晶体开始发生塑性变形时分切应力需达到某临界值，而且解释了滑移变形的单滑移、交滑移、多滑移和复滑移情况。铝晶体的单滑移、交滑移和多滑移如图 2.7 所示。

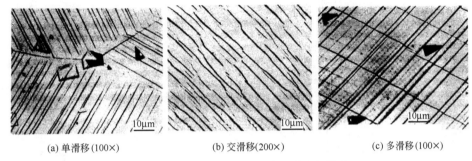

(a) 单滑移(100×)　　　　　(b) 交滑移(200×)　　　　　(c) 多滑移(100×)

图 2.7　铝晶体的单滑移、交滑移和多滑移

a. 单滑移［图 2.7（a）］。当只有一个滑移系上的分切应力最大并达到临界切应力时，发生单滑移。在一个晶粒内只有一组平行的滑移线（带）。由于单滑移是在变形量很小的情况下发生的，位错在滑移过程中不会与其他位错交互作用，因此加工硬化很弱。

b. 交滑移［图 2.7（b）］。螺型位错的伯格斯矢量与位错线平行，有无限多个滑移面。因此，当螺型位错在某滑移面上的运动受阻时，可以离开该滑移面而沿另一个与原滑移面有相同滑移方向的晶面继续滑移。由于位错的伯格斯矢量不变，位错在新滑移面上仍然按原来的方向运动，因此该过程称为交滑移。产生交滑移的晶体，其表面滑移线是折线。交滑移是由螺型位错在不改变滑移方向的前提下改变滑移面引起的。

此外，当一个全位错分解为两个不全位错，带有层错的不全位错要进行交滑移时，必须束集成非扩展态的螺型位错。通常，层错能高的晶体的位错扩展宽度小，容易束集和交滑移；层错能低的晶体则相反。

交滑移在晶体的塑性变形中起着重要作用，若没有交滑移，只增大外力，则晶体很难继续变形。因此，一般易发生交滑移的材料的塑性较好。

c. 多滑移［图 2.7（c）］。由戈尔德施米特规则［式（2-2）］可知，当对一个晶体施加外力时，可以有超过两个滑移系上的分切应力同时满足 $\tau > \tau_c$，各滑移面上的位错同时开动，晶体表面的滑移线是两组或两组以上平行线，这种现象称为称为多滑移。发生多滑移时，两个滑移面上的位错产生相互作用，形成割阶或扭折，使位错进一步运动的阻力增大。因此，多滑移比单滑移困难。

▶

交滑移

d. 复滑移。复滑移是指依次使取向不同的滑移系开动。当外力在某滑移系上的分切应力超过 τ_c 时，该滑移系开动，该滑移系称为主滑移系。随着一次滑移的进行，晶体的取向相对于加载轴发生变化（向滑移方向运动），滑移到一定程度后，另一个滑移系也满足条件而参与滑移，该滑移系称为共轭滑移系。

晶体的极射赤平投影可方便地表示多滑移和复滑移（图 2.8）。面心立方晶体的易滑移面 {111} 用 A、B、C、D 表示，易滑移方向 <110> 用 Ⅰ、Ⅱ、Ⅲ、Ⅳ 表示，在不同力轴

的作用下开动的滑移系表示如图 2.8 (b) 所示。当一个面心立方晶体沿 [001] 方向施加外力时，可以开动 8 个滑移系；当沿 [110] 方向施加外力时，可以开动 4 个滑移系；当沿 [111] 方向施加外力时，可以开动 6 个滑移系；当力轴是图中弧边三角形内任一点时，可以开动 1 个滑移系 [图 2.8 (b) 中的 P 点]。

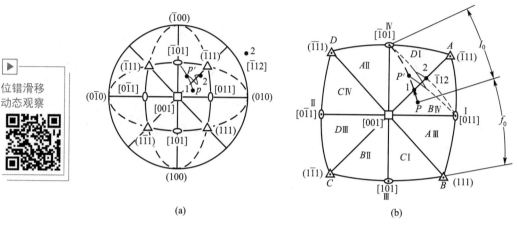

位错滑移
动态观察

(a)　　　　　　　　　　　(b)

图 2.8　多滑移和复滑移的极射赤平投影表示

当力轴在 P 点时，开动的主滑移系为 BⅣ，即 (111) $[\bar{1}01]$。随着滑移的进行，晶体转向，加载轴向沿滑移方向运动（沿着虚线在一个圆上）。当加载轴到达 1 点时，共轭滑移系 $(1\bar{1}1)[011]$ (DⅠ) 上的分切应力与主滑移系上的相等。理论上，自 1 点开始，主滑移系和共轭滑移系都起作用，使加载轴由 1 点向 2 点的 $[\bar{1}12]$ 方向运动（Ⅰ、Ⅳ 和 2 点在一个大圆上）。但实际上，通常在主滑移系上继续滑移，而共轭滑移系暂不开动，直到力轴转动到 P' 点后共轭滑移系开动，此现象称为超越。说明共轭滑移系中的潜在硬化比主滑移系的实际硬化大。随后滑移转到共轭滑移系上，可进行多次超越，力轴最终到达 2 点的稳定位置，此后取向不再变化。

（2）孪生。

在切应力的作用下，部分晶体相对于另一部分晶体沿一定晶面（孪生面）和晶向（孪生方向）发生均匀切变，形成以共格界面联结、与晶体原取向呈镜面对称关系的晶体变形方式称为孪生。发生孪生的晶体区称为孪晶，其一般呈平直片状，前端尖锐且呈透镜状，晶体表面产生浮凸和扭折带。孪生通常是晶体难以滑移时产生的一种塑性变形方式。密排六方晶体金属（锌、镉、镁等）因对称性低、滑移系少而常以孪生的方式发生塑性变形，在塑性变形后的组织中有孪晶。

① 孪生晶体学。孪生是晶体中的晶面沿一定的晶向移动，形成以共格界面联结、与晶体原取向呈镜面对称的一对晶体（孪晶）的过程。在切变前后，已切变区与未切变区的界面形状和尺寸均未改变，此面为孪生面。孪生面上的切变方向为孪生方向。

以面心立方晶体的孪生为例（图 2.9），实点代表切变前原子的位置，A、C、E、G 代表 (110) 面各排原子面，它们分别沿 $[11\bar{2}]$ 方向移动一定距离，AB 面 (111) 为孪生面，各排原子的切变位移随与孪生面的距离增

孪生变形

大而增大，G 层原子面的位移刚好是原子间距的整数倍。在 A～G 原子间形成变形区，其晶体位向发生变化，但晶体结构和对称性不变。并且，已变形区和未变形区以孪生面为镜面对称形成孪晶。

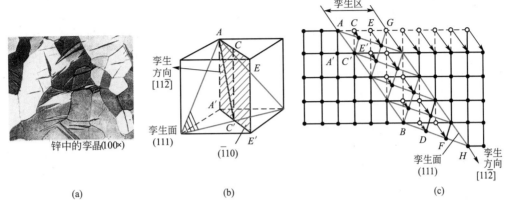

图 2.9　面心立方晶体的孪生

② 孪生的特点。滑移和孪生是塑性变形的两种方式，二者都是晶体的一部分相对于另一部发生位移，但有着本质上的差异。滑移和孪生的异同点见表 2-3。

表 2-3　滑移和孪生的异同点

异同点		滑　移	孪　生
相同点		均匀切变；沿一定的晶面、晶向进行；不改变晶体结构	
不同点	晶体位向	不改变（对抛光面观察无重现性）	改变，形成镜面对称关系（对抛光面观察有重现性）
	位移量	呈滑移方向上原子间距的整数倍，较大	小于孪生方向上的原子间距，较小
	对塑变的贡献	很大，总变形量大	有限，总变形量小
	变形应力	有一定的临界分切应力	临界分切应力远大于滑移量
	变形条件	一般先发生滑移	滑移困难时产生变形
	变形机制	全位错运动的结果	分位错运动的结果

孪生时，部分晶体发生了均匀切变，在切变前后晶体结构不改变，晶体位向改变，晶体已变形区与未变形区呈镜面对称，它们的晶体位向关系确定。因此，对孪晶试样进行重新抛光后，依然可观察到孪晶。

孪生变形在应力-应变曲线上呈锯齿形变化。因为孪生的形成可分为形核和扩展两个阶段，形核所需的切应力大于生长阶段的切应力，所以随着孪晶的形核和扩展，载荷突然上升和下降。

孪生时，平行于孪生面的同层原子的位移均相等，其正比于该层与孪生面的距离。因此，孪晶长大时对周围基体产生较大的切应变，引起滑移或不均匀塑性变形，以协调孪晶切变，否则孪晶附近会产生裂纹。

孪晶组织一般呈平直片状。锌晶体中的形变孪晶停止在晶粒中部，前端尖锐且呈透镜状，界面部分共格。孪晶形成时，晶体表面会产生浮凸和扭折带以消除应变。显然，孪生是一种不均匀塑性变形。

面心立方晶体、体心立方晶体和密排六方晶体都能以孪生方式产生塑性变形，但面心立方晶体只有在很低的温度下才能产生孪生；体心立方晶体金属（如 α - Fe 及其合金）常在冲击载荷或低温下产生孪生；密排六方晶体因在 c 轴方向没有滑移方向且滑移系较少而更易产生孪生。虽然孪生本身提供的变形量很小，但可以调整滑移面的方向，使新的滑移系开动，从而影响塑性变形。

多晶体塑性
变形的特点

2. 多晶体的塑性变形

（1）多晶体塑性变形的特点。

实际使用的材料大多是多晶体。多晶体是由若干位向不同的小晶体构成的，每个小晶体都称为一个晶粒，两相邻晶粒的过渡区域称为晶界，其厚度约为几个原子间距。材料中的杂质和第二相往往优先分布于晶界，使晶界变脆。由于晶界内空位和位错等较多，晶界应力大，使晶内位错滑移过晶界的阻力增大，因此，晶界对塑性变形起阻碍作用。位错滑移到晶界时受阻并塞积，滑移不易从一个晶粒直接传到相邻晶粒，即滑移、孪生多终止于晶界，极少穿过晶界。位错塞积在晶界处造成较大的应力集中：一方面，当应力集中超过晶粒的屈服强度时，可开动相邻晶粒的位错源滑移，使相邻晶粒产生塑性变形，以完成晶粒之间塑性变形的传播；另一方面，当应力集中超过原子间的结合强度时，易产生裂纹。另外，由于晶界处缺陷多，原子处于能量较高的不稳定状态，因此，在腐蚀介质的作用下往往优先腐蚀而形成裂纹。

在低温下，多晶体中每个晶粒滑移的规律都与单晶体相同，塑性变形的机理仍然是滑移和孪生，但由于各晶粒位向不同且存在晶界，因此其塑性变形更加复杂。

多晶体塑性变形的特点如下。

① 晶粒变形具有不同时性和不均匀性。在多晶体中，由于各晶粒位向不同，受外力作用时，作用在各晶粒上同一滑移系的分切应力有较大差异，某些处于软位向或产生应力集中的晶粒先滑移，而处于硬位向的晶粒可能仍处于弹性变形阶段，只有继续增大外力或晶粒转动到有利位向才滑移。因此，材料的组织越不均匀，塑性变形的不同时性和不均匀性就越显著。这种不均匀性不仅存在于各晶粒之间、基体与第二相之间，而且存在于同一晶粒内部，靠近晶界区域的滑移变形量明显小于晶粒的中心区域。

② 晶粒变形具有相互协调性。多晶体作为一个连续整体，不允许各晶粒在任一滑移系自由变形，否则将导致晶界开裂，这就要求各晶粒之间协调变形。因此，每个晶粒都必须能同时沿多个滑移系滑移，以确保产生任一方向不受约束的塑性变形，而不引起晶界开裂，或在滑移的同时产生孪生，以保持材料的整体性。冯·米塞斯指出：物体内任一点的应变状态可由三个正应变分量和三个切应变分量表示，即有六个独立的滑移系起作用时，由于可认为材料产生塑性变形时的体积不变，即 $\Delta V = \varepsilon_{xx} + \varepsilon_{yy} + \varepsilon_{zz} = 0$，至少应有五个独立的滑移系。因此，多晶体内的任一晶粒可任意变形的条件是五个滑移系同时开动。由于多晶体的塑性变形需要进行多滑移，因此多晶体的应变硬化率比单晶体高。由于密排六方晶体金属的滑移系少，变形不易协调，因此塑性差；其金属间化合物的滑移系较少，变形

不易协调，质脆。

（2）冷变形金属的组织与结构。

实际上，晶体的塑性变形是一个复杂的过程，不仅晶体的外部形状发生变化，而且材料的组织形貌和微观结构均发生变化，形成纤维组织和位错胞亚结构，引起性能的变化。

① 纤维组织的形成。金属经冷变形后，从组织形貌上看，随着变形量的增大，退火态的等轴晶粒沿变形方向不断被拉长或压扁，形成纤维组织，一些硬质颗粒或夹杂物因无法变形而沿伸长方向呈带状或链状分布。这种纤维组织使材料性能呈现各向异性，沿纤维方向的强度和硬度增大，垂直于纤维方向的强度和硬度减小。塑性变形前后晶粒的形状变化如图 2.10 所示。

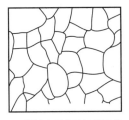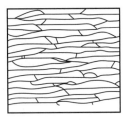

(a) 塑性变形前晶粒的形状　　　　(b) 塑性变形后晶粒的变化

图 2.10　塑性变形前后晶粒的形状变化

② 位错胞亚结构的形成。从显微结构看，冷变形后结构缺陷（如空位和位错）增加，位错密度从退火态的 $10^6 \sim 10^8 \, \text{m}^{-2}$ 增大至 $10^{11} \sim 10^{12} \, \text{m}^{-2}$，位错的组织形貌和分布也发生变化。随着塑性变形量的增大，位错不断增殖，位错间产生交互作用，大量位错堆积在局部区域，造成位错缠结且分布不均匀，使晶粒分化成许多位向略有不同的小晶块，产生亚晶粒，形成位错胞亚结构。在位错胞内部，位错密度很低，大部分位错都缠结在位错胞壁。随着塑性变形量的进一步增大，位错胞增加且尺寸减小，系统能量升高。层错能高的金属（如 Al、Fe 等）易形成位错缠结，胞状组织明显；层错能低的金属，胞状组织不明显。α-Fe 冷变形过程中的位错缠结和位错胞亚结构如图 2.11 所示。

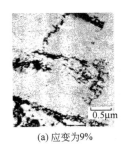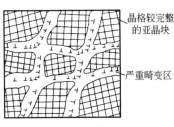

(a) 应变为9%　　　　(b) 应变为20%　　　　(c) 位错胞亚结构

图 2.11　α-Fe 冷变形过程中的位错缠结和位错胞亚结构

③ 形变织构的形成。在多晶体的塑性变形过程中，每个晶粒的塑性变形都受周围晶粒的制约，随着塑性变形量的增大，为保持晶体的连续性，各晶粒转动，使某取向都转动到力轴方向，晶粒位向趋于一致，形成特殊的择优取向，这种有序化的结构称为形变织构。

当晶体中的塑性变形量较大（70％以上）时，形成形变织构（图2.12）。依材料的加工方式不同，形变织构有两种形态：一种是拉拔时各晶粒的一定晶向平行于拉拔方向，称为丝织构，用形变时与拉拔轴平行的晶向指数［uvw］表示，如低碳钢经高度冷拔后，其<100>方向平行于拉拔方向；另一种是板材轧制时各晶粒的一定晶面趋向平行于轧制面，某晶向趋向平行于轧制方向，称为板织构，用晶面指数（hkl）和晶向指数［uvw］表示，如低碳钢的板织构为｛001｝<110>。表2-4所列为典型晶体的丝织构和板织构。

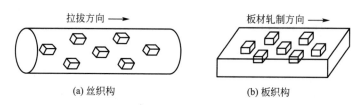

(a) 丝织构　　　　　　　　　　　(b) 板织构

图 2.12　形变织构

表 2-4　典型晶体的丝织构和板织构

晶体结构		丝织构	板织构
面心立方	α-黄铜	［110］［111］	（110）［112］
	纯铜	［111］［110］	（146）［$21\bar{1}$］（123）［$1\bar{2}1$］
体心立方		［110］	（110）［011］
密排六方		［$10\bar{1}0$］	（0001）［$10\bar{1}0$］

织构使多晶体表现出性能上的各向异性。形成板织构的冷轧板沿轧制方向和板厚方向的强度、硬度有较大差异。采用有织构的板材冲制筒形零件时，由于在不同方向上的塑性差别很大，因此零件的边缘出现"制耳"。在某些情况下，织构的各向异性也有好处，如可以利用织构使材料满足特殊的使用性能要求。例如，采用硅钢片轧制变压器，若获得｛110｝<100>织构（称为高丝织构），则沿轧制方向的磁感应强度最大、铁损耗量最小；若获得｛100｝<100>织构（称为立方织构），则在平行于轧制方向和垂直于轧制方向上均能获得良好的磁性。

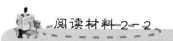

阅读材料 2-2

剧烈塑性变形法制备块体纳米材料

晶粒尺寸是影响传统多晶金属材料性能的重要因素。超细晶/纳米晶金属材料具有很小的晶粒尺寸和独特的缺陷结构，在室温下不仅具有高的强度、硬度和耐磨性，而且具有良好的塑性和韧性，在一定温度范围内还具有超塑性。制备大尺寸、无污染、无微孔隙且晶粒细小均匀的块体纳米材料一直是研究热点。制备块体纳米材料的方法有机械化合金加压成块法、电沉积法、非晶晶化法和剧烈塑性变形（severe plastic deformation, SPD）等。其中，剧烈塑性变形是最有希望实现工业化生产的有效途径。剧烈塑性变形的原理是使材料在较低温度和较大静水压力下产生剧烈塑性变形，在不改变材料横截面面积和形状的前提下获得超细晶组织和纳米结构，平均晶粒尺寸为100nm。1999年，乌克兰科学家 Yan Beygelzimer 及其研究团队提出挤扭（twist extrusion, TE）工艺，并于 2004 年应用于细化晶粒。该工艺可用来制备在一维方向上具有很大尺寸和特殊轮廓外形的零件（非圆形截面且带有内孔的近圆柱体）。剧烈塑性变形存在一定的局限性：需要累积多次塑性变形来产生剧烈塑性变形，难以使高强度金属和合金产生塑性变形，批量生产的成本非常高。

美国的 Chandrasekar 教授发现大应变切削（large strain machining，LSM）是纳米结构材料制备方法中工艺简单、产量大、适用范围广的加工工艺。Moscoso 提出了大应变挤压切削（large strain extrusion machining，LSEM），通过切削和挤压产生超细晶或纳米晶块体材料，可制备片状、盘状、线状和棒状金属块体。

2.1.2　陶瓷的塑性变形特点

1. 结合键对位错运动的影响

陶瓷的主要组成部分是晶体材料，原则上讲，可以通过位错滑移实现塑性变形。但是，由于陶瓷晶体中多为离子键或共价键，具有明显的方向性，同号离子相遇时斥力极大，因此只有个别滑移系能满足位错运动的几何条件和静电作用条件。

金属键、共价键的变形断裂

图 2.13 所示为结合键对位错运动的影响。在金属晶体中，大量自由电子与金属离子结合，位错运动时不会破坏金属键［图 2.13（a）］。对于共价键，原子是通过共用电子对键合的，具有很强的方向性和饱和性［图 2.13（b）］。当位错沿水平方向运动时，必须破坏这种特殊的原子键合，而共价键的结合力很大，位错运动有很大的点阵阻力，即派-纳力。所以，结合键的本质决定了金属的固有特性是软的，而共价晶体的固有特性是硬的。在离子晶体中，当位错运动一个原子间距时，同号离子的斥力大，位错难以运动，但若位错沿 45°方向而不是水平方向运动则较容易［图 2.13（c）］。可见，离子晶体的屈服强度和硬度比共价晶体低，但比金属高。由于陶瓷具有脆性，因此其屈服强度只能用硬度换算，一般陶瓷的屈服强度是其维氏硬度的 1/3。

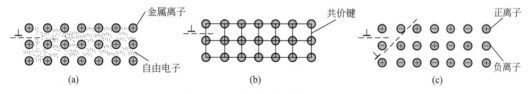

图 2.13　结合键对位错运动的影响

2. 单晶陶瓷的塑性变形特点

在单晶陶瓷中，只有少数晶体结构简单（如 MgO、KCl、KBr 等均为 NaCl 型结构）的陶瓷在室温下具有一定塑性，而大多数陶瓷只有在高温下才具有明显的塑性变形。

在 NaCl 型结构的离子晶体中，低温时滑移易发生在 {110} 面和 <1$\bar{1}$0> 方向。如图 2.14 所示，滑移方向 <1$\bar{1}$0> 是晶体结构中最短平移矢量方向，沿此方向的平移不需要最近邻的同号离子并列，不会形成大的静电斥力；而沿 {100} 面和 <1$\bar{1}$0> 方向滑移时，在滑移距离的一半时同号离子处于最近邻位置,静电斥力较大。

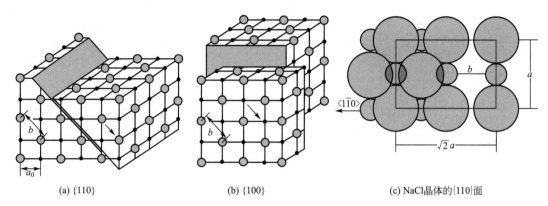

(a) {110}　　　　　　　(b) {100}　　　　　　(c) NaCl晶体的{110}面

图 2.14　NaCl 型结构的离子晶体沿 $<1\bar{1}0>$ 方向的滑移

当温度高于1300℃时,由于静电作用力得到松弛,因此由面间距最大的 {001} 面和 $<1\bar{1}0>$ 方向构成的次滑移系开动,在高温下可以观察到这些强离子晶体中的 {100} $<1\bar{1}0>$ 滑移。

共价晶体的价键方向性、离子晶体的静电互作用力都对陶瓷晶体滑移系的可动性起决定性的影响。此外,离子半径比、极化率、载荷加载速度和温度等也是不容忽视的影响因素。

3. 多晶陶瓷的塑性变形特点

大多工程陶瓷构件为多晶体,陶瓷的塑性来源于晶内滑移或孪生、晶界滑动或流变。

在室温或较低温度下,受陶瓷结合键的影响,陶瓷不易发生塑性变形,通常呈现典型的脆性断裂。共价晶体 SiC、Si_2N_4、金刚石和离子晶体 Al_2O_3、MgO、CaO 等都是难以变形的,原因如下:①在多晶体陶瓷中,晶粒取向混乱,即使个别滑移系处于有利取向,受周围晶粒和晶界的制约,滑移也难以进行;②在外力作用下,位错塞积在晶界产生应力集中,诱发裂纹生成,而晶体陶瓷的临界裂纹尺寸往往很小,从而导致快速断裂;③陶瓷材料一般呈多晶状态,且存在气孔、微裂纹、玻璃相等,位错不易向周围晶体传播,而易在晶界处塞积产生应力集中,形成裂纹,从而引起断裂,很难发生塑性变形。

在较高的工作温度 [高于 $0.5T_m$ (K),其中 T_m 为熔点] 下,晶内和晶界可出现塑性变形现象。表2-5列出典型陶瓷晶体的滑移系。由表可见,除 MgO 在常温下可能滑移外,绝大多数晶体都在1000℃以上出现主滑移系运动引起的塑性变形。因此,多晶陶瓷的塑性变形与高温蠕变、超塑性有十分密切的关系,深入开展多晶陶瓷塑性变形研究具有重要的实用价值和理论意义。

表 2-5　典型陶瓷晶体的滑移系

材料	晶体结构	滑移系		独立滑移系数		出现可观滑移温度/℃	
		主	次	主	次		
Al_2O_3	六方	$\{0001\}<11\bar{2}0>$	$\{11\bar{2}0\}<1\bar{1}00>$ $\{1\bar{1}02\}<\bar{1}101>$	2	2	1200	$0.8T_m$

续表

材料	晶体结构	滑移系		独立滑移系数		出现可观滑移温度/℃	
		主	次	主	次		
BeO	六方	$\{0001\}<11\bar{2}0>$	$\{10\bar{1}0\}<11\bar{2}0>$ $\{10\bar{1}0\}<0001>$	2	2	1000	$0.5T_m$
MgO	立方（NaCl）	$\{110\}<1\bar{1}0>$	$\{001\}<1\bar{1}0>$	2	3	低温常温	$0.5T_m$
MgO、Al_2O_3	立方（尖晶石）	$\{111\}<1\bar{1}0>$	—	5	—	1650	—
β-SiC	立方（ZnS）	$\{111\}<1\bar{1}0>$	—	5	—	>2000	—
β-Si_3N_4	六方	$\{10\bar{1}0\}<0001>$	—	2	—	>1800	—
TiC	立方（NaCl）	$\{111\}<1\bar{1}0>$	—	5	—	900	—
UO_2	立方（CaF_2）	$\{001\}<1\bar{1}0>$	$\{110\}<1\bar{1}0>$	3	2	700	1200
ZrB_2	六方	$\{0001\}<11\bar{2}0>$	—	2	—	2100	—

在高温塑性变形过程中，多晶陶瓷的晶粒尺寸与形状基本不变，晶粒内部位错运动基本没有启动，塑性变形的主要贡献来源于晶界的滑动或流变。晶粒越细，晶界所占比率越大，晶界的作用越强。为了提高陶瓷的烧结密度，常在陶瓷烧结中添加熔点较低的烧结助剂，其一般集中于晶界。

在室温下，若通过晶粒细化提高陶瓷的强度和韧性，则应加入熔点较高的烧结助剂。但在高温下，由于晶界所占比率增大，晶界流动抗力反而降低，因此可以通过一定的工艺手段改变晶界的结构，从而改善多晶陶瓷的晶界行为。例如，在 Si_3N_4 陶瓷中加入氧化物烧结助剂（MgO、Al_2O_3 等），在 Si_3N_4 晶界形成低熔点玻璃相，在高温下造成 Si_3N_4 陶瓷发生塑性变形，使 Si_3N_4 陶瓷的高温强度降低。如果采用热处理使 Si_3N_4 陶瓷晶界玻璃相转变为晶相，就能够明显提高 Si_3N_4 陶瓷的高温强度或高温塑性变形抗力。

4. 非晶陶瓷的塑性变形特点

由于非晶陶瓷（如玻璃等）中不存在晶体中的滑移和孪生的变形机制，其塑性变形是通过分子位置的热激活交换来进行的，属于黏性流动变形机制，需要在一定的温度下发生塑性变形。因此，普通的无机玻璃在室温下不具有塑性，表现为各向同性的黏滞性流动。

玻璃在玻璃化温度 T_g 以下只发生弹性变形，在 T_g 以上，材料的变形类似于液体发生黏滞性流动。在生产玻璃的过程中，可以利用在表面产生残余压应力使玻璃韧化。将玻璃加热到退火温度（接近 T_g）后快速冷却，玻璃表面收缩变硬而内部仍很热，其流动性很好并变形，表面的拉应力松弛。当玻璃心部冷却和收缩时，表层已刚硬，在表面产生残余压应力，表面微裂纹不易在附加压应力下萌生和扩展。经过这种处理的玻璃称为**钢化玻璃**。

超塑性变形隐性连接陶瓷

美国阿贡国家实验室发明了一种超塑性变形工艺,可以连接陶瓷和金属间化合物,先对连接的两部件在较高熔点材料一半熔点的温度下施加小的压力,晶粒滑移并旋转,晶粒间相互扩散而完美结合。采用这种方法形成隐性接缝,其强度相当于整块材料,并且大于或等于任一连接材料。

采用这种工艺,陶瓷等多相材料无须昂贵的、难以寻找的设备就能实现无缝连接,接合处的强度像连接材料一样高,而且在连接层之间不需要连接化合物。

2.1.3 高分子材料的塑性变形

高分子材料的屈服机理比较复杂,因其状态不同而异。晶态高分子材料的屈服是薄晶转变为沿应力方向排列的微纤维束的过程;非晶态高分子材料的屈服是在正应力作用下形成银纹和在剪应力作用下局部区域无取向分子链形成规则排列的纤维组织的过程。

1. 非晶态高分子材料的塑性变形

非晶态(玻璃态)高分子材料的塑性变形机理主要是滑移剪切带和形成银纹。

(1)剪切带。

将韧性聚合物单向拉伸至屈服点时,常可看到试样上出现与拉伸方向约呈 45° 的剪切滑移变形带(简称剪切带),如图 2.15 所示。

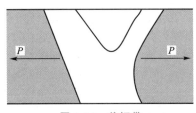

图 2.15　剪切带

一般来说,拉伸韧性高分子材料时,与拉伸方向约呈 45° 的斜截面上的最大切应力首先达到材料的抗剪强度,出现剪切带,相当于材料屈服。进一步拉伸时,剪切带中因分子链高度取向而使强度提高,暂时不再发生剪切变形,而变形带的边缘进一步发生剪切变形。同时,倾角为 135° 的斜截面上也发生剪切变形。因而,试样逐渐生成对称的"细颈"。对于脆性材料,在最大切应力达到抗剪强度之前,正应力超过材料的抗拉强度,试样不会发生屈服,而在垂直于拉伸方向上断裂。

剪切屈服是一种没有明显体积变化的形状扭变,不仅在外加剪切力的作用下发生,而且拉应力、压应力都能引起剪切屈服。

在剪切带中存在较大的剪切应变,有明显的双折射现象,表明其分子链是高度取向的,取向方向接近外力和剪切力的合力方向。剪切带的厚度约为 $1\mu m$,每个剪切带都由若干细小(直径为 $0.1\mu m$)的不规则微纤构成。

(2)银纹。

聚合物在拉应力的作用下,在材料的薄弱处或缺陷部位出现应力集中而产生局部塑性变形和取向,形成亚微观裂纹或空洞,在有取向的纤维和空洞交织分布的区域,其体密度比无银纹材料小 50%,对光线的反射能力很强,呈银色,称为银纹。聚苯乙烯板中的银纹如图 2.16 所示。

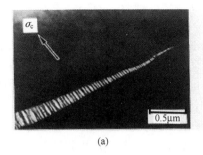  

聚苯乙烯
抗拉试验

注：箭头指示的是主应力方向。

图 2.16 聚苯乙烯板中的银纹

银纹在材料表面或内部垂直于应力方向上出现长度为 $100\mu m$、宽度约为 $10\mu m$、厚度约为 $1\mu m$ 的微细凹槽，在体内银纹也有一定的空穴。由于聚合物的塑性伸长引起的体积增大尚不足以补偿由横向收缩导致的体积减小，致使在银纹内产生大量空穴，因此其密度及折射率降低。银纹的折射率低于聚合物本体，在银纹和聚合物之间的界面有全反射现象。

银纹是高分子材料所特有的一种力学现象，通常出现在非晶态聚合物（如 PS、PMMA、PC 等透明材料）中，某些结晶聚合物（如 PP）中也有银纹。

银纹是高分子材料变形过程中产生的一种缺陷，继续变形时，银纹沿与应力垂直的方向生长，其厚度变化不大。银纹的出现标志着材料已损伤，对材料的抗拉强度有不良影响。

随着塑性变形量的增大，银纹不断增加，高密度的银纹可产生超过 100% 的应变。由于银纹中保留的纤维沿应力方向排列，强度增大，因而随着塑性变形量的增大，材料将不断产生应变硬化。银纹的尖端可能形成应力集中，将对进一步的变形和断裂产生直接影响。

银纹与裂纹有本质区别：裂纹不含有任何高分子材料；而银纹仍然有 30%～50% 体积分数的高分子材料，且具有强度、有黏弹现象。

在纯应力作用下引发的银纹为应力银纹，应力和溶剂联合作用引发的银纹为应力-溶剂银纹。溶剂可大大降低产生银纹所需的应力，从而在低应力条件下形成和生长银纹；溶剂还可加速银纹生长成裂纹，导致材料断裂和破坏，工业上可依此检查制品的内应力。只要在一定温度范围内，在规定的溶剂中浸泡一定时间，不出现银纹的制品就是合格制品。

银纹具有可逆性。在压力下或玻璃化温度以上退火时，银纹回缩甚至消失。当产生应力银纹的聚苯乙烯、聚甲基丙烯酸甲酯、聚碳酸酯在加热到软化点以上时，可回复到未开裂时的光学均一状态。如果在 160℃ 下将聚碳酸酯加热几分钟，银纹就消失了。

材料中的银纹不仅影响外观质量，而且是玻璃态高聚物脆性断裂的先兆，银纹中物质的破裂往往造成裂纹的引发和生成，以致最后发生断裂现象，降低材料的抗拉强度和使用寿命。因此，一般不希望出现银纹。但是，在橡胶增韧的聚合物（如抗冲聚苯乙烯塑料）中，可以利用橡胶颗粒周围的聚苯乙烯在外力作用下产生大量银纹而吸收能量，从而达到提高冲击韧性的目的。

2. 结晶态高聚物的塑性变形

晶态聚合物一般包含晶区和非晶区两部分，其成颈（冷拉）也包括晶区和非晶区两部分形变。近年来，人们把晶态聚合物拉伸成颈归结为球晶中片晶转变为沿应力方向排列的微纤维束的过程。

在无取向晶态聚合物的塑性变形过程中，首先晶球破坏，与应力垂直的薄晶与无定型相分离，分子链倾斜，片晶沿着分子轴方向滑移和转动。随着变形的继续进行，薄晶沿应力方向排列。当晶体破碎成小晶块时，从结晶体中拉出一些分子链，这些分子链仍然保持折叠结构。随着变形的进一步发展，小晶体沿拉伸方向排列整齐，形成长的纤维，如图 2.17 所示。当薄晶转变为微纤维束的晶块时，分子链沿应力方向伸展。由于许多串联排列的晶体块都是从同一薄晶中撕出来的，因此晶体块之间有许多伸开的分子链将它们连接在一起，如图 2.18 所示。微纤维的定向排列及伸展分子链的定向排列，使高分子材料的抗拉强度大幅度提高。由于微纤维间联结，分子链进一步伸展，因此微纤维结构的继续变形非常困难，形成形变硬化。

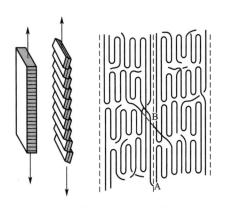

图 2.17　薄晶的滑移及塑性变形

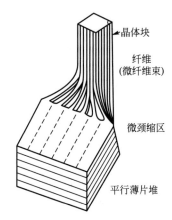

晶体块

纤维
(微纤维束)

微颈缩区

平行薄片堆

图 2.18　微纤维束晶块中分子链的排列

2.2　冷变形金属的回复与再结晶

2.2.1　塑性变形对材料性能的影响

材料塑性变形后产生纤维组织和位错胞亚结构；冷变形引起点阵畸变，形成大量空位或位错等结构缺陷，产生残余应力，晶体内储存能量较高；冷变形使材料的强度和硬度提高，引起加工硬化现象；此外，冷变形还使材料的物理性能和化学性能变化，如密度降低、电阻和矫顽力增大、化学活性增强、耐蚀性降低等。

1. 加工硬化

金属发生塑性变形，随着变形量的增大，金属的强度和硬度显著提高，塑性和韧性明显下降的现象称为加工硬化，又称应变硬化、冷作强化或形变强化。铜丝冷变形时力学性能的变化如图 2.19 所示。

产生加工硬化的原因：一方面，金属发生塑性变形时，位错密度增大，位错间的交互作用增强，相互缠结，使位错运动的阻力增大，塑性变形抗力增大；另一方面，由于晶粒

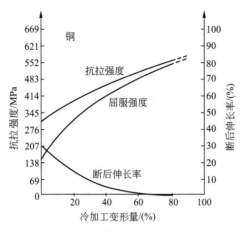

图 2.19 铜丝冷变形时力学性能的变化

破碎细化，因此金属的强度提高。在生产过程中，可通过冷轧、冷拔提高钢板或钢丝的强度。

（1）单晶体的加工硬化。

图 2.20（a）所示为三种典型金属（面心立方、体心立方和密排六方）单晶体的切应力-切应变曲线，图 2.20（b）所示为加工硬化过程。

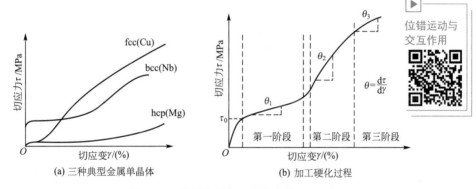

(a) 三种典型金属单晶体　　(b) 加工硬化过程

图 2.20 单晶体的加工硬化曲线

第一阶段：易滑移阶段。用每段直线的斜率 $\theta = d\tau/d\gamma$ 表示加工硬化速率，第一阶段的 θ 值很小，约为 $10^{-4}G$（G 为切变模量）。在此阶段，当外力在滑移面上的分切应力达到晶体的临界分切应力时，晶体中只有一组主滑移系开动，位错在滑移面上的运动阻力很小，主滑移面上的位错密度增大较快，加工硬化主要来自主滑移面上增殖的位错所引起的内应力。

第二阶段：线性硬化阶段。θ 值远大于第一阶段，并接近一个常数。如所有面心立方金属的 θ 值都固定在 $G/300$ 左右。该阶段为快速硬化或加工硬化的主要阶段。位错不断增殖，产生大量位错缠结和位错胞状组织，至少有两套滑移系开动（多系滑移），形成位错锁，阻碍位错继续运动，产生较大的硬化效应。

第三阶段：抛物线硬化阶段。θ 值逐渐减小，此阶段的变化与螺型位错的交滑移有关。当应力足够大时，螺型位错通过交滑移绕过障碍，塞积位错得以松弛，加工硬化速率低。

另外，异号螺型位错还可通过交滑移相遇而消失，消除部分硬化效应。

实际上，单晶体的加工硬化第二阶段并不是完全线性的，第三阶段也不是真正的抛物线。通常，密排六方金属加工硬化的第一阶段特别长，直至断裂前第二阶段都未完全进行，加工硬化速率低。面心立方金属加工硬化的第二阶段非常长，加工硬化效果显著。大多数体心立方金属具有较典型的三阶段加工硬化现象。另外，加工硬化的三个阶段还受金属纯度、单晶体取向、形变温度和试样尺寸等因素的影响。

（2）多晶体的加工硬化。

多晶体的塑性变形比单晶体要复杂得多，多晶体硬化曲线很陡，加工硬化速率明显高于单晶体，没有第一阶段。单晶体与多晶体的加工硬化曲线对比如图 2.21 所示。多晶体塑性变形时，由于晶界对滑移的阻碍作用和各晶粒取向差不同，不可能出现整个晶体中只有一个滑移系开动的情况，因此位错的滑移阻力大，没有易滑移阶段。此外，各晶粒内部运动位错产生强烈的相互作用，使得加工硬化速率明显高于单晶体。

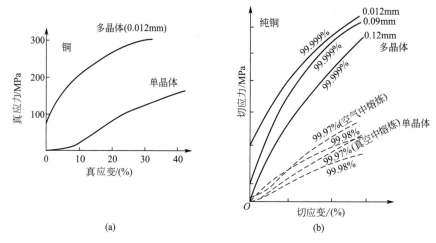

图 2.21　单晶体与多晶体的加工硬化曲线对比

晶粒尺寸与合金元素对多晶体的加工硬化有较大影响，如图 2.22 所示。细晶粒的加工硬化速率一般高于粗晶粒；在大多数情况下，加入溶质原子可以提高加工硬化速率，因此，合金比纯金属的加工硬化速率高 ［图 2.22 （b）］。

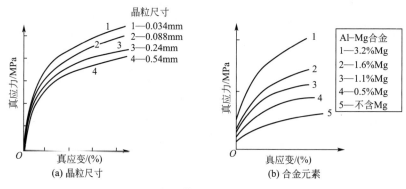

图 2.22　多晶体加工硬化的影响因素

加工硬化的有利影响如下。

(1)强化金属。对纯金属及不能采用热处理方法强化的金属来说，加工硬化尤其重要。例如，可以采用冷轧、冷拔、冷拉、滚压和喷丸等工艺提高金属材料和构件的抗拉强度。

(2)保证变形均匀。多晶体发生塑性变形时具有不同时性和不均匀性，处于软位向的晶粒先滑移，产生加工硬化，位错滑移受阻，晶粒位向转动，其他晶粒由硬位向转变为软位向而产生滑移，使材料整体变形均匀。

(3)防止突然过载断裂。零件受力后，某些部位的局部应力常超过材料的屈服强度，引起塑性变形，而加工硬化可限制塑性变形的继续发展，从而提高零件和构件的安全性。

加工硬化的不利影响：加工硬化提高了变形抗力，为金属的继续加工带来困难。例如冷拉钢丝，由于加工硬化使进一步拉拔耗能大，甚至导致钢丝被拉断，因此必须经中间退火，消除加工硬化后进行拉拔。又如在切削加工中，加工硬化会使工件表层脆且硬，在切削过程中增大了切削力，将加速刀具磨损。

2. 残余内应力

塑性变形不仅使晶体的外部形状、内部组织和性能发生了变化，而且由于变形不均匀，部分外力做的功仍保留在内部，表现为残余内应力（约占变形功的10%），即去除外力后内部残留的应力。它是一种在晶体内各部分之间的相互作用力，一般可分成两大类：宏观残余内应力和微观残余内应力。

(1) 宏观残余内应力。

在工件不同区域（表面和心部）间相互作用的宏观体积间的作用力称为宏观残余内应力（第一类内应力）。多晶体塑性变形时，通常在工作边缘与工具接触处摩擦力最大，使有效变形力减小，而靠近工件心部的摩擦力逐渐减小，变形力增大。为保持同步变形，边缘对心部产生附加压应力，心部对边缘产生附加拉应力，外力去除后仍保留下来，形成宏观残余内应力。若对金属棒施以弯曲载荷，则金属棒的上部受拉伸长，下部受压缩短，发生塑性变形，外力去除后，被拉伸的一边就存在压应力，被压缩的一边就存在张应力。宏观残余内应力对应的畸变能不大，约占总能量的0.1%。宏观残余内应力使工件尺寸不稳定，严重时甚至使工件变形断裂。

(2) 微观残余内应力。

不同晶粒间（软取向和硬取向）变形不均匀产生的内应力（第二类内应力）及晶格畸变造成的残余内应力（第三类内应力）称为微观残余内应力。

多晶体塑性变形时，软取向晶粒先开动，为协调变形，硬取向晶粒对软取向晶粒产生附加压应力，软取向晶粒对硬取向晶粒产生附加拉应力，这种由晶粒或亚晶粒之间变形不均匀引起的内应力为第二类内应力。第二类内应力使金属更易腐蚀，以黄铜最为典型，加工以后，由于存在内应力，因此在春季或潮湿环境易发生应力腐蚀开裂。

塑性变形时产生大量空位、间隙原子和位错，晶体周围产生了点阵畸变和应力场，此时造成的残余内应力称为第三类内应力，占总残余内应力的80%～90%。第三类内应力在几百或几千个原子范围内保持平衡，作用范围为几十至几百纳米，其中主要是位错形成的内应力。第三类内应力是产生加工硬化的主要原因，提高了变形晶体的能量，使之处于热力学不稳定状态，有一种使变形金属恢复到自由焓最低的稳定结构状态的自发趋势。

残余内应力的影响：一般来说，残余拉应力对材料的性能有害，可加速裂纹的萌生和扩展，导致零件变形或断裂；若将内应力叠加在工作应力上，则材料表面的疲劳强度降低，使材料在低于许用应力的条件下产生断裂，造成严重危害。残余拉应力还会降低材料的耐蚀性。而残余压应力可阻止裂纹的萌生和扩展，生产上利用残余压应力来改善材料的性能。如汽车的弹簧钢板、齿轮等零件经过表面喷丸、滚压处理，表面会产生较大的残余压应力，抵消工作载荷下的部分拉应力，阻止裂纹的萌生和扩展，从而大大提高材料的疲劳强度。

3. 储存能

冷变形会引起点阵畸变，形成大量空位或位错结构缺陷，晶体内部残存着相应的残余弹性应变能和结构缺陷能，称为储存能。储存能占冷变形能量的百分之几到百分之几十。空位产生的能量仅占储存能的一小部分，而位错产生的能量占储存能的80%左右。

材料的成分、组织与加工条件将影响储存能。材料的熔点越高，变形越难，储存能越高；锆、铁、银、镍、铜、铝、铅的储存能依次降低。固溶体中的溶质阻碍变形，提高储存能；细晶粒晶界多，塑性变形时消耗能量多，储存能高于粗晶粒；合金中弥散第二相对储存能的影响由第二相的性质决定：可变形第二相只提高合金的流变和屈服强度，不改变加工硬化速率，对储存能的影响不大；不可变形第二相阻碍基体变形，使位错密度增大，储存能增大。储存能随形变量的增大而增大，但增速逐渐降低，最后趋于饱和。加工温度越低，形变速度越高，材料的加工硬化速率越高，储存能越大。加工方式的应力状态越复杂，加工时的摩擦力越大，应力、应变分布越不均匀，消耗的总能量越高，储存能越大。

残余内应力和储存能都使晶体处于不稳定的高能状态。降低残余内应力和储存能、减少点阵缺陷需要通过退火激活高能量的金属。在退火温度下激活高能量的冷变形金属，使点阵缺陷减少或重新排列成低能状态，冷变形组织产生回复和再结晶过程。

2.2.2 冷变形金属的回复与再结晶

金属经塑性变形后，组织结构和性能发生很大的变化。加热冷变形金属，随着温度的升高，原子的扩散能力增强，在释放内部储存能的驱动力作用下，组织和性能将发生一系列变化，可分为回复、再结晶及晶粒长大三个阶段（图2.23）。

1. 回复

回复是指冷变形金属在较低温度下加热时，纤维组织不变化，消除残余内应力，保留加工硬化的过程。在图2.23（b）中，$T_0 \sim T_1$阶段称为回复阶段。

（1）回复过程中组织及性能的变化。

在回复过程中，纤维组织不发生改变，可完全消除宏观残余内应力，仍有部分微观残余内应力，强度和硬度只略有降低，塑性增强，储存能释放较为平缓，位错密度变化不大，点缺陷浓度明显降低，密度增大，电阻率降低。

（2）回复机制。

随着温度的升高，冷变形金属发生的回复主要与点缺陷和位错的运动、组态和分布的改变有关。

当回复温度T为$(0.1 \sim 0.3)T_m$（T_m为熔点，单位为K）时处于低温回复阶段，回复过程主要是空位的变化。在冷变形金属中形成大量过饱和空位，回复退火时，晶体中的空位浓度力求趋于平衡以降低能量。空位的运动方式主要有两种：空位迁移至晶界、表面

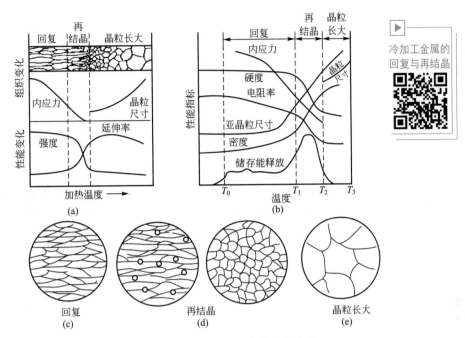

冷加工金属的
回复与再结晶

图 2.23　冷变形金属加热时组织与性能的变化

和位错处而消失；空位与间隙原子相遇而对消。

当回复温度 T 为（0.3～0.5）T_m 时处于中温回复阶段。在较高温度下，金属冷变形时受阻的位错被激活，可以滑移，但不能攀移。异号位错相消，缠结的位错重新排列成亚晶。位错胞内的位错滑向胞壁，与壁内异号位错对消，使胞壁位错密度减小、胞壁变窄而转为亚晶界，位错胞变为亚晶粒。

当回复温度 T 大于 $0.5T_m$ 时处于高温回复阶段，位错攀移造成组态变化。金属塑性变形后，沿滑移面水平排列的同号刃型位错通过滑移和攀移沿垂直滑移面排列，形成位错墙。每组位错墙都以小角度晶界分割晶粒成为亚晶，这一过程称为位错的多边形化。为降低界面能，小角度亚晶合并为大位向差亚晶，亚晶转动、合并长大成再结晶的核心。

（3）回复动力学。

回复动力学主要研究冷变形后材料的性能向变形前回复的速率问题。若定义 R 为回复时已回复的加工硬化，则 $1-R$ 为残余加工硬化。由图 2.24 可见，回复过程中性能的衰减按指数关系进行。在任一温度下开始阶段的回复速率都是最高的，之后随回复量的增大而逐渐降低，呈现出较强的弛豫过程特征。回复时间 t 与回复温度 T 的关系可表示为

$$\ln t = \frac{Q}{kT} + 常数 \tag{2-3}$$

式中，Q 为回复激活能。作 $\ln t - 1/T$ 图，可由直线的斜率求出回复激活能 Q，根据回复不同时期的 Q 值可推测回复机理。

2. 再结晶

将冷变形后的金属加热到较高温度后，原子扩散能力提高，被拉长、压扁和破碎的晶粒通过重新形核、长大变成新的均匀细小的等轴晶粒，性能指标基本恢复到变形前的水平，称为再结晶。再结晶的形核方式如图 2.25 所示。

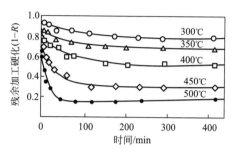

图 2.24　冷变形纯铁不同退火温度下的回复

再结晶组织变化：材料再结晶时，组织形态发生了变化，在原来的变形晶粒中产生无畸变的新的等轴晶粒，新晶粒的晶格类型与变形前后的晶格类型相同，晶体结构不变。

再结晶与相变：虽然再结晶是形核和长大过程，但再结晶后晶体结构没有改变，只是组织形态发生了改变，从纤维组织转变为等轴晶粒，因此再结晶不是相变。再结晶的驱动力是变形晶体的储存能，相变的驱动力是新相与母相间的化学自由能差。

再结晶后的性能变化：消除加工硬化现象，材料的强度、硬度急剧降低，塑性和韧性大大提高。变形储存能全部释放，三类内应力全部消除，位错密度降低，性能基本恢复到变形前的水平。

（1）再结晶的形核机制。

再结晶核心先在严重畸变区附近的无畸变区形成，常产生在大角度界面（晶界、相界、孪晶和滑移带界面）和晶粒内位向差较大的亚晶界。再结晶的形核方式主要有已存晶界的弓出形核 ［图 2.25 （a）］ 和亚晶合并形核 ［图 2.25 （b）］ 两种。

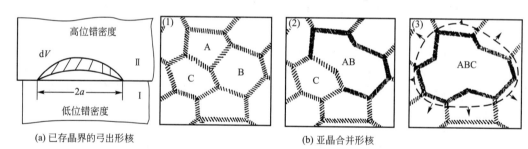

(a) 已存晶界的弓出形核　　　　　　　　(b) 亚晶合并形核

图 2.25　再结晶的形核方式

已存晶界的弓出形核一般发生在变形量较小的金属中，由于变形不均匀，因此不同区域的位错密度不同，变形量大的晶粒位错密度高，变形量小的晶粒位错密度低。两晶粒边界（大角度晶界）在形变储存能的驱动下，向高密度位错晶粒移动，晶界扫过的区域位错密度降低，能量释放。

在高温回复阶段后期出现亚晶及亚晶合并，在再结晶温度下，通过位错攀移和亚晶转动，亚晶合并、长大成再结晶的核心。

（2）再结晶温度。

冷变形金属开始进行再结晶的最低温度称为再结晶温度。再结晶开始的主要标志是第一个新晶粒或晶界凸出形核出现的锯齿边缘的形貌。冷变形金属从变形开始就获得储存能，它立刻具有回复和再结晶的热力学条件，原则上可发生再结晶。温度不同，只是回复和再结晶过程的速度不同。所以，变形金属发生再结晶并没有一个热力学意义的明确临界温度，再结晶温度只是一个动力学意义的温度。一般工程上所说的再结晶温度指的是最低再结晶温度（$T_再$），通常用将大变形量（70%以上）的冷变形金属加热1h后完全再结晶的最低温度表示。一般认为，最低再结晶温度与金属的熔点有如下关系：

$$T_再 = (0.35 \sim 0.4) T_{熔点} \tag{2-4}$$

式中，温度是热力学温度（K）。表2-6列出了典型金属的再结晶温度。

表2-6 典型金属的再结晶温度

金属	Sn	Pb	Zn	Al	Ag	Au	Cu	Fe	Ni	Mo	W
熔点/℃	232	327	420	660	962	1064	1085	1538	1453	2610	3410
再结晶温度/℃	低于室温			150	200	200	200	450	600	900	1200

最低再结晶温度与下列因素有关。

① 预先变形度。金属再结晶前，塑性变形的相对变形量称为预先变形度。预先变形度越大，晶体缺陷越多，组织越不稳定，最低再结晶温度越低。预先变形度达到一定值后，最低再结晶温度趋于稳定值（图2.26）。

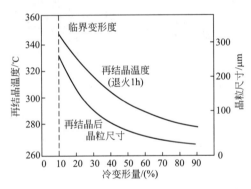

图2.26 预先变形度对再结晶温度和晶粒尺寸的影响

② 熔点。熔点越高，最低再结晶温度就越高。

③ 杂质和合金元素。由于杂质和合金元素特别是高熔点元素阻碍原子扩散和晶界迁移，因此可显著提高最低再结晶温度。如高纯度铝（99.999%）的最低再结晶温度为80℃，工业纯铝（99.0%）的最低再结晶温度为290℃。

④ 加热速度和保温时间。再结晶是一个扩散过程，需要一定时间才能完成。提高加热速度促使在较高温度下发生再结晶，而保温时间越长，再结晶温度越低。

再结晶退火：由于再结晶可消除加工硬化现象，恢复塑性和韧性，因此，在生产中常用再结晶退火工艺来恢复金属塑性变形的能力，以便继续进行形变加工。如生产铁铬铝电阻丝时，将金属冷拔到一定的变形度后，要进行氢气保护再结晶退火，以继续冷拔，获得更细的丝材。

为了缩短处理时间，实际采用的再结晶退火温度比金属的最低再结晶温度高100~200℃。

（3）再结晶后的晶粒度。

由于晶粒尺寸影响金属的强度、塑性和韧性，因此生产中非常重视控制再结晶后的晶粒度，特别是对于无相变的钢和合金。材料的成分、组织与变形条件会影响再结晶的形核及长大过程，从而影响再结晶过程。

再结晶的形核率是指在单位时间、单位体积内形成的再结晶核心的数目，一般用 N 表示，长大速率用 G 表示。再结晶晶粒直径 d 与形核率 N 和长大速率 G 密切相关，即

$$d = C\left(\frac{G}{N}\right)^{\frac{1}{4}} \qquad (2-5)$$

式中，C 为与晶粒形状有关的常数。再结晶后的晶粒尺寸由 G/N 值决定。

影响再结晶后晶粒度的主要因素有加热温度、预先变形度、纯度和原始晶粒尺寸等，其中预先变形度最重要。

① 加热温度。加热温度越高，原子扩散能力越强，位错攀移以及亚晶界迁移、转动和聚合都变得容易，使 N 值增大，同时提高温度，晶界迁移率增大，G 值也随之增大。H68 合金再结晶晶粒随温度的变化如图 2.27 所示。

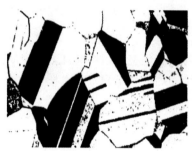

(a) 580℃下保温8s　　　　　　　　　(b) 700℃下保温10min

图 2.27　H68 合金再结晶晶粒随温度的变化

② 预先变形度。预先变形度主要与金属变形的均匀度有关。变形越不均匀，再结晶退火后的晶粒越大。当变形度为 2%～10% 时，金属中的少数晶粒变形，变形分布不均匀，再结晶时生成的晶核少，晶粒尺寸相差极大，晶粒发生吞并过程而很快长大，得到极粗大的晶粒。使晶粒发生异常长大的变形度称为临界变形度。在生产上，应尽量避免在临界变形度范围内进行塑性变形加工。低于临界变形度，体系的储存能小，不足以克服界面能增大的阻力，不能发生再结晶。超过临界变形度之后，随着变形度的增大，晶粒的变形更加强烈和均匀，再结晶核心越来越多，因此，再结晶后的晶粒越来越细小。当预先变形度过大（≥90%）时，晶粒可能再次出现异常长大，一般认为这是由形变织构造成的。

③ 纯度。杂质对 N 值和 G 值的影响有截然不同的两重性。一方面，杂质阻碍变形，使储存能增大，N 值和 G 值增大；另一方面，杂质钉扎晶界而降低界面迁移率，使形核率减小，生长速率降低。

④ 原始晶粒尺寸。材料的原始晶粒越细小，阻碍变形的能力越强，储存能越高，N 值和 G 值也就越大。另外，晶粒越细小，晶界面积越大，细晶组织中的晶界越多，可提供形核的位置越多，N 值越大。另外，当原始晶粒细小及存在微量溶质原子时，G/N 值减小，再结晶后可得到细小的晶粒，而再结晶温度对晶粒尺寸的影响相当小。

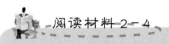

SUS304-2B不锈钢薄板的再结晶退火

SUS304-2B不锈钢是18-8系奥氏体不锈钢。该钢薄板材料经冷加工后，出现明显的加工硬化现象，位错密度增高，内应力及点阵畸变严重，随着变形量的增大，强度增大而塑性降低。当加工硬化达到一定程度时，如继续形变，便有开裂或脆断的危险；在环境气氛作用下放置一段时间后，工件会自动产生晶间开裂（"季裂"）。所以，SUS304-2B不锈钢在冲压成形过程中，需进行工序间的软化退火（再结晶退火或中间退火），以降低硬度，恢复塑性，使下一道加工工序顺利进行。

SUS304-2B不锈钢冲压件上各部分材料的变形程度不同，为15%～40%，因此各部分材料的硬化程度也不同。将变形量不同的SUS304-2B不锈钢试样在低温状态（100～500℃）下退火，其$\sigma_{0.2}$、σ_b、δ值基本不随退火温度的变化而变化，组织没有明显变化，退火软化效果不明显；在高温（1020～1150℃）下退火3min后快速冷却，组织发生完全再结晶，位错密度降低，完全消除残余内应力，材料塑性恢复且晶粒尺寸较均匀，退火软化效果最为明显。

资料来源：韩飞，2004. SUS304-2B不锈钢薄板退火工艺研究. 热加工工艺（4）：25-27.

（4）再结晶动力学。

利用再结晶动力学，可建立起再结晶体积分数X_R与N值、G值及时间t的关系。阿弗拉密认为X_R与t呈指数关系，即

$$X_R = 1 - \exp(-Kt^n) \qquad (2-6)$$

式中，K为与时间有关的常数；n为阿弗拉密指数，一般取$n=3\sim4$。

式（2-6）为阿弗拉密方程。

在任一再结晶温度下退火，再结晶都需要孕育期，而且温度越高，孕育期越短，产生相同体积分数再结晶所需的时间越短，转变速度越高。再结晶速率开始时很低，然后逐渐提高，当再结晶体积分数约为50%时，速度达到最高值，随后逐渐降低，说明再结晶需要热激活。再结晶速率与温度之间的关系符合阿伦尼乌斯方程

$$V_R = A\exp\left(\frac{-Q_R}{RT}\right)$$

式中，Q_R为再结晶激活能。

（5）再结晶后的晶粒长大。

再结晶完成后的晶粒较细小，若继续加热，则当加热温度过高或保温时间过长时，晶粒明显长大，得到粗大的组织，使金属的强度、硬度、塑性、韧性等力学性能都显著降低。一般情况下，应当避免发生晶粒长大现象。

再结晶后，晶粒继续长大的方式有正常晶粒长大（一次再结晶）和异常晶粒长大（二次再结晶）两种（图2.28）。

正常晶粒长大是指晶粒在长大过程中尺寸比较均匀，而且平均尺寸的变化是连续的。结晶完成后，储存能已全部释放，为什么晶界还能移动呢？冷变形金属再结晶时，晶界迁移率不同使再结晶晶粒尺寸不同。通常，小晶界为凸边界，大晶界为凹边界。晶界两侧存在化学势差，在晶界张力的作用下，晶界移向小晶粒，在三个晶粒汇聚处，晶粒交角呈

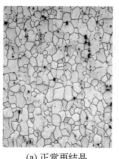 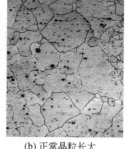 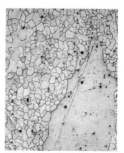

(a) 正常再结晶　　　　　　(b) 正常晶粒长大　　　　　　(c) 异常晶粒长大

图 2.28　Mg - 3Al - 0.8Zn 合金退火组织

120°以保证界面张力维持平衡，因此，晶粒长大的稳定形态应为规则的六边形且界面平直。此时，界面曲率半径无限大，驱动力为零，晶粒停止长大。由此可见，少于六边的小晶粒具有自发缩小至消失的趋势，多于六边的大晶粒可以自发长大。再结晶后，晶粒长大使得晶界总面积减小，晶粒长大的驱动力是晶界能下降，即晶粒长大前后的界面能差。

再结晶后，晶粒长大的速率（动力学）取决于晶界迁移率 B，它是由金属本身的特性——迁移激活能决定的，也受外界因素的影响。一般温度越高，界面迁移率越大，晶粒的长大速度越高，而且升温过程的影响远大于保温过程。另外，第二相粒子会对界面迁移产生阻力，第二相尺寸越小，体积分数越大，再结晶晶粒就越细小。经粗略估计，若第二相粒子为球形，半径为 r，体积分数为 f，则再结晶晶粒尺寸 $R = 4r/(3f)$。

异常晶粒长大是指晶粒正常长大（一次再结晶）后又有少数几个晶粒择优生长成为特大晶粒的不均匀长大过程。当金属变形量较大，产生织构，含有较多杂质时，晶界的迁移将受到阻碍，少数处于优越条件（如尺寸较大、取向有利等）的晶粒优先长大，迅速吞食周围的大量小晶粒，组织由少数比再结晶后晶粒大几十倍甚至几百倍的特大晶粒组成。这种不均匀的长大过程类似于再结晶的形核（生成较大稳定亚晶粒）和长大（吞食周围的小亚晶粒）的过程，称为二次再结晶，将大大降低金属的力学性能。

2.2.3　热加工与冷加工

金属塑性变形的加工方法有热加工和冷加工两种。热加工和冷加工不是根据变形时是否加热来区分的，而是根据变形时的温度高于还是低于再结晶温度来划分的。

冷加工

金属在再结晶温度以下的塑性变形称为冷加工，如低碳钢的冷轧、冷拔、冷冲等。由于加工温度处于再结晶温度以下，因此金属材料发生塑性变形时不会伴随再结晶过程。冷加工可使金属的强度和硬度升高，塑性和韧性下降，产生加工硬化现象。

金属在再结晶温度以上的塑性变形称为热加工，如钢材的热锻和热轧。塑性变形引起的加工硬化效应随即被再结晶过程的软化作用消除，使金属保持良好的塑性状态。所以，一般采用热加工方法制造受力复杂、载荷较大的重要工件。

1. 热加工对金属组织与性能的影响

热加工不仅改变了金属的形状，而且改变了金属的组织、微观结构及性能。

（1）热加工可改善铸态组织，减少缺陷。热加工能使铸态金属中的气孔、疏松和微裂纹焊合，提高金属的致密度；热加工能打碎铸态金属中的粗大树枝晶和柱状晶，减轻甚至消除枝晶偏析和改善夹杂物、第二相的分布等；热加工能通过再结晶获得等轴细晶粒，提高金属的力学性能，特别是韧性和塑性。

（2）热加工形成流线和带状组织使金属呈现各向异性。热加工能使金属中的偏析、夹杂物、第二相、晶界等沿变形方向呈断续链状和带状延伸，形成纤维组织，称为流线。另外，在共析钢中，热加工可使铁素体和珠光体沿变形方向呈带状或层状分布，称为带状组织。有时，在层带间还伴随着夹杂物或偏析元素的流线，使金属表现出较强的各向异性。流线和带状组织使金属的力学性能（特别是塑性和韧性）具有明显的方向性，纵向上的性能明显高于横向上的性能。因此，热加工时，应力求使工件流线分布合理。如锻造曲轴的流线分布合理，可保证曲轴工作时所受的最大拉应力与流线平行，而外加剪切应力或冲击力与流线垂直，使曲轴不易断裂。经切削加工制成的曲轴，其流线分布不合理，易沿轴肩发生断裂。

热加工

（3）热加工时，动态再结晶的晶粒尺寸主要取决于变形时的流变应力。热加工时，流变应力越大，晶粒越细小（图 2.29）。因此，想要在热加工后获得细小的晶粒，必须控制变形量、变形的终止温度和随后的冷却速度，还可添加微量合金元素抑制热加工后的动态再结晶。热加工后的细晶材料具有较高的强韧性。

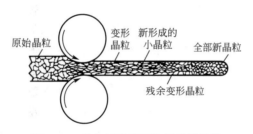

图 2.29　热加工时变形和再结晶示意

2. 动态回复与动态再结晶

热加工时，点阵原子的活动能力增强，晶体在变形的同时发生回复和再结晶，这种与变形同时发生的回复与再结晶分别称为动态回复与动态再结晶。变形停止后仍继续进行的再结晶称为亚动态再结晶。

（1）动态回复。

层错能高的金属 [如铝、α-Fe、铁素体钢及一些密排六方金属（Zn、Mg、Sn 等）] 在进行高温回复时，易借助螺形位错的交滑移和刃形位错的攀移，充分进行多边化和位错胞规整化过程，形成稳定的亚晶，经动态回复后不发生动态再结晶。因此，此类金属热加工的主要机制是动态回复，而不是动态再结晶。图 2.30 所示为动态回复的应力-应变曲线，其可分成如下三个阶段。

第 I 阶段：微应变阶段。在热加工初期，以加工硬化为主，位错密度提高，尚未进行高温回复。

第 II 阶段：动态回复初始阶段。加工硬化逐步增强，同时动态回复逐步增强，位错不断消失，动态软化逐渐抵消部分加工硬化，使曲线斜率减小，曲线趋于水平。

第 III 阶段：稳态流变阶段。加工硬化与动态回复的软化达到平衡，即位错的增殖和消失达到动力学平衡状态，位错密度维持恒定。流变应力不再随应变的增大而增大，曲线保持水平。亚晶保持等轴状及稳定的尺寸和位向。

显然，对于加热时只发生动态回复的金属，其内部有较高的位错密度，若在热加工后快速冷却至室温，其可具有较高的强度；若缓慢冷却，则会发生静态再结晶，使金属软化。

（2）动态再结晶。

对于一些层错能较低的金属［如面心立方金属（如铜及其合金、镍及其合金、γ-Fe、奥氏体钢等）］，由于位错不易攀移，不能充分进行高温回复，其热加工时的主要软化机制为动态再结晶。图 2.31 所示为动态再结晶的应力-应变曲线，该曲线因应变速率不同而有所差异，但大致可分为如下三个阶段。

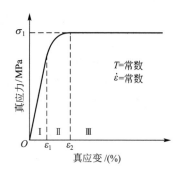

图 2.30　动态回复的应力-应变曲线

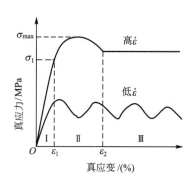

图 2.31　动态再结晶的应力-应变曲线

第Ⅰ阶段：加工硬化阶段。应力随应变上升很快，不发生动态再结晶。

第Ⅱ阶段：动态再结晶初始阶段。动态再结晶的软化作用逐渐增强，应力随应变增大的幅度逐渐降低。应力超过最大值后，软化作用超过加工硬化，应力下降。

第Ⅲ阶段：稳态流变阶段。加工硬化与动态再结晶的软化作用达到动态平衡。高速应变时，曲线为一条水平线；低速应变时，曲线产生波动。由于低速应变时，位错密度的变化较慢，因此，当动态再结晶不能与加工硬化抗衡时，加工硬化占主导地位，曲线上升；当动态再结晶占主导地位时，曲线下降。循环进行该过程，但波动幅度逐渐减小。

动态再结晶同样是晶粒形核和长大过程，其机制与冷变形金属的再结晶基本相同，也是大角度晶界的迁移。但动态再结晶具有反复形核、有限长大的特点。已形成的再结晶核心长大时继续受到变形作用，使位错增殖，储存能增大，与基体的能量差减小，驱动力降低而停止长大，当这一部分的储存能增大到一定程度时，重新形成再结晶核心。循环进行该过程。

2.3　塑性变形的力学性能指标

力学性能指标

表征材料力学性能的指标可分为两类：①表征材料对塑性变形和断裂抗力的指标，称为材料的强度指标；②表征材料塑性变形能力的指标，称为材料的塑性指标。表征塑性变形阶段的强度指标主要有屈服强度、抗拉强度等，塑性指标主要有延伸率和断面收缩率等。

2.3.1 屈服强度

1. 屈服强度的表示及工程意义

材料屈服是材料在应力作用下由弹性变形向塑性变形过渡的明显标志，屈服时对应的应力值表征材料抵抗起始塑性变形或产生微量塑性变形的能力，该应力值称为材料的屈服强度，用 σ_s 表示。试样发生屈服而应力首次下降前的最大应力值称为上屈服强度，用 σ_{su} 表示；在屈服期间，不计初始瞬时效应时的最小应力称为下屈服强度，用 σ_{sl} 表示。屈服阶段产生的伸长称为屈服伸长；屈服伸长对应的水平线段或曲折线段称为屈服平台或屈服齿。屈服现象多出现在铁基合金、有色金属及高分子材料中。例如，我国桥梁用钢经历了从 Q345（16Mn，屈服强度≥345MPa）、Q370（14MnNbq，屈服强度≥370MPa）、Q420（15MnVNq，屈服强度≥420MPa）到 Q460（屈服强度≥460MPa）等的发展。低碳钢的应力-应变曲线如图 2.32 所示。

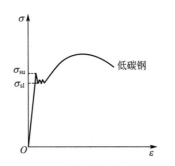

图 2.32　低碳钢的应力-应变曲线

对于金属材料，有屈服平台时，下屈服强度 σ_{sl} 的重复性较好，通常把其作为屈服强度；对于看不到明显屈服现象的材料，其屈服强度由人为按标准确定，称为条件屈服强度。在工程中，为测量方便，用规定残余延伸强度 σ_r 和规定总延伸强度 σ_t 表示材料的条件屈服强度。

规定残余延伸强度 σ_r 是指试样卸除力后残余伸长或延伸等于规定的原始标距或引伸计标距百分率时对应的应力。例如，当残余延伸的百分比分别为 0.05%、0.1%、0.2% 时，记为 $\sigma_{r0.05}$、$\sigma_{r0.1}$、$\sigma_{r0.2}$。常用的为 $\sigma_{r0.2}$。

规定总延伸强度 σ_t 是指总延伸等于规定的引伸计标距百分率时的应力。常用的规定总延伸强度 $\sigma_{t0.5}$，表示规定总延伸率为 0.5% 时的应力。可在加载过程中测量 σ_t，易实现测量自动化。

工程结构钢主要包括碳素结构钢（GB/T 700—2006）和低合金高强度钢（GB/T 1591—2018），是我国实施"一带一路"倡议"走出去"的重要钢种，我国标准用"下屈服强度"表示"屈服点 σ_s"，而国际标准的"屈服强度"普遍用"上屈服强度"表示，我国 GB/T 34560《结构钢》系列标准及于 2019 年 2 月 1 日全面实施的 GB/T 1591—2018《低合金高强度结构钢》，将"屈服强度"改用"上屈服强度"表示（表 2-7），以 Q355 替代 Q345，与国际标准 ISO 630 和欧洲标准 EN 10025 接轨。

表 2-7　《低合金高强度结构钢》新、旧国家标准符号对照表

名称	GB/T 1591—2008	GB/T 1591—2018
断面收缩率	ψ	Z
断后伸长率	δ	A
断裂总延伸率	—	A_t
最大力	F_b 或 P_b	F_m
屈服强度	σ_s	R_e
上屈服强度	σ_{su}	R_{eH}
下屈服强度	σ_{sl}	R_{eL}
抗拉强度	σ_b	R_m
规定非比例延伸强度	σ_r	R_p

高分子材料比一般金属材料易塑性变形。图 2.33 所示为聚合物的典型拉伸应力-应变曲线及试样的形状变化。A 点以前是弹性变形；A 点以后，材料呈现塑性行为，若除去外力，则应变不能恢复，留下永久变形。A 点是屈服点，到达屈服点时，试样截面突然变得不均匀，出现"细颈"。A 点对应的应力和应变分别称为屈服强度 σ_y 和屈服应变 ε_y（屈服伸长率）。

高聚物的变形

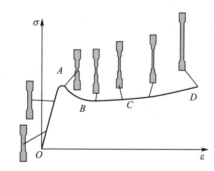

图 2.33　聚合物的典型拉伸应力-应变曲线及试样的形状变化

聚合物的屈服应变比金属大得多。大多数金属的屈服应变为 0.01 甚至更小，但聚合物的屈服应变可达 0.2 左右。A 点以后，试样应变大幅度增大。其中 AB 段应变增大、应力减小，称为应变软化；BC 段是高聚物特有的颈缩阶段，"细颈"沿样品扩展；C 点以后，试样被均匀拉伸，应力增大，产生一定的硬化，称为取向硬化，直至 D 点材料发生断裂。D 点的应力称为断裂强度 σ_b，其应变称为断裂伸长率 ε_b。聚合物的这种拉伸形变过程称为冷拉。

高分子材料的屈服现象自 20 世纪 60 年代以后才引起人们的重视，人们把它看成高分子材料的一种力学行为，并观察到"滑移带"和"缠结带"及与金属不相同的屈服现象。由于高分子材料的应力-应变曲线依赖于时间、温度及其他因素，表现出不同的形式，因此很难给出确切定义屈服点，如强迫高弹性变形在卸载后也会产生永久变形，很难像金属那样定义产生永久变形的点为屈服点。另外，高温退火可使永久变形恢复，这又不同于金属。因而，通常把高分子材料拉伸曲线上出现最大应力的点定义为屈服点，而其对应的应

变为 5%～10%，甚至更大。如拉伸曲线上应力不出现极大值，则定义应变 2%处的应力为屈服强度。具体材料的屈服强度的测试及评定，应按照国家标准中的有关规定进行。

工程实际中，不计测量方法，统一用 σ_s（R_{eH}）或 $\sigma_{0.2}$（$R_{0.2}$）表示金属材料的屈服强度。

屈服强度是工程技术上的重要力学性能指标，其工程意义如下。

（1）作为设计和选材的依据。对于不允许材料产生过量塑性变形的机件，可选屈服强度作为强度指标。

（2）材料的屈服强度与抗拉强度之比（屈强比），可作为金属材料冷塑性加工的参考。屈强比可以衡量材料进一步塑性变形的倾向和机件释放应力集中防止脆断的能力。一方面，提高材料的屈服强度和屈强比，可以充分发挥材料的强度性能，减轻机件质量，不易使机件产生塑性变形失效；另一方面，材料的屈强比增大，塑性变形抗力增大，不利于某些应力集中部位通过局部塑性变形使应力重新分布、释放应力集中，可能导致脆性断裂。因此，应根据机件的形状、尺寸及服役条件选择屈服强度，不能一味追求高的屈服强度。

高强度抗震钢筋

2. 影响屈服强度的因素

（1）产生屈服现象的机理。

材料产生明显屈服的原因与材料结构和位错运动阻力变化有关。1957 年，Gilman 和 Johnston 提出了金属材料产生屈服的三个条件：①材料在屈服变形前可动位错密度很小，或虽有大量位错，但被钉扎住，如钢中的位错被杂质原子或第二相质点钉扎；②随着塑性变形的发生，位错能快速增殖，即可动位错密度急速增大；③位错运动速率与外加切应力有强烈的依存关系，即

$$\bar{v}=\left(\frac{\tau}{\tau_0}\right)^{m'} \tag{2-7}$$

式中，$\bar{v}$ 为位错运动速率；τ 为沿滑移面上的切应力；τ_0 为位错以单位速率运动所需的切应力；m' 为位错运动速率应力敏感指数。

金属材料的宏观塑性应变速率与可动位错密度 ρ、位错运动速率 $\bar{v}$ 和伯格斯矢量 b 的关系为

$$\dot{\varepsilon}=b\rho\bar{v} \tag{2-8}$$

式中，$\dot{\varepsilon}$ 为宏观塑性应变速率；b 为伯格斯矢量值；ρ 为可动位错密度。

由式（2-8）可知，由于屈服前可动位错很少，为了满足一定的宏观塑性应变速率 $\dot{\varepsilon}$（拉伸实验机夹头移动的速度）的要求，必须增大位错运动速率 $\bar{v}$，但位错运动速率 $\bar{v}$ 取决于沿滑移面上的切应力 τ[式（2-7）]。因此，增大 $\bar{v}$ 需要较高应力 τ，这就是上屈服强度的由来。

一旦发生塑性变形，位错大量增殖，位错密度 ρ 增大，一方面，要保持一定的宏观塑性应变速率 $\dot{\varepsilon}$，另一方面，位错间相互作用增强，位错缠结，这样使位错运动速率 $\bar{v}$ 下降，相应的应力也突然降低，从而产生屈服降落平台。

屈服降落平台取决于 m' 值，即位错运动速率应力敏感指数。m' 值越小，使位错运动速率 $\bar{v}$ 变化所需的应力 τ 的变化越大，屈服降落越明显，屈服现象就越明显。一些材料的 m' 值见表 2-8。对于本质较软的材料（如面心立方金属），稍微提高应力就可大幅度提高

位错运动速率 $\bar{v}$，$m' > 200$，屈服现象不明显；本质很硬的材料及体心立方金属的 m' 值较小，一般 $m' < 20$，具有明显的屈服现象。

表 2-8 一些材料的 m' 值

材料	Si	Ge	W	Cr	Mo	LiF	Fe（3%Si）	Cu	Ag
m'	1.4（600~900℃）	1.4~1.7（420~700℃）	5	<7	<8	14.5	35	200	300

此外，在一定条件下，变形可从滑移机制转变为滑移-孪生机制。因为孪晶形核所需应力很大，而孪晶长大所需应力很小，所以孪晶一旦形核就会爆发性地传播，在应力-应变曲线上出现锯齿形波动。另外，孪生造成晶体内部分区域位向的变化，使位错转向有利位向而产生滑移，当试样的应变速度超过拉伸速度时，会发生载荷波动现象。

（2）典型影响屈服强度的因素。

屈服强度作为评价材料起始塑性变形能力的力学性能指标，取决于材料的化学成分配比、晶体结构、组织结构等内在因素，同时受到温度、应变速率等外部因素的影响。

① 晶体结构（晶格阻力）。金属材料的屈服过程主要是位错的运动。理论上，纯金属单晶体的屈服强度是位错开始运动所需的临界切应力，其值取决于位错运动所受的阻力，包括晶格阻力、位错间交互作用产生的阻力等。

在理想晶体中仅存在一个位错，其在点阵周期场中运动时，位错中心将偏离平衡位置，使晶体能量增大而构成能垒，这种由晶体点阵形成的位错运动阻力称为晶格阻力，Peierls（派尔斯）和 Nabarro（纳巴罗）首先估算了这个力，又称派-纳力（$\tau_{\text{P-N}}$）。

$$\tau_{\text{P-N}} = \frac{2G}{1-\nu}\exp\left[-\frac{2\pi a}{b(1-\nu)}\right] = \frac{2}{1-\nu}\exp\left(-\frac{2\pi\omega}{b}\right) \tag{2-9}$$

式中，a 为滑移面的面间距；b 为滑移方向上的原子间距，即位错的伯格斯矢量值；$\omega = a/(1-\nu)$ 为位错宽度；ν 为泊松比。派-纳力公式推导十分复杂且不精确，它的一些定性结果如下。

a. 从本质上说，派-纳力主要取决于位错宽度 ω，位错宽度越小，派-纳力 $\tau_{\text{P-N}}$ 越大，材料越难变形，屈服强度越高。

晶体中已滑移区和未滑移区的分界是以位错区为过渡的。从能量角度看，若位错区宽度小，则虽然界面能小，但弹性畸变能很高，位错运动所需克服的能垒大，位错的运动阻力也较高，屈服强度高。若位错宽度大，则点阵畸变范围大，弹性畸变能分摊到较宽区域内的各原子面上，每个原子与平衡位置的偏离值都较小，单位体积内的弹性畸变能减小，位错运动所需克服的能垒小，位错的运动阻力也较小，位错越易运动，屈服强度越低。

b. 位错宽度主要取决于结合键的本性和晶体结构。对于方向性很强的共价键，其键角和键长度都很难改变，位错宽度很小，$\omega \approx b$，派-纳力很大，屈服强度很高；而金属键不具有方向性，位错宽度较大，面心立方金属（如 Cu）的 $\omega \approx 6b$，派-纳力很小。

派-纳力公式第一次定量指出了由于晶体中存在位错，可以简单推算晶体的切变强度。对于简单立方结构，存在 $d = b$，对于金属取 $\nu = 0.3$，可得实际屈服强度 $\tau_{\text{P-N}} = 3.6 \times 10^{-4} G$，比刚性模型计算的理论值（约为 $G/30$）小得多，接近临界分切应力实验值。

位错在不同的晶面和晶向上运动，其位错宽度不同，只有当 b 值最小（原子密排方向）、a 值最大（原子最密排面）时，位错宽度才最大，点阵阻力最小，派-纳力最小。这就解释了实验观察到金属中的滑移面和滑移方向都是原子排列最紧密的面和方向。

面心立方晶体的位错宽度大，点阵阻力小，易滑移，屈服强度低。虽然体心立方晶体的滑移系很多，但由于位错宽度小，滑移阻力大，屈服强度高，因此塑性变形能力不如面心立方晶体。

② 摩擦阻力。位错间交互作用产生的阻力称为摩擦阻力。摩擦阻力有两种类型：一种是平行位错间交互作用产生的阻力；另一种是运动位错与林位错间因交互作用产生的阻力。两者都与 Gb 成正比，且与位错间距 L 成反比，即 $\tau=\alpha Gb/L$，其中 α 为比例系数，与晶格类型、位错结构及分布有关。因为位错密度 ρ 与 $1/L^2$ 成正比，所以 $\tau=\alpha Gb\rho^{\frac{1}{2}}$。随着 ρ 值的增大，τ 值增大，屈服强度提高。

此外，点缺陷与位错的交互作用对晶体的屈服强度也有一定的贡献。

③ 晶界阻力（细晶强化）。对于实际使用的多晶体材料，晶界是位错运动的重要障碍。若晶界增加，即晶粒尺寸减小，则晶粒内位错塞积的长度减小，应力集中程度降低，不足以推动相邻晶粒内的位错滑移。因此，要使更多的相邻晶粒内位错开动，必须施加更大的外加切应力，使材料的屈服强度提高，该过程称为细晶强化。

Hall‐Petch 总结了多晶体的屈服强度与晶粒尺寸的关系，得到 Hall‐Petch 公式，即

$$\sigma_s=\sigma_i+kd^{-\frac{1}{2}} \tag{2-10}$$

式中，σ_s 为多晶体的屈服强度；d 为晶粒的公平均直径；σ_i 为单晶体的屈服强度；k 为晶界对强度的影响系数。

Hall‐Petch 公式说明多晶体的屈服强度 σ_s 与 $d^{-\frac{1}{2}}$ 呈线性关系，并且斜率 $k>0$，即晶粒越细小，屈服强度越高，晶粒越粗大，屈服强度越低。因为粗大晶粒的晶界前塞积的位错数目多，应力集中大，易开动相邻晶粒的位错源，利于滑移传递而使屈服强度降低。

实验表明，Hall‐Petch 公式同样适用于亚晶界，其中 d 为亚晶粒直径。说明亚晶界的作用与晶界类似，即阻碍位错的运动。

近年来，大量实验表明，Hall‐Petch 公式所描述的屈服强度与晶体尺寸之间的关系并不能完全延续到纳米晶材料。

④ 溶质元素（固溶强化）。在固溶合金中，由于溶质原子与溶剂原子直径不同，因此会在溶质原子周围形成晶格畸变应力场。该应力场与位错应力场产生交互作用，使位错运动受阻，从而使屈服强度提高，产生固溶强化。此外，溶质与溶剂之间的电学交互作用、化学交互作用及有序化作用等也对固溶强化有影响。

四大强化机理

固溶强化的效果与溶质质量分数及溶质原子与位错的交互作用能有关，受溶质质量分数的限制。通常，间隙固溶体（C、N 原子）的强化作用较大。

空位对材料屈服强度的影响与置换溶质原子相似，若合金含有过量的淬火空位或辐照空位，则屈服强度提高。因此，在原子能工业上必须考虑材料在服役过程中空位浓度的变化，因为屈服强度的提高将导致材料塑性下降，引发材料的脆性断裂。

⑤ 第二相弥散强化。第二相的强化效果与第二相质点（或粒子）的性质、形状、尺寸、数量和分布等因素有关，可以分为不可变形的（如钢中的碳化物与氮化物）和可变形的（如时效铝合金中 GP 区的共格析出物 θ 相）两类性质的第二相，还可分为第二相细小弥散分布的粒子和尺寸与基体相相近的块状分布等第二相特征。

对于细小弥散不可变形的第二相粒子，当位错绕过 [图 2.34（a）] 时，须克服弯曲位

错的线张力，屈服强度提高。线张力与相邻粒子间的距离有关，材料屈服强度取决于第二相粒子间的距离。对于可变形的第二相粒子，位错可以切过［图 2.34（b）］，与基体一起变形，由于粒子与基体间的晶格错排及第二相粒子的新界面需做功等，因此屈服强度提高。这类粒子的强化效果与粒子本身的性质及其与基体的结合情况有关。

位错与析出相的钉扎作用

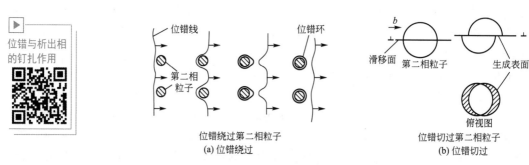

图 2.34　第二相粒子与位错的作用

对于块状第二相，如钢中的珠光体、两相黄铜中的 α 相和 β 相等，也可以使屈服强度提高。一般认为，块状第二相阻碍滑移，使基体产生不均匀变形，受局部塑性约束而导致强化。强化效果可用"混合率"等经验公式表示。在钢中 Fe_3C 体积比相等的条件下，球状珠光体比片状珠光体具有更高的强度和塑韧性。

⑥ 温度。一般情况下，温度升高，材料的屈服强度下降。但是晶体结构不同，其变化趋势各异。屈服强度随温度的变化如图 2.35 所示。

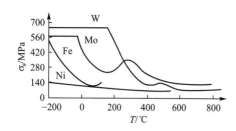

图 2.35　屈服强度随温度的变化

由图 2.35 可见，体心立方金属的屈服强度具有强烈的温度效应，温度下降，屈服强度急剧升高，而面心立方金属和密排六方金属的温度效应较弱。体心立方金属的屈服强度具有强烈的温度效应可能是派-纳力起主要作用的结果。在体心立方金属中，派-纳力比面心立方金属大很多，派-纳力在屈服强度中占有较大比例，而派-纳力属短程力，对温度十分敏感。

⑦ 应变速率与应力状态。应变速率对金属材料的屈服强度有明显影响。在应变速率较高的情况下，金属材料的屈服强度将显著提高。通常，静拉伸实验采用的应变速率约为 $10^{-3}\ s^{-1}$，冷轧、拉拔时采用的应变速率为 $10^3 s^{-1}$，材料的屈服强度明显提高。

应力状态也会影响金属材料的屈服强度。切应力分量越大，越有利于位错滑移，屈服强度越低。在不同应力状态下，材料的屈服强度不同，并非材料性质发生变化，而是材料在不同应力条件下表现的力学行为不同。

综上所述，材料的屈服强度是一个对成分、组织、温度、应力状态等极为敏感的力学性能指标。因此，改变材料的成分或热处理工艺都可使材料的屈服强度产生明显变化。

2.3.2　加工硬化指数

加工硬化是材料阻止继续塑性变形的一种力学性能。一般认为，金属材料的加工硬化是由塑性变形过程中的多滑移和交滑移造成的。在多滑移过程中，受位错交互作用的影响，形成了割阶、位错缠结、Lomer-Cottrell 位错锁和胞状结构等障碍，位错运动的阻力增大，从而产生加工硬化。在交滑移过程中，刃位错不能产生交滑移，刃位错密度增大，产生加工硬化。

金属具有加工硬化能力，可以承受超过屈服强度的应力而不致引起整个构件的破坏，广泛用作结构材料。普遍采用 Hollomon 公式表征金属材料拉伸真应力-真应变曲线上的均匀塑性变形阶段的加工硬化。其表达式为

$$S=Ke^n \tag{2-11}$$

式中，S 为真应力。e 为真应变。K 为硬化系数，其值是真应变为 1 时的真应力。n 为加工硬化指数，它是一个常用的金属材料性能指标，反映了材料抵抗继续塑性变形的能力，当 $n=1$ 时，表示材料为完全理想的弹性体，S 与 e 成正比关系；当 $n=0$ 时，$S=K=$ 常数，表示材料没有加工硬化能力，如室温下产生再结晶的软金属及已强烈加工硬化的材料。对于大多数金属，$n=0.1\sim0.5$。几种金属材料的 n、K 值见表 2-9。

表 2-9　几种金属材料的 n、K 值

材料	纯铜	黄铜	纯铝	纯铁	40 钢		铬钢	T12 钢	60 钢
热处理	退火	退火	退火	退火	调质	正火	调质	退火	淬火 500℃回火
n	0.443	0.423	0.250	0.237	0.229	0.221	0.209	0.170	0.10
K	448.3	745.8	157.5	575.3	920.7	1043.5	996.4	1103.3	1570

因为层错能反映交滑移的难易程度。所以金属材料的 n 值与层错能有关。

由于层错能低的材料（Ag、Au、Cu、不锈钢、α-黄铜等）易出现层错，扩展位错宽度大，不全位错间距离大，难以发生交滑移，因此滑移带平直，位错产生的应力集中高，n 值大。

层错能高的材料（铝）不易形成扩展层错，扩展位错宽度小，容易发生交滑移，滑移变形的特征为波纹状滑移带，n 值小。

此外，n 值也对材料的冷热变形十分敏感。通常，退火态金属的 n 值比较大，而在冷加工状态下比较小，并随材料强度等级的降低而增大。实验表明，n 值与材料的屈服强度大致成反比关系。在某些合金中，n 值随溶质原子的增加而减小。晶粒变粗，n 值增大。

加工硬化在材料的加工和应用中十分重要，主要有以下三方面意义。

（1）保证塑性变形的均匀性。在加工方面，合理利用加工硬化和塑性变形，使变形的部位产生加工硬化，屈服强度提高，将变形转移到未变形部位，可使金属塑性变形均匀，保证冷变形工艺顺利实施。

（2）防止突然过载断裂。在材料应用方面，加工硬化可使金属机件具有一定的抗偶然过载能力，保证机件使用安全。在使用机件的过程中，某些薄弱部位可能因偶然过载而产生塑性变形，但是，由于加工硬化作用阻止塑性变形继续发展，因此可保证机件的安全使用。

（3）强化金属。加工硬化是一种强化金属的重要手段，尤其对于不能进行热处理强化的材料（如低碳钢、奥氏体不锈钢、有色金属等），这种强化方法尤为重要。

取向的结晶态高分子材料的加工硬化机理与金属不同。结晶高分子材料发生屈服后，原有结构开始破坏，载荷下降。应力-应变曲线的最低点表示原有结构完全破坏，并出现颈缩。如果在颈缩开始后不迅速发生断裂，则随着应变的增大，被破坏的晶体又重新组成

方向性好、强度高的微纤维结构，载荷将不再由范德瓦耳斯键承担，而是由共价键承担。每个微纤维都具有很高的强度，继续变形非常困难，造成加工硬化。

2.3.3 抗拉强度

抗拉强度 σ_b 是进行拉伸试验时，光滑试样拉断过程中最大实验力所对应的应力，是材料的重要力学性能指标，标志着材料承受拉伸载荷时的实际承载能力。抗拉强度易测定、重现性好，广泛用作材料生产和科学研究产品规格说明及质量控制指标。

斜拉索桥钢丝

高分子材料和陶瓷材料的抗拉强度是产品设计的重要依据；对于变形要求不高的金属机件，有时为了减轻自重，常以抗拉强度为设计依据。

颈缩是对一些金属材料和高分子材料进行拉伸试验时，变形集中于局部区域的特殊状态，它是在加工硬化与截面面积减小的共同作用下，因加工硬化跟不上塑性变形的发展，使变形集中于试样局部区域而产生的。

在非晶态高聚物和晶态高聚物的冷拉过程中，颈缩区是因分子链的高度取向或片晶的滑移而增强硬化的。晶态聚合物的颈缩现象更明显；在一个或多个细颈发展到整个试样的过程中，应力基本不变，颈缩后的试样被均匀拉伸至断裂。合成纤维的拉伸和塑料的冲压成形都利用了高聚物的冷拉特性。

由于颈缩形成点对应于应力-应变曲线上的最大载荷点，因此 $dF=0$。可以依据这一关系导出该点应力、应变与加工硬化指数 n 和硬化系数 K 的关系。

颈缩应力依赖于材料的硬化系数 K 和加工硬化指数 n。拉伸金属材料时，产生颈缩还与应变速率敏感指数 m 有关。若 m 值低，则在一定温度和应变条件下的流变应力较低，可以产生颈缩；若 m 值高，则可推迟或阻止颈缩的产生。

由于陶瓷材料在室温下很难发生塑性变形，因此塑性和韧性差成为陶瓷材料的致命弱点，也是影响陶瓷材料工程应用的主要障碍。人们常说的陶瓷强度主要指它的断裂强度。

1. 陶瓷材料的强度特点

（1）陶瓷材料的实际断裂强度比理论断裂强度低得多，往往低于金属。陶瓷材料的离子键、共价键决定了其具有高的熔点、硬度和强度。但是陶瓷材料是由固体粉料烧结而成的，在粉料成型、烧结反应过程中存在大量气孔，内部组织结构复杂且不均匀使陶瓷材料中的缺陷或裂纹多，因此陶瓷的断裂强度低于金属。

（2）陶瓷材料的抗压强度比抗拉强度大得多，其相差程度大大超过金属。陶瓷材料的抗压强度是指一定尺寸和形状的陶瓷试样在规定的试验机上受轴向应力作用破坏时，单位面积承受的载荷或陶瓷试样在均匀压力下破碎时的应力。陶瓷试样的高度与直径之比为 2:1，每组都有至少 10 个试样。抗压强度是工程陶瓷材料的一个常测指标。

表 2-10 所列为某些材料的抗拉强度与抗压强度。即使金属材料是脆性的铸铁，其抗拉强度与抗压强度之比也为 1/5~1/3，而陶瓷材料的抗拉强度与抗压强度之比都小于1/10。材料内部缺陷（气孔、裂纹等）和不均匀性使陶瓷材料的抗拉强度对拉应力十分敏感。

表 2-10 某些材料的抗拉强度与抗压强度

材 料		抗拉强度 σ_b/MPa	抗压强度 σ_{bc}/MPa	σ_b/σ_{bc}
铸铁	HT100	100	500	1/5
	HT250	290	1000	1/5~1/3.4

续表

材　　料	抗拉强度 σ_b/MPa	抗压强度 σ_{bc}/MPa	σ_b/σ_{bc}
化工陶瓷	29~39	245~390	1/10~1/8
透明石英玻璃	49	196	1/40
多铝红柱石	123	1320	1/10.8
烧结尖晶石	131	1860	1/14
99%烧结 Al_2O_3	260	2930	1/11.3
烧结 B_4C	294	2940	1/10

（3）气孔和材料密度对陶瓷断裂强度有重大影响。

2. 影响陶瓷材料强度的因素

影响陶瓷材料强度的内在因素有显微结构、内部缺陷的形状和尺寸等，外在因素有试样尺寸和形状、应变速率、环境因素（温度、湿度、酸碱度等）、受力状态和应力状态等。这里仅介绍显微结构、试样尺寸和温度的影响。

（1）显微结构。

陶瓷的显微结构主要有晶粒尺寸、形貌和取向，气孔的尺寸、形状和分布，第二相质点的性质、尺寸和分布，晶界相的组分、结构和形态及裂纹的尺寸、密度和形状等，它们的形成主要与陶瓷材料的制备工艺有关。

① 晶粒尺寸。晶粒尺寸越小，陶瓷材料室温强度越高。试验建立的陶瓷材料强度 σ_f 与晶粒直径之间的半经验关系式为

$$\sigma_f = kd^{-a} \tag{2-12}$$

式中，a 为材料特性与试验条件有关的经验指数，对离子键氧化物陶瓷或共价键氧化物、碳化物等陶瓷，$a=1/2$；k 为与材料结构、显微结构有关的比例常数。

② 气孔。陶瓷材料强度与孔隙率之间的关系由式（2-13）表示

$$\sigma_f = \sigma_0 e^{-bp} \tag{2-13}$$

式中，σ_f 为有气孔时陶瓷材料的强度；σ_0 为无气孔时与陶瓷材料强度有关的常数；b 为常数，一般取 $b=4~7$；p 为孔隙率。

陶瓷材料的强度随孔隙率的增大而下降。一方面，存在气孔使受力相截面减少，导致实际应力增大；另一方面，气孔引起应力集中，导致强度下降。此外，弹性模量和断裂能也随气孔率的变化影响陶瓷材料的强度。

③ 晶界相。通常，在烧结陶瓷材料时加入助烧剂，形成一定量的低熔点晶界相以提高致密度。晶界相的成分、性质及数量（厚度）对强度有显著影响。若晶界相起阻止裂纹过界扩展且松弛裂纹尖端应力场的作用，则可提高材料的强度和塑性。晶界玻璃相对材料的强度不利，应通过热处理使其晶化，减少脆性玻璃相。

（2）试样尺寸。

陶瓷材料的强度指标通常为抗弯强度。弯曲应力的特点是沿厚度、长度方向非均匀分布，位于不同位置的缺陷对强度有不同的影响。只有弯曲试样跨距中间下表面部位的微缺陷才会对抗弯强度产生重要影响。

抗弯强度存在尺寸效应，尤其是厚度效应，在相同体积下，试样厚度越小，应力梯度越大，测试强度越高。

（3）温度。

陶瓷材料的耐高温性能较好，通常在 800℃ 以下，温度对陶瓷材料强度的影响不大。离子键陶瓷材料的耐高温性能比共价键陶瓷材料低。在低温区，陶瓷的破坏属于脆性破坏，对微小缺陷很敏感。在高温区，陶瓷材料断裂前可以产生微小塑性变形，极限应变大大增大，有少量弹塑性行为。低温区和高温区的分界线称为韧-脆转变温度 T_K。

韧-脆转变温度 T_K 与材料的化学成分、显微结构、晶界杂质、玻璃相含量等有关。在高温下，大多数陶瓷材料的强度随温度的升高而下降。不同的材料，韧-脆转变温度不同，如 MgO 的韧-脆转变温度很低，几乎从室温开始强度就随温度的升高而下降；Al_2O_3 的韧-脆转变温度约为 900℃；热压 Si_3N_4 的韧-脆转变温度约为 1200℃；SiC 的韧-脆转变温度可以达到 1600℃ 甚至更高。

在高温下，晶界第二相特别是低熔点物质软化会使晶界产生滑移，陶瓷材料表现出一定程度的塑性；同时，晶界强度大幅度下降，使宏观承载能力下降。因此，在高温下，大多数陶瓷材料是沿晶界断裂的，强度取决于晶界强度。如果要提高陶瓷材料的高温强度，则应尽量减少玻璃相和杂质。

2.3.4　塑性与超塑性

塑性是指材料断裂前产生塑性变形的能力。塑性的意义如下。①避免突然脆性断裂。材料具有一定的塑性，当其偶然过载时，合理使用塑性变形和加工硬化可避免机件发生突然破坏。②释放应力集中。当机件因存在台阶、沟槽、小孔而产生局部应力集中时，材料发生塑性变形可削减应力高峰，使之重新分布，从而保证机件正常运行。③加工成形。材料具有一定的塑性还有利于塑性加工和修复工艺的顺利进行。例如只有金属材料具有较好的塑性才能通过轧制、挤压等冷热变形工序生产出合格产品。④对于金属材料，塑性还是评定材料冶金质量的重要标准。

在工程上，材料塑性的评价一般以光滑圆柱试样的拉伸伸长率和断面收缩率为塑性性能指标。常用的延伸率指标有三种：最大应力下非比例伸长率 δ_g、最大应力下总伸长率和断后伸长率 δ，在三种指标中，断后伸长率是最常用的一种材料塑性指标。

断面收缩率是断裂后试样横截面面积的最大减缩量与原始横截面面积之比，用符号 Z 表示。

材料在一定显微组织、形变温度和形变速度条件下呈现非常大的伸长率（500%～2000%）而不发生颈缩和断裂的现象，称为超塑性。纳米铜的室温超塑性如图 2.36 所示。通常，碳钢和合金钢的断后伸长率不超过 30%，铝及铝合金的断后伸长率不超过 50%。超塑性变形的伸长率比通常塑性变形的伸长率高 10 倍以上，并且基本不发生加工硬化。

超塑性可以说是非晶态固态或玻璃的正常状态。例如，玻璃在高温下可通过黏滞性流变拉伸得很长且不发生颈缩。在纯金属和单相合金的稳定结构中得到的超塑性称为结构超塑性，在变形过程中发生相变的超塑性称为相变超塑性。利用超塑性技术可以压制形状复杂的机件，从而节约材料、提高精度、减少加工工时及能源消耗。因而，材料的超塑性具有重要意义。

产生超塑性的条件：①超细等轴晶粒，在加工过程中始终保持细小的晶粒组织，晶粒

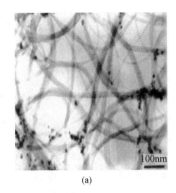
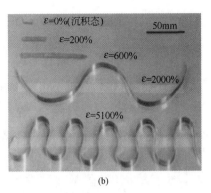

(a)   (b)

图 2.36　纳米铜的室温超塑性

尺寸达微米量级，一般为 $0.5\sim5\mu m$，最佳组织是由两个或两个以上紧密交错的超细晶粒组成的，大多数超塑性材料都是共晶型合金、共析型合金或析出型合金；②合适的变形条件，超塑性变形温度为 $(0.5\sim0.65)T_m$（T_m 为熔点，单位为 K），应变速率一般大于或等于 $10^{-3}\,s^{-1}$，高温下的超塑性变形机制主要是晶界滑动和扩散性蠕变；③应变速率敏感指数 m' 较高，材料呈现超塑性的条件是 $0.3\leqslant m'\leqslant1$，当 $m'<0.3$ 时，材料不呈现超塑性。

超塑性变形材料的组织结构具有以下特征：①晶粒仍保持等轴状；②没有晶内滑移和位错密度的变化，在抛光试样表面看不到滑移线；③晶粒在超塑性变形过程中有所长大，而且变形量越大，应变速率越小，晶粒长大越明显；④产生晶粒换位现象，使晶粒趋于无规则排列，消除再结晶织构和带状组织。

聚合物材料在室温和通常拉伸速度下的应力-应变曲线呈现出复杂的情况。按照拉伸过程中屈服点的表现、伸长率及断裂情况，聚合物材料的变化大致可分为如下五种类型：硬且脆、硬且强、强且韧、软且韧、软且弱，如图 2.37 所示。"软"和"硬"用于区分弹性模量，"弱"和"强"是指抗拉强度，"脆"是指无屈服现象且断裂伸长率很小，"韧"是指其断后伸长率和断裂应力都较高。

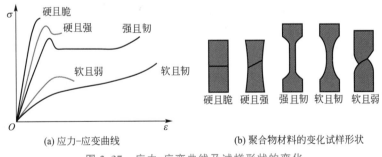

(a) 应力-应变曲线　　　　　　(b) 聚合物材料的变化试样形状

图 2.37　应力-应变曲线及试样形状的变化

属于硬且脆的聚合物有聚苯乙烯（PS）、聚甲基丙烯酸甲酯（PMMA）和酚醛树脂等，它们的弹性模量高，抗拉强度相当大，没有屈服点，断后伸长率一般低于 2%。硬且强的聚合物具有高的弹性模量和抗拉强度，断后伸长率约为 5%，如硬质 PVC。强且韧的聚合物有尼龙-66、聚碳酸酯（PC）和聚甲醛（POM）等，它们的抗拉强度高，断后伸长率也较大，在拉伸过程中会产生细颈。橡胶和增塑 PVC 属于软且韧的聚合物，它们的弹性模量低，屈服点低或者没有明显的屈服点，只看到曲线上有较大的弯曲部分，断后伸长率很大（20%～1000%），断裂强度较高。软且弱的聚合物，只有一些柔软的凝胶，很少用作结构材料。

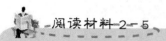

超塑性纳米晶 Zn-Al 合金

传统超塑性 Zn-Al 合金只有在 200℃以上才显示超塑性，日本神户制钢所采用热机械控制工艺（thermo mechanical control process，TMCP）成功研制了具有室温超塑性的纳米晶 Zn-Al 合金。日本利用这种超塑性合金制成轴向力型减震器并用于 100m 级大厦的防震系统。该纳米晶 Zn-Al 合金减震系统的最大载荷超过百万牛，能够有效吸收地震和飓风产生的剧烈振动能。这种纳米晶 Zn-Al 合金具有极其优异的加工性和模压复制性，适用于住宅和大楼的防震装置。

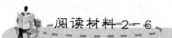

双相钢

实际工程中应用的铁素体＋奥氏体双相不锈钢（α＋γ 双相不锈钢或双相不锈钢）以奥氏体为基，且含有不少于 30% 的铁素体，两相各约占 50% 的双相不锈钢较常见。该不锈钢兼具奥氏体不锈钢和铁素体不锈钢的特点，与铁素体不锈钢相比，其塑性和韧性更好，无室温脆性，耐晶间腐蚀性和焊接性均较好，还保持了铁素体不锈钢的 475℃ 脆性及导热系数高、具有超塑性等特点。与奥氏体不锈钢相比，其强度高，耐晶间腐蚀性和耐氯化物应力腐蚀性明显提高。

太原钢铁（集团）有限公司自主研发的双相不锈钢钢筋首次应用于港珠澳大桥的承台、塔座及墩身等部位，具有耐氯离子腐蚀性好、强度高、轻量化、免维护、使用寿命长等优点。

汽车钢板占整车质量的 80% 以上，采用低合金高强度的铁素体＋马氏体（贝氏体）双相钢可实现超轻钢车体，用于制作车身外部面板、盖板、撞击横梁、保险杠加强体等，可降低噪声和油耗。

综合习题

一、填空题

1. 金属塑性的指标主要有 _____ 和 _____ 两种。
2. 单晶体的塑性变形方式有 _____ 和 _____ 两种。
3. 非晶态高分子材料的塑变过程主要是 _____ 的形成。

二、简答题

1. 指出下列名词的主要区别。
(1) 弹性变形与塑性变形；　　　(2) 一次再结晶与二次再结晶；
(3) 热加工与冷加工；　　　　　(4) 丝织构与板织构；
(5) 屈服强度 $\sigma_s(R_{eH})$ 与抗拉强度 $\sigma_b(R_m)$；　(6) 银纹与裂纹；

（7）加工硬化与位错硬化；　　　　　　　　（8）滑移系、滑移面与滑移方向；

（9）细化晶粒与细晶强化；　　　　　　　　（10）滑移与孪生。

三、选择题（单选或多选）

1. 单晶体的塑性变形方式有（　　　）。

A. 滑移　　　　　　　B. 银纹　　　　　　　C. 孪生　　　　　　　D. 蠕变

2. 在光滑试样的单向拉伸过程中，最大承载拉应力为（　　　）。

A. 抗压强度　　　　　B. 屈服强度　　　　　C. 抗拉强度　　　　　D. 弹性极限

3. 塑性变形的本质是（　　　）。

A. 与时间无关　　　　　　　　　　　B. 不可逆变形

C. 可逆变形　　　　　　　　　　　　D. 应力应变呈非线性关系

4. 加工硬化是下列（　　　）阶段产生的现象。

A. 弹性变形　　　　　B. 屈服变形　　　　　C. 断裂　　　　　　　D. 均匀塑性变形

5. 韧性是材料断裂前吸收（　　　）的能力。

A. 塑性变形功和断裂功　　　　　　　B. 弹性变形功和断裂功

C. 弹性变形功和塑性变形功　　　　　D. 塑性变形功

6. 热加工与冷加工的分界线是（　　　）。

A. 回复温度　　　　　　　　　　　　B. 室温 20℃

C. 再结晶温度　　　　　　　　　　　D. 高温 200℃

7. 表征材料抵抗起始塑性变形能力的指标是（　　　）。

A. 抗拉强度 $\sigma_b(R_m)$　　　　　　　B. 比例极限 σ_p

C. 弹性极限 σ_e　　　　　　　　　　D. 屈服强度 $\sigma_s(R_{eH})$

8. 高分子材料的塑性变形机理是产生（　　　）。

A. 裂纹　　　　　　　B. 银纹　　　　　　　C. 空洞　　　　　　　D. 纤维断裂

9. Cu 晶体的滑移系可能是（　　　）。

A. $(11\bar{1})$ $[101]$　　　　　　　　　B. (111) $[11\bar{2}]$

C. (111) $[011]$　　　　　　　　　　D. (110) $[\bar{1}11]$

10. α-Fe 晶体的滑移系可能是（　　　）。

A. $(01\bar{1})$ $[1\bar{1}1]$　　　B. (110) $[11\bar{2}]$　　　C. (110) $[111]$　　　D. (110) $[1\bar{1}1]$

11. 在 Zn、α-Fe、Cu 三种晶体中，塑性最好的是（　　　）。

A. Zn　　　　　　　　B. Cu　　　　　　　　C. α-Fe

12. 在 Mg、α-Fe、Au 三种晶体中，塑性从低到高的排列顺序是（　　　）。

A. α-Fe ＜Mg ＜Au　　　B. Mg ＜Au＜α-Fe　C. Mg＜α-Fe＜Au

D. α-Fe＜Mg＜ Au　　　　E. Au ＜α-Fe＜ Mg

13. 关于滑移和孪生变形机制，下列说法错误的是（　　　）。

A. 滑移不改变晶体结构，孪生改变晶体结构

B. 滑移前后晶体位向不改变；孪生前后晶体位向改变，形成镜面对称关系

C. 滑移和孪生的变形量都是变形方向原子间距的整数倍

D. 滑移是全位错运动的结果，孪生是不全位错运动的结果

14. 材料内部的（　　　）可阻止裂纹的萌生和扩展，在生产上利用其提高材料的疲劳

强度。

    A. 残余拉应力   B. 残余压应力

    C. 第一类内应力   D. 第二类内应力

15. 材料内部的（   ）可加速裂纹的萌生和扩展，导致零件变形或断裂。

    A. 残余拉应力   B. 残余压应力

    C. 第一类内应力   D. 第二类内应力

16. （   ）是既能提高强度、又能优化塑性和韧性的唯一方法。

    A. 加工硬化   B. 细化晶粒

    C. 固溶强化   D. 硬质颗粒弥散强化

17. 关于陶瓷材料塑性变形的特点，下列描述正确的是（   ）。

A. 陶瓷材料的脆性很大，不能进行塑性变形

B. MgO 单晶陶瓷在室温下可以进行塑性变形

C. 陶瓷在高温下也不能表现明显的塑性变形

D. 陶瓷材料可以通过晶界的滑动或流变进行塑性变形

18. 关于冷变形金属的再结晶，下列描述正确的是（   ）。

A. 再结晶时，在原变形组织中形核长大成等轴状新晶粒，强度硬度降低，塑性恢复

B. 再结晶温度是人为规定的，它是动力学意义的温度

C. 再结晶的驱动力是形变储存能

D. 再结晶不是固态相变，它是同相晶粒形态的转变

E. 再结晶的驱动力是新旧两相的自由能差

19. 螺旋弹簧的制备工艺是先选用 65Mn 弹簧钢，冷拔成钢丝后进行铅浴等温淬火，获得高强度、高弹性和一定韧性配合的弹簧钢丝，再采用冷卷工艺卷制成螺旋弹簧。此时，应配合采用（   ）热处理工艺。

A. 再结晶退火，消除内应力和加工硬化

B. 回复退火，消除内应力，保留加工硬化

C. 淬火后中温回火，继续获得高强度和硬度

D. 不需要热处理，可直接使用

20. 某军工厂为制备铝合金弹药筒，采用四道快速冷冲压成型工艺，在每道工艺间都需要进行（   ）。

A. 再结晶退火，以消除内应力和加工硬化

B. 回复退火，以消除内应力、保留加工硬化

C. 淬火后低温回火，以继续获得高强度和硬度

D. 不需要热处理，可直接冲压成型

四、计算题

1. 沿铁单晶的 [110] 方向施加拉力，当力为 50MPa 时，在 (101) 面上 [111] 方向的分切应力是多少？若 $\tau_c = 31.1\text{MPa}$，则外加拉应力是多少？

2. 有一 70MPa 应力作用在面心立方晶体的 [001] 方向上，求作用在 (111) $[10\bar{1}]$ 和 (111) $[\bar{1}10]$ 滑移系上的分切应力。

3. 某体心立方晶体的 $(\bar{1}10)$ [111] 滑移系的临界分切力为 60MPa，试问在 [001]

和 [010] 方向必须施加多大的应力才会产生滑移？

4. 为什么晶粒尺寸会影响屈服强度？对于经退火的纯铁，当晶粒尺寸为 16 个/毫米² 时，$\sigma_s(R_{eH})$ ＝100MPa；当晶粒尺寸为 4096 个/毫米² 时，$\sigma_s(R_{eH})$ ＝250MPa，试求晶粒尺寸为 256 个/毫米² 时的 $\sigma_s(R_{eH})$。

五、综合分析

1. 合金元素和热处理对金属材料的弹性模量影响不大，却对材料的强度影响很大，试讨论其原因。

2. 钢在铁素体与奥氏体状态下的屈服现象有什么不同？

3. 图 2.38 所示为某多晶体金属的应力-应变曲线，试回答下列问题。

（1）当应力达到屈服点 B 时，采用位错理论解释发生的现象。

（2）当应力从 B 点增大到 C 点和 D 点时，材料发生加工硬化，采用位错理论说明强度增大的原因。

4. 拉制半成品铜丝的过程如图 2.39 所示，试绘制不同阶段的组织和性能示意图，并加以解释。

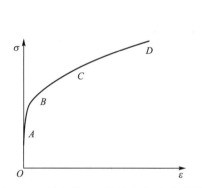

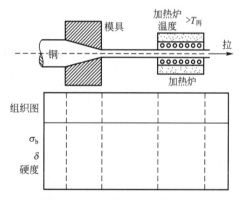

图 2.38　某多晶体金属的应力-应变曲线　　　图 2.39　拉制半成品铜丝的过程

六、文献查阅及综合分析

查阅近期的科学研究论文，任选一种材料，以材料的塑性变形性能指标（σ_s、σ_b 等）为切入点，分析材料的塑性变形性能与成分、结构、工艺的关系（给出必要的图、表、参考文献）。

七、工程案例分析

请举一个实际工程案例，说明塑性变形及其性能指标在其中的应用，完成 PPt 制作、课堂汇报与讨论，并提供案例来源、文字说明、图片、视频等资源。

第2章 试验方法（国家标准）

在线答题

第3章
材料的断裂与断裂韧性

一本章知识构架

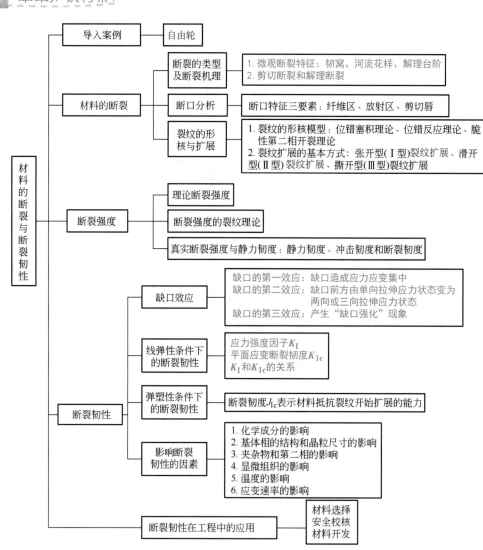

导入案例

断裂是工程构件的一种危险的失效方式，尤其是脆性断裂，它是突然发生的破坏，断裂前没有明显征兆，常引起灾难性的事故。二十世纪四五十年代之后，大型桥梁、船舶、车辆等脆性断裂事故明显增加。

自由轮（图3.01）是美国在第二次世界大战中大量建造的货船，它是世界上第一种用预制构件和装配的方法在流水线上大规模生产船只，焊接替代铆接而成为主要装配手段，原来一艘万吨级自由轮从安装龙骨到交货要200多天，而自由轮创下14天下水的纪录。

大桥断裂事故

图3.01 自由轮

然而，近千艘自由轮在航行过程中因脆性断裂问题失事，有的甚至没能下水。分析表明：一方面，钢材的硫含量和磷含量高，缺口敏感性高；另一方面，在低温环境下航行，焊接微裂纹会引发脆性断裂。

3.1 材料的断裂

固体材料在力的作用下分成若干部分的现象称为断裂。在材料的四大失效形式（过量变形、断裂、磨损、腐蚀）中，断裂意味着材料彻底失效，危害最大。

经典强度理论认为材料是均匀连续、各向同性的，断裂是瞬时发生的，设计时只考虑材料的抗拉强度 σ_b，较少考虑屈服强度、韧性、焊接性等性能。随着机器装备日益大型化和工作条件的复杂化，高强度材料和超高强度材料及全焊接结构的使用导致很多低应力脆性断裂事故，人们对经典强度理论提出了质疑。

实际上，由于材料在加工与使用过程（冶金、锻造、焊接、淬火、机加工、变形、腐蚀、磨损）中会出现宏观裂纹，因此材料不是均匀连续的。格里菲斯（Griffith）在1920

断裂微观动态观察

年提出，断裂前材料的裂纹尖端会引发应力集中，当应力集中超过材料键合强度时引发裂纹，裂纹在应力作用下扩展到临界尺寸时，材料突然断裂。

断裂过程是裂纹形成、扩展和断裂的过程。断裂取决于裂纹萌生抗力和扩展抗力，而不取决于用截面面积计算的名义断裂应力和断裂应变，断裂力学开始发展。

材料的断裂表面称为断口。通过肉眼、放大镜或电子显微镜等对材料断口进行宏观分析及微观分析，了解材料断裂的原因、条件、机理等，称为**断口分析法**。

阅读材料 3-1

断裂力学的发展

断裂力学（裂纹力学）是研究含裂纹物体的强度和裂纹扩展规律的科学，它是固体力学的一个重要分支，其起源于 20 世纪 20 年代格里菲斯对玻璃低应力脆性断裂的研究。国际上发生的一系列大型构件（如桥梁、船舶、压力容器、航天器等）的重大低应力脆性断裂灾难性事故，促进了人们对断裂力学的研究和断裂力学的发展。

断裂力学的开创者格里菲斯（1893—1963 年）研究"玻璃的实际强度比从它的分子结构所预期的强度低得多"问题时，推测其是因微小裂纹引起的应力集中而产生的，提出了适合判断脆性材料的与材料裂纹尺寸有关的断裂准则——格里菲斯准则（又称 G 判据）。1920 年，格里菲斯发表了著名论文 *The phenomenon of rupture and flow in solids*，他提出了材料内部有很多显微裂纹，从能量平衡角度给出了裂纹扩展的判据，奠定了断裂力学的基石，并于 1921 年获得利物浦大学工程博士学位。

断裂力学的形成与发展：1948 年，美国科学家伊尔文发表论文 *Fracture dynamics, fracturing of metals*，标志着断裂力学成为独立学科。1957 年，伊尔文提出应力强度因子的概念和理论，建立起线弹性断裂力学，它是断裂力学的最初分支。20 世纪 70 年代，断裂力学广泛引入我国。

断裂力学的研究内容及应用：研究载荷及环境作用下裂纹的扩展规律、建立断裂准则和分析断裂韧度等问题，在航空航天、交通运输、化工、机械、材料、能源等领域得到了广泛应用。

断裂力学的分类：根据裂纹尖端附近材料塑性区的大小，断裂力学分为线弹性断裂力学和弹塑性断裂力学；根据载荷性质，断裂力学分为断裂静力学和断裂动力学；根据结构层次，断裂力学分为宏观断裂力学和微观断裂力学；根据裂纹扩展速率，断裂力学分为静止裂纹、亚临界裂纹扩展（亚稳扩展）及失稳扩展和止裂三个方面的研究。

线弹性断裂力学的研究内容：适用于裂纹尖端塑性区的尺寸远小于裂纹长度时的裂纹扩展和断裂准则研究，用于解决大型构件和脆性材料的平面应变断裂问题。

弹塑性断裂力学的研究内容：当裂纹尖端塑性区的尺寸不限于"小范围屈服"时，可应用弹性力学、塑性力学研究裂纹扩展规律和断裂准则，采用 J 积分、裂纹张开位移（crack opening displacement，COD）和 J 阻力曲线等方法进行分析。其可应用于薄板平面应力断裂问题、焊接结构缺陷评定、核电工程安全性评定、压力容器和飞行器的断裂控制、结构件的低周疲劳和蠕变断裂等方面。

断裂静力学：研究材料与构件在静态不变载荷作用下裂纹萌生、扩展和断裂的变化规律。

断裂动力学：研究固体在高速加载或裂纹高速扩展下的断裂规律。在冶金学、地震学、合成化学及水坝工程、飞机和船舶设计、核动力装置和武器装备等方面有实际应用。

宏观断裂力学：把材料当作各向同性的均质弹性体或弹塑性体，采用连续介质力学方法，着眼于裂纹尖端应力集中区的应力场和应变场分布，研究裂纹萌生、扩展和断裂的过程。

微观断裂力学：研究材料显微结构（位错、晶界、第二相等）与断裂的关系，分析断裂微观过程及能量，探讨提高韧性和克服脆性的途径。

静止裂纹：可以对裂纹进行应力分析，计算应力强度因子、能量释放率等。

亚临界裂纹扩展（亚稳扩展）：扩展速度较低，卸载或去除影响裂纹扩展的因素后，裂纹扩展立即停止，构件仍然是安全的。

失稳扩展：扩展速度很高，导致材料快速断裂，即使立即卸载也不一定能阻止断裂破坏。

3.1.1　断裂的类型及断裂机理

材料的断裂过程包括裂纹的萌生、扩展与断裂三个阶段。不同的材料在不同条件下，断裂的机理与特征不同，为了便于分析研究，需要按照不同的分类方法把断裂分为多种类型。从宏观角度分析：按照断裂前与断裂过程中材料的宏观塑性变形程度，断裂可分为脆性断裂和韧性断裂。从微观角度分析：按照晶体材料断裂时裂纹扩展的途径，断裂可分为沿晶（晶界）断裂和穿晶断裂；按照微观断裂机理，断裂可分为剪切断裂和解理断裂。

1. 脆性断裂和韧性断裂

脆性断裂是材料断裂前基本不产生明显的宏观塑性变形，没有明显预兆，往往表现为突然发生的快速断裂过程，具有很大的危险性。一般脆性断裂的断口与正应力垂直，宏观上比较齐平光亮，常呈放射状或结晶状[图 3.1（a）]。淬火钢、灰铸铁、陶瓷、玻璃等脆性材料的断裂过程及断口常具有脆性断裂特征。

脆性断裂与
韧性断裂

韧性断裂是材料断裂前及断裂过程中产生明显宏观塑性变形的断裂过程。韧性断裂时，一般裂纹扩展较慢，消耗大量塑性变形能。韧性断裂的断口往往呈纤维状、暗灰色[图 3.1（b）]。纤维状是塑性变形过程中，由众多微细裂纹不断扩展和相互连接造成的；暗灰色是由纤维断口表面对光的反射能力很弱所致。一些塑性较好的金属材料及高分子材料在室温下的静拉伸断裂具有典型的韧性断裂特征。

脆性断裂与韧性断裂的主要区别在于断裂前产生的应变。如果试样断裂后，测得其残余应变和形状变化都很小，则该试样的断裂称为脆性断裂，该试样材料称为脆性材料，如玻璃和铸铁。一般地，由脆性材料制成的零件发生断裂，经修复能恢复断裂前的形式。如

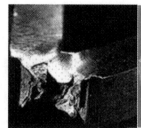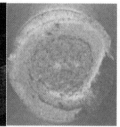

(a) 脆性断裂   (b) 韧性断裂

图 3.1 脆性断裂与韧性断裂

果试样断裂后，测得其残余应变和形状变化都很大，则该试样的断裂称为韧性断裂，该试样材料称为韧性材料，如钢和有色金属。由韧性材料制成的零件发生断裂，经修复不能恢复断裂前的形式。大多数断裂同时包括脆性断裂和韧性断裂，但是其中一种断裂形式起主要作用。

实际上，材料的脆性断裂与韧性断裂并无明显界限，一般脆性断裂前也会产生微量塑性变形。因此，一般规定光滑拉伸试样的断面收缩率小于 5% 的为脆性断裂，大于 5% 的为韧性断裂。

沿晶断裂和
穿晶断裂

2. 沿晶（晶界）断裂和穿晶断裂

从微观上看，晶体材料断裂时，裂纹沿晶界扩展的断裂称为沿晶（晶界）断裂，裂纹沿晶内扩展的称为穿晶断裂，如图 3.2 所示。沿晶（晶界）断裂是由晶界上一薄层连续或不连续脆性第二相、夹杂物等破坏材料的连续性造成的，它是晶界结合力较弱的一种表现。沿晶（晶界）断裂的断口一般呈结晶状。

(a) 沿晶(晶界)断裂   (b) 穿晶断裂

图 3.2 沿晶（晶界）断裂和穿晶断裂

从宏观上看，穿晶断裂可以是韧性断裂，也可以是脆性断裂；而沿晶（晶界）断裂大多为脆性断裂。共价键陶瓷的晶界较弱，其主要断裂方式是沿晶断裂；离子键晶体的断裂往往是穿晶断裂。

3. 剪切断裂和解理断裂

剪切断裂和解理断裂是材料断裂的两种微观机理。

（1）剪切断裂。

剪切断裂是材料在切应力作用下沿滑移面滑移分离而造成的断裂。某些纯金属尤其是单晶体金属会产生剪切断裂，其断口呈锋利的楔形，如低碳钢拉伸断口上的剪切唇。在单晶体的剪切断口上，可肉眼观察到很多直线形滑动痕迹。由于多晶体晶粒间相互约束，不可能沿单一滑移面滑动，而是沿着相互交叉的滑移面滑动，因此在微观断口上呈现出蛇形滑动痕迹。随着变形度的增大，蛇形滑动痕迹平滑化，形成涟波花样。变形度继续增大，涟波花样进一步平滑化，在断口上留下平坦面，称为延伸区。

剪切断裂的另一种形式为微孔聚集型断裂。微孔聚集型断裂是材料韧性断裂的普遍方式。其断口在宏观上呈纤维状、暗灰色，在微观上分布大量韧窝，如图 3.3 所示。

微孔聚集型断裂过程包括微孔形核、长大、聚合、断裂。微孔形核大多是通过第二相（夹杂物）碎裂或与基体界面脱离，并在材料塑性变形到一定程度时产生的 [图 3.4（a）]。随着塑性变形的发展，大量位错进入微孔，微孔逐渐长大 [图 3.4（b）]。在微孔长大的同时，与相邻微孔间的基体横截面面积不断减小，相当于微小拉伸试样的颈缩过程。随着微颈缩的断裂，微孔聚合（连接）形成微裂纹 [图 3.4（c）]。随后，在裂纹尖端附近的三向拉应力区和集中塑性变形区形成新的微孔，并借助颈缩与裂纹连通，使裂纹扩展，直至断裂，形成宏观上呈纤维状、微观上分布韧窝的断口。一般来说，微孔的起始尺寸主要取决于第二相（夹杂物）质点的尺寸及质点间距，以及金属材料基体的塑性。若塑性相同，质点间距减小，则韧窝尺寸和深度都减小。在相同质点间距下，塑性好的材料韧窝深。在三向拉应力作用下，韧窝呈等轴形；而在切应力作用下，韧窝呈椭圆形或抛物线形。

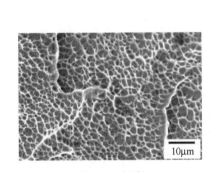

图 3.3　韧窝

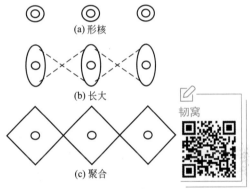

(a) 形核

(b) 长大

(c) 聚合

韧窝

图 3.4　微孔聚集型断裂过程

（2）解理断裂。

在正应力作用下，由原子间结合键破坏引起的沿特定晶面发生的脆性穿晶断裂称为解理断裂。解理断裂的微观断口应该是极平坦的镜面。但是，实际上解理断口是由许多相当于晶粒大小的解理面集合而成的。这种以晶粒大小为单位的解理面称为解理刻面。解理裂纹的扩展往往是沿着晶面指数相同的一族相互平行但高度不等的晶面进行的。不同高度的解理面之间存在台阶，众多台阶汇合便形成河流花样，如图 3.5 所示。

解理台阶、河流花样和舌状花样是解理断口的基本微观特征。通常认为解理台阶主要有两种形成方式：解理裂纹沿解理面扩展时，与晶内原先存在的螺型位错相交，产生一个高度为伯格斯矢量的解理台阶，如图 3.6 所示；两个相互平行且高度不等的解理裂纹，通过次生解理或撕裂的方式连接形成解理台阶。

同号解理台阶相遇时汇合长大，异号解理台阶相遇时相互抵消。当汇合解理台阶足够高时，便形成河流花样（图 3.7）。

解理台阶与
河流花样

25μm

图 3.5　河流花样

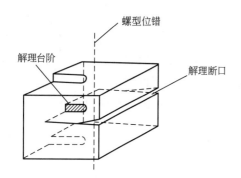

图 3.6　解理裂纹与螺型位错相交形成解理台阶

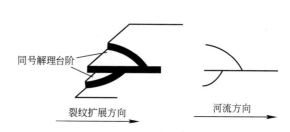

图 3.7　河流花样形成示意图

河流花样是判断解理断裂的重要微观依据，河流的流向与裂纹的扩展方向一致，可根据河流的流向确定微观范围内解理裂纹的扩展方向。在实际多晶体中存在晶界与亚晶界，当解理裂纹穿过小角度晶界时，河流方向偏移；当穿越扭转晶界和大角度晶界时，由于两侧解理面方向不同且晶界上有大量位错，因此裂纹不能简单穿越，而需要重新形核，再沿着重新组成的解理面扩展，从而解理台阶与河流激增。

当解理裂纹高速扩展且温度较低时，裂纹前端可能形成孪晶，裂纹沿孪晶与基体界面扩展时常会形成舌状花样。

（3）准解理断裂。

准解理断裂常见于淬火回火钢中，其宏观上属于脆性断裂。受回火后碳化物质点的作用，当裂纹在晶内扩展时，难以严格地沿一定晶面扩展。其微观形态特征类似于解理河流但又非真正解理，故称为准解理断裂。解理裂纹常源于晶界；而准解理裂纹常源于晶内硬质点，形成从晶内某点发源的放射状河流花样。准解理断裂不是一种独立的断裂机理，而是解理断裂的变种。

从结晶学角度来讲，脆性断裂是通过解理方式出现的，拉伸应力将晶体中相邻晶面拉开而引起晶体断裂；韧性断裂是由切应力引起的晶体沿晶面相对滑移而发生的断裂。

4. 高分子材料的断裂

从宏观上考虑，高分子材料的断裂与金属材料相同，也可分为脆性断裂和韧性断裂两大类。玻璃态聚合物在玻璃化温度 T_g 以下主要表现为脆性断裂；聚合物单晶体可以发生解理断裂，也属于脆性断裂。而 T_g 以上的玻璃态聚合物及常用的半晶态聚合物断裂时伴有较大塑性变形，属于韧性断裂。受分子结构特点的影响，高分子材料的微观断裂机理与金属及陶瓷材料不同。

玻璃态高分子聚合物材料的断裂过程是银纹形成和发展的过程，如图 3.8 所示。

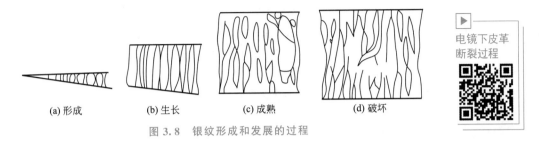

| (a) 形成 | (b) 生长 | (c) 成熟 | (d) 破坏 |

电镜下皮革
断裂过程

图 3.8　银纹形成和发展的过程

在韧性断裂过程中，当拉伸应力增大到一定值时，在材料中的一些弱结构或缺陷处会产生银纹。随着变形量的增大，银纹中的空洞随着纤维的断裂长大而形成微孔，微孔扩大、连接形成裂纹。另外，在银纹中的杂质处可能形成微裂纹，微裂纹沿银纹与基体界面扩展，使连接银纹两侧的纤维束断裂而造成微颈缩，微颈缩断裂而形成裂纹。裂纹尖端存在应力集中，促使银纹形成，裂纹的扩展过程就是银纹形成、移动的过程。

银纹形成过程与金属材料的微孔聚集型断裂有一定的相似之处。在较低温度的脆性断裂过程中，银纹形成比较困难，很难在试样上找到银纹，但在断口上有很薄的银纹层，说明存在韧性断裂与脆性断裂。在断裂过程中，裂纹尖端总伴随着银纹的形成。

对晶态及半晶态高分子材料，单晶体的断裂取决于应力与分子链的相对方向。聚合物单晶体是分子链折叠排列的薄层，分子链方向垂直于薄层表面。当晶体受垂直于分子链方向的应力作用时产生滑移、孪生和马氏体相变。在高应变条件下，解理裂纹出现且沿与分子链平行的方向扩展，破坏范德瓦耳斯键而形成解理断裂。当应力与分子链平行时，裂纹穿过分子链，切断共价键。由于共价键的强度很高，因此晶体在沿分子链方向表现出很高的强度，不易断裂。

半晶态高分子材料是无定形区与晶体的两相混合物。在 T_g 以上，半晶态高分子材料具有韧性断裂的特征。在断裂时产生塑性变形的无定形区的微纤维束末端将形成空洞。随着塑性变形的继续进行，在空洞或夹杂物旁边微纤维束产生滑移，从而形成微裂纹。微裂纹可通过切断纤维沿横向（与微裂纹共面）生长；也可"拔出"一些纤维，以与邻近纤维末端空洞连接的方式生长。依据材料性质，有些材料的微裂纹生长以切断纤维为主，如尼龙-6、尼龙-66 等；有些材料的微裂纹生长以拔出纤维与相邻纤维末端空洞连接为主，如聚乙烯等。

3.1.2　断口分析

材料断裂的实际情况往往比较复杂，宏观断裂形态不一定与微观断口特征完全相符。在宏观上表现为韧性断裂的断口上局部区域可能出现解理断裂特征，在宏观上表现为脆性断裂的断口上局部区域可能出现韧窝。因此，不能将宏观上的韧性断裂、脆性断裂与微观上的韧性断裂、脆性断裂混为一谈。但是，根据宏观、微观的断口分析，可以真实地了解材料断裂时裂纹形成及扩展的原因、过程、方式，有助于对断裂的原因、条件及影响因素作出正确判断。

中、低碳钢光滑圆柱试样在室温下的静拉伸断裂就是典型的韧性断裂。断口一般呈杯锥状，由纤维区 F、放射区 R 和剪切唇 S 三个区域（断口特征的三要素）组成，如图 3.9

所示。杯锥状断口的形成过程如图 3.10 所示。

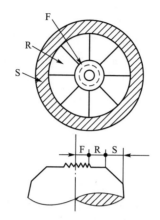

F—纤维区；R—放射区；S—剪切唇。

图 3.9　拉伸断口的三个区域示意图

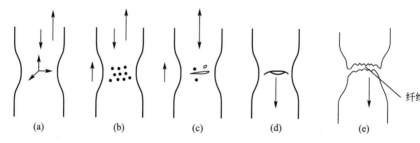

图 3.10　杯锥状断口的形成过程

当试样的拉伸力达到应力-应变曲线的最高点时，试样局部区域产生颈缩，颈缩部分中心的应力状态由单向变为三向 [图 3.10 (a)]，中心轴向的应力最大。在三向应力作用下，试样中心部分的第二相质点破裂，或与基体界面脱离而形成微孔 [图 3.10 (b)]。微孔不断长大、聚合而形成微裂纹 [图 3.10 (c)]，其端部产生更大的塑性变形，新的微孔在变形带内形核、长大、聚合，当与产生的裂纹连接时，裂纹扩展 [图 3.10 (d)]。这样反复进行的结果是形成纤维区 [图 3.10 (e)]。纤维区所在平面垂直于拉伸应力方向，纤维区的微观断口特征为韧窝。

在纤维区中，裂纹扩展较慢，并伴有更大的塑性变形。裂纹达到临界尺寸后，产生更大的应力集中，并以低能量撕裂的方式快速扩展，形成放射区。放射区具有放射线花样特征。放射线平行于裂纹扩展方向、垂直于裂纹前端轮廓线。放射区的断裂过程属于韧性撕裂过程，微观断口特征为撕裂韧窝，撕裂时塑性变形量越大，放射线越粗。对于几乎不产生塑性变形的材料，当放射线消失时，微观断口上呈现解理特征。

在试样拉伸断裂的最后阶段形成杯锥状剪切唇，剪切唇与拉伸轴成 45°，表面光滑。

韧性断裂的断口一般有纤维区、放射区和剪切唇；脆性断口的纤维区很小，几乎没有剪切唇。这三个区域的形态、尺寸和相对位置取决于试样形状、尺寸和金属材料的性能，以及试验温度、加载速率和受力状态。一般来说，材料强度提高、塑性降低，放射区比重增大，试样尺寸增大，放射区明显增大，而纤维区变化不大。

3.1.3　裂纹的形核与扩展

1. 裂纹的形核模型

断裂是裂纹形核和扩展的结果。试验结果表明，尽管解理断裂是典型的脆性断裂，但解理裂纹的形成与材料的塑性变形有关，而塑性变形是位错运动的结果。因此，为了探讨解理裂纹的产生，很多学者采用位错理论来解释解理裂纹的形核机理。

（1）位错塞积理论。

位错塞积理论最早由甄纳-斯特罗（Zener - Stroh）提出，该理论认为：在切应力作用下，刃位错在障碍处受阻堆积而产生应力集中，当应力集中充分大时，破坏塞积附近原子间的结合力而形成解理裂纹。位错塞积理论模型如图 3.11 所示。M 点为位错源，在外加切应力 τ 的作用下，位错滑移，分别在 A 点和 O 点受阻形成位错塞积群，$2a$ 为位错塞积群总长度，τ_i 为位错线上的摩擦阻力。以 O 点为极坐标原点，位错塞积群 O 点前方任一点 P 的极坐标为 (r, θ)，根据应力场理论计算得出在 $\theta = -70.5°$ 处应力集中最大 $[\sigma_{\theta\max}$ 见式（3-1）]，最易萌生裂纹。

位错塞积

$$\sigma_{\theta\max} = \frac{2}{3}(\tau - \tau_i)\sqrt{\frac{a}{2r}} \tag{3-1}$$

若 $2a$ 为晶粒直径 d，则晶粒越小，位错塞积引起的应力集中越小，越不易萌生裂纹，推迟材料断裂，使材料表现出更高的塑性和强度。

位错塞积理论存在的问题是大量位错塞积将产生很大的切应力集中，使相邻晶粒内的位错源开动而导致应力松弛，裂纹难以形成。在单晶中很难存在位错塞积的有效障碍；而在六方晶体中，滑移面和解理面通常为同一平面，不易符合 $70.5°$（最大应力发生角度）的要求。

（2）位错反应理论。

位错反应理论模型如图 3.12 所示。若位错反应后生成的新位错线不在晶体固有滑移面上，即生成不动位错或固定位错，则形成位错塞积，从而引发应力集中，形成裂纹。

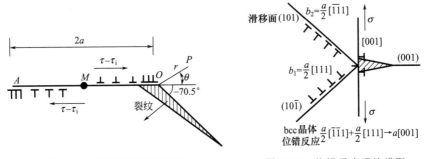

图 3.11　位错塞积理论模型　　　　图 3.12　位错反应理论模型

（3）脆性第二相开裂理论。

解理裂纹形成和扩展理论未考虑显微组织不均匀造成的影响。史密斯提出了低碳钢中因铁素体塑性变形导致晶界碳化物开裂形成解理裂纹的理论。铁素体中的位错源在切应力的作用下开动，位错运动至晶界碳化物（如 Fe_3C）处受阻而形成塞积，碳化物在塞积头处拉应力的作用下开裂（图 3.13）。

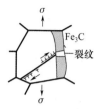

图 3.13 位错塞积在脆性第二相

还有很多裂纹形成理论，比如在极低温度下交叉孪晶带产生微裂纹、滑移带受阻于第二相粒子产生微裂纹等。

2. 裂纹扩展的基本方式

根据外力的类型及其与裂纹扩展面的取向关系，裂纹扩展的基本方式有张开型（Ⅰ型）裂纹扩展、滑开型（Ⅱ型）裂纹扩展、撕开型（Ⅲ型）裂纹扩展，如图 3.14 所示。

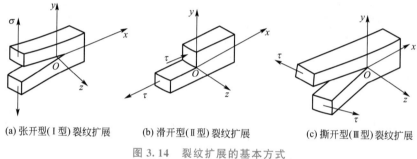

(a) 张开型(Ⅰ型)裂纹扩展　　(b) 滑开型(Ⅱ型)裂纹扩展　　(c) 撕开型(Ⅲ型)裂纹扩展

图 3.14 裂纹扩展的基本方式

（1）张开型（Ⅰ型）裂纹扩展。拉应力垂直作用于裂纹面，裂纹沿拉应力方向张开，沿裂纹面扩展，如容器纵向裂纹在内应力作用下的扩展。

（2）滑开型（Ⅱ型）裂纹扩展。切应力平行作用于裂纹面，并且与裂纹线垂直，裂纹沿裂纹面平行滑开扩展，如花键根部裂纹沿切应力方向的扩展。

（3）撕开型（Ⅲ型）裂纹扩展。切应力平行作用于裂纹面，并且与裂纹线平行，裂纹沿裂纹面撕开扩展，如轴类零件的横裂纹在扭矩作用下的扩展。

实际上，裂纹扩展的方式不局限于上述三种形式，往往是它们的组合，如Ⅰ-Ⅱ型裂纹扩展、Ⅰ-Ⅲ型裂纹扩展、Ⅱ-Ⅲ型裂纹扩展。

在这些裂纹扩展方式中，Ⅰ型裂纹扩展最危险，最容易引起脆性断裂。所以，研究裂纹体的脆性断裂问题时，总是以Ⅰ型裂纹扩展为研究对象。

3.2 断 裂 强 度

1. 理论断裂强度

材料强度是材料抵抗外力作用时所表现出来的一种性质。决定材料强度的基本因素是分子、原子（离子）之间的结合力。材料强度有多种表示方法。在外加正应力作用下，将晶体中两个原子面沿垂直于外力方向拉断所需的应力称为理论断裂强度。

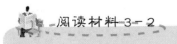

理论断裂强度的推导

理论断裂强度可简单估算如下：设想沿解理面分开的两半晶体，其解理面原子间距为 a_0，原子沿拉力方向产生位移 x，当位移很大时，位移与拉力不呈线性关系。最初原子间的交互作用随着位移的增大而增大，达到峰值 σ_m 后逐渐减小，如图 3.15 所示。

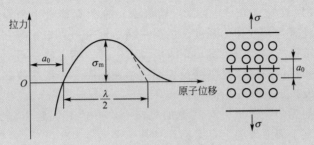

图 3.15　原子位移-拉力曲线

材料拉断后会产生两个解理面，单位面积的表面能用 γ_s 表示。在拉伸过程中，应力所做的功应等于 $2\gamma_s$。为了近似地求出图 3.15 中曲线包围的面积，用正弦曲线代替原来的曲线，此正弦曲线方程为

$$\sigma = \sigma_m \sin \frac{2\pi x}{\lambda} \tag{3-2}$$

式中，λ 为正弦曲线的波长；x 为原子位移。因而

$$2\gamma_s = \int_0^{\lambda/2} \sigma_m \sin\left(\frac{2\pi x}{\lambda}\right) \mathrm{d}x = \frac{\lambda \sigma_m}{\pi} \tag{3-3}$$

对于无限小的位移，将式 (3-2) 简化为

$$\sigma = \sigma_m \frac{2\pi x}{\lambda} \tag{3-4}$$

根据胡克定律，得

$$\sigma = E\varepsilon = \frac{Ex}{a_0} \tag{3-5}$$

式中，ε 为弹性应变；a_0 为原子间距。可求得

$$\lambda = \frac{2\pi \sigma_m a_0}{E} \tag{3-6}$$

代入式 (3-3)，可得出

$$\sigma_m = \left(\frac{E\gamma_s}{a_0}\right)^{\frac{1}{2}} \tag{3-7}$$

σ_m 就是理想晶体脆性（解理）断裂的理论断裂强度。

由式 (3-7) 可知，当 E、a_0 一定时，σ_m 与 γ_s 有关，因为实际解理面的 γ_s 小，所以 σ_m 小且易解理。

如果将 E、a_0 和 γ_s 的典型值代入式 (3-7)，则可获得该材料的理论断裂强度。如铁

的 $E=2\times10^5\,\mathrm{MPa}$，$a_0=2.5\times10^{-10}\,\mathrm{m}$，$\gamma_s=2\mathrm{J/m^2}$，则 $\sigma_m=4.0\times10^4\,\mathrm{MPa}$。若用 E 的百分数表示，则 $\sigma_m=E/5.5$。通常，$\sigma_m=E/10$。实际上，金属材料的断裂应力仅为理论断裂强度的 $1/1000\sim1/10$，陶瓷、玻璃等脆性材料的断裂应力更低。

2. 断裂强度的裂纹理论（格里菲斯裂纹理论）

为了解释玻璃、陶瓷等脆性材料的断裂强度理论值与实际值的巨大差异，格里菲斯在 1921 年提出，实际材料中已经存在裂纹，当平均应力还很低时，裂纹尖端的应力集中达到很大值 (σ_m)，使裂纹快速扩展并导致脆性断裂。他根据能量平衡原理计算出裂纹自动扩展时的应力，即计算含裂纹体的强度。能量平衡原理指出，由于存在裂纹，因此系统弹性能降低，若要保持系统总能量不变，则裂纹释放的弹性能必然要与因存在裂纹而增加的表面能平衡。如果弹性能的降低足以满足表面能增加的需要，则裂纹扩展成为系统能量降低的过程，裂纹自发扩展，从而引起脆性破坏。

设有单位厚度的无限宽薄板，对其施加拉应力，并使其固定以隔绝与外界的能量交换。薄板可以在垂直于表面方向上自由移动且处于平面应力状态。

如果在此薄板的中心割开一个垂直于应力 σ、长度为 $2a$ 的贯穿裂纹，则在原来弹性拉紧的薄板产生直径为 $2a$ 的弹性松弛区，并释放弹性能 $\left(U_e=-\dfrac{\pi\sigma^2 a^2}{E}\right)$，如图 3.16 所示。

格里菲斯裂纹理论

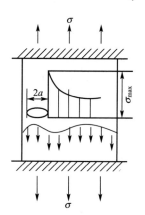

图 3.16 格里菲斯裂纹模型

在平面应力状态下，裂纹自发扩展的临界应力

$$\sigma_c=\left(\frac{2E\gamma_s}{\pi a_c}\right)^{\frac{1}{2}}\approx\left(\frac{E\gamma_s}{a_c}\right)^{\frac{1}{2}} \tag{3-8}$$

式（3-8）称为格里菲斯公式，说明裂纹扩展的临界应力 σ_c 与裂纹半长度 a_c 的平方根成反比。a_c 可以作为脆性断裂的断裂判据。比较存在裂纹的断裂强度与理论断裂强度，可求出

$$\frac{\sigma_m}{\sigma_c}=\left(\frac{a_c}{a_0}\right)^{\frac{1}{2}} \tag{3-9}$$

式（3-9）说明，裂纹在薄板两端引起的应力集中将外加应力放大 $\left(\dfrac{a_c}{a_0}\right)^{\frac{1}{2}}$ 倍，使局部区域达到理论强度，从而导致脆性断裂。

对于一般脆性材料（如玻璃、硅、锗等），因存在少量夹杂物和表面损伤等而产生微裂纹。试验结果表明，采用钠蒸气缀饰法可显示出玻璃表面上的确存在这种裂纹；如果用

氢氟酸去除损伤的表面层，则断裂强度大大提高；将岩盐晶体浸入温水，溶解表面损伤层，发现其断裂强度从 5MPa 提高到 1600MPa。这些试验均证实了格里菲斯准则。

格里菲斯准则只适用于脆性固体，如玻璃、无机晶体材料、超高强钢等。对于许多工程结构材料（如结构钢、高分子材料等），裂纹尖端会产生较大塑性变形，要消耗大量塑性变形功。因此，必须对格里菲斯准则进行修正。

奥罗万（Orowan）提出裂纹扩展时，由于裂纹尖端存在应力集中，因此局部区域会产生塑性变形。由于塑性变形消耗的能量是裂纹扩展消耗能量的一部分，因此，除弹性能外，表面能还包括裂纹尖端产生塑性变形消耗的塑性变形功 γ_p。格里菲斯准则应当修正为

$$\sigma = \left[\frac{2E(\gamma_s + \gamma_p)}{\pi a} \right]^{\frac{1}{2}} \tag{3-10}$$

试验表明，许多金属的 γ_p 比 γ_s 大得多，因此金属材料的断裂强度高得多。

3. 真实断裂强度与静力韧度

真实断裂强度 S_k 等于单向静拉伸时实际断裂拉伸力 F_k 除以试样最终断裂截面面积 A_k：

$$S_k = \frac{F_k}{A_k} \tag{3-11}$$

试样断裂后的实际断口情况不同，S_k 的含义不同。如果断口齐平，则断裂前不产生塑性变形或塑性变形量很小，S_k 代表材料的真实断裂强度，表征材料对正断的抗力，如陶瓷、玻璃、淬火工具钢及某些脆性高分子材料等。如果拉伸试样在断裂前出现颈缩，则 S_k 主要反映材料抵抗切断的能力。S_k 的实际应用不多，在国家标准中也未规定该性能指标。

韧性与韧度

韧度是衡量材料韧性的力学性能指标，分为静力韧度、冲击韧度和断裂韧度。韧性和韧度的含义不同，韧性是材料的力学性能，是指材料断裂前吸收塑性变形功和断裂功的能力；韧度是韧性的度量。通常将静拉伸的应力-应变曲线包围的面积减去试样断裂前吸收的弹性能定义为静力韧度。

静力韧度的数学表达式可用材料断裂后的真应力-真应变曲线求得：

$$a = \frac{S_k^2 - \sigma_{0.2}^2}{2D} \tag{3-12}$$

式中，D 为形变强化模数。

可见，静力韧度 a 与 S_k、$\sigma_{0.2}$、D 三个量有关，它是派生的力学性能指标。但 a 与 S_k、$\sigma_{0.2}$ 的关系比塑性与它们的关系密切，故在改变材料的组织状态或改变外界因素（如温度、应力等）时，韧度变化比塑性变化显著。

3.3 断 裂 韧 性

3.3.1 缺口效应

单向拉伸静载荷试验采用均匀光滑试样，而实际工件的截面存在急剧变化，如键槽、油孔、轴肩、螺纹、退槽、焊缝等可视为缺口，缺口截面上的应力状态会发生变化。另外，实际材料中存在裂纹，断裂力学研究的是裂纹体材料的性能，裂纹可看作尖锐的缺

口。下面分析缺口引起的应力分布状态的变化。

1. 缺口在弹性状态下的应力分布

设一无限大薄板上开有缺口,如图3.17(a)和图3.17(b)所示。当应力超过σ_s时,薄板会发生塑性变形。当薄板在y方向上所受的单向拉应力σ_y低于材料的弹性极限时,其缺口截面上的应力分布为轴向应力σ_y在缺口根部最大,远离根部时下降,即在根部产生应力集中。当这种集中应力达到材料的屈服强度时,便会引起缺口根部附近区域的塑性变形。这就是缺口的第一效应:缺口造成应力应变集中。

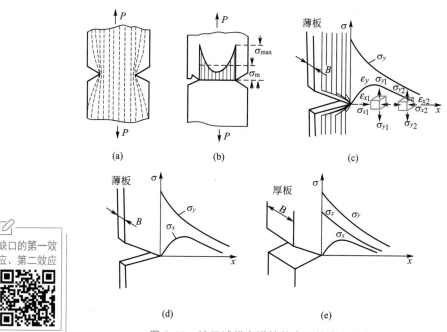

图3.17 缺口试样在弹性状态下的应力分布

缺口的应力集中与缺口的几何参数(如缺口形状、角度、深度及根部曲率半径)有关,其中以根部曲率半径的影响最大。缺口越尖,应力集中越大。缺口引起的应力集中的程度通常用应力集中系数K_t表示,其值为缺口净截面上的最大应力σ_{max}与平均应力σ之比。

缺口根部内侧还会出现横向应力σ_x,其分布形状如图3.17(c)和图3.17(d)所示,它是由材料横向收缩引起的。薄板在纵向应力σ_y的作用下产生相应的纵向应变ε_y,根据泊松关系,横向应变$\varepsilon_x = -\gamma \varepsilon_y$。由于薄板是连续的整体,不允许横向自由收缩,因此在垂直于相邻试样界面的方向上产生横向应力σ_x,阻碍横向收缩分离。在缺口根部$\sigma_x = 0$,这是由缺口根部无约束所致。σ_x分布先增后减,这是由于x较小时,σ_y较大,使得σ_x迅速增大;当x较大时,σ_y逐渐减小,纵向应变差减小,σ_x减小。另外,由于薄板在垂直方向与薄板方向上可以自由变形,于是有$\sigma_x = 0$。因此,薄板中心是两向拉伸的平面应力状态,可以表示为$(\sigma_x, \sigma_y)(\varepsilon_x, \varepsilon_y, \varepsilon_z)$。

对于无限大的厚板,其轴向应力σ_y、横向应力σ_x与薄板相等,而垂直于板面方向的变形受到约束,$\varepsilon_z = 0$,故$\sigma_z \neq 0$,$\sigma_z = \gamma(\sigma_x + \sigma_y)$,其弹性状态下的应力分布如图3.17(e)所

示。可见，缺口根部为两向应力状态，缺口内侧为三向拉应力状态，称为平面应变状态（σ_x，σ_y，σ_z）（ε_x，ε_y），并且 $\sigma_y > \sigma_z > \sigma_x$，这种三向拉应力状态是造成缺口试样或构件早期断裂的主要原因。

缺口的第二效应：缺口改变了缺口前方的应力状态，使平板中材料所受的应力由原来的单向拉伸应力状态改变为两向或三向拉伸应力状态（应力状态软性系数 $\alpha < 0.5$）。

缺口的这两种效应解释了材料表现为脆性材料、低塑性的原因，在脆性材料、低塑性材料的缺口处难以通过塑性变形释放应力集中，使其断裂强度降低。

2. 缺口在塑性状态下的应力分布

以厚板为例，塑性好的金属可以通过缺口根部产生的塑性变形，使缺口截面上的应力重新分布（塑性区），如图 3.18 所示。

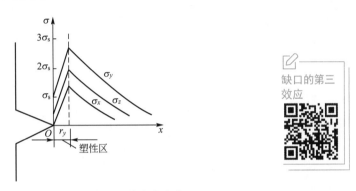

缺口的第三效应

图 3.18　缺口尖端屈服后的应力分布

根据特雷斯卡屈服准则，塑性材料屈服时，$\sigma_{\max} = \sigma_y - \sigma_x = \sigma_s$。在缺口根部，$\sigma_x = 0$，$\sigma_{\max} = \sigma_y = \sigma_s$。随着外载荷的增大，纵向应力 σ_y 增大，而当 $\sigma_y = \sigma_s$ 时，缺口根部最先屈服，根部一旦屈服，σ_y 就松弛而减小到材料的 σ_s 值。但在缺口内侧，$\sigma_x \neq 0$，故要满足特雷斯卡屈服准则的要求，必须使 σ_y 不断增大，只有满足 $\sigma_y = \sigma_s + \sigma_x$ 才能屈服，塑性变形向心部扩展，即 σ_x 快速增大，横向收缩值增大；与此同时，σ_y 和 σ_z 随 σ_x 的增大而增大。

以上分析说明了缺口的第三效应：在有缺口的条件下出现了三向应力状态，材料的屈服应力 σ_s 比单向拉伸时高，即产生了"缺口强化"现象。"缺口强化"是指三向应力抑制了塑性变形，金属内在性能不发生变化，它不是强化金属的手段。相反，由于塑性变形被约束，因此材料塑性降低，材料脆化，即缺口使材料强度升高、塑性降低。

总之，无论是脆性材料还是塑性材料，有缺口时都会出现两向应力状态或三向应力状态，并造成应力应变集中，产生变脆倾向。材料因存在缺口造成三向应力状态和应力应变集中而变脆的倾向称为缺口敏感性。

一般通过缺口静载力学性能试验评定金属材料缺口敏感性。由于压、扭试验方法显示不出缺口敏感性，因而常选用拉伸、弯曲试验方法。

3.3.2　线弹性条件下的断裂韧性

线弹性断裂力学认为，在脆性断裂过程中，裂纹体各部分的应力和应变处于线弹性阶段，只有裂纹尖端极小区域处于塑性变形阶段。此时有两种处理方法：一种是应力应变分析方法，研究裂纹尖端附近的应力应变场，提出应力强度因子及对应的断裂韧性和应力强

度因子判据（K 判据）；另一种是能量分析方法，研究裂纹扩展时系统能量的变化，提出能量释放率及对应的断裂韧性和能量释放率判据（G 判据）。

1. 裂纹尖端的应力场及应力强度因子

因为裂纹扩展总是从尖端开始，所以应该分析裂纹尖端的应力应变状态，建立裂纹扩展的力学条件。伊尔文等人运用线弹性理论研究裂纹体尖端附近的应力应变分布情况。

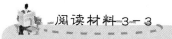

裂纹体尖端附近的应力应变分布

如图 3.19 所示，设有承受均匀拉应力的无限大板，含有长度为 $2a$ 的 I 型裂纹，其尖端附近 (r, θ) 处的应力、应变和位移分量可以近似地表达。

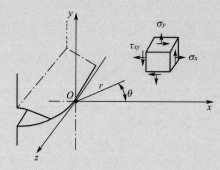

图 3.19 阅读材料 3-3 图

应力分量为

$$
\left.
\begin{aligned}
\sigma_x &= \frac{K_{\mathrm{I}}}{\sqrt{2\pi r}} \cos \frac{\theta}{2} \left(1 - \sin \frac{\theta}{2} \sin \frac{3\theta}{2}\right) \\
\sigma_y &= \frac{K_{\mathrm{I}}}{\sqrt{2\pi r}} \cos \frac{\theta}{2} \left(1 + \sin \frac{\theta}{2} \sin \frac{3\theta}{2}\right) \\
\tau_{xy} &= \frac{K_{\mathrm{I}}}{\sqrt{2\pi r}} \sin \frac{\theta}{2} \cos \frac{\theta}{2} \cos \frac{3\theta}{2}
\end{aligned}
\right\}
\tag{3-13}
$$

若裂纹尖端沿板厚方向（z 方向）的应变不受约束，则有 $\sigma_z = 0$，此时，裂纹尖端处于两向拉应力状态，即平面应力状态。

若裂纹尖端沿 z 方向的应变受到约束，$\varepsilon_z = 0$，则裂纹尖端处于平面应变状态。此时，裂纹尖端处于三向拉应力状态。由于应力状态软性系数小，因而它是危险的应力状态。

平面应变状态应变分量为

$$
\left.
\begin{aligned}
\varepsilon_x &= \frac{(1+\nu)K_{\mathrm{I}}}{E\sqrt{2\pi r}} \cos \frac{\theta}{2} \left(1 - 2\nu - \sin \frac{\theta}{2} \sin \frac{3\theta}{2}\right) \\
\varepsilon_y &= \frac{(1+\nu)K_{\mathrm{I}}}{E\sqrt{2\pi r}} \cos \frac{\theta}{2} \left(1 - 2\nu + \sin \frac{\theta}{2} \sin \frac{3\theta}{2}\right) \\
\lambda_{xy} &= \frac{2(1+\nu)K_{\mathrm{I}}}{E\sqrt{2\pi r}} \sin \frac{\theta}{2} \cos \frac{\theta}{2} \cos \frac{3\theta}{2}
\end{aligned}
\right\}
\tag{3-14}
$$

平面应变状态位移分量为

$$u = \frac{(1+\nu)}{E}(H\nu)K_{\mathrm{I}}\sqrt{\frac{2r}{\pi}}\cos\frac{\theta}{2}\left(1-2\nu+\sin^2\frac{\theta}{2}\right)$$
$$v = \frac{(1+\nu)}{E}(H\nu)K_{\mathrm{I}}\sqrt{\frac{2r}{\pi}}\cos\frac{\theta}{2}\left(2-2\nu-\cos^2\frac{\theta}{2}\right)$$

(3-15)

式中，ν 为泊松比；E 为弹性模量。

由式（3-13）至式（3-15）可以看出，裂纹尖端任一点的应力、应变和位移分量取决于该点的坐标 (r, θ)、弹性模量 E 及参量 K_{I}。对于图 3.19 所示的情况，K_{I} 可用式（3-16）表示。

$$K_{\mathrm{I}} = \sigma\sqrt{\pi a} \tag{3-16}$$

若裂纹体的材料一定，并且裂纹尖端附近某点的位置 (r, θ) 给定，则该点的应力、应变和位移分量只取决于 K_{I}。K_{I} 越大，该点应力、应变和位移分量越大。因此，**K_{I} 反映裂纹尖端区域应力场的强度**，称为**应力强度因子**。K_{I} 综合反映了外加应力和裂纹位置、长度对裂纹尖端应力场强度的影响，其一般表达式为

$$K_{\mathrm{I}} = Y\sigma\sqrt{a} \tag{3-17}$$

式中，Y 为裂纹形状系数，其值取决于裂纹的类型。对于不同类型的裂纹，K_{I} 和 Y 的表达式不同。

K_{I} 的下角标表示 I 型裂纹。同理，K_{II} 和 K_{III} 分别表示 II 型裂纹和 III 型裂纹的应力强度因子。

对于实际金属，当裂纹尖端附近的应力大于或等于屈服强度时，金属会发生塑性变形，改变裂纹尖端的应力分布。

当 $\sigma/\sigma_{\mathrm{s}} > 0.6\sim0.7$ 时，需要修正 K_{I}。

$$K_{\mathrm{I}} = \frac{Y\sigma\sqrt{a}}{\sqrt{1-0.16Y^2(\sigma/\sigma_{\mathrm{s}})^2}} \quad \text{（平面应力）} \tag{3-18}$$

$$K_{\mathrm{I}} = \frac{Y\sigma\sqrt{a}}{\sqrt{1-0.056Y^2(\sigma/\sigma_{\mathrm{s}})^2}} \quad \text{（平面应变）} \tag{3-19}$$

2. 断裂韧度 K_{Ic} 和应力强度因子判据

K_{I} 是描述裂纹尖端应力场强度的力学参量，单位为 $\mathrm{MPa \cdot m^{1/2}}$ 或 $\mathrm{kN \cdot m^{-3/2}}$。当应力 σ 和裂纹尺寸 a 单独或同时增大时，K_{I} 增大。当应力 σ 或裂纹尺寸 a 增大到临界值时，也就是在裂纹尖端足够大的范围内，应力达到材料的断裂强度，裂纹失稳扩展，导致材料断裂，此时 K_{I} 也达到一个临界值，该临界或失稳状态的 K_{I} 记为 K_{Ic} 或 K_{c}，称为**断裂韧度**，单位为 $\mathrm{MPa \cdot m^{1/2}}$ 或 $\mathrm{kN \cdot m^{-3/2}}$。

材料的 K_{Ic} 或 K_{c} 越大，裂纹体断裂时的应力或裂纹尺寸就越大，表明材料越难断裂。所以，K_{Ic} 或 K_{c} 表示材料抵抗断裂的能力。

K_{Ic} 为平面应变断裂韧度，表示材料在平面应变状态下抵抗裂纹失稳扩展的能力；K_{c} 为平面应力断裂韧度，表示材料在平面应力状态下抵抗裂纹失稳扩展的能力。显然，对于

断裂韧性与断裂K判据

同一材料，$K_c > K_{Ic}$。

裂纹失稳扩展的临界状态所对应的平均应力，称为断裂应力或裂纹体的断裂强度，记为 σ_c，对应的裂纹尺寸称为临界裂纹尺寸，记为 a_c，则

$$K_{Ic} = Y\sigma_c \sqrt{a_c} \qquad (3-20)$$

K_I 和 K_{Ic} 是两个不同的概念，K_I 是一个力学参量，表示裂纹体中裂纹尖端的应力应变场强度，取决于外加应力、试样尺寸和裂纹类型，而与材料无关；K_{Ic} 是材料的力学性能指标，取决于材料的成分、组织结构等内在因素，与外加应力及试样尺寸等外在因素无关。K_I 和 K_{Ic} 的关系与 σ 和 σ_s 的关系相同，K_I 和 σ 都是力学参量，而 K_{Ic} 和 σ_s 都是材料的力学性能指标。

根据应力强度因子 K_I 和断裂韧度 K_{Ic} 的相对值，可以建立裂纹失稳扩展脆断的应力强度因子判据，即

$$K_I \geqslant K_{Ic}$$

时发生脆性断裂；反之，即使存在裂纹，也不会发生断裂，这种情况称为破损安全。

3. 裂纹扩展能量释放率 G_I 和能量释放率判据

格里菲斯最早用能量方法研究了玻璃、陶瓷等脆性材料的断裂强度及其受裂纹的影响，从而奠定了线弹性断裂力学的基础。他还提出，驱使裂纹扩展的动力是弹性能的释放率，即

$$-\frac{\partial U}{\partial a} = \frac{\sigma^2 \pi a}{E}$$

令

$$G_I = -\frac{\partial U}{\partial a} = \frac{\sigma^2 \pi a}{E} \qquad (3-21)$$

式中，G_I 为最早的断裂力学参量，单位为 J/mm² 或 kN/mm，称为裂纹扩展的能量释放率。式（3-21）是平面应力的能量释放率表达式，对于平面应变，G_I 的表达式为

$$G_I = \frac{(1-\nu^2)\sigma^2 \pi a}{E} \qquad (3-22)$$

可见，G_I 和 K_I 相似，也是应力 σ 和裂纹尺寸 a 的复合参量，它是一个力学参量。

由于 G_I 是以能量释放率表示的应力 σ 和裂纹尺寸 a 的复合力学参量，也是裂纹扩展的动力，因此，采用类似于应力强度因子的方法，可由 G_I 建立材料的断裂韧度的概念和裂纹失稳扩展的力学条件。

由式（3-21）、式（3-22）可知，随着 σ 和 a 的单独或同时增大，G_I 增大，当 G_I 增大到某临界值 G_{Ic} 时，裂纹失稳扩展而断裂。G_{Ic} 又称断裂韧度，单位为 J/mm² 或 kN/mm，表示材料阻止裂纹失稳扩展时单位面积所消耗的能量。

根据 G_I 和 G_{Ic} 的相对值，可建立裂纹失稳扩展的力学条件，即能量释放率判据

$$G_I \geqslant G_{Ic} \qquad (3-23)$$

尽管 G_I 和 K_I 的表达式不同，但它们都是应力和裂纹尺寸的复合力学参量，都取决于应力和裂纹尺寸，必有一定的联系。对于具有穿透裂纹的无限大板，比较式（3-16）和式（3-22）得

$$G_I = \frac{1-\nu^2}{E} K_I^2 \qquad (3-24)$$

所以，K_I 不仅可以度量裂纹尖端的应力强度，而且可以度量裂纹扩展时系统势能的释放率。

3.3.3 弹塑性条件下的断裂韧性

1. J 积分和断裂 J 判据

赖斯于 1968 年提出了 J 积分理论，它可定量地描述裂纹的应力应变场的强度，定义明确，有严格的理论依据。

阅读材料 3-4

J 积分理论

如图 3.20 所示，设有单位厚度的 I 型裂纹，逆时针取回路 Γ，其所包围体积内的应变能密度为 ω，Γ 上任一点的作用力为 T。

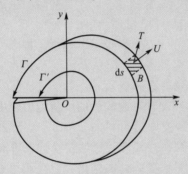

图 3.20　阅读材料 3-4 图

在弹性状态下，Γ 所包围体积的系统势能 U 等于弹性应变能 U_e 与外力功 W 之差。可以证明，在线弹性条件下，G_I 的能量线积分的表达式为

$$G_I = -\frac{\partial U}{\partial a} = \int_{\Gamma}\left(\omega\,\mathrm{d}y - \frac{\partial u}{\partial x}T\,\mathrm{d}s\right)$$

在弹塑性条件下，如果将弹性应变能密度改成弹塑性应变能密度，则也存在上式等号右端的能量线积分，赖斯将其定义为 J 积分。

$$J_I = \int_{\Gamma}\left(\omega\,\mathrm{d}y - \frac{\partial u}{\partial x}T\,\mathrm{d}s\right)$$

式中，J_I 为 I 型裂纹的能量线积分。

在线弹性条件下，$J_I = G_I$。

赖斯还证明，在小应变条件下，J 积分与路径 Γ 无关。无论是路径 Γ 还是路径 Γ'，其 J 积分值是不变的。可将路径取得很小，小到仅包围裂纹尖端。此时，积分回路因裂纹表面 $T=0$，$J_I = \int_{\Gamma}\omega\,\mathrm{d}y$。因此，J 积分反映裂纹尖端区的应变能，即应力应变的集中程度。

为了测试材料 J 积分值的需要，也可用能量率的形式表达 J 积分。在线弹性条件下，

$$J_{\mathrm{I}} = G_{\mathrm{I}} = -\frac{1}{B}\left(\frac{\partial U}{\partial a}\right)$$

可以证明,在弹塑性小应变条件下,可用能量率表示 J 积分,即

$$J_{\mathrm{I}} = -\frac{1}{B}\left(\frac{\partial U}{\partial a}\right)$$

这就是测定 J_{I} 的理论基础。

因为塑性变形是不可逆的,所以在弹塑性条件下,J_{I} 不能像 G_{I} 那样理解为裂纹扩展时系统势能的释放率,而应当理解为裂纹相差单位长度的两个等同试样加载到等同位移时,势能差值与裂纹面积差值的比率,即形变功差率。因此,通常 J 积分不能处理裂纹的连续扩展问题,其临界值只是开裂点,不一定是失稳断裂点。

与 G_{I} 和 K_{I} 相同,J_{I} 也是一个力学参量,表示裂纹尖端附近应力应变场的强度。在平面应变条件下,当外力达到破坏载荷,即应力应变场的能量达到使裂纹开始扩展的临界状态时,J_{I} 积分值也达到相应的临界值 J_{Ic}。J_{Ic} 又称断裂韧度,但它表示材料抵抗裂纹开始扩展的能力。J_{I} 和 J_{Ic} 的单位与 G_{I} 和 G_{Ic} 的单位相同。

根据 J_{I} 和 J_{Ic} 的相互关系,可以建立断裂 J 判据,即

$$J_{\mathrm{I}} \geqslant J_{\mathrm{Ic}} \tag{3-25}$$

只要满足式(3-25),裂纹就会开裂。

在实际生产中,很少用 J 判据计算裂纹体的承载能力,主要原因如下:①各种实用的 J 积分数学表达式并不清楚,即使知道材料的 J_{Ic} 值,也无法用来计算;②中、低强度钢的断裂机件大多是韧性断裂,裂纹往往有较长的亚稳扩展阶段,J_{Ic} 对应的点只是开裂点。

用 J 判据分析裂纹扩展的最终断裂,需要建立裂纹亚稳扩展的 J 阻力曲线,即建立用 J 积分表示的裂纹扩展阻力 J_R 与裂纹扩展量 a 的关系曲线。这种曲线能描述裂纹从开裂到亚稳扩展至失稳断裂的过程。

J 判据及 J_{Ic} 的测试目的主要是期望用小试样测出 J_{Ic} 以代替大试样的 K_{Ic},然后按应力强度因子判据解决中、低强度钢大型件的断裂问题。

2. 裂纹张开位移

裂纹张开位移法主要用于压力容器、管道和焊接结构等产品的安全分析。

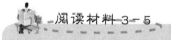 阅读材料 3-5

裂纹张开位移

对于大量使用的中、低强度钢构件(如船体和压力容器),曾发生很多低应力脆断事故,断裂构件的断口具有 90% 以上的结晶状特征,而从这些断裂构件上制取的小试样在整体屈服后发生纤维状韧断。由此推断,构件承受多向应力而使裂纹尖端的塑性变形受到约束,当应变量达到某临界值时,材料发生断裂,这就是断裂应变判据的实践基础。但这个应变量很小,难以准确测量,于是人们提出用裂纹张开位移间接表征应变量,用临界张开位移 δ_c 表征材料的断裂韧度。

裂纹张开位移是裂纹受载后，在裂纹尖端沿垂直于裂纹的方向所产生的位移。试验证明，对于一定材料和厚度的板材，无论其裂纹尺寸如何，当裂纹张开位移 δ 达到同一临界值 δ_c 时，裂纹都开始扩展。因此，可将 δ 看作一种裂纹扩展的动力。临界值 δ_c 又称材料的断裂韧度，表示材料阻止裂纹开始扩展的能力。

根据 δ 和 δ_c 的关系，可以建立断裂 δ 判据

$$\delta \geqslant \delta_c$$

δ 判据与 J 判据相同，都是裂纹开始扩展的断裂判据，而不是裂纹失稳扩展的断裂判据，按这种判据设计构件是偏于保守的。对于大范围屈服，G_I 和 K_I 都不适用，可以采用裂纹张开位移。

3.3.4　影响断裂韧性的因素

断裂韧性是评价材料抵抗断裂的能力的力学性能指标，是材料强度和塑性的综合表现，既取决于材料的化学成分、组织结构等内在因素，又受到温度、应变速率等外在因素的影响。

对于金属材料、非金属材料、高分子材料和复合材料，化学成分、基体相的结构和晶粒尺寸、夹杂物和第二相等都将影响其断裂韧性，并且影响的方式和结果既有共同点，又有不同点。除金属材料外，对其他材料的断裂韧性的研究还比较少。

1. 化学成分的影响

对于金属材料，化学成分对断裂韧性的影响类似于对冲击韧性的影响。其大致规律如下：细化晶粒的合金元素可提高强度和塑性，从而使断裂韧性提高；强烈固溶强化的合金元素可大大降低塑性，从而使断裂韧性降低，并且随着合金元素浓度的提高，降低断裂韧性的作用更明显；形成金属间化合物并呈第二相析出的合金元素可降低塑性，有利于裂纹扩展，从而使断裂韧性降低。

对于陶瓷材料，提高材料强度的组元都可提高断裂韧性。

对于高分子材料，增强结合键的元素都可提高断裂韧性。

2. 基体相的结构和晶粒尺寸的影响

基体相的结构不同，材料发生塑性变形的难易程度和断裂的机理不同，断裂韧性也不同。一般来说，基体相的结构易发生塑性变形，产生韧性断裂，材料断裂韧性高。

钢铁材料的基体可以是面心立方固溶体，也可以是体心立方固溶体。面心立方固溶体容易发生滑移塑性变形而不产生解理断裂，并且硬化指数较高，其断裂韧性较高，故奥氏体钢的断裂韧性高于铁素体钢和马氏体钢。对于陶瓷材料，可以通过改变晶体类型来调节断裂韧性。

基体的晶粒尺寸也是影响断裂韧性的一个重要因素。一般来说，细化晶粒既可以提高强度，又可以提高塑性，断裂韧性也将提高。但是，在某些情况下，粗晶粒的断裂韧性反而较高。

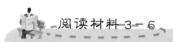 阅读材料 3－6

细化晶粒对强度和断裂韧性的影响

通常人们认为断裂韧性是类似于塑性、韧性的指标，与强度类指标的变化规律相反。

对于多晶材料，试验证明，断裂强度 σ_f 与晶粒直径 d 的平方根成反比：

$$\sigma_f = \sigma_0 + k_1 d^{-\frac{1}{2}}$$

式中，σ_0、k_1 为材料常数。如果起始裂纹受晶粒限制，其尺度与晶粒度相当，则脆性断裂与晶粒度的关系可表示为

$$\sigma_f = k_2 d^{-\frac{1}{2}}$$

对该关系的解释如下：由于晶界比晶粒内部弱，因此多晶材料破坏大多是沿晶界断裂。细晶材料的晶界比重大，沿晶界破坏时，裂纹扩展要通过迂回曲折的道路，晶粒越细，此道路越长。此外，在多晶材料中，初始裂纹尺寸与晶粒度相当，晶粒越细小，初始裂纹尺寸就越小，从而提高了临界应力。故晶粒越细小，强度越高，微晶陶瓷就成为陶瓷发展的一个重要方向。

一般来说，细化晶粒既可以提高强度，又可以提高塑性，断裂韧性也将提高。例如，En24 钢的奥氏体晶粒度从 5～6 级细化到 12～13 级，可使断裂韧性从 44.5MPa·m$^{1/2}$ 增大至 84MPa·m$^{1/2}$。

但是，在某些情况下，粗晶粒的断裂韧性反而较高。如 40CrNiMo 钢经 1200℃ 超高温度淬火后，晶粒度可达 1 级，断裂韧性为 56MPa·m$^{1/2}$；而在 870℃ 下正常淬火后，晶粒较细小（7～8 级），断裂韧性仅为 36MPa·m$^{1/2}$。该钢经两种热处理后，塑性和冲击吸收功与断裂韧性的变化正好相反。分析认为，1200℃ 淬火形成位错型马氏体，板条间有残余奥氏体薄膜，而且碳化物夹杂物充分溶入残余奥氏体薄膜，使材料的断裂韧性提高。此时，断裂韧性与强度指标的变化规律一致，与塑性指标的变化规律相反。因此，基体晶粒尺寸对断裂韧性的影响与对常规力学性能的影响不一定相同。

3. 夹杂物和第二相的影响

若夹杂物和第二相的形貌、尺寸及分布不同，则裂纹的扩展途径不同、消耗的能量不同，从而影响断裂韧性。

 阅读材料 3－7

金属材料夹杂物和第二相对断裂韧性的影响

非金属夹杂物和脆性第二相往往会降低材料的断裂韧性。在裂纹尖端应力场的作用下，一方面，它们本身具有的脆性使其容易形成微裂纹；另一方面，它们易在晶界或相界偏聚，降低界面结合能，使界面易开裂而形成微裂纹。这些微裂纹与主裂纹连接加速了裂纹的扩展，或者使裂纹沿晶扩展，导致沿晶断裂，从而降低断裂韧性。

第二相的形貌、尺寸和分布不同，裂纹的扩展途径不同，消耗能量不同，从而影响

断裂韧性。当第二相呈现细小、均匀、弥散分布时，可以提高材料的断裂韧性。碳化物呈粒状弥散分布时的断裂韧性高于呈网状连续分布时的断裂韧性。

韧性第二相的塑性变形可以松弛裂纹尖端的应力集中，降低裂纹扩展速率，提高断裂韧性。当马氏体基体上存在适量的条状铁素体时，断裂韧性高于单一马氏体组织。

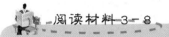 **阅读材料3-8**

陶瓷材料和复合材料的断裂韧性

通常添加或自蔓延生成的纤维或颗粒第二相、设置微裂纹区增加裂纹扩展过程中的附加能量耗损，以提高陶瓷材料和复合材料的断裂韧性。在 SiC、Si_3N_4 中添加碳纤维或加入非晶碳，烧结时自蔓延生成碳晶须，可以提高断裂韧性。

气孔率和气孔的形状及分布的影响：大多数陶瓷材料的强度和弹性模量都随着气孔率的增大而降低。气孔减小了承载面积，在气孔附近区域产生应力集中，从而降低承载能力。断裂强度与气孔率 P 的关系可由下式表示：

$$\sigma_f = \sigma_0 e^{-nP}$$

式中，n 为常数，$n = 4 \sim 7$；σ_0 为没有气孔时的强度，当气孔率约为 10% 时，强度下降一半。

晶界上的气孔往往成为裂纹源，从而降低材料的强度和断裂韧性。

当存在高的应力梯度时，弥散分布的微小气孔能容纳变形，反而阻止裂纹扩展。

4. 显微组织的影响

显微组织的类型和亚结构对材料的断裂韧性有重要影响。

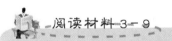 **阅读材料3-9**

钢铁材料组织对断裂韧性的影响

钢铁材料中的组织类型和特征对断裂韧性有很大影响。

板条马氏体（$M_{板}$）主要是位错亚结构，具有较高的强度和塑性，裂纹扩展阻力较大，呈韧性断裂，断裂韧性较高。针状马氏体（$M_{针}$）主要是孪晶亚结构，硬度高且脆性大，裂纹扩展阻力小，呈准解理断裂或解理断裂，断裂韧性较低。

上贝氏体（$B_上$）由铁素体和片层间断续分布的碳化物组成；下贝氏体（$B_下$）的铁素体针细小均匀，铁素体内位错密度较高且弥散分布细小的 ε-碳化物。因此，下贝氏体比上贝氏体强度高、韧性好。

低碳钢的回火马氏体（$M_回$）呈板条状，为位错亚结构；高碳钢的回火马氏体呈针状，为孪晶亚结构。低碳钢的回火马氏体的断裂韧性高。

在相同强度条件下，低碳钢的回火马氏体的断裂韧性高于下贝氏体；高碳钢的回火马氏体的断裂韧性高于上贝氏体，低于下贝氏体。

5. 温度的影响

对于大多数材料，温度降低通常会降低断裂韧性，大多数结构钢都是如此。但是，不同强度等级的钢材，变化趋势有所不同。一般中、低强度钢都有明显的韧脆转变现象：在韧脆转变温度以上，材料主要是微孔聚集型的断裂机制，发生韧性断裂，断裂韧性较高；在韧脆转变温度以下，材料主要是解理型断裂机制，发生脆性断裂，断裂韧性较低。随着材料强度水平的提高，断裂韧性随温度的变化趋势逐渐缓和，断裂机理不再发生变化，温度对断裂韧性的影响减弱。

6. 应变速率的影响

应变速率对断裂韧性的影响类似于温度。增大应变速率相当于降低温度，也可使断裂韧性下降。一般认为，应变速率每增大一个数量级，断裂韧性约降低10%。但是，当应变速率很大时，来不及传导形变热量，造成绝热状态，局部温度升高，断裂韧性又回升，变化曲线如图3.21所示。

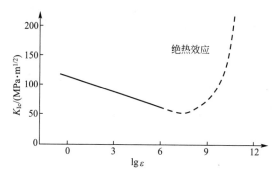

图 3.21 钢的断裂韧性随应变速率的变化曲线

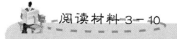
阅读材料 3－10

三点弯曲法测断裂韧性

单边切口弯曲法是韧性材料（如金属材料）断裂韧性测试的一种常用标准方法（图3.22）。三点弯曲试样呈长方体（试样长度L、高度W、宽度B），采用机加工（线切割）方式在中部受拉面垂直于长度方向引入人工裂纹。为了满足平面应变条件和尖端小范围屈服条件，一般对试样高度W、试样宽度B及切口深度a的取值范围有如下限制条件。

$$\begin{cases} B \geqslant 2.5 \left(\dfrac{K_{\mathrm{Ic}}}{R_{\mathrm{ys}}} \right)^2 \\[2mm] a \geqslant 2.5 \left(\dfrac{K_{\mathrm{Ic}}}{R_{\mathrm{ys}}} \right)^2 \\[2mm] W-a \geqslant 2.5 \left(\dfrac{K_{\mathrm{Ic}}}{R_{\mathrm{ys}}} \right)^2 \end{cases}$$

由于该构型存在从拉伸到压缩的应力梯度及边缘效应，因而很难获得应力场强度精确的理论解，一般只能通过数值方法获得其近似解。在试样高宽比$W/B=2$、高跨度比

$W/L=1/4$ 的条件下，采用边界配位法得到的 K_I 近似表达式为

$$K_I = \frac{PL}{BW^{3/2}} f\left(\frac{a}{w}\right) \qquad (3-26)$$

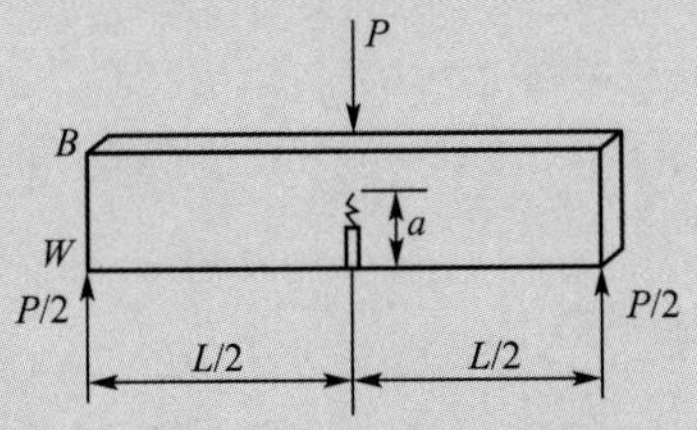

图 3.22　三点弯曲试样

阅读材料 3 - 11

压痕法测量断裂韧度

　　将测试试样脆性材料表面抛光成镜面，在显微硬度仪上，用硬度计的锥形金刚石压头产生一个压痕，在压痕的四个顶点产生了预制裂纹。根据压痕载荷 P 和压痕裂纹扩展长度 C 计算出断裂韧度 K_{Ic}。某计算陶瓷断裂韧度的公式为

$$K_{Ic} = 0.018 \left(\frac{E}{H}\right)^{\frac{1}{2}} \left(\frac{P}{C^{\frac{3}{2}}}\right)$$

式中，E 为弹性模量；H 为维氏硬度。

3.4　断裂韧性在工程中的应用

　　断裂力学就是把弹性力学和弹塑性力学的理论应用到含有裂纹的实际材料中，从应力和能量的角度研究裂纹的扩展过程，建立裂纹扩展的判据，引出与之对应的一个材料力学性能指标——断裂韧性，从而进行结构设计、材料选择、载荷校核、安全性检验等。所以，断裂力学从问世起就与工程实际结合，特别是线弹性断裂力学在工程中获得了广泛应用。

　　断裂韧性在工程中的应用可以概括为如下三方面。第一是设计，包括结构设计和材料选择。可以根据材料的断裂韧性计算结构的许用应力，针对要求的承载量，设计结构的形状和尺寸；可以根据结构的承载要求、可能出现的裂纹类型，计算可能的最大应力强度因子，依据材料的断裂韧性进行选材。第二是校核，可以根据结构要求的承载能力、材料的断裂韧性，计算材料的临界裂纹尺寸，与实测的裂纹尺寸比较，校核结构的安全性，判断材料的脆断倾向。第三是材料开发，可以根据对断裂韧性的影响因素，有针对性地设计材料的组织结构，开发新材料。

3.4.1　材料选择

【例 3-1】　有一构件，实际使用应力 $\sigma = 1.3\text{GPa}$，有下列两种钢材待选。

甲钢：$\sigma_s = 1950\text{MPa}$，$K_{Ic} = 45\text{MPa} \cdot \text{m}^{1/2}$

乙钢：$\sigma_s = 1560\text{MPa}$，$K_{Ic} = 75\text{MPa} \cdot \text{m}^{1/2}$

据计算，$y = 1.5$，设最大裂纹尺寸 $a = 1.0\text{mm}$，试分别从传统设计的安全系数观点和断裂力学观点两个角度选择钢材。

解：传统设计要求考虑安全系数 n。

甲钢：$n = \sigma_s / \sigma = 1950 \div 1300 = 1.5$

乙钢：$n = 1560 \div 1300 = 1.2$

由于甲钢安全系数比乙钢更高，因此更安全。

断裂力学观点认为，构件的断裂判据为 $\sigma \leqslant \sigma_c$。

甲钢：$\sigma_c = \dfrac{K_{Ic}}{Y\sqrt{a_c}} = \dfrac{45 \times 10^6}{1.5 \times \sqrt{0.001}}\text{MPa} \approx 949\text{MPa} < 1300\text{MPa}$，不安全。

乙钢：$\sigma_c = \dfrac{K_{Ic}}{Y\sqrt{a_c}} = \dfrac{75 \times 10^6}{1.5 \times \sqrt{0.001}}\text{MPa} \approx 1582\text{MPa} > 1300\text{MPa}$，安全。

综合考虑，尽管甲钢的安全系数更高，但会因裂纹扩展而产生断裂；乙钢的安全系数足够，也不会因裂纹扩展而产生断裂，所以应选乙钢。

3.4.2　安全校核

【例 3-2】　有一大型板件，材料的 $\sigma_{0.2} = 1200\text{MPa}$，$K_{Ic} = 115\text{MPa} \cdot \text{m}^{1/2}$，探伤发现有长度为 20mm 的横向穿透裂纹。若在平均轴向应力 900MPa 下工作，该构件是否安全？

解：由于 $\sigma / \sigma_{0.2} = 900 \div 1200 = 0.75$，因此需要塑性区修正。

$$K_I = \frac{Y\sigma\sqrt{a}}{\sqrt{1 - 0.056Y^2(\sigma/\sigma_s)^2}} \quad \text{（平面应变）}$$

将 $a = 10\text{mm}$，$Y = \sqrt{\pi} = \sqrt{3.14}$，$\sigma_{0.2} = 1200\text{MPa}$，$\sigma = 900\text{MPa}$ 代入上式得

$$K_I = \frac{900 \times 10^6 \times \sqrt{3.14 \times 0.01}}{\sqrt{1 - 0.056 \times 3.14 \times 0.75^2}}\text{MPa} \cdot \text{m}^{1/2} \approx 168\text{MPa} \cdot \text{m}^{1/2}$$

$K_I > K_{Ic}$，该板件会在低应力下因裂纹扩展而产生断裂，所以不安全。

3.4.3　材料开发

断裂力学在材料开发方面的应用开拓较早。人们解释固体的强度与理论值之间的差异时，早就注意到裂纹的影响，而且发现最大裂纹起着关键作用。

在材料中设置裂纹扩展过程中的附加能量耗损机制或裂纹扩展的势垒等是提高断裂韧性的有效措施，为开发高断裂韧度的材料指明道路。裂纹类型及 K_I 表达式见表 3-1。

表 3-1　裂纹类型及 K_I 表达式

裂纹类型	K_I 表达式		
无限大板穿透裂纹 σ ... $2a$ ... σ	$K_I = \sigma\sqrt{\pi a}$		
有限宽板穿透裂纹 σ ... $2a$ ... $2b$ ... σ	$K_I = \sigma\sqrt{\pi a} \cdot f\left(\dfrac{a}{b}\right)$	a/b	$f(a/b)$
		0.074	1.00
		0.207	1.03
		0.275	1.05
		0.337	1.09
		0.410	1.13
		0.466	1.18
		0.535	1.25
		0.592	1.33
有限宽板单边直裂纹 σ ... a ... $2b$ ... σ	$K_I = \sigma\sqrt{\pi a} \cdot f\left(\dfrac{a}{b}\right)$ 当 $2b \gg a$ 时，$K_I = 1.12\sigma\sqrt{\pi a}$	0.1	1.15
		0.2	1.20
		0.3	1.29
		0.4	1.37
		0.5	1.515
		0.6	1.68
		0.7	1.89
		0.8	2.14
		0.9	2.46
		1.0	2.89

在陶瓷材料的增韧过程中，通过添加韧性相、设置微裂纹区增加裂纹扩展过程中的附加能量耗损，从而开发出 ZrO_2 - TaW 和（Cr·Al）$_2O_3$ - Cr·Mo·W 等金属-陶瓷系材料；通过添加纤维相设置裂纹扩展的势垒，常用的纤维有钨丝、铂丝、碳纤维和石墨纤维，以及 B、BN、SiC、Al_2O_3 等纤维，如碳纤维补强石英玻璃复合材料、碳纤维或石墨纤维补强硼硅酸盐玻璃或锂铝硅酸盐微晶玻璃、碳纤维增韧氮化硅复合材料等。

 综合习题

一、填空题

1. 材料中裂纹的_____和_____的研究是微观断裂力学的核心问题。

2. 材料的断裂过程大多包括_____与_____两个阶段。

3. 按照断裂前材料宏观塑性变形的程度，断裂分为_____与_____。

4. 按照材料断裂时裂纹扩展的途径，断裂分为_____和_____。

5. 按照微观断裂机理，断裂分为_____和_____。

6. 无定形玻璃态聚合物材料的断裂过程是_____产生和发展的过程。

7. 韧性断裂断口一般呈_____状，断口特征三要素由_____、_____和_____三个区域组成。

8. 根据外加应力及其与裂纹扩展面的取向关系，裂纹扩展的基本方式有_____、_____、_____三种，其中_____裂纹扩展最危险。

9. 格里菲斯裂纹理论是为解释_____材料_____现象而提出的。

10. 线弹性断裂力学处理裂纹尖端问题有_____和_____两种方法。

二、概念辨析

1. E，σ_p，σ_e，σ_s（R_{eL}，R_{eH}），σ_b（R_m），σ_c 指标的名称与意义；

2. 韧性断裂与脆性断裂；3. 剪切断裂与解理断裂；4. 韧度与韧性；5. K_I 与 K_{Ic}。

三、选择题（单选或多选）

1. 缺口试样中的缺口包括（　　）。

A. 成分不均匀　　　　　　　　　　B. 内部裂纹

C. 表面加工刀痕　　　　　　　　　D. 晶界　　　　E. 截面突变

2. 最容易产生脆性断裂的是（　　）裂纹。

A. 撕开型　　　　B. 张开型　　　　C. 滑开型　　　　D. 组合型

3. 张开型裂纹的外加应力与裂纹面（　　）

A. 呈 45°　　　　B. 平行　　　　C. 垂直　　　　D. 呈 60°

4. 材料的断裂韧度 K_{Ic} 随试样厚度或截面尺寸的增大而（　　）。

A. 增大　　　　B. 减小　　　　C. 无影响　　　　D. 变化规律较复杂

5. 按照断裂前材料宏观塑性变形的程度，断裂分为（　　）。

A. 脆性断裂　　　B. 穿晶断裂　　　C. 解理断裂

D. 剪切断裂　　　E. 韧性断裂　　　F. 沿晶断裂

6. 按照材料断裂时裂纹扩展的途径，断裂分为（　　）。

A. 脆性断裂　　　B. 穿晶断裂　　　C. 解理断裂

D. 剪切断裂　　　E. 韧性断裂　　　F. 沿晶断裂

7. 按照微观断裂机理，断裂分为（　　）。

A. 脆性断裂　　　B. 穿晶断裂　　　C. 解理断裂

D. 剪切断裂　　　E. 韧性断裂　　　F. 沿晶断裂

8. 格里菲斯裂纹理论是为解释（　）材料断裂强度理论值与实际值的巨大差异现象而提出的。

A. 钢铁材料　　　B. 塑性材料　　　C. 晶体材料　　　D. 脆性材料

9. 韧性断裂和脆性断裂是以材料断裂前及断裂过程中是否产生明显宏观塑性变形为分界线，常用断面收缩率是否超过（　　）为衡量。

A. 2%　　　　B. 5%　　　　C. 10%　　　　D. 20%

10. 不属于解理断裂的基本微观特征的是（　　）。

A. 解理台阶　　　B. 韧窝　　　　C. 河流花样　　　D. 舌状花样

11. 关于断裂韧度 K_{Ic}，说法错误的有（　　）。

A. K_{Ic} 是材料的固有性能指标，可以通过试验方法测定

B. K_{Ic} 表示材料在平面应力状态下抵抗裂纹失稳扩展的能力

C. K_{Ic} 的变化只与材料强度有关，随强度的升高而升高

D. 细化晶粒可以提高材料的断裂韧度 K_{Ic}

12. 关于韧度和韧性的描述中，错误的是（　　）。

A. 韧度是衡量材料韧性的力学性能指标，分为静力韧度、冲击韧度和断裂韧度

B. 韧度和韧性是材料的力学性能指标，含义相同，经常混用

C. 韧度和韧性都是指材料断裂前吸收塑性变形功和断裂功的能力

D. 韧度是韧性的度量

13. 缺口效应包括（　　）。

A. 缺口引起缺口附近的应力应变集中

B. 缺口前方由单向拉应力状态变为两向拉应力状态或三向拉应力状态

C. 缺口第三效应是缺口强化，可以强化材料

D. 两向或三向拉应力抑制了塑变，使材料塑性降低，材料变脆

14. 平面应力状态是（　　），平面应变状态是（　　）。

A. 两向拉应力状态　　　　　　　　B. 三向拉应力状态

C. 无限薄板，试样尺寸相对裂纹长度较小

D. 无限大厚板，试样尺寸相对裂纹长度无限大

15. 平面应力状态和平面应变状态中，最危险的引发断裂的状态是（　　）。

A. 都危险　　　　　　　　　　　　B. 平面应力状态

C. 都不危险　　　　　　　　　　　D. 平面应变状态

16. 表示在外加应力 σ 作用下，具有一定形状和尺寸的裂纹前端应力场强弱程度的是（　　）。

A. 应力强度因子 K_I　　　　　　　B. 临界应力强度因子 K_{Ic}

C. 断裂韧度 K_{Ic}　　　　　　　　D. 断裂强度 σ_c

17. 表示裂纹材料抵抗裂纹失稳扩展和断裂能力的指标是（　　）。

A. 应力强度因子 K_I　　　　　　　B. 临界应力强度因子 K_{Ic}

C. 断裂韧度 K_{Ic}　　　　　　　　D. 断裂强度 σ_c

18. 关于断裂机理的描述，正确的是（　　）。

A. 在扫描电子显微镜下断口的微观韧窝特征表明材料一定是韧性断裂

B. 多数韧性断裂是微孔聚集型断裂

C. 脆性断裂的微观机理是解理断裂特征

D. 在扫描电子显微镜下断口的河流花样特征表明材料一定是脆性断裂

19. 下列机理中，不是裂纹形核机理的是（　　）。

A. 甄纳-斯特罗位错塞积理论

B. 柯垂尔位错反应理论

C. 史密斯脆性第二相开裂理论

D. 格里菲斯裂纹理论。

20. 下列关于裂纹与断裂的描述中，不正确的是（　　）。

A. 断裂的控制过程是裂纹的萌生

B. 断裂的控制过程是裂纹的扩展

C. 裂纹形核机理的核心思想是位错运动受阻后塞积，产生应力集中，当应力集中大

于理论断裂强度时产生裂纹

D. 位错前方很大的应力集中将开动相邻晶粒的位错滑移，而使应力松弛，难以形成裂纹

21. 双原子模型计算的材料理论断裂强度比实际值高 1～3 个数量值，原因是（　　　）。

A. 模型不正确　　　　　　　　　B. 近似计算太粗

C. 实际材料有缺陷　　　　　　　D. 实际材料无缺陷

22. 材料的断裂韧度 K_{Ic} 随外加应力的增大而（　　　）。

A. 增大　　　　　B. 减小　　　　　C. 无影响　　　　　D. 变化规律较复杂

四、计算题

1. 某晶体 A 的 $\gamma_s = 2.7 J/m^2$，$E = 4.9 \times 10^5 MPa$，$a_0 = 2.4 \times 10^{-10} m$，一块薄 A 板内有一条长度为 3mm 的裂纹。求：

(1) 完美纯 A 晶体的理论断裂强度 σ_m；

(2) 含裂纹的薄 A 板的脆性断裂应力 σ_c。

2. 对于 A 材料，$E = 2 \times 10^5 MPa$，$\gamma_s = 8 J/m^2$。试计算在 70MPa 应力的作用下，该材料的临界裂纹长度。

3. 现有一大型板件，材料的 $\sigma_s = 1150 MPa$，$K_{Ic} = 105 MPa \cdot m^{1/2}$，构件内有一条横向穿透裂纹，长度为 20mm，在平均轴向应力 850MPa 下工作。计算 K_I 并判断构件是否安全。

五、文献查阅及综合分析

1. 查阅近期的科学研究论文，任选一种材料，以材料的断裂性能指标（σ_c、K_{Ic} 等）为切入点，分析材料的断裂变形性能指标与成分、结构、工艺之间的关系（给出必要的图、表、参考文献）。

2. 查阅近期的科学研究论文，任选一种材料，给出材料在单向拉伸应力作用下的变形行为过程，画出其应力-应变（σ-ε）曲线，在曲线上标出其特征力学性能指标，并解释各力学性能指标的物理本质和意义。

六、工程案例分析

请举一个实际工程案例，说明材料断裂的原因、机理及其性能指标在其中的应用，完成 PPT 制作、课堂汇报与讨论，并提供案例来源、文字说明、图片、视频等资源。

第3章 试验方法(国家标准)

在线答题

第二篇

材料在其他状态下的力学性能

图Ⅱ.1　汽车结构

材料在实际工程应用中的载荷状态、温度及环境介质复杂多样，以汽车（图Ⅱ.1）的工作状态分析为例，其传动轴、齿轮、弹簧等基本零件承受拉伸、扭转、弯曲、压缩及持续变动的载荷作用；在汽车快速通过道路上的凹坑、发动机中活塞与连杆间经历冲击和摩擦磨损、车轮的摩擦磨损、金属外壳与零件的冲压和锻造加工等过程中，材料承受多种应力状态和冲击载荷的作用；发动机气缸、火花塞等部件在高温条件和腐蚀介质中工作。汽轮机、柴油机、化工设备、航空发动机（图Ⅱ.2）、高压蒸汽锅炉等的很多机件都是在高温条件和腐蚀介质中工作的，必须考虑其高温力学性能和耐蚀性；而对于在低温下工作的零件和构件，必须考虑其低温脆性对安全性的影响。

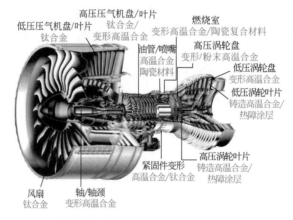

图Ⅱ.2　航空发动机的结构与材料

机器零件和构件的四大失效形式为过量变形、断裂、磨损、腐蚀。过量变形包括过量弹性变形和过量塑性变形。断裂包括拉伸断裂、冲击断裂、疲劳断裂、低温脆性断裂、高温变形断裂等。

在实际生产和研究过程中，为充分揭示材料的力学行为及性能及其特点，除对材料进行单向静拉伸试验外，还常使模拟材料在实际应用时处于扭转、弯曲、压缩、冲击、疲劳、低温冲击、高温强度等条件下，作为材料在相应使用条件下的选材及设计依据，对合理选材、提高现有材料性能、延长设备使用寿命、降低成本、提高劳动生产效率有重要意义。

本篇将介绍不同材料在扭转、弯曲、压缩、冲击、疲劳、低温冲击、高温强度等条件下的力学性能特点及基本力学性能指标的物理概念和工程意义，讨论材料复杂力学行为的基本规律及其与材料组织结构的关系，探讨提高材料力学性能指标的途径和方向。这些力学性能指标既是材料的工程应用、构件设计和科学研究等方面的计算依据，又是材料评定和选用及加工工艺选择的主要依据。

第 **4** 章

材料的扭转、弯曲、压缩性能

本章知识构架

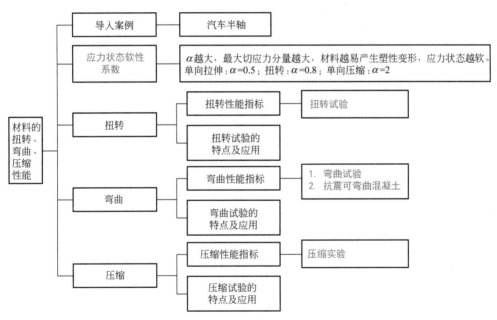

导入案例

汽车半轴（图4.01）是汽车的重要动力传动部件，承担着将驱动力传递至车轮的重要任务。汽车半轴一端连接差速器的输出端，另一端连接车轮，它是差速器与驱动轮之间传动扭矩的实心轴，内部一般通过花键与半轴齿轮连接，外端与轮毂连接。汽车半轴受到轮毂驱动扭矩和车体弯矩的作用，要求其材料具有足够的抗扭强度、硬度、抗弯强度、疲劳强度和较好的韧性、耐磨性等。淬硬层深度是影响扭转性能的主要因素，40Cr汽车半轴经过中频感应淬火和低温回火后，淬硬层深度、抗扭强度、表面硬度和心部硬度见表4-01。汽车半轴的抗扭强度随着淬硬层深度的增大而增大。

图4.01　汽车半轴

表4-01　40Cr汽车半轴的淬硬层深度、抗扭强度、表面硬度和心部硬度

淬硬层深度/mm	抗扭强度/MPa	表面硬度（HRC）	心部硬度（HRC）
4.0	964	61.5	31~33
4.3	1163	60.5	23~25
5.7	1311	55.0	18~20

在实际工程应用中，材料除可能承受单向静拉伸作用外，有些构件（如传动轴、齿轮等）还可能承受扭转、弯曲、压缩等作用。因此，材料在扭转、弯曲、压缩作用下的力学行为可以作为材料在相应使用条件下的选用及设计依据。

本章主要介绍材料在扭转、弯曲、压缩作用下的力学行为。

4.1　应力状态软性系数

材料的塑性变形和断裂方式主要与应力状态有关。一般地，切应力使材料产生塑性变形和韧性断裂，正应力使材料产生解理断裂。而实际材料的加载条件和应力状态比较复杂，其最大切应力 τ_{max} 与最大正应力 σ_{max} 的相对大小是不同的。因此，为正确估计材料的塑性变形和断裂方式，需对不同加载条件下材料的最大切应力 τ_{max} 和最大正应力 σ_{max} 分布及其相对大小进行研究。

根据材料力学知识，任何复杂的应力状态都可用三个主应力 σ_1、σ_2 和 σ_3（$\sigma_1 > \sigma_2 > \sigma_3$）

表示，最大切应力按最大切应力理论计算，即 $\tau_{\max} = (\sigma_1 - \sigma_3) / 2$；最大正应力按相当最大正应力理论计算，即 $\sigma_{\max} = \sigma_1 - \nu(\sigma_2 + \sigma_3)$，$\nu$ 为泊松比。$\tau_{\max}$ 与 $\sigma_{\max}$ 的比值称为应力状态软性系数，用 α 表示，有

$$\alpha = \frac{\tau_{\max}}{\sigma_{\max}} = \frac{\sigma_1 - \sigma_3}{2[\sigma_1 - \nu(\sigma_2 + \sigma_3)]} \tag{4-1}$$

α 越大，最大切应力分量越大，材料越易产生塑性变形，应力状态越软；反之，α 越小，最大切应力分量越小，材料越易产生脆性断裂，应力状态越硬。采用不同的静载试验方法和加载条件，应力状态软性系数不同，见表4-1。

表4-1 应力状态软性系数（$\nu = 0.25$）

加载方式	σ_1	σ_2	σ_3	应力状态软性系数 α
三向等压缩	$-\sigma$	-2σ	-2σ	∞
三向不等压缩	$-\sigma$	$-7\sigma/3$	$-7\sigma/3$	4
单向压缩	0	0	$-\sigma$	2
两向等压缩	0	$-\sigma$	$-\sigma$	1
扭转	σ	0	$-\sigma$	0.8
单向拉伸	σ	0	0	0.5
三向不等拉伸	σ	$8\sigma/9$	$8\sigma/9$	0.1
三向等拉伸	σ	σ	σ	0

三向等拉伸时，切应力分量为零，应力状态最硬，材料最易发生脆性断裂。因此，对于塑性很好的材料，可采用应力状态硬的三向不等拉伸试验，以充分研究材料的脆性倾向。材料的硬度试验属于三向不等压缩应力试验，应力状态非常软，适用于各种材料。

单向拉伸时，$\sigma_2 = \sigma_3 = 0$，只有 σ_1，则 $\alpha = 0.5$。此时，正应力分量较大，切应力分量较小，应力状态较硬，一般适用于塑性变形与断裂抗力较低的塑性材料。

扭转和压缩时，应力状态较软，材料易产生塑性变形。例如，对于灰铸铁、淬火高碳钢和陶瓷材料等脆性材料，单向拉伸时易发生脆性断裂，可采用扭转或压缩试验方法，以充分反映其客观存在的塑性性能。

总之，由于应力状态较软的加载条件（如扭转、压缩等）易反映材料的塑性行为，因此主要用于考查脆性材料的塑性性能；应力状态较硬的加载条件（如拉伸等）可用于考查塑性材料的脆性倾向。

4.2 扭 转

许多机械零件（如传动轴、弹簧、钻杆等）都会受扭转作用。扭转时，材料处于纯剪切应力状态，它是除拉伸外的又一个重要应力状态。工程上，常用扭转试验研究材料在纯剪切时的力学性能，而不用剪切试验。因为剪切试验只能测定材料的抗剪强度，对于高塑性材料，因其常伴随弯曲变形而不能得到正确的结果，扭转试验则能较全面地反映材料在纯剪切作用下的力学性能。

采用扭转试验可以较完整地研究材料在扭矩作用下的力学性能，如抗扭强度、抗扭刚度及塑性变形能力等。

4.2.1　扭转性能指标

扭转试验是材料力学试验中的基本试验，一般在扭转试验机上对圆柱形试样进行扭转试验。在试验过程中，可读出扭矩 T 和对应的扭转角 φ。图 4.1 所示为低碳钢的扭矩-扭转角曲线（扭转曲线），它与材料的拉伸曲线相似。

钢材料与钢筋混凝土

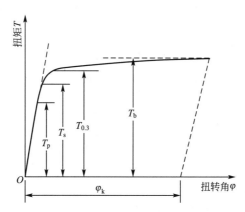

图 4.1　低碳钢的扭转曲线

试样扭转时，其表面应力状态如图 4.2（a）所示。材料的应力状态为纯剪切，切应力分布在纵向与横向两个垂直的截面上。材料在与试样轴线成 45°的方向上承受最大正应力，在与试样轴线平行和垂直的截面上承受最大切应力。

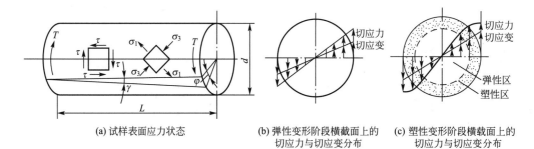

| (a) 试样表面应力状态 | (b) 弹性变形阶段横截面上的切应力与切应变分布 | (c) 塑性变形阶段横截面上的切应力与切应变分布 |

图 4.2　扭转试样中的应力与应变

从图 4.2 可以看出，材料在扭转过程中存在弹性变形阶段和塑性变形阶段。在弹性变形阶段，试样横截面上的切应力和切应变沿半径方向呈线性分布，中心处的切应力为零，表面处的切应力最大［图 4.2（b）］。表层产生塑性变形后，切应变的分布仍保持线性关系，切应力因塑性变形而呈非线性分布［图 4.2（c）］。随着扭转塑性变形的增大，试样最终断裂。如果材料受扭转沿横截面断裂，则为切应力下的切断；如果扭转断口与轴线成 45°，则为最大正应力下的脆性断裂。

扭转试验可以测定材料的下列力学性能指标。

（1）剪切模量 G。在弹性范围内，切应力与切应变之比称为剪切模量，表征材料抵抗切应变的能力。测出扭矩增量 ΔT 和相应的扭转角增量 $\Delta\varphi$，求出切应力、切应变，即可得到材料的切变模量。

（2）扭转比例极限 τ_p 和扭转屈服强度 τ_s。在扭转曲线或试验机扭矩度盘上读出相应的扭矩 T 后，可按式（4-2）分别计算出材料的扭转比例极限 τ_p 和扭转屈服强度 τ_s。如果扭转屈服时，扭矩产生波动现象，则需测定上屈服强度和下屈服强度。

$$\tau_p = \frac{T_p}{W} \text{ 和 } \tau_s = \frac{T_s}{W} \tag{4-2}$$

式中，W 为试样抗扭截面系数，对于圆柱试样 $W = \pi d^3 / 16$；T_p 为扭转曲线开始偏离直线时的扭矩；T_s 为材料发生屈服时的扭矩。

若扭转曲线上不存在明显的扭转屈服，则可通过规定残余切应变（如 0.3%）或非比例切应变的方法定义屈服扭矩（$T_{0.3}$），进而计算出材料的扭转屈服强度。

（3）抗扭强度 τ_b。在试验机上读出试样扭断前承受的最大扭矩（T_b）后，按式（4-3）计算出的切应力称为抗扭强度，它表征材料的最大抗扭矩能力。式中 W 的意义同式（4-2）。

$$\tau_b = \frac{T_b}{W} \tag{4-3}$$

τ_b 是按弹性变形状态下的公式计算的，由图 4.2（c）可知，它比真实抗扭强度大，因此称为条件抗扭强度。由于陶瓷等脆性材料在扭转时不产生明显塑性变形，因此计算结果比较真实。

4.2.2　扭转试验的特点及应用

扭转试验是重要的力学性能试验，其具有如下特点。

（1）扭转试验可用于测定在拉伸时表现为脆性或低塑性材料（如淬火低碳钢、工具钢、灰铸铁等）的性能。

（2）扭转试验能较敏感地反映材料表面缺陷及表面硬化层的性能，可利用该特征研究表面强化工艺和检验构件热处理质量。

（3）扭转圆柱试样时，整个试样长度上的塑性变形是均匀的，试样的标距长度和截面面积基本保持不变，不会出现静拉伸时发生的颈缩现象。所以，可以利用扭转试验精确测定高塑性材料的变形抗力，而这在单向拉伸或压缩试验中是难以做到的。

（4）扭转时，试样的最大正应力与最大切应力在数值上大体相等，而生产中使用的大部分金属材料的正断强度 σ_k 大于切断强度 τ_k。所以，扭转试验是测定材料切断强度的可靠方法。

（5）扭转试验可以明确地区分材料的断裂方式是正断还是切断。

① 塑性材料的断裂面与试样轴线垂直，断口平整，有回旋状塑性变形的痕迹，如图 4.3（a）所示，这是切应力造成的切断。

② 脆性材料的断口呈螺旋状［图 4.3（b）］，断裂面与试样的轴线成 $45°$，这是在正应力作用下产生的正断。

③如果试样存在非金属夹杂物偏析或金属及合金的碾压锻造、拉拔方向与试样轴线一致，造成试

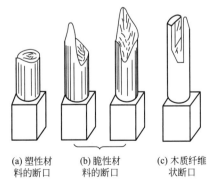

(a) 塑性材料的断口　(b) 脆性材料的断口　(c) 木质纤维状断口

图 4.3　扭转断口特征

样轴线方向上材料抗切能力降低，在扭转过程中就可能会出现图 4.3 （c）所示的木质纤维状断口。这种断裂的特点是顺着试样的轴线呈纵向剥层或裂纹，甚至因存在夹杂物而出现至少两处断口。

4.3 弯　　曲

在工程应用中，有些构件（如轴、板式弹簧等杆式构件）是在承受弯矩作用的条件下工作的。这些构件工作时，其内部应力主要为正应力，应力分布特点为表面应力最大、心部应力为零，而且应力方向发生变化。

材料在弯曲条件下表现的力学行为与单纯拉应力或压应力作用下的不完全相同。例如，在拉伸载荷或压缩载荷下产生屈服现象的金属，在弯曲载荷下可能显示不出屈服。因此，对于承受弯曲载荷的构件，我们常用弯曲试验测定其力学性能，以作为选材和设计的依据。

4.3.1　弯曲性能指标

通常在万能试验机上对材料进行弯曲试验。进行弯曲试验时，采用圆柱试样或正方体/长方体试样，弯曲表面不得有划痕。正方体试样和长方体试样的棱边应锉圆，其半径不应大于 2mm。试验时，将试样放在有一定跨度的支座上，施加集中载荷（三点弯曲）或二等值载荷（四点弯曲），如图 4.4 所示。

弯曲试验

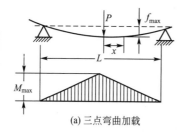
(a) 三点弯曲加载

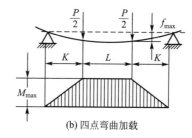
(b) 四点弯曲加载

图 4.4　弯曲试验的加载方式

三点弯曲加载时，试样总是在最大弯矩附近断裂。四点弯曲加载时，试样通常在有组织缺陷的位置断裂，能较好地反映材料的性质，试验结果也较精确，但要注意均衡加载。与四点弯曲加载相比，三点弯曲加载因方法简单而较常用。

材料的弯曲变形量用挠度 f 表示，其值可由百分表或挠度计直接读出。通常用弯曲试样的最大挠度 f_{max} 表征材料的变形性能。在弯曲试验中，将载荷 P 和最大挠度 f_{max} 之间的关系绘制成曲线，即材料的弯曲力-挠度曲线。

图 4.5 列出了三种材料的弯曲力-挠度曲线。弯曲试验可以测定脆性材料或低塑性材料在弯曲力作用下的力学性能。

对于脆性材料，可根据图 4.5 （c）和抗弯强度的定义，用式（4-4）求得抗弯强度 σ_{bb}。

$$\sigma_{bb} = \frac{M_b}{W} \tag{4-4}$$

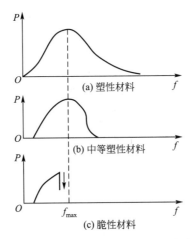

图 4.5　三种材料的弯曲力-挠度曲线

式中，M_b 为试样断裂时的弯矩，对于三点弯曲加载方式 $M_b = P_b L/4$（P_b 为图中最大弯曲力），对于四点弯曲加载方式 $M_b = P_b K/2$；W 为截面抗弯系数，对于直径为 d 的圆柱试样 $W = \pi d^3/32$，对于宽度为 b、高度为 h 的长方体试样 $W = bh^2/6$。

除 σ_{bb} 外，还可以从弯曲力-挠度曲线上得出材料的弯曲弹性模量 E_b、断裂挠度 f_b 及断裂能量 U（曲线所包围的面积）等性能指标。

4.3.2　弯曲试验的特点及应用

弯曲试验主要有以下特点。

（1）从试样的拉伸侧看，弯曲试验的应力状态与拉伸试验类似，但其整体上比拉伸试样的几何外形简单，适用于测定不方便加工的脆性材料，如铸铁、工具钢、硬质合金、某些陶瓷材料等；也常用于测定高分子材料的抗弯强度及模量。

抗震可弯曲
混凝土

（2）对于高塑性材料，由于弯曲试验不能使试样断裂，因此难以测定其强度，应尽量采用拉伸试验测定。

（3）进行弯曲试验时，截面上的应力分布也是表面处应力最大，可以反映材料的表面缺陷，也可以比较和评定材料表面处理层的质量。

弯曲试验主要有以下几方面的应用。

（1）测定灰铸铁的抗弯强度。灰铸铁的抗弯性能优于抗拉性能。抗弯强度 σ_{bb} 是灰铸铁的重要力学性能指标。一般灰铸铁的弯曲试样采用铸态毛坯圆柱试样。

（2）测定硬质合金的抗弯强度。由于硬质合金的硬度高，难以加工成拉伸试样，因此常用弯曲试验评价其性能。另外，由于硬质合金价格高昂，因此一般采用小尺寸正方体或长方体试样，常用尺寸规格为 5mm×5mm×30mm，跨距为 24mm。

（3）测定陶瓷材料、工具钢的抗弯强度。由于陶瓷材料、工具钢的脆性大，测定抗拉强度较困难，而且与硬质合金一样，试样加工困难、费用高，因此常用弯曲试验评价其性能，一般采用正方体或长方体试样。

另外，由于弯曲性能对材料的表面缺陷敏感，因此弯曲试验常用于检验和比较材料表面热处理层的质量及性能。

4.4 压 缩

很多构件是在压缩载荷下工作的，需要对它们的材料进行抗压性能试验评定。因此，压缩试验也是常用试验。

压缩试验大多用来测定脆性材料或低塑性材料（如铸铁、铸铝合金、建筑材料等）的抗压强度。对于高塑性材料，由于只能将其压扁而不能压破，因此得不到抗压强度。

4.4.1 压缩性能指标

压缩试验

压缩试验是对试样施加轴向压力，在其变形和断裂过程中测定材料的强度、塑性等力学性能指标的试验方法。在拉伸试验、扭转试验和弯曲试验中不能反映的脆性材料力学行为，可能在压缩试验中获得。因此，压缩试验得到了广泛应用。压缩试验可在万能试验机上进行，也可在专用的压缩试验机上进行。

由于可以将压缩看作反向拉伸，因此，在拉伸试验中定义的力学性能指标和相应的计算公式基本都适用于压缩试验。

压缩试验采用圆柱或正方体试样，试样长度为直径或边长的 $2.5 \sim 3.5$ 倍。在有侧向约束装置以防止试样在压缩过程中弯曲的条件下，也可采用板状试样。另外，试样的高径比 h_0/d_0 对试验结果有很大影响，为比较多个试样的试验结果，必须保证试样的高径比相等。

进行压缩试验时，用来表示材料压力和变形关系的曲线称为压缩曲线，如图 4.6 所示。根据压缩曲线，可以求出材料的压缩强度和塑性性能指标。对于低塑性材料和脆性材料，一般只测定抗压强度 σ_{bc}、相对压缩率 e_{cf} 和相对断面扩展率 φ_{cf}。

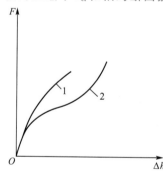

1—脆性材料；2—塑性材料。

图 4.6 压缩曲线

抗压强度：
$$\sigma_{bc} = F_{bc}/A_0 \qquad (4-5)$$

相对压缩率：
$$e_{cf} = (h_0 - h_f)/h_0 \times 100\% \qquad (4-6)$$

相对断面扩展率：
$$\varphi_{cf} = (A_f - A_0)/A_0 \times 100\% \qquad (4-7)$$

式中，F_{bc} 为试样压缩断裂时的压力；h_0 和 h_f 分别为试样的原始高度和断裂时的高度；A_0 和 A_f 分别为试样的原始截面面积和断裂时的截面面积。

压缩试验也可以测定材料的压缩弹性模量 E_c。对于在压缩时产生明显屈服现象的材料，还可测定其压缩屈服点 σ_{sc}。

进行压缩试验时，试样端部的摩擦阻力对试验结果影响很大，其发生在上、下压头与试样端面之间。为减小摩擦阻力的影响，试样端面必须光滑平整，并涂润滑油或石墨粉等进行润滑。

4.4.2　压缩试验的特点及应用

压缩试验的特点及应用如下。

（1）一般脆性材料的压缩强度高于抗拉强度，尤其是陶瓷材料的压缩强度约高于抗拉强度一个数量级。

（2）单向压缩的应力状态软性系数 $\alpha=2$，比拉伸、扭转、弯曲的应力状态软性系数都小。因此，压缩试验主要用于测定在拉伸载荷作用下发生脆性断裂的材料的力学性能。

（3）压缩试验与拉伸试验不仅受力方向相反，而且得到的压力-变形曲线、塑性及断裂形态有较大差别，特别是压缩试验不能使塑性材料断裂，故一般不采用压缩试验评定塑性材料的性能。

（4）对于在接触表面承受多向压缩的构件（如滚柱与滚珠轴承的套圈等），可以采用多向压缩试验。

不同应力状态下的力学性能指标见表4-2。

表4-2　不同应力状态下的力学性能指标

应力状态	模量	比例极限	弹性极限	屈服强度	强度极限
拉伸	弹性模量 E	$\sigma_p(R_p)$	$\sigma_e(R_e)$	$\sigma_s(R_{eH})$	$\sigma_b(R_m)$
扭转	剪切模量 G	τ_p	τ_e	τ_s	τ_b
弯曲	弯曲弹性模量 E_b	σ_{pb}	σ_{eb}	σ_{sb}	σ_{bb}
压缩	压缩弹性模量 E_c	σ_{pc}	σ_{ec}	σ_{sc}	σ_{bc}

 综合习题

一、填空题

1. 在单向拉伸试验、扭转试验和压缩试验中，应力状态最软的加载方式是_____，该方法易反映材料的_____（塑性/脆性）行为，可用于考查_____（塑性/脆性）材料的_____（塑性/脆性）指标。

2. 要测试灰铸铁和陶瓷材料的塑性指标，可在常用的单向拉伸试验、扭转试验和压缩试验中选择_____试验。

二、概念辨析

σ_{pb}、σ_{sb}、σ_{bb}、σ_{bc}、τ_b、σ_p、σ_s、σ_b

三、选择题（单选或多选）

1. 应力状态软性系数的值是（　　　　）。

A. σ_{max}/τ_{max}　　　　B. σ_1/σ_3　　　　C. τ_1/σ_1　　　　D. τ_{max}/σ_{max}

2. 单向拉伸试验和压缩试验条件下的应力状态软性系数分别为（　　　）。

A. 0.5 和 1.0　　　　B. 0.5 和 2.0　　　　C. 0.8 和 2.0　　　　D. 0.8 和 1.0

3. 扭转试验的应力状态软性系数（　　　）单向拉伸试验的应力状态软性系数。

A. 小于　　　　　　　　　　　　　　B. 大于

C. 等于　　　　　　　　　　　　　　D. 无关系

4. 单向拉伸试验、扭转试验和单向压缩试验的应力状态软性系数的关系是（　　　）。

A. 单向拉伸＞扭转＞单向压缩　　　　B. 扭转＞单向拉伸＞单向压缩

C. 单向压缩＞扭转＞单向拉伸　　　　D. 单向压缩＞单向拉伸＞扭转

5. 测定灰铸铁和陶瓷材料的塑性指标，可首先选择（　　　）试验。

A. 单向拉伸　　　　B. 扭转　　　　C. 压缩　　　　D. 弯曲

6. τ_s、σ_{sb}、σ_{sc} 分别是材料的（　　　）。

A. 抗拉屈服强度、弯曲屈服强度、抗压屈服强度

B. 弯曲屈服强度、扭转屈服强度、抗压屈服强度

C. 抗压屈服强度、弯曲屈服强度、扭转屈服强度

D. 扭转屈服强度、弯曲屈服强度、抗压屈服强度

7. 试样在扭转时沿横截面断裂，其断裂类型为（　　　）。

A. 切应力下的切断　　　　　　　　　B. 正应力下的脆性断裂

C. 切应力下的脆性断裂　　　　　　　D. 正应力下的切断

8. （　　　）试验能较敏感地反映材料表面缺陷及表面硬化层的性能。

A. 单向拉伸　　　　B. 扭转　　　　C. 压缩　　　　D. 弯曲

四、文献查阅及综合分析

1. 查阅近期的科学研究论文，任选一种材料，以材料的弯曲、扭转、压缩应力作用下的变形行为过程性能指标（如 τ_p、τ_s、τ_b、σ_{bb}、σ_{bc} 等）为切入点，分析应力状态对材料变形行为的影响（给出必要的图、表、参考文献）。

2. 查阅近期的科学研究论文，任选一种材料，比较其在单向拉伸、弯曲、扭转、压缩应力作用下的变形行为过程，画出其应力-应变曲线，在曲线上标出其力学性能指标，并解释各指标的物理本质和意义。

五、工程案例分析

请举一个实际工程案例，说明材料断裂的原因、机理及其性能指标在其中的应用，完成 PPT 制作、课堂汇报与讨论，并提供案例来源、文字说明、图片、视频等资源。

第4章 试验方法(国家标准)

在线答题

第5章
材料的硬度

 本章知识构架

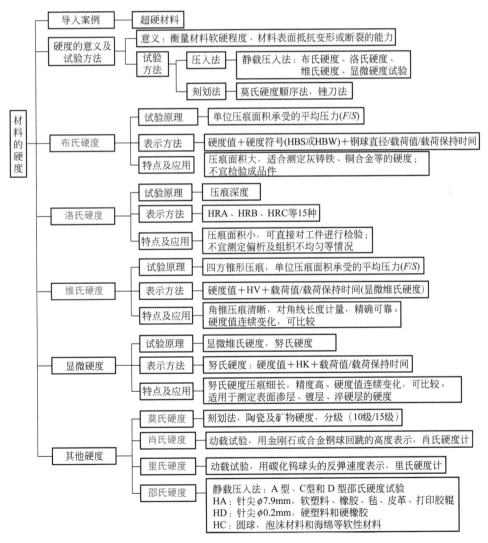

材料的硬度

- 导入案例 ── 超硬材料
- 硬度的意义及试验方法
  - 意义：衡量材料软硬程度、材料表面抵抗变形或断裂的能力
  - 试验方法
    - 压入法 ── 静载压入法：布氏硬度、洛氏硬度、维氏硬度、显微硬度试验
    - 刻划法 ── 莫氏硬度顺序法，锉刀法
- 布氏硬度
  - 试验原理 ── 单位压痕面积承受的平均压力(F/S)
  - 表示方法 ── 硬度值＋硬度符号(HBS或HBW)＋钢球直径/载荷值/载荷保持时间
  - 特点及应用 ── 压痕面积大，适合测定灰铸铁、铜合金等的硬度；不宜检验成品件
- 洛氏硬度
  - 试验原理 ── 压痕深度
  - 表示方法 ── HRA、HRB、HRC等15种
  - 特点及应用 ── 压痕面积小，可直接对工件进行检验；不宜测定偏析及组织不均匀等情况
- 维氏硬度
  - 试验原理 ── 四方锥形压痕，单位压痕面积承受的平均压力(F/S)
  - 表示方法 ── 硬度值＋HV＋载荷值/载荷保持时间(显微维氏硬度)
  - 特点及应用 ── 角锥压痕清晰，对角线长度计量，精确可靠。硬度值连续变化，可比较
- 显微硬度
  - 试验原理 ── 显微维氏硬度，努氏硬度
  - 表示方法 ── 努氏硬度：硬度值＋HK＋载荷值/载荷保持时间
  - 特点及应用 ── 努氏硬度压痕细长，精度高。硬度值连续变化，可比较。适用于测定表面渗层、镀层、淬硬层的硬度
- 其他硬度
  - 莫氏硬度 ── 刻划法，陶瓷及矿物硬度，分级（10级/15级）
  - 肖氏硬度 ── 动载试验，用金刚石或合金钢球回跳的高度表示，肖氏硬度计
  - 里氏硬度 ── 动载试验，用碳化钨球头的反弹速度表示，里氏硬度计
  - 邵氏硬度 ── 静载压入法：A 型、C 型和 D 型邵氏硬度试验
    - HA：针尖ϕ7.9mm，软塑料、橡胶、毡、皮革、打印胶辊
    - HD：针尖ϕ0.2mm，硬塑料和硬橡胶
    - HC：圆球，泡沫材料和海绵等软性材料

导入案例

硬度的本质机理与超硬材料

维氏硬度（HV）超过 40GPa 的材料称为超硬材料，自然界金刚石的硬度最高（80～120GPa）。是否存在或能否制造出比天然金刚石更硬的材料？硬度的本质机理是什么？面对困扰材料学界的世纪难题"如何在原子层面上对新型超硬材料进行设计"，燕山大学田永君团队从 1999 年开始挑战测定金刚石硬度，探索在硼、碳、氮三元材料体系中寻找合成新型超硬材料的可能性，像剥洋葱一样"一层一层地揭开硬度的面纱"，研究成果轰动了整个材料学界。

田永君院士——超硬材料

（1）硬度理论及材料设计。2003 年，田永君团队首次提出了材料的硬度与化学键的种类和极性密切相关，建立了共价晶体的硬度定量预测模型和系统理论，提出了理想单晶和多晶共价材料硬度的理论模型，解决了硬度定量预测难题，设计出系列新型超硬材料。共价晶体的硬度是本征属性，在数值上等于单位面积上每根化学键对压头的抵抗力的总和。对于极性共价键，化学键中离子性部分与共价性部分对材料硬度的贡献不同。极性晶体共价材料的硬度（H_v）与化学键极性的对应关系式为

$$H_v = 556 \frac{N_a e^{-1.191 f_i}}{d^{2.5}}$$

式中，N_a 为价电子密度；d 为化学键的长度；f_i 为采用标度计算得到的化学键的极性因子。键长、键密度和离子性等参数均可由第一性原理计算得出或推导出，可以通过理论计算的方法来检验和预测共价晶体的硬度。共价晶体维氏硬度的理论计算值与试验值见表 5-01。

表 5-01　共价晶体维氏硬度的理论计算值与试验值

共价晶体	理论计算值	试验值
金刚石	93.6	96±5
$\beta-BC_2N$	78.0	76±4
$c-BN$	64.5	63±5
$\beta-Si_3N_4$	30.3	30±2
Al_2O_3	20.6	20±2
BeO	12.7	13

通过硬度定量预测模型计算可知，由轻元素和超轻元素构成的共价晶体［如 B、C、N 构成的二元化合物或三元化合物（如 BN、BC_2N、B_4C_3 等）］均为超轻超硬材料。图 5.01 所示为 BC_2N 的预测结构。

（2）超硬材料制备。田永君团队实现了高性能超硬材料制备技术上的突破，相继合成超细纳米孪晶结构的立方氮化硼（$c-BN$）和金刚石块材，两种材料的硬度、韧性和热稳定性三大性能指标同时提高，纳米孪晶 $c-BN$ 的维氏硬度达到 100GPa，纳米孪晶金刚石的维氏硬度为 200GPa，2020 年制备的新型交叉纳米孪晶金刚石（int-金刚石）的

维氏硬度达到 668GPa。

（3）硬度测试原理。田永君团队针对"如何测量这么高的硬度"问题，提出了极硬材料的硬度测试原理，认为压痕形成的判据是金刚石压头的压缩强度大于样品的剪切强度，而不是过去认为的金刚石压头的硬度大于样品的硬度。图 5.02 所示为压头下化学键的变化。

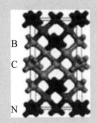
图 5.01　BC$_2$N 的预测结构

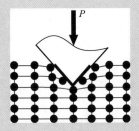
图 5.02　压头下化学键的变化

（4）超硬材料的加工与应用。田永君团队利用飞秒激光把超硬材料切割成所需的形状和尺寸，并应用于超精密切削加工领域，用超硬材料制造的刀具实现了淬硬钢的镜面加工。超硬材料应用于超高压设备制造和高压领域研究，促进了地球科学、高压物理、金属氢等学科领域的发展。天然金刚石单晶顶砧压力趋近 400GPa，而纳米孪晶金刚石压力可达 500GPa～1TPa。

5.1　硬度的意义及试验方法

硬度是衡量材料软硬程度的一种力学性能，其是指材料表面不大体积内抵抗变形或破裂的能力。

硬度试验方法有十几种，按加载方式可分为压入法和刻划法两大类。压入法按加载速率又分为动载压入法和静载压入法（弹性回跳法）。超声波硬度、肖氏硬度和锤击式布氏硬度试验属于动载压入法；布氏硬度、洛氏硬度、维氏硬度和显微硬度试验属于静载压入法。刻划法包括莫氏硬度顺序法和锉刀法等。

硬度值的物理意义因试验方法的不同而不同。压入法的硬度值是材料表面抵抗另一物体局部压入时所引起的塑性变形能力，刻划法的硬度值表征材料表面抵抗局部切断破坏的能力。

中国盾构机

硬度与结合键、延展性、弹性刚度、塑性、应变、强度、韧性、黏弹性和黏度等因素有关。高硬度是工程机械领域工具、刀具、模具、量具、轴承、齿轮表面等的主要性能要求，例如要求硬岩掘进机和软土隧道盾构机滚刀圈材料的硬度为 55～62HRC；W18Cr4V 高速钢的硬度为 63～65HRC；硬质合金车刀的硬度为 89～94HRA，使用温度为 1000℃；热压氮化硅（Si$_3$N$_4$）的显微硬度为 5000HV，耐热温度为 1400℃；立方氮化硼（c‐BN）的显微硬度为 9000HV，工作温度为 1400～1500℃。表 5‐1 所示为材料与硬度要求。

表5-1 材料与硬度要求

材料	GCr15 滚动轴承	T10V 凿岩机活塞	20CrMnMo 渗碳钢 石油钻机牙轮钻头
硬度/HRC	62	59~61	58~60

5.2 布 氏 硬 度

5.2.1 布氏硬度的原理

布氏硬度是1900年由瑞典人布瑞纳（J. A. Brinell）提出的。

布氏硬度的测定原理是用一定大小的载荷 F（N），把直径为 D（mm）的淬火钢球或硬质合金球压入试样表面（图5.1），保持规定时间后卸除载荷，测量试样表面的残留压痕直径 d，求压痕的表面积 S。将单位压痕面积承受的平均压力（F/S）定义为布氏硬度，用符号 HB 表示，一般不标出单位。硬度值越高，材料越硬。

布氏硬度测试

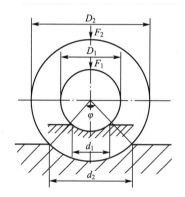

图5.1 布氏硬度试验的原理

布氏硬度值的计算见式（5-1）。

$$HB = \frac{F}{S} = \frac{2F}{\pi D(D - \sqrt{D^2 - d^2})} \qquad (5-1)$$

由于材料有软有硬，工件有薄有厚，如果只采用一种载荷 F 和压头直径 D，就会出现对硬的材料合适，而对软的材料发生钢球大部分陷入材料现象；或者对厚的材料合适，而对薄的材料发生压透现象。因此，在生产实际中测定布氏硬度时，需要使用不同的载荷 F 和压头直径 D。问题在于，当对同一种材料采用不同的 F 和 D 进行试验时，能否得到同一布氏硬度值？

从图5.1中可以看出 d 和压入角 φ 的关系，即 $d = D\sin\frac{\varphi}{2}$，代入式（5-1）得

$$HB = \frac{F}{D^2} \cdot \frac{2}{\pi\left(1 - \sqrt{1 - \sin^2\frac{\varphi}{2}}\right)} \qquad (5-2)$$

由式（5-2）可知，要保证在不同的试验条件下测得同一材料的布氏硬度值相同，必须同时满足两个条件：一是使形成的压入角 φ 为常数，即获得几何形状相似的压痕；二是保证 F/D^2 为常数。大量试验结果表明，当 F/D^2 为常数时，压入角 φ 保持不变。因此，为了使对同一材料采用不同 F 和 D 测得的布氏硬度值相同，应保持 F/D^2 为常数，这是 F 与 D 的选配原则。

5.2.2　布氏硬度表示方法

压头材料不同，表示布氏硬度值的符号不同。当压头为硬质合金球时，用符号 HBW 表示，适用于布氏硬度为 450～650 的材料；当压头为淬火钢球时，用符号 HBS 表示，适用于布氏硬度低于 450 的材料。

布氏硬度的表示方法一般记为"数字＋硬度符号（HBS 或 HBW）＋数字/数字/数字"的形式，硬度符号前面的数字为硬度值，后面的数字依次表示钢球直径、载荷值及载荷保持时间等试验条件。例如，用直径为 10mm 的淬火钢球在 3000N 载荷作用下保持 30s 时测得的硬度值为 280，记为 280HBS10/3000/30；当保持时间为 10～15s 时，可不标注。50HBS/750 表示用直径为 5mm 的硬质合金球在 750N 载荷作用下保持 10～15s 测得的布氏硬度值为 50。

5.2.3　布氏硬度试验的特点及应用

布氏硬度试验的优点是压痕面积较大，测得的硬度值能反映材料在较大区域内各组成相的平均性能。因此，布氏硬度试验适合测定灰铸铁、铜合金等材料的硬度。

布氏硬度试验的缺点是因压痕直径较大，故一般不宜直接在成品件上进行检验；此外，需要根据硬度不同的材料更换压头直径 D 和载荷 F，且压痕直径的测量比较麻烦。

5.3　洛　氏　硬　度

5.3.1　洛氏硬度的原理

1919 年，美国人洛克威尔（Rockwell）提出了洛氏硬度的表示方法。洛氏硬度以测量压痕深度来表示材料的硬度值。

在规定条件下，将洛氏硬度计压头（金刚石圆锥、钢球或硬质合金球）分两个步骤压入试样表面（图 5.2）。分两次施加载荷，先加初始试验力 F_1，压入深度 h_1；再加主试验力 F_2，压入深度 h_2，总试验力为 F（$F=F_1+F_2$）。卸除主试验力后，弹性回复深度 h_3；在保持初始试验力下测量压痕残余深度 h。以压痕残余深度 h 表示硬度值。h 值越大，硬度值越低。为适应人们数值越大硬度越高的概念，规定用压痕残余深度 h 及常数 N 和 S 按式（5-3）计算洛氏硬度。

洛氏硬度测试

$$HR = N - \frac{h}{S} \tag{5-3}$$

式中，N 为常数，对于 A、C、D、N、T 标尺，$N=100$，对于其他标尺，$N=130$；h 为

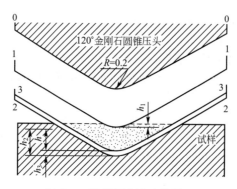

图 5.2　洛氏硬度试验的原理

残余压痕深度；S 为常数，对于洛氏硬度，$S = 0.002\text{mm}$，对于表面洛氏硬度，$S = 0.001\text{mm}$。

5.3.2　洛氏硬度的表示方法

为了用一种硬度计测定不同硬度材料的硬度，常将不同的压头与试验力组合成不同的洛氏硬度标尺。根据试验力，洛氏硬度试验一般分为两种：一种是普通洛氏硬度试验，另一种是表面洛氏硬度试验。

洛氏硬度试验采用 120° 金刚石圆锥及直径分别为 1.587mm 和 3.175mm 的钢球三种压头，以及 60kg、100kg、150kg 三种试验力。

洛氏硬度测量有 15 种标尺，分别适用于不同硬度的材料。标尺由压头和试验力两个因素决定，见表 5-2。常用标尺有 HRA、HRB 及 HRC 三种。

表 5-2　洛氏硬度测量标尺

标尺	压头	试验力/kgf（初始试验力均为 10kgf）	硬度范围	用途
HRA	金刚石	60	20～88	硬质合金、浅表面硬化钢
HRD		100	40～77	中等表面硬化钢、珠光体可锻铸铁等
HRC		150	20～70	淬火钢、调质钢、硬铸钢等
HRF	直径 1/16″钢球	60	60～100	退火铜合金、软质薄板合金
HRB		100	20～100	铜合金、软钢、铝合金
HRG		150	30～94	可锻铁、铜-镍-锌合金
HRH	直径 1/8″钢球	60	80～100	铝、锌、铅等
HRE		100	58～100	铸铁、铝合金、镁合金、轴承合金
HRK		150	40～100	青铜、铍青铜

续表

标尺	压头	试验力/kgf （初始试验力均为 10kgf）	硬度范围	用途
HRL	直径 1/4″钢球	60	50～115	轴承合金及其他极软的金属（如铝、锌、铅、锡等）、塑料（不适用塑料薄膜、泡沫塑料）、硬纸板等
HRM		100	50～115	
HRP		150	100～120	
HRR	直径 1/2″钢球	60	50～115	
HRS		100		
HRV		150		

注：1kgf＝9.80665N。

表面洛氏硬度试验采用 120°金刚石圆锥和直径为 1.587mm 的钢球两种压头，以及 15kg、30kg、45kg 三种试验力，它们共有六种组合，对应于表面洛氏硬度的六个标尺，即 HR15N、HR30N、HR45N、HR15T、HR30T、HR45T。

实际测定洛氏硬度时，在硬度计的压头上方安装百分表，可直接测出压痕深度，并按洛氏硬度标尺标出相应的硬度值，可直接读出硬度值，无须用公式计算。

在一定条件下，HB 与 HRC 可以查表互换，关系为 1HRC≈1/10HB。

5.3.3　洛氏硬度试验的特点及应用

洛氏硬度试验的优点是操作简便、迅速，压痕面积小，可直接对工件进行检验；采用不同标尺，可测定硬度不同和厚度不同的试样的硬度。洛氏硬度试验的缺点是因压痕面积较小而代表性差，尤其是材料中存在偏析及组织不均匀等情况，使所测硬度值的重复性差、分散度大，用不同标尺测得的硬度值既不能直接比较又不能互换。

5.4　维 氏 硬 度

5.4.1　维氏硬度的原理

维氏硬度是 1925 年由英国的史密斯（R. L. Smith）和塞德兰德（G. E. Sandland）提出的。

维氏硬度试验

维氏硬度根据压痕单位面积承受的载荷来计算硬度值，所用压头是两相对面夹角 α 为 $136°$ 的金刚石四棱锥体。维氏硬度试验的原理如图 5.3 所示，在载荷 F 的作用下，试样表面被压出一个四方锥形压痕，测量压痕的对角线长度分别为 d_1 和 d_2，取其平均值 d 来计算压痕的表面积 S，F/S 为试样的硬度值，用符号 HV 表示。

当载荷单位为 N、压痕对角线长度单位为 mm 时，维氏硬度

$$HV = 1.8544 \frac{F}{d^2}$$

$$(5-4)$$

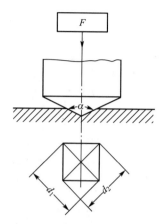

图 5.3　维氏硬度试验的原理

5.4.2　维氏硬度的表示方法

维氏硬度值的表示方法为"数字＋HV＋数字/数字"，HV 前面的数字表示硬度值，HV 后面的数字表示试验所用载荷值和载荷持续时间。例如，640HV30/20 表示在 30N 载荷作用下持续 20s 测得的维氏硬度为 640。若载荷持续时间为 10～15s，则可不标出。

维氏硬度试验的载荷有 49.1N（5kgf）、98.1N（10kgf）、196.2N（20kgf）、294.3N（30kgf）、490.5N（50kgf）、981N（100kgf）六种。根据硬化层深度、材料厚度和预期硬度，尽可能选用较大载荷，以减小测量压痕对角线长度的误差。当测定薄件或表面硬化层硬度时，选择的载荷应保证试验层厚度大于 $1.5d$。

5.4.3　维氏硬度试验的特点及应用

维氏硬度试验的角锥压痕清晰，采用对角线长度计量，精确可靠；压头为四棱锥体，当载荷改变时，压入角恒定不变，可以任意选择载荷，硬度值连续变化，可比较。维氏硬度不存在布氏硬度那种载荷 F 与压头直径 D 之间的关系约束，也不存在洛氏硬度那种不同标尺的硬度。如果采用小载荷测量，则可以得到显微维氏硬度。

5.5　显　微　硬　度

常用的显微硬度除显微维氏硬度外，还有努氏硬度，如图 5.4 所示。测量出压痕长对角线的长度 l（μm），按式（5-5）计算努氏硬度（用 HK 符号表示）。

$$HK = 0.102 \times 14.23 \frac{F}{l^2} \approx 1.451 \frac{F}{l^2} \tag{5-5}$$

努氏硬度试验的压痕细长，而且只测量长对角线长度，精度较高；适合测定表面渗层、镀层及淬硬层的硬度，还可以测定渗层截面的硬度分布等。

显微硬度试验一般使用的载荷有 2gf、5gf、10gf、50gf、100gf、200gf，由于压痕微小，因此必须将试样制成金相样品，磨制与抛光试样时不能产生较厚的金属扰乱层和表面形变硬化层，以免影响试验结果。在可能范围内，尽量选用较大载荷，以减小因磨制试样时产生表面硬化层的影响，从而提高测量精度。

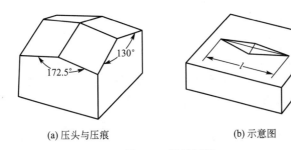

(a) 压头与压痕　　　　　　　(b) 示意图

图 5.4　努氏硬度

显微硬度试验主要用于测定各组成相的硬度，研究成分组织状态与性能的关系。

5.6　其他硬度

5.6.1　莫氏硬度

1824 年，德国矿物学家莫斯（Frederich Mohs）提出了陶瓷及矿物材料常用的划痕硬度表示法，称为莫氏硬度。它只表示硬度从小到大的顺序，不表示软硬的程度，序号大的材料可以划破序号小的材料表面。莫氏硬度分为 10 级，后来因为出现了一些人工合成的高硬度材料，所以改分为 15 级。表 5 - 3 所列为两种莫氏硬度分级。

表 5 - 3　两种莫氏硬度分级

序号	材料	主要成分	序号	材料	主要成分
1	滑石	$3MgO \cdot 4SiO \cdot 2H_2O$	1	滑石	$3MgO \cdot 4SiO \cdot 2H_2O$
2	石膏	$CaSO_4 \cdot 2H_2O$	2	石膏	$CaSO_4 \cdot 2H_2O$
3	方解石	$CaCO_3$	3	方解石	$CaCO_3$
4	萤石	CaF_2	4	萤石	CaF_2
5	磷灰石	$CaO \cdot P_2O_3$	5	磷灰石	$CaO \cdot P_2O_3$
6	正长石	$SiO_2 \cdot Al_2O_3 \cdot K_2O$	6	正长石	$SiO_2 \cdot Al_2O_3 \cdot K_2O$
7	石英	SiO_2	7	SiO_2 玻璃	SiO_2
8	黄玉	$SiO_2 \cdot Al_2O_3$	8	石英	SiO_2
9	刚玉	Al_2O_3	9	黄玉	$SiO_2 \cdot Al_2O_3$
10	金刚石	C	10	石榴石	$A_3B_2(SiO_4)_3$
—	—	—	11	熔融氧化锆	ZrO_2
—	—	—	12	刚玉	Al_2O_3
—	—	—	13	碳化硅	SiC
—	—	—	14	碳化硼	B_4C
—	—	—	15	金刚石	C

肖氏硬度

1906 年，美国人肖尔（Albert F. Shore）提出肖氏硬度。肖氏硬度试验是一种动载试验，其原理是将具有一定质量的带有金刚石或合金钢球的重锤从一定高度落向试样表面，重锤回跳的高度表征肖氏硬度值。肖氏硬度用 HS 符号表示，一般用来表征金属的硬度。

标准重锤从一定高度落下，以一定的动能冲击试样表面，使其产生弹性变形与塑性变形。其中，一部分冲击能转变为塑性变形功被试样吸收，另一部分冲击能以弹性变形功的形式储存在试样中。当弹性变形回复时能量被释放，重锤回跳至一定高度。材料的屈服强度越高，塑性变形量越小，储存的弹性能越高，重锤回跳得越高，材料越硬。因此，肖氏硬度试验结果只有在材料弹性模量相同时才可进行比较。

肖氏硬度计（图 5.5）一般为手提式，使用方便，便于携带，可测定现场大型工件的硬度。

图 5.5 肖氏硬度计

肖氏硬度试验的缺点是试验结果的准确性受人为因素影响较大，测量精度较低。

5.6.3 里氏硬度

里氏硬度用 HL 符号表示。里氏硬度测试技术是由瑞士人里伯（Leeb）发明的。用一定质量的装有碳化钨球头的冲击体，在一定力的作用下冲击试件表面，撞击后的反弹速度表征里氏硬度值，一般用来表征金属的硬度。

里氏硬度计（图 5.6）测量方便。利用碳化钨球头在距试样表面 1mm 处的回弹速度 v_B 与冲击速度 v_A 的比值计算里氏硬度值：

里氏硬度测试

图 5.6 里氏硬度计

$$HL = 1000 \times \frac{v_B}{v_A} \qquad (5-6)$$

用里氏硬度计测定的里氏硬度（HL）可以转化为布氏硬度（HB）、洛氏硬度（HRC）、维氏硬度（HV）、肖氏硬度（HS）；或按里氏硬度试验的原理，直接用布氏硬度（HB）、洛氏硬度（HRC）、维氏硬度（HV）、里氏硬度（HL）、肖氏硬度（HS）测定硬度值。

5.6.4　邵氏硬度

邵氏硬度试验的原理是把具有一定形状的钢制压针，在试验力的作用下垂直压入试样表面，当压足表面与试样表面完全贴合时，压针尖端面相对压足平面有一定的伸出长度L，用L值表征邵氏硬度值。L值越大，邵氏硬度越低；反之，邵氏硬度越高。邵氏硬度计及邵氏硬度试验原理如图5.7所示。

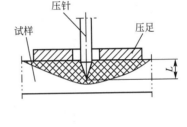

邵氏硬度试验

(a) 邵氏硬度计　　　　　(b) 邵氏硬度试验原理

L—伸出长度。

图 5.7　邵氏硬度计及邵氏硬度试验原理

邵氏硬度计的单位是"度"，计算公式为

$$H = 100 - \frac{L}{0.025} \qquad (5-7)$$

邵氏硬度与压针位移有关。测量压针的位移，可以计算出邵氏硬度值。

邵氏硬度一般用来测量橡胶和塑料的硬度，分为 A 型邵氏硬度试验、D 型邵氏硬度试验和 C 型邵氏硬度试验。它们的测量原理完全相同，只是测量针的尺寸不同。其中 A 型邵氏硬度试验采用的针尖直径为 7.9mm，用来测量软塑料、橡胶、毡、皮革、打印胶辊的硬度；D 型邵氏硬度试验采用的针尖直径为 0.2mm，用来测量包括硬塑料和硬橡胶的硬度，例如热塑性塑料、硬树脂、地板材料和保龄球等，特别适合现场测量橡胶和塑料成品的硬度；C 型邵氏硬度试验采用的测针是一个圆球，用来测量泡沫材料和海绵等软性材料。

A 型邵氏硬度试验是历史最悠久、应用最广泛和最方便的橡胶硬度测量方法。我国使用的绝大多数橡胶硬度计是 A 型邵氏硬度计，占国内橡胶硬度计的 90% 以上。邵氏硬度计结构简单、携带及操作方便、测量迅速，特别适合现场测定硬度，一直用于成品和半成品硬度性能的测定及控制橡胶产品的质量。

综合习题

一、填空题

1. 硬度表征材料的_____。

2. 常用硬度试验方法有_____、_____和_____等。

3. 测定 45 钢调质后的硬度，可选用_____硬度试验方法。

4. 鉴别淬火钢中马氏体组织的硬度，可用_____硬度试验方法。

5. 测量灰铸铁的硬度，可用_____硬度试验方法。

6. 石膏和金刚石的硬度可用_____表示。

7. 橡胶垫的硬度可用_____表示。

二、选择题（单选或多选）

1. 测试硬质合金硬度可选择（   ）试验。

A. 布氏硬度　　　　B. 洛氏硬度　　　　C. 维氏硬度　　　　D. 邵氏硬度

2. 不适用于成品硬度的方法是（   ）试验。

A. 布氏硬度　　　　B. 洛氏硬度　　　　C. 维氏硬度　　　　D. 肖氏硬度

3. 可以用金刚石锥体作为压头的试验方法有（   ）试验。

A. 布氏硬度　　　　B. 洛氏硬度　　　　C. 维氏硬度　　　　D. 里氏硬度

4. HRC 是（   ）的一种表示方法。

A. 努氏硬度　　　　B. 洛氏硬度　　　　C. 肖氏硬度　　　　D. 维氏硬度

5. 测定 45 钢调质后的硬度，可采用（   ）试验方法。

A. 布氏硬度　　　　B. 洛氏硬度　　　　C. 维氏硬度　　　　D. 莫氏硬度

6. 鉴别淬火钢中马氏体组织的硬度，可采用（   ）试验方法。

A. 布氏硬度　　　　B. 洛氏硬度　　　　C. 显微维氏硬度　　D. 莫氏硬度

E. 邵氏硬度　　　　F. 肖氏硬度　　　　G. 努氏硬度

7. 测定石膏和金刚石的硬度可用（   ）试验方法。

A. 布氏硬度　　　　B. 洛氏硬度　　　　C. 显微维氏硬度　　D. 莫氏硬度

8. 测定橡胶垫的硬度可采用（   ）试验方法。

A. 布氏硬度　　　　B. 洛氏硬度　　　　C. 维氏硬度　　　　D. 莫氏硬度

E. 邵氏硬度　　　　F. 肖氏硬度

9. 鉴别钢中的隐晶马氏体与残余奥氏体，可采用（   ）试验方法。

A. 布氏硬度　　　　B. 洛氏硬度　　　　C. 显微维氏硬度　　D. 莫氏硬度

E. 邵氏硬度　　　　F. 肖氏硬度　　　　G. 努氏硬度

10. 测定龙门刨床导轨的硬度可采用（   ）试验方法。

A. 布氏硬度　　　　B. 洛氏硬度　　　　C. 维氏硬度　　　　　D. 莫氏硬度

E. 邵氏硬度　　　　F. 肖氏硬度　　　　G. 里氏硬度

11. 进行硬度试验时，下列（   ）操作会引起较大的试验误差，应避免。

A. 试样厚度应大于压入深度的 10 倍

B. 压头的压入点接近试样端面

C. 压痕中心距试样边缘大于 2.5 倍压痕平均直径

D. 两个压头的压入点接近

E. 试样很薄

F. 两相邻压痕中心距离大于 4 倍压痕平均直径

12. 采用 20Cr 制备齿轮，进行渗碳处理后，需要测定渗碳层的硬度分布，可选用（ ）试验方法。

A. 布氏硬度　　　B. 表面洛氏硬度　　　C. 显微维氏硬度

D. 肖氏硬度　　　E. 努氏硬度

三、文献查阅及综合分析

1. 查阅近期的科学研究论文，任选一种材料，以材料的硬度为切入点，分析材料的硬度与成分、结构、工艺的关系（给出必要的图、表、参考文献）。

2. 查阅近期的科学研究论文，试述材料硬度的机理有哪些理论？硬度最大的天然材料和人工合成材料分别是什么？

四、工程案例分析

请举一个实际工程案例，说明材料断裂的原因、机理及其性能指标在其中的应用，完成 PPT 制作、课堂汇报与讨论，并提供案例来源、文字说明、图片、视频等资源。

第5章 试验方法（国家标准）

在线答题

第6章

材料的冲击韧性及低温脆性

本章知识构架

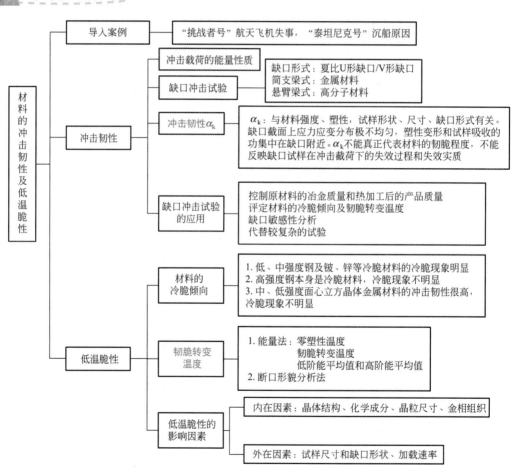

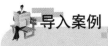

导入案例

都是低温惹的祸

1986年1月28日，"挑战者号"航天飞机在肯尼迪航天中心进行第10次太空任务发射。

当"挑战者号"航天飞机顺利上升50s时，地面有人发现其右侧固体助推器侧部冒出一丝丝白烟。在第72s，外挂燃料箱爆炸，航天飞机变成一团大火，7名机组人员全部遇难，震惊世界。

经调查，该事故原因是助推器两个部件之间的接头因低温变脆破损。在发射当天，气温低至−5℃，发射台上已经结冰，右侧固体助推器上固定右副燃料舱的O形环硬化而失去弹性伸缩性能。在火箭发动机的燃烧过程中，燃气从插裙和U形槽之间的缝隙逸出，并烧穿固体助推器的外壳，引燃外挂燃料箱，液氢和液氧在空气中剧烈燃烧爆炸，造成机毁人亡。

"泰坦尼克号"沉船原因

1954年冬，英国"世界协和号"油船在低温中突然中部断裂并沉没。1938年3月，比利时哈什尔特大铁桥在严寒中伴随一声巨响断为三段跌入河中。1940年1月，比利时海伦尔斯钢铁大桥在−14℃的严寒中突然断成两截。

1912年4月，英国号称"永不沉没之船"的豪华客轮——"泰坦尼克号"在第一次远航中撞击冰山而沉没，分析认为既有操作失误又有材料方面的原因。当时为了提高钢的强度，在炼钢原料中加入大量硫化物，提高了钢的脆性，在−40~0℃下，钢因韧性不够而很快断裂。现代冶金要求钢材的冷脆温度达到−70~−60℃。

载荷高速度作用于机件或物体上的现象称为冲击，如建筑工地上的打桩机打桩、风钻凿破水泥路面、飞机起飞和降落、汽车快速通过道路上的凹坑、发动机中活塞和连杆冲击、金属的冲压和锻造加工等。在寒冷环境下工作及受冲击载荷作用的机件，特别是用高强度低塑性材料制造的机件，在工作过程中会发生无预兆的突然断裂，引发重大安全事故。

本章主要介绍材料的冲击韧性及低温脆性。

6.1 冲 击 韧 性

冲击的分类方法有很多种，按温度条件可以分为低温冲击、室温冲击和高温冲击；按受力形式可以分为拉伸冲击、弯曲冲击、扭转冲击和剪切冲击等；按能量可分为大能量一次冲击和小能量多次冲击。

6.1.1 冲击载荷的能量性质

冲击载荷与静载荷的主要区别在于两者加载速率不同。对承受静载荷的机件进行强度计算是很容易的，也是很方便的。但是在冲击载荷下，因为其本身是冲击功，所以只有设法测量出冲击载荷作用的时间及其在作用瞬间的速率变化情况，才能按式（6-1）计算出作用

力 F。

$$F\Delta t = m(v_2 - v_1) \tag{6-1}$$

但这些数据是很难准确测量的,并且在 Δt 内,F 是一个变力。因此,我们通常把冲击载荷作为能量处理,而不是作为作用力处理。

通常,先假定作用在机件上的冲击能全部转换为机件内的弹性能,再根据能量守恒定律进行计算,求得机件在冲击载荷下所受的应力。

6.1.2 缺口冲击试验

在静载荷下零件所受的应力取决于载荷和零件的最小截面面积。而冲击载荷具有能量特性,在冲击载荷下,应力不仅与零件的截面面积有关,而且与其形状和体积有关。如果机件没有缺口,则冲击能被机件的整个体积均匀吸收,从而应力和应变也是均匀分布的;如果机件有缺口,则缺口根部单位体积吸收的能量最多,该部位的应变和应变速率最大。由于缺口越深、越尖锐,冲击吸收功越低,材料的脆化倾向越严重,因此,常用带缺口试样的冲击试验来评定材料的缺口敏感性和冷脆倾向。

工程上通常采用摆锤式冲击试验装置对缺口试样进行冲击弯曲试验来测定材料抗冲击载荷的能力(图 6.1)。其中,简支梁式冲击试验常用来检测金属材料,悬臂梁式冲击试验常用来检测高分子材料。

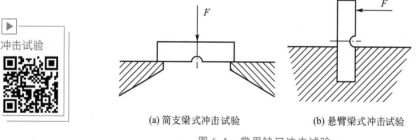

(a) 简支梁式冲击试验   (b) 悬臂梁式冲击试验

图 6.1 常用缺口冲击试验

摆锤式冲击试验的原理和试样放置形式分别如图 6.2 和图 6.3 所示。首先将试样以试样缺口与冲击方向相反的形式水平放置在试验机支座上;然后将具有一定重量 G 的摆锤举至(可手动也可自动,视试验机而定)一定高度 H_1,使其有一定的势能 GH_1;最后释放摆锤,摆锤在下落至最低位置时冲断试样,冲断试样后摆锤仍摆起一定高度 H_2,此时摆锤的势能为 GH_2。根据能量守恒定律可知,摆锤在冲断试样的过程中消耗能量 $GH_1 - GH_2$。试样在冲击过程中从变形至断裂消耗的功称为冲击吸收功,用 A_k 表示,单位为 J。

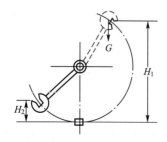

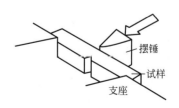

图 6.2 摆锤式冲击试验的原理   图 6.3 摆锤式冲击试验的试样放置形式

冲击试验标准试样的缺口为 U 形缺口或 V 形缺口，试样分别称为夏比（Charpy）U 形缺口试样和夏比 V 形缺口试样，用不同缺口试样测得的冲击吸收功分别记作 A_{ku} 和 A_{kv}。

由能量守恒定律可知，试验测得的冲击吸收功 A_k 不能真正反映材料的韧脆程度，因为摆锤在冲断试样过程中消耗的能量（$GH_1 - GH_2$）包括两部分，一部分为试样变形和破坏所需能量，另一部分为试样断裂后飞出、机身振动、空气阻力及转动摩擦损耗等。对于金属材料冲击试验，后者较小，可以忽略（如果摆锤轴线与缺口中心线不一致，上述功耗就较大，不可忽略）。对于高分子材料，由于飞出功很大，甚至达到总能量的 50%，因此，需要对大多数高分子材料的冲击试验结果进行修正。

6.1.3　冲击韧性

用试样缺口处的截面面积 S_N 除以 A_k（A_{kv} 或 A_{ku}）得到试样的**冲击韧性**或**冲击值**，记作 α_k（α_{kv} 或 α_{ku}），单位为 J/cm^2。

$$\alpha_{kv}\ (\alpha_{ku}) = \frac{A_{kv}\ (A_{ku})}{S_N} \tag{6-2}$$

α_k 是一个综合的力学性能指标，它不仅与材料的强度和塑性有关，而且与试样的形状、尺寸、缺口形式等有关。人们一直将 α_k 视为材料抵抗冲击载荷作用的力学性能指标，用来评定材料的韧脆程度，作为保证机件安全设计的指标。但 α_k 只表示单位面积的平均冲击吸收功，它是一个数学平均值。

前面已谈及，冲击试样承受弯曲载荷时，由于缺口截面上的应力应变分布极不均匀，塑性变形和试样吸收的功主要集中在缺口附近，因此，α_k 不能真正代表材料的韧脆程度。在实际应用中，将冲击吸收功除以试样截面面积的值定义为冲击韧性是经验性的，不能反映缺口试样在冲击截荷下的失效过程和失效实质。但是，由于缺口冲击韧性对材料内部组织的变化十分敏感，而且冲击试验简便易行，因此在生产和研究工作中仍广泛采用，并将其列为材料常规力学性能的五大力学性能指标（σ_s，σ_b，δ，ψ，α_k）之一。

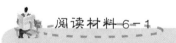
阅读材料 6-1

断裂韧性与冲击韧性的区别

断裂韧性：材料阻止宏观裂纹失稳扩展能力的量度，也是材料抵抗脆性破坏的韧性参数，用断裂韧性 K_{Ic} 表示。它与裂纹本身的尺寸、形状及外加应力无关。断裂韧性是材料固有的特性，只与材料本身、热处理及加工工艺有关，它是应力强度因子的临界值。它常用断裂前物体吸收的能量或外界对物体做的功表示，如应力-应变曲线包围的面积。韧性材料因具有较高的断裂韧性，而脆性材料的断裂韧性较低。

冲击韧性：反映金属材料对外加冲击载荷的抵抗能力，一般用冲击韧性 α_k 和冲击吸收功 A_k 表示，其单位分别为 J/cm^2 和 J。冲击韧性表示材料在冲击载荷作用下抵抗变形和断裂的能力，其值表示材料的韧性。冲击韧性的实际意义在于揭示材料的变脆倾向。一般把 α_k 或 A_k 值小的材料称为脆性材料，α_k 或 A_k 值大的材料称为韧性材料。

断裂韧性 K_{Ic} 与冲击韧性 α_k 的区别见表 6-1。

表 6-1　断裂韧性 K_{Ic} 与冲击韧性 α_k 的区别

项目	断裂韧性 K_{Ic}	冲击韧性 α_k
载荷条件	静载下受力	冲击载荷
应力条件	满足平面应变条件	不一定满足平面应变条件
裂纹	尖锐裂纹	缺口根部较钝
应力集中程度	大	小
能量	预制裂纹，不包括裂纹形成功	包括裂纹形成功和扩展功
意义	表征材料阻止裂纹失稳扩展和脆性破坏的能力	表征材料在冲击载荷作用下抵抗变形和断裂的能力，揭示材料的变脆倾向

6.1.4　缺口冲击试验的应用

缺口冲击试验的主要用途是揭示材料的变脆倾向，评定材料在复杂受载条件下的寿命与可靠性，主要表现在以下几个方面。

（1）用于控制原材料的冶金质量和热加工后的产品质量。通过测定冲击韧性和进行断口分析，揭示原材料中的夹渣、气泡、偏析、严重分层等冶金缺陷和过热、过烧、回火脆性等锻造或热处理缺陷。

（2）用于评定材料的冷脆倾向及韧脆转变温度（运用低温冲击试验），供低温设计时的选材和防脆断设计。

（3）对于 σ_b 值相等的材料，可以用冲击韧性反映材料对一次或少数次大能量冲击载荷下破坏的缺口敏感性。例如对炮管、防弹甲板等承受较大能量冲击的构件，冲击韧性具有一定的参考价值。

（4）利用冲击试验加工试样方便、操作简单、试验快速的特点，可以通过建立冲击吸收功与其他力学性能指标的联系代替较复杂的试验。例如，可以用冲击吸收功估算材料的断裂韧性，以代替断裂韧性试验。

6.2　低温脆性

温度对材料性能的影响十分显著。当使用温度低于某温度时，材料由韧性状态转变为脆性状态，冲击韧性明显下降。例如，高强度调质结构钢 30CrMnSiA 在正常调质处理状态下，在常温（20℃左右）下进行冲击试验时，$\alpha_k=90\sim100J/cm^2$；而在 0℃左右进行冲击试验时，$\alpha_k=5\sim10J/cm^2$。随着温度的降低，材料由韧性状态转变为脆性状态的现象称为低温脆性转变。

据统计，在历年来发生的断裂事故中，30%～40%的断裂事故是由低温影响造成的。因此，设计在低温下工作的一些构件（如高压电输送铁塔、寒带地区的运输车辆及轮船、储存低温液体的压力容器等）时，应考虑温度对冲击韧性的影响，避免造成事故。

6.2.1　材料的冷脆倾向

金属材料在冷脆温度区间冲击韧性与温度的关系大致可以分为三种类型，如图6.4所示。

（1）低、中强度的面心立方金属材料（如Cu、Al）和大部分密排六方金属材料的冲击韧性很高，随着温度的降低，冲击韧性变化不大，可以认为其冲击韧性不受使用温度的影响。因此，在实际工程应用中，可以不考虑低温脆性和冷脆转变问题。

（2）高强度金属材料（如高强度钢、超高强度钢、高强度铝合金及钛合金等）在室温下的冲击韧性很低，由图6.4可以看出，其冲击韧性受温度的影响不大，可以理解为其本身就是脆性材料，冷脆现象不明显。

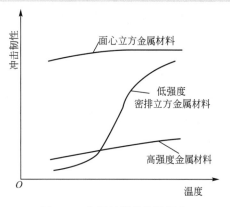

图6.4　金属材料的冷脆倾向

（3）低、中强度钢及铍、锌等材料的冲击韧性随温度的变化明显，在低温下呈现解理断裂，而在高温下呈现韧性断裂。在某温度范围内，其冲击韧性对温度很敏感，这些材料称为冷脆材料。

与金属材料一样，许多高分子材料［如PVC（聚氯乙烯）、PS（聚苯乙烯）、ABS（丙烯腈-丁二烯-苯乙烯）等］在使用温度降低时也存在冷脆现象，从韧性状态转变到脆性状态，冲击吸收功明显降低。

6.2.2　韧脆转变温度

研究材料低温脆性的主要问题是确定韧脆转变温度 t_k。韧脆转变温度反映温度对材料韧脆性的影响，它是从韧性角度选材的重要依据，用于材料的抗脆断设计。利用韧脆转变温度可以直接或间接地估计材料的最低使用温度。机件的安全使用温度必须在韧脆转变温度以上20～60℃，并且温度越高越安全。

但是，由于同一种材料的韧脆转变温度有不同的定义方法，因此韧脆转变温度必有差异，即使采用同一种定义方法，韧脆转变温度也会随着外界因素（如机件尺寸、缺口尖锐度和加载速率等）的改变而改变。所以，在一定条件下，用某试样测得的韧脆转变温度因与实际结构、工况无直接联系，故不能说明用该材料制成的机件一定会在该温度下断裂，但可以用作参考。

虽然采用其他试验方法也可以研究材料的低温性能，但冲击试验简便，仍然是应用较多的一种研究材料低温脆性及韧脆转变温度的方法。低温冲击试验与前面所述的常温冲击试验相似，只是多了一套用于冷却试样的低温装置，制冷剂是干冰（熔点为−78.5℃）或液氮（熔点为−209.8℃）。全自动低温冲击试验机如图6.5所示。

韧性表示材料塑性变形和断裂全过程吸收能量的能力，它是材料强度和塑性的综合表现。因此，

图6.5　全自动低温冲击试验机

在特定条件下，能量、强度和塑性可以用来表示韧性，这也是可以采用冲击试验测定韧脆转变温度的根本原因。

采用冲击试验测定韧脆转变温度的方法是先将试样冷却到不同的温度，测定出冲击吸收功 A_k、断口形貌与温度的关系曲线，再根据曲线按一定的方法确定韧脆转变温度。

根据能量、塑性变形或断口形貌随温度的变化确定韧脆转变温度的方法有如下两种：①能量法，依照试样断裂消耗的功及断裂后的塑性变形确定韧脆转变温度；②断口形貌分析法，因为断口形貌反映断裂结果和材料的韧性，所以测出不同温度下的断口形貌也可以确定韧脆转变温度。图 6.6 所示为各种韧脆转变温度判据，可以根据这些曲线求出韧脆转变温度。

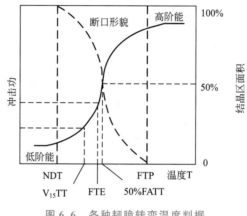

图 6.6　各种韧脆转变温度判据

1. 能量法

（1）当低于某温度时，试样吸收的冲击能量基本不随温度变化，形成一个平台（下平台），该冲击能量称为低阶能，将低阶能开始上升的温度定义为韧脆转变温度，记为 NDT（nil ductility temperature），称为零塑性温度。它是无预先塑性变形断裂对应的温度，也是最易确定韧脆转变温度的判据。在 NDT 以下，断口由 100% 结晶区（解理区）组成，试样断裂前无塑性变形，完全处于脆性状态，不会发生韧性断裂。

（2）当高于某温度时，试样吸收的能量基本不变，形成一个新平台（上平台），称为高阶能。将高阶能对应的温度定义为韧脆转变温度，记为 FTP（fracture transition plastic）。高于 FTP 的断裂可得到 100% 的纤维状断口（零解理断口），试样不会发生脆性断裂，而是完全的韧性断裂。

（3）将低阶能平均值和高阶能平均值对应的温度定义为韧脆转变温度，记为 FTE（fracture transition elastic）或 FTT（fracture transition temperature）。

（4）将某固定的冲击吸收功〔如 A_{kv}＝15ft·lbf（20.3J）〕对应的温度定义为韧脆转变温度，记为 V_{15}TT。这个规定是根据大量实践经验总结出来的。实践表明，低碳钢船用钢板服役时，若冲击韧性大于 15ft·lbf（20.3J）或在 V_{15}TT 以上工作则不至于发生脆性断裂。但是该规定只是针对低碳钢船用钢板的脆性破坏而言的，对其他构件的破坏没有指导意义，而且这是 20 世纪 50 年代提出的规定。随着低合金高强度钢逐渐代替低碳钢，该标准值也相应地提高到 20ft·lbf（27J）甚至 30ft·lbf（40J）。

2. 断口形貌分析法

冲击试样的断口形貌如图 6.7 所示。

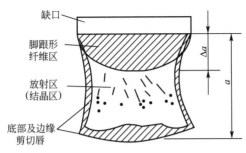

缺口

脚跟形纤维区

放射区（结晶区）

底部及边缘剪切唇

Δa

a

图 6.7　冲击试样的断口形貌

冲击试样的断口形貌与拉伸试样一样，也可以分为三个区域，即纤维区、放射区（结晶区）和剪切唇，各区域面积占整个截面面积的比重与材料的塑性有直接关系。如果材料的塑性很好，则放射区可完全消失，整个截面只存在纤维区和剪切唇；反之，如果材料的塑性很差，则纤维区及剪切唇很小，截面几乎全为放射区。

在不同试验温度下，三个区域之间的相对面积也是不同的。温度下降，纤维区面积突然减小，放射区面积突然增大，材料由韧变脆。

通常我们取放射区面积占整个截面面积 50% 时的温度为韧脆转变温度，记为 **50% FATT**（fracture appearance transition temperature）、**$FATT_{50}$** 或 t_{50}。**$FATT_{50}$** 反映裂纹扩展变化特征，可以定性地评定材料在裂纹扩展过程中吸收能量的能力。由于 $FATT_{50}$ 与断裂韧性 K_{Ic} 开始急速增大的温度有较好的对应关系，因此得到了广泛应用。但此种方法需要评定各区域面积，人为因素影响较大，要求测试人员有较丰富的经验。

6.2.3　低温脆性的影响因素

1. 内在因素

（1）晶体结构。

体心立方金属及其合金、部分密排六方金属以及低、中强度钢等都有冷脆现象。而面心立方金属及其合金、高强度及超高强度金属等一般无冷脆现象。

体心立方金属的低温脆性与迟屈服现象有密切关系。迟屈服是指当用高于材料屈服强度的载荷以高加载速率作用于体心立方金属时，材料瞬间不发生屈服，只有在该应力作用下保持一定时间后才发生屈服。由于低、中强度钢的基体是体心立方结构的铁素体，因此都具有明显的低温脆性。

（2）化学成分。

合金元素的质量分数对钢韧脆转变温度的影响如图 6.8 所示。

间隙溶质元素溶入钢的基体，偏聚在位错线附近，阻碍位错的运动，使材料的 σ_s 升高，韧脆转变温度升高。例如，在 α-Fe 中加入能形成间隙固溶体的碳、氮、氢等元素，韧脆转变温度显著提高。α-Fe 中的含碳量每增加 0.1%，韧脆转变温度都升高约 14℃。

在钢中加入形成置换固溶体的元素（镍和锰除外）能提高钢的韧脆转变温度。镍可减小低温时位错运动的摩擦阻力，还可增大层错能，以提高材料的低温韧性，使韧脆转变温

137

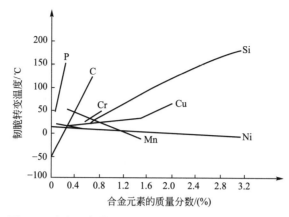

图 6.8　合金元素的质量分数对钢韧脆转变温度的影响

度降低。

钢中的杂质元素（如磷、硫、锑、锡等）会偏聚在晶界上，降低晶界的表面能，产生沿晶断裂倾向，从而降低钢的韧性，使韧脆转变温度升高。

（3）晶粒尺寸。

细化晶粒可以提高材料的韧性，使脆性转变向低温推移。细化晶粒可以提高韧性的原因如下：晶粒细化时，晶界增加，而晶界能够阻碍裂纹扩展；晶界增加，晶界前塞积的位错减少，有利于降低应力集中；晶界总面积增大，使晶界上杂质浓度减小，可以避免材料出现沿晶脆性断裂。充分利用细晶、位错和孪晶实现强化，保障材料具有优异的加工硬化能力，在室温和液氮温度下均具有优异的强韧性。

（4）金相组织。

金相组织是影响材料韧脆转变温度的一个重要因素。以钢为例，钢中各种组织的韧脆转变温度满足如下规律。

当钢处于较低强度水平（如高温回火后）时，对于强度相同的钢，回火索氏体（高温回火组织）的冲击吸收功和韧脆转变温度最佳；贝氏体回火组织次之；片状珠光体组织最差。球化处理能改善钢的韧性，其影响机理类似于晶粒尺寸的影响机理。

当钢处于较高强度水平时，中、高碳钢经等温淬火获得下贝氏体组织，其冲击吸收功和韧脆转变温度优于相同强度的淬火＋回火组织。

在相同强度水平下，典型上贝氏体的韧脆转变温度高于下贝氏体的韧脆转变温度。但低碳钢低温上贝氏体的韧脆转变温度低于回火马氏体的韧脆转变温度，因为上贝氏体中 Fe_3C 沿晶界的析出受到抑制，减小了晶界裂纹倾向。

低温合金

在低碳钢中，获得下贝氏体和马氏体的混合组织时的韧性比单一马氏体或贝氏体的组织的韧性好。因为裂纹在混合组织内扩展要改变多次方向，能量消耗增大，所以钢的韧性较高。对于中碳合金钢中的马氏体和贝氏体混合组织，只有当贝氏体先于马氏体形成时才可以改善钢的韧性。

当某些马氏体钢中存在奥氏体或稳定的残余奥氏体时，可以抑制解理断裂，显著改善钢的韧性。

钢中的夹杂物、碳化物等第二相质点也对钢的脆性有重要影响。第二相质点的尺寸、形状、分布不同，对脆性的影响程度不同。一般情况下，第二相质点的尺寸越大，钢的韧性下降越明显，韧脆转变温度越高。

2. 外在因素

（1）试样尺寸和缺口形状。

试样尺寸增大，材料的韧性下降，韧脆转变温度升高。当不改变缺口形式，只增大试样宽度时，韧脆转变温度升高。另外，试样缺口的形状对脆性有很大影响，若缺口尖锐度增大，则韧脆转变温度显著升高。

（2）加载速率。

若加载速率增大，则材料的脆性提高，韧脆转变温度升高。加载速率的影响与钢的强度水平有关，一般情况下，低、中强度钢较敏感，而高强度钢、超高强度钢的敏感性较低。

 阅读材料 6-2

冷脆与热脆

冷脆：磷元素在钢中具有强烈的固溶强化作用，可以提高钢的强度和硬度，但会显著降低钢的塑性和冲击韧性，特别是低温时使钢显著变脆，冷加工性能及焊接性能降低，这种现象称为冷脆。钢的含磷量越高，冷脆性越高，故对钢的含磷量控制较严。一般要求如下：对于高级优质钢，$w_P < 0.025\%$；对于优质钢，$w_P < 0.04\%$；对于普通钢，$w_P < 0.085\%$。由于 20 世纪初的冶炼水平有限，著名的"泰坦尼克号"邮轮所用钢板根本无法达到此标准，在低温下变得很脆，稍碰撞钢板就会四分五裂，连接处的铆钉大多裂开，海水迅速灌入船舱，使原设计一旦被撞后能漂浮三天的"永不沉没"邮轮在三小时内就葬身海底。

热脆：在冶金过程中，当钢的含硫量较高时，硫化物聚集到晶界处。由于硫化物的熔点较低，因此温度升高时会使晶粒沿晶界发生相对滑动，好像金属变脆了，这就是冶金工业中的热脆现象。热脆现象是一种有害现象，会降低金属的高温性能，这也是冶金工业中严格控制含硫量的原因之一。此外，钢中的微量低熔点金属元素（如锡、砷、锑及铜等）在晶界偏析也能产生热脆现象。

 综合习题

一、填空题

1. 测定 W18Cr4V 高速钢、20 钢、灰铸铁、陶瓷材料、聚乙烯板的冲击韧性时，需要开缺口的是＿＿＿＿＿＿＿＿＿＿＿，不需要开缺口的是＿＿＿＿＿＿＿＿＿。

2. 分别对同一材料进行拉伸试验和扭转试验，测得韧脆转变温度较低的是＿＿＿＿＿＿＿；若分别将试样制成光滑试样和缺口试样，且都采用拉伸试验，则测得韧脆转变温度较低的是＿＿＿＿＿＿。

二、选择题（单选或多选）

1. 在缺口试样冲击试验中，缺口越尖锐，冲击韧性（   ）。

A. 越大　　　　B. 越小　　　　C. 不变　　　　D. 无规律

2. 缺口试样的厚度越大，冲击韧性越（　　　），韧脆转变温度越（　　　）。

A. 大、高 　　　　B. 小、低 　　　　C. 小、高 　　　　D. 大、低

3. 测定材料的冲击韧性时，需要开缺口的有（　　　）。

A. 高速工具钢 　　B. 20 钢 　　　　C. 灰铸铁 　　　　D. 聚乙烯板

4. 对同一材料分别采用以下试验方法，测得韧脆转变温度最低的是（　　　）。

A. 单向拉伸 　　　B. 弯曲 　　　　C. 扭转 　　　　D. 单向压缩

5. 下列关于冲击韧性 α_k（α_{kv}，α_{ku}）的描述，不正确的有（　　　）。

A. α_k 只与材料的强度和塑性有关，与试样的形状、尺寸、缺口形式等无关

B. 冲击试样承受弯曲载荷时，塑性变形和试样吸收的功主要集中在缺口附近

C. α_k 能真正代表材料的韧脆程度

D. α_k 对材料组织变化十分敏感，被列为材料常规力学性能的五大力学性能指标之一

6. 容易产生低温脆性的材料有（　　　）。

A. 超高强度钢 　　　　　　　　　　　B. 中强度钢

C. PVC（聚氯乙烯）高分子材料 　　　D. Cu、Al 等低强度高塑性材料

三、文献查阅及综合分析

1. 查阅近期的科学研究论文，任选一种材料及其产品，以材料的冲击韧性为切入点，分析材料的冲击韧性指标的应用领域及该性能与成分、结构、工艺的关系（给出必要的图、表、参考文献）。

2. 查阅近期的科学研究论文，任选一种材料及其产品，以材料的低温脆性为切入点，分析材料的低温脆性的应用领域及该性能与成分、结构、工艺的关系（给出必要的图、表、参考文献）。

四、工程案例分析

请举一个实际工程案例，说明材料断裂的原因、机理及其性能指标在其中的应用，完成 PPT 制作、课堂汇报与讨论，并提供案例来源、文字说明、图片、视频等资源。

第6章 试验方法（国家标准）

在线答题

第7章
材料的疲劳性能

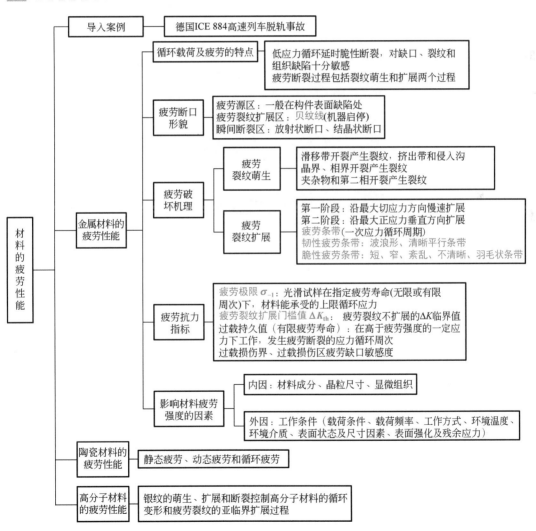

材料的疲劳性能
├─ 导入案例 ── 德国ICE 884高速列车脱轨事故
├─ 金属材料的疲劳性能
│   ├─ 循环载荷及疲劳的特点 ── 低应力循环延时脆性断裂，对缺口、裂纹和组织缺陷十分敏感；疲劳断裂过程包括裂纹萌生和扩展两个过程
│   ├─ 疲劳断口形貌 ── 疲劳源区：一般在构件表面缺陷处；疲劳裂纹扩展区：贝纹线(机器启停)；瞬间断裂区：放射状断口、结晶状断口
│   ├─ 疲劳破坏机理
│   │   ├─ 疲劳裂纹萌生 ── 滑移带开裂产生裂纹，挤出带和侵入沟；晶界、相界开裂产生裂纹；夹杂物和第二相开裂产生裂纹
│   │   └─ 疲劳裂纹扩展 ── 第一阶段：沿最大切应力方向慢速扩展；第二阶段：沿最大正应力垂直方向扩展；疲劳条带(一次应力循环周期)；韧性疲劳条带：波浪形、清晰平行条带；脆性疲劳条带：短、窄、紊乱、不清晰、羽毛状条带
│   ├─ 疲劳抗力指标 ── 疲劳极限 σ_{-1}：光滑试样在指定疲劳寿命(无限或有限周次)下，材料能承受的上限循环应力；疲劳裂纹扩展门槛值 ΔK_{th}：疲劳裂纹不扩展的 ΔK临界值；过载持久值（有限疲劳寿命）：在高于疲劳强度的一定应力下工作，发生疲劳断裂的应力循环周次；过载损伤界、过载损伤区疲劳缺口敏感度
│   └─ 影响材料疲劳强度的因素
│   ├─ 内因：材料成分、晶粒尺寸、显微组织
│   └─ 外因：工作条件（载荷条件、载荷频率、工作方式、环境温度、环境介质、表面状态及尺寸因素、表面强化及残余应力）
├─ 陶瓷材料的疲劳性能 ── 静态疲劳、动态疲劳和循环疲劳
└─ 高分子材料的疲劳性能 ── 银纹的萌生、扩展和断裂控制高分子材料的循环变形和疲劳裂纹的亚临界扩展过程

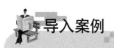

导入案例

材料的疲劳

人累了会有疲劳的感觉，材料会疲劳吗？1839年，法国人彭赛列提出了金属"疲劳"的概念，描述在周期拉压加载下材料强度的衰退。1850年德国工程师沃勒针对火车轴疲劳断裂问题研制出第一台机车轴疲劳试验机。他绘制了表征疲劳性能的 $S-N$ 曲线，提出了"疲劳极限"的概念，他是疲劳研究的奠基人。疲劳是材料在长期交变应力作用下发生损伤累积而产生的低应力脆性断裂。

疲劳事故：自第二次世界大战结束以来，全球发生了几千艘船舶、几十座桥梁、几百条铁轨，以及众多机车车轮、车轴、卫星等由金属疲劳引起的破坏事故。1998年6月，速度为200km/h的德国ICE 884高速列车在从慕尼黑开往汉堡途中突然脱轨（图7.01），101人死亡，这是高速列车历史上的第一次重大事故。事故原因是双层钢轮夹橡胶减震层结构的组合车轮的外部钢圈发生疲劳断裂，从而引发连锁破坏反应。此外，维修人员只用手电筒检查裂纹也是造成事故的原因。

疲劳断裂

图7.01　德国ICE 884高速列车脱轨现场

利用疲劳现象：如何快速使一根钢丝断裂？可以反复弯曲一根钢丝，钢丝会在交变载荷作用下因疲劳而断裂。

疲劳研究：1924年德国人帕姆格伦在估算滚动轴承寿命时，假设轴承的累积损伤与转动次数呈线性关系。1945年美国人迈因纳明确提出疲劳破坏的线性疲劳累积损伤理论（迈因纳定律）。断裂力学的发展促进了疲劳理论的发展，引入了疲劳裂纹扩展门槛值 ΔK_{th}，并且可以在疲劳设计中应用概率统计理论。20世纪50年代，科学家观察到疲劳滑移带内的金属薄片挤出现象，这种滑移带不易用电解抛光去除，称为驻留滑移带。它常成为裂纹源，也是疲劳裂纹萌生的机理之一。材料内部缺陷处产生微裂纹，如果外力恒定，这些微细裂纹就不扩展，材料不会损坏。而在交变载荷作用下，裂纹边缘在拉应力作用下张开、在压应力作用下闭合，反复研磨，裂纹逐渐扩展而引起材料低应力脆性断裂。疲劳裂纹扩展时形成疲劳条纹/带微观特征。典型的宏观疲劳断口有疲劳源、疲劳裂纹扩展（贝纹线）和断裂三个特征区。

工程构件在交变载荷作用下，裂纹萌生且不断扩展，最终导致断裂的过程称为疲劳过程，简称疲劳。

在工程上，很多构件（如常见的轴、齿轮、弹簧、桥梁等）都是在交变载荷作用下工作的，其失效形式主要是疲劳断裂。研究材料的疲劳机理、预测构件的疲劳寿命对材料的工程应用有重要意义。据统计，80%～90%的断裂破坏是疲劳断裂，而且大部分断裂是在应力远小于抗拉强度，甚至小于屈服强度的情况下突然发生的。由于疲劳断裂发生前往往没有明显预兆，因此造成的危害巨大。

本章主要介绍材料疲劳破坏的特点、疲劳破坏机理、疲劳抗力指标及影响材料疲劳性能的因素等。

7.1　金属材料的疲劳性能

根据疲劳的定义可知，疲劳是在长期交变载荷作用下发生的。交变载荷是指载荷大小和方向随时间按一定规律变化或呈无规则变化的载荷，前者称为循环载荷（应力），后者称为随机交变载荷。虽然实际应用中的构件所承受的载荷多为后者，但就工程材料的疲劳特性分析和评定而言，为简化讨论，主要还是针对循环载荷进行的。因此，本章主要介绍金属材料在循环载荷（应力）作用下的疲劳性能。

7.1.1　循环载荷及疲劳的特点

1. 循环载荷

在机器设备中，许多零件承受的应力都是循环交变应力，如活塞式发动机的曲轴、传动齿轮、飞机螺旋桨、涡轮发动机的主轴、涡轮盘与叶片及轴承等。据统计，这些零件的60%～80%失效属于疲劳断裂失效。

循环载荷的应力-时间曲线如图7.1所示。

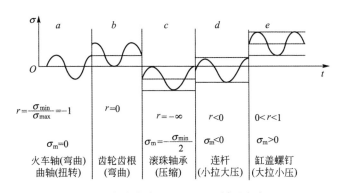

a、e—交变应力；b、c、d—循环应力。

图7.1　循环载荷的应力-时间曲线

循环应力是周期性变化的应力，波形多为正弦波，其他常见的还有三角波、梯形波等。表征循环应力特征的参量如下。

① 最大应力 σ_{max} 和最小应力 σ_{min}。

② 平均应力 σ_m 和应力半幅 σ_a，计算式为

$$\sigma_m = \frac{\sigma_{max} + \sigma_{min}}{2} \tag{7-1}$$

$$\sigma_a = \frac{\sigma_{max} - \sigma_{min}}{2} \tag{7-2}$$

③ 应力循环对称系数 r （表征应力的不对称度），计算式为

$$r = \frac{\sigma_{min}}{\sigma_{max}} \tag{7-3}$$

根据平均应力和应力循环对称系数的大小，导致材料疲劳断裂的循环应力分为以下四种。

（1）对称循环：$\sigma_m = 0$，$r = -1$，大多数轴类构件承受此类循环应力，此类应力可能是弯曲应力或扭转应力。

（2）不对称循环：$\sigma_m \neq 0$，$-1 < r < 1$，某些支撑件承受此类循环应力。

（3）脉动循环：$\sigma_m = \sigma_a$，$r = 0$，齿轮的齿根和某些压力容器承受此类循环应力。

（4）波动循环：$\sigma_m > \sigma_a$，$0 < r < 1$，发动机气缸盖、紧定螺栓等承受此类循环应力。

2. 疲劳的分类及特点

疲劳的分类方法很多，按照应力状态不同，疲劳可分为弯曲疲劳、扭转疲劳、拉压疲劳及复合疲劳；按照环境和接触情况不同，疲劳可分为大气疲劳、腐蚀疲劳、高温疲劳、接触疲劳；按照断裂寿命和应力不同，疲劳可分为高周疲劳和低周疲劳，高周疲劳的断裂寿命一般大于 10^5 周次，低周疲劳的断裂寿命一般为 $10^2 \sim 10^5$ 周次。

疲劳断裂是危害很大的失效形式，具有以下特点。

（1）疲劳断裂是低应力循环延时断裂，也是具有寿命的断裂。疲劳断裂应力往往低于材料的抗拉强度甚至屈服强度。断裂寿命因应力不同而不同，应力高则寿命短，应力低则寿命长。当应力低于某临界值时，材料可能承受无限次应力循环作用而不发生破坏。

（2）疲劳断裂是低应力脆性断裂。一般在屈服应力之下发生疲劳断裂，往往是突然断裂，并且机件在断裂前无明显塑性变形，不使用特殊探伤设备，无法检测损伤痕迹。除定期检查外，很难防范偶发性事故，危害较大。

（3）疲劳断裂对缺口、裂纹和组织缺陷十分敏感。疲劳往往从表面和局部开始，缺口和裂纹导致的应力集中会加快疲劳的产生及发展。

（4）疲劳断裂包括裂纹萌生和裂纹扩展两个过程，断口上有明显的疲劳源和疲劳扩展区，只有在裂纹失稳时才形成最后的瞬时断裂区。

7.1.2 疲劳断口形貌及疲劳破坏机理

1. 疲劳断口形貌

疲劳断裂与其他断裂形式一样，其断口保留整个断裂过程的所有痕迹，其中包含许多关于材料性质、应力状态、环境因素等影响断裂的信息。因此，研究疲劳断口是研究疲劳过程和分析疲劳断裂原因的重要方法。

典型的疲劳断口具有三个形貌不同的区域，即疲劳源区、疲劳裂纹扩展区和瞬间断裂区。图 7.2 所示为典型金属疲劳断裂断口形貌。

（1）疲劳源区。

疲劳源区是疲劳裂纹策源地，也是疲劳破坏的起点。疲劳源一般出现在机件表面存在

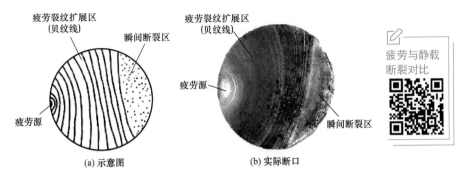

疲劳裂纹扩展区（贝纹线）

瞬间断裂区

疲劳源

(a) 示意图

疲劳裂纹扩展区（贝纹线）

疲劳源

瞬间断裂区

(b) 实际断口

疲劳与静载断裂对比

图 7.2　典型金属疲劳断裂宏观断口形貌

应力集中的地方（如缺口、裂纹、蚀坑等）。当机件内部存在严重的冶金缺陷（如缩孔、夹杂、偏析或微裂纹等）时，由于这些部位强度较低，因此可能成为材料内部的疲劳源。当机件发生疲劳断裂时，其疲劳源可能不止一个，具体数目与机件的组织、应力状态和过载程度有关。

疲劳源区表面是整个断口中光亮度最大的区域。由于此区域在整个裂纹扩展过程中断面不断摩擦挤压，因此表面光亮、平滑。

（2）疲劳裂纹扩展区。

疲劳裂纹扩展区是疲劳裂纹亚稳扩展而形成的断口区域，也是判断疲劳断裂的重要证据。疲劳裂纹扩展区的典型特征是具有像"贝壳"一样的花纹，称为贝纹线。一个疲劳源的贝纹线是以疲劳源为中心的几乎平行的一簇向外凸的同心圆，它们是疲劳裂纹扩展时前沿线的痕迹。

因为贝纹线是由载荷大小或应力状态的变化、频率的变化或者机器运行中的启停等原因，致使裂纹扩展产生相应微小变化造成的，所以总是出现在实际机件的疲劳断口中。而在实验室的疲劳试样断口中，因为载荷较平稳，所以很难看到明显的贝纹线。通常，在疲劳源区附近贝纹线密集；而在远离疲劳源的区域，由于有效面积减小，实际应力增大，裂纹扩展速率增大，贝纹线较稀疏。

（3）瞬间断裂区。

瞬间断裂区是疲劳裂纹快速扩展直至断裂的区域。在应力循环过程中，疲劳裂纹扩展区不断增大，当裂纹尺寸达到某临界值时，裂纹失稳快速扩展，导致机件瞬间断裂，形成瞬间断裂区。

瞬间断裂区的断口比较粗糙。若材料为脆性材料，则断口形貌为结晶状断口；若材料为韧性材料，则中间平面应变区为放射状断口，边缘处为剪切唇。

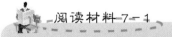
阅读材料 7－1

轴类零件的断裂

常见的轴类零件断裂有拉断、扭断和疲劳断裂三种。拉断时，断裂面粗糙，塑性较好的材料会发生比较明显的颈缩现象。扭断时，断裂面与轴的截面成45°，断裂面粗糙。疲劳断裂时，在交变载荷最大的轴表面缺陷处出现微裂纹，当裂纹扩展到一定程度时，轴因无法承受载荷而突然断裂。在交变载荷作用下，裂纹面相互摩擦而发亮，因此，部

分疲劳断面光亮，部分疲劳断面粗糙。

2. 疲劳破坏机理

（1）疲劳裂纹萌生。

疲劳过程中出现的宏观裂纹由微观裂纹的形成、长大及连接而成。大量试验表明，疲劳微裂纹都是由不均匀的局部滑移和显微开裂形成的，具体形成方式有表面滑移带开裂、相界开裂和晶界开裂等，如图7.3所示。

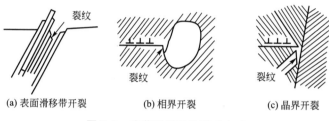

(a) 表面滑移带开裂　　　　(b) 相界开裂　　　　(c) 晶界开裂

图 7.3　疲劳微裂纹的形成方式

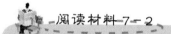

阅读材料7-2

　　在表面萌生疲劳裂纹有三个位置：①对纯金属或单相合金，尤其是单晶体，疲劳裂纹多萌生在表面滑移带（驻留滑移带）处；②当经受较高的应力-应变幅时，在晶界处萌生疲劳裂纹，特别是在高温下较常见；③一般工业合金的疲劳裂纹萌生在夹杂物或第二相与基体的界面处。

　　① 滑移带开裂产生疲劳裂纹。材料在循环应力作用下，即使应力小于屈服强度，在材料表面某些薄弱区域或高应力集中区域也会产生极不均匀的塑性变形，成为循环滑移并形成循环滑移带。这种循环滑移带具有持久驻留性，采用电解抛光法很难去除，或即使去除了，重新循环加载后也会在原处再现，因此又称驻留滑移带。随着加载循环次数的增加，循环滑移带不断加宽，当加宽到一定程度时，受位错的塞积和交割作用，驻留滑移带处形成微裂纹。

　　材料表面的驻留滑移带形成以后，由于产生了不可逆的反复变形，因此还会在表面形成挤出带和侵入沟，通常认为侵入沟将发展成疲劳裂纹的核心。关于挤出带和侵入沟的形成机理有很多模型，较常见的有柯垂尔-赫尔（A. H. Cottrel - D. Hull）模型和 Wood 模型等。

　　图7.4所示为 Wood 模型。在循环加载阶段，在择优取向的滑移面上产生滑移；在卸载阶段，第一个滑移面上的滑移被加工硬化及新形成的自由表面的氧化阻碍，因此将在平行的滑移面上产生方向相反的滑移。第一个循环的滑移会在金属表面产生一个"挤出"或"挤入"。当两个滑移系交替动作时，经过一个循环后，分别形成挤出带和侵入沟。随着循环次数的增加，挤出带更凸起，侵入沟更凹进，从而产生应力集中和空洞，形成微裂纹并发育为疲劳裂纹。

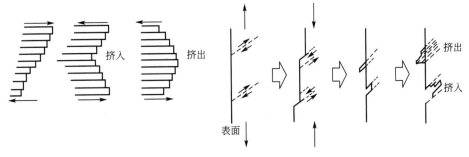

图 7.4　Wood 模型

②　晶界、相界开裂产生疲劳裂纹。因为多晶体材料存在晶界（相邻晶粒的取向不同），所以位错运动时会受到晶界的阻碍作用，在晶界处发生位错塞积和应力集中现象。当循环应力不断加载时，应力峰越来越高，当超过晶体强度时会在晶界处产生疲劳裂纹。

另外，当多晶体材料的晶界处存在夹杂物或第二相时，由于夹杂物和第二相等破坏了材料的连续性，因此晶界结合力减小，也容易产生疲劳裂纹，并最终成为疲劳源。

（2）疲劳裂纹扩展。

疲劳裂纹扩展分为如下两个阶段。

①　疲劳裂纹扩展的第一个阶段。第一个阶段从个别侵入沟处开始，沿最大切应力的方向（与主应力成 45°）向内扩展（图 7.5）；裂纹扩展速率很低，每个应力循环都只有 0.1μm 数量级。对于大多数合金来说，第一个阶段疲劳裂纹扩展的深度很小，为 2～5 个晶粒。这些晶粒断面都沿不同的结晶平面延伸，与解理面不同。疲劳裂纹扩展第一个阶段的显微形貌取决于材料类型、应力水平与状态、环境介质等因素。

②　疲劳裂纹扩展的第二个阶段。疲劳裂纹沿着与最大正应力垂直的方向扩展（图 7.5），裂纹穿晶扩展，扩展速率较高，每个应力循环都约扩展微米数量级，形成疲劳条带（图 7.6），又称疲劳辉纹。

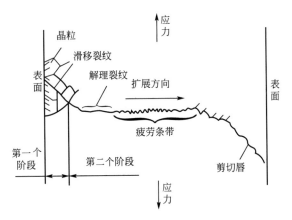

图 7.5　疲劳裂纹扩展的两个阶段

疲劳条带的主要特征如下。

a. 疲劳条带是一系列基本相互平行、略带弯曲的波浪形条纹，与裂纹局部扩展方向垂直。

图 7.6　疲劳条带

b. 每条疲劳条带都代表一次应力循环，在理论上疲劳条带的数量与应力循环次数相等。

c. 疲劳条带间距（或宽度）随应力强度因子幅的变化而变化。

d. 疲劳断面通常由许多尺寸不相等、高度不相等的小断块组成，各小断块上的疲劳条带不连续且不平行。

疲劳条带分为韧性疲劳条带和脆性疲劳条带两种，如图 7.7 所示。韧性材料中的疲劳条带只有相互平行的弧形条纹，脆性材料中的疲劳条带与解理台阶的河流花样大致垂直。

疲劳条带

(a) 韧性疲劳条带　　　　　　　(b) 脆性疲劳条带

图 7.7　两种疲劳条带

可以用莱尔德（Laird）和史密斯（Smith）提出的模型（简称 L-S 模型）解释疲劳条带的形成机理。L-S 模型认为，高塑性的材料（如 Al、Ni）在变动循环应力的作用下，裂纹尖端的塑性张开钝化和闭合锐化会使裂纹不断向前延续扩展，如图 7.8 所示。

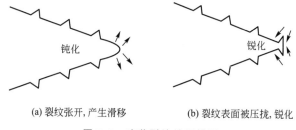

(a) 裂纹张开，产生滑移　　　　　(b) 裂纹表面被压扰，锐化

图 7.8　疲劳裂纹扩展模型

在疲劳断口上，肉眼看到的贝纹线和在电子显微镜下看到的疲劳条带不是一回事，相邻贝纹线之间可能有成千上万条疲劳条带。贝纹线是在交变应力作用下，在宏观断口上遗

留的裂纹前沿痕迹，它是疲劳断口的宏观特征。有时，在宏观断口上看不到贝纹线，但可以在电子显微镜下看到疲劳条带。疲劳条带是疲劳断口的主要微观特征，它是用来判断材料由疲劳引起断裂的依据。

7.1.3 疲劳抗力指标

材料的疲劳抗力指标包括疲劳极限、疲劳裂纹扩展速率及疲劳裂纹扩展门槛值、过载持久值和疲劳缺口敏感度等。

1. 疲劳极限

在交变载荷下，材料承受的最大交变应力 σ_{max} 越大，致断裂的应力交变次数 N 越小；反之，σ_{max} 越小，N 越大。如果将材料所承受的应力和对应的断裂次数绘成图，就得到图 7.9 所示的 $S-N$ 疲劳曲线。它是德国人维勒（Wholer）在 1860 年提出的，又称维勒曲线。

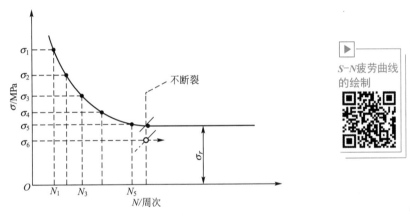

$S-N$疲劳曲线的绘制

图 7.9 $S-N$ 疲劳曲线

从图 7.9 可以看出，当应力低到某值时，材料或构件承受无限多次应力循环或应变循环而不发生断裂，该应力值称为材料或构件的疲劳极限（强度），通常用 σ_r 表示。r 表示应力循环对称系数，当 $r=-1$ 时为对称循环应力，此时循环应力下的 σ_r 用 σ_{-1} 表示。从开始承受应力至断裂所经历的循环周次称为疲劳寿命，用 N_f 表示。

疲劳极限是指光滑试样在指定疲劳寿命（无限或有限周次）下，材料能承受的上限循环应力。疲劳极限是保证机件疲劳寿命的重要性能指标。

阅读材料 7-3

疲劳极限与 $S-N$ 曲线的测定方法

准备至少 10 个材料和尺寸相同的试样，参考材料的抗拉强度 σ_b，在 $0.4 \sim 0.7\sigma_b$ 选择几个应力水平 σ_1，σ_2，σ_3，$\cdots$，σ_n，其中低应力的数值间距小一些，高应力的数值间距大一些，将这些应力分别施加在各试样上循环试验（在每个应力水平下都做一个试样），测出疲劳寿命断裂次数 N_i。当 $N_i \geqslant 10^7$ 次，且断裂试样所加应力水平 σ_n 和未断试样 σ_{n-1} 所加应力水平之差小于 10MPa 时，疲劳极限为 $\sigma_n \sim \sigma_{n-1}$，取二者平均值。采用曲线拟合的方法，根据每个试样数据绘制应力和断裂循环次数曲线，得到 $S-N$ 疲劳曲线。

在疲劳试验机中，旋转弯曲疲劳试验机较常用，如图7.10所示。

旋转弯曲
疲劳试验机

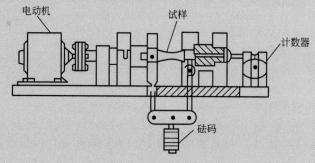

图 7.10　旋转弯曲疲劳试验机

2. 疲劳裂纹扩展速率及疲劳裂纹扩展门槛值

疲劳过程包括裂纹萌生、裂纹亚稳扩展和裂纹失稳断裂三个阶段。其中，裂纹亚稳扩展占比很大，它是决定机件整个疲劳寿命的重要组成部分。因此，研究疲劳裂纹的扩展规律、扩展速率有非常重要的意义。

疲劳裂纹在亚稳扩展阶段内，每个应力循环裂纹沿垂直于拉应力方向扩展的距离称为疲劳裂纹扩展速率。

通常采用三点弯曲单边切口试样，在固定应力条件下测定疲劳裂纹扩展速率。先对试样表面进行抛光，再在疲劳试验机上读出经过一定循环次数 N 时的裂纹长度 a，绘制 a 和 N 的关系曲线，称为疲劳裂纹扩展曲线。曲线的斜率表示疲劳裂纹扩展速率，用 ${\rm d}a/{\rm d}N$ 表示。疲劳裂纹扩展速率不仅与应力水平有关（应力水平越高，裂纹扩展越快），而且与裂纹长度有关（裂纹尺寸越大，裂纹扩展越快）。随着循环次数的增加，裂纹长度不断增大，疲劳裂纹扩展曲线的斜率也越来越大，说明疲劳裂纹扩展速率越来越大。当循环次数达到一定值时，裂纹长度增大到临界裂纹尺寸，疲劳裂纹扩展速率增大到无限大，裂纹失稳，最终试样断裂。

1963年，帕里斯（Paris）首先把断裂力学引入疲劳裂纹的扩展理论，并认为扩展速率受控于裂纹尖端的应力强度因子幅 ΔK（$\Delta K = K_{\max} - K_{\min}$）。帕里斯得出 ${\rm d}a/{\rm d}N$ 与 ΔK 的关系式为

$$\frac{{\rm d}a}{{\rm d}N} = c(\Delta K)^m \tag{7-4}$$

式中，c 与 m 均为与材料有关的常数，$m=2\sim4$，对于马氏体钢，$m=2.25$；对于铁素体-珠光体钢，$m=3$。

在随后许多学者的试验中，帕里斯的以上发现得到了验证。学者们通过进一步研究疲劳裂纹扩展速率，发现 ${\rm d}a/{\rm d}N$ 与 ΔK 的关系曲线可分成三个区，如图7.11所示。在Ⅰ区和Ⅲ区，ΔK 对 ${\rm d}a/{\rm d}N$ 的影响较大；在Ⅱ区，${\rm d}a/{\rm d}N$ 与 ΔK 呈幂函数关系。帕里斯公式表示的只是裂纹扩展的第二个阶段，在双对数的坐标中，该阶段呈直线关系。

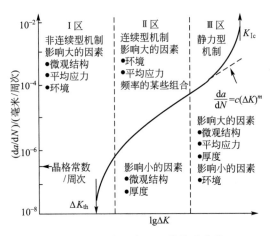

图 7.11 $\mathrm{d}a/\mathrm{d}N$ 与 ΔK 的关系曲线

在裂纹扩展的第一个阶段，当 ΔK 小于某临界值 ΔK_{th} 时，$\mathrm{d}a/\mathrm{d}N=0$，疲劳裂纹不扩展，$\Delta K_{th}$ 称为疲劳裂纹扩展门槛值，表示材料阻止疲劳裂纹开始扩展的性能，也是材料重要的力学性能指标，其值越大，材料疲劳性能越好。$\Delta K>\Delta K_{th}$ 后，随着 ΔK 的增大，$\mathrm{d}a/\mathrm{d}N$ 快速提高，裂纹扩展加快，很快进入第二个阶段。但因为 ΔK 变化范围很小，所以 $\mathrm{d}a/\mathrm{d}N$ 提高有限。在第一个阶段，应力比、显微组织、环境的影响很大。

裂纹扩展的第二个阶段是裂纹扩展的主要阶段，也是决定疲劳裂纹扩展寿命的主要组成部分，$\mathrm{d}a/\mathrm{d}N$ 较大。在该阶段，$\mathrm{d}a/\mathrm{d}N$ 与 ΔK 的关系可以用帕里斯公式表示。此时，裂纹扩展速率受应力比、显微组织和环境的影响很小。

当裂纹扩展过渡到第三个阶段时，$\mathrm{d}a/\mathrm{d}N$ 很大，并且随着 ΔK 的增大而迅速增大。当应力场尖端附近的最大应力强度因子 K_{Imax} 达到 K_{Ic}（平面应变断裂韧性，反映材料阻止裂纹扩展的能力）时，裂纹迅速失稳扩展，并导致材料断裂。该阶段受应力比、显微组织和断裂韧性的影响较大。

实际上，测定材料 ΔK_{th} 时，很难出现 $\mathrm{d}a/\mathrm{d}N=0$ 的情况，常规定在平面应变条件下 $\mathrm{d}a/\mathrm{d}N=10^{-7}\sim10^{-6}$ 毫米/周次时，将其对应的 ΔK 作为 ΔK_{th}，称为工程（或条件）疲劳门槛值。

大多数金属材料的 ΔK_{th} 都很小，为（5%～10%）K_{Ic}，如钢的 $\Delta K_{th}\leqslant9\mathrm{MPa\cdot m}^{1/2}$，铝的 $\Delta K_{th}\leqslant4\mathrm{MPa\cdot m}^{1/2}$。表 7-1 所列为几种金属材料的 ΔK_{th} 测定值（$R=0$）。在实际工程应用中，机械零件和工程构件不以 ΔK_{th} 为设计指标，因为 ΔK_{th} 数值很低；若以 ΔK_{th} 为设计指标，则要求工作应力很小或者允许的裂纹尺寸很小。

表 7-1 几种金属材料的 ΔK_{th} 测定值（$R=0$）

材料	$\Delta K_{th}/(\mathrm{MPa\cdot m}^{1/2})$	材料	$\Delta K_{th}/(\mathrm{MPa\cdot m}^{1/2})$
低合金钢	6.6	纯铜	2.5
18-8 不锈钢（1Cr18Ni9）	6.0	黄铜（H60）	3.5
纯铝	1.7	纯镍	7.9
铜铝合金	2.1	镍基合金	7.1

疲劳强度 σ_{-1} 与疲劳裂纹扩展门槛 ΔK_{th} 的比较如下。

（1）疲劳强度 σ_{-1} 是指光滑试样在指定疲劳寿命（无限或有限周次）下，材料能承受的上限循环应力，用于传统的疲劳强度设计和校核，也是保证寿命、选材、设计、制订工艺的重要依据。

（2）疲劳裂纹扩展门槛 ΔK_{th} 是疲劳裂纹不扩展的 ΔK_{I} 临界值（疲劳裂纹扩展门槛值），表示材料阻止裂纹开始疲劳扩展的性能，也是裂纹试样的无限寿命疲劳性能，用于裂纹件的无限寿命设计校核。

3. 过载持久值和过载损伤界

机件在实际服役过程中不可避免地要受到偶然的过载作用，如汽车的紧急制动、突然起动等。另外，有些设备不要求无限寿命，而是在高于 σ_{-1} 的应力水平下进行有限寿命服役。因此，仅依据材料的疲劳强度不能全面评定材料的抗疲劳性能，从而提出过载持久值和过载损伤界的概念。

（1）过载持久值。

材料在高于疲劳强度的一定应力下工作，发生疲劳断裂的应力循环周次称为材料的过载持久值，又称有限疲劳寿命。

过载持久值表征材料对过载疲劳的抗力，可由疲劳曲线倾斜部分确定。曲线倾斜得越陡直，过载持久值越大，表明材料在相同过载条件下承受的应力循环次数越多，材料对过载的抗力越大。

（2）过载损伤界。

对于一定的材料，在每个过载应力下，只有过载运转超过一定次数后才会引起过载损伤。材料抵抗疲劳过载损伤的能力用过载损伤界表示，如图 7.12 所示。把在每个过载应力下运行能引起损伤的最少循环次数（图 7.12 中的 a、b、c）连接起来，得到该材料的过载损伤界。

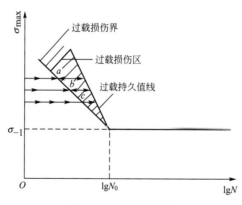

图 7.12　过载损伤界

过载损伤界与过载持久值之间的区域，称为材料的过载损伤区。机件过载运转到该区域都会不同程度地降低材料的疲劳寿命，离过载持久值线越近，材料的疲劳寿命降低得越厉害。过载应力越大，开始发生过载损伤的循环次数越少，造成过载损伤区的次数范围越广。

材料的过载损伤界越陡直，过载损伤区越窄，抵抗疲劳过载的能力就越强。在工程上，进行过载疲劳机件选材时，有时宁可选择 σ_{-1} 值小而疲劳损伤区窄的材料。

4. 疲劳缺口敏感度

受使用环境及设备要求的影响，机件上常出现台阶、拐角、键槽、螺纹等，类似于缺口，它们会造成局部应力集中，降低机件的疲劳寿命，从而降低材料的疲劳强度。因此，了解缺口引起的应力集中对疲劳性能的影响很重要。常用疲劳缺口敏感度 q_f 评定材料的缺口敏感性。q_f 的定义为

$$q_f = \frac{K_f - 1}{K_t - 1} \tag{7-5}$$

式中，K_t 为理论应力集中系数，其值取决于缺口的几何形状与尺寸；K_f 为有效应力集中系数，$K_f = \sigma_{-1}/\sigma_{-1N}$，$\sigma_{-1}$ 和 σ_{-1N} 分别为光滑试样与缺口试样的疲劳极限，显然 $K_f > 1$，K_f 值既与材料的缺口尖锐度有关，又与材料因素有关。

7.1.4 影响材料疲劳强度的因素

由于疲劳断裂一般从机件表面的某些部位或表面缺陷造成的应力集中处开始，有时也从内部缺陷处开始，因而材料的疲劳强度不仅对材料的组织结构敏感，而且对材料的工作条件、加工处理状态等敏感。影响材料疲劳强度的因素见表 7-2。

表 7-2　影响材料疲劳强度的因素

影响因素	详细内容
工作条件	载荷条件、载荷频率、工作方式、环境温度、环境介质
表面状态及尺寸因素	表面粗糙度、尺寸效应、缺口效应
表面强化及残余应力	表面喷丸及滚压、表面淬火、表面化学热处理、表面涂层
材料成分及显微组织	化学成分、晶粒尺寸、组织结构、内部缺陷

1. 工作条件的影响

机件在不同条件下工作时，其疲劳抗力不同。工作条件主要包括载荷条件、载荷频率、工作方式、环境温度及环境介质等。

（1）载荷条件。

载荷条件包括以下三个方面。

① 应力状态和平均应力。这部分内容已经在前面述及，此处不再赘述。

② 过载情况。过载损伤区的过载将降低材料的疲劳强度或疲劳寿命。

③ 次载锻炼。低于疲劳强度的应力称为次载。材料在低于疲劳强度的应力下运转一定次数后，疲劳强度提高，这种次载强化作用称为次载锻炼。次载应力越接近材料的疲劳强度，次载锻炼效果越明显。常运用该原理对新设备进行空载磨合。

（2）载荷频率。

不同机件工作时具有不同的载荷频率。由于载荷频率高，材料所受总损伤少，因此疲劳强度提高。载荷频率高于 170Hz 时，随着频率的增大，疲劳强度提高；载荷频率在 50～170Hz 变化时，对疲劳强度没有明显影响；载荷频率低于 1Hz 时，疲劳强度降低。

（3）工作方式。

大多数机件是非连续、间歇式工作的。试验表明，在应力接近或低于疲劳强度的情况下，间歇式工作可以显著提高机件的疲劳强度。在一定过载范围内，间歇式工作对机件的疲劳寿命无明显影响。

（4）环境温度。

一般情况下，温度升高，材料的疲劳强度下降；温度降低，材料的疲劳强度升高，但也有特殊现象。图7.13所示为碳钢疲劳强度与温度的关系。由图可见，在100℃以下，随着温度的升高，0.58%碳钢的疲劳强度降低；但在350℃左右存在一个疲劳强度，这种现象与碳钢的时效硬化有关。

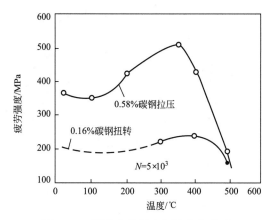

图 7.13　碳钢疲劳强度与温度的关系

（5）环境介质。

腐蚀性环境介质会使材料表面产生微观腐蚀，微观腐蚀在交变应力作用下逐渐发展为疲劳裂纹，从而降低材料的疲劳强度，产生腐蚀疲劳。在断口上既有腐蚀破坏特征，又有疲劳破坏特征。材料在交变应力和腐蚀性环境介质的共同作用下形成的失效称为腐蚀疲劳。由于腐蚀疲劳曲线无水平段，因此不存在无限寿命的疲劳强度，只有条件疲劳强度。

2. 表面状态及尺寸因素的影响

（1）表面状态。

在循环载荷作用下，材料的不均匀滑移主要集中在材料表面，疲劳裂纹也常发生在材料表面。如果材料表面存在由缺口引起的应力集中，疲劳强度就会显著降低（具体原因参见7.1.3）。因此，加工受循环应力作用的机件时，对其表面粗糙度有明确要求，表面粗糙度越低，机件的疲劳强度越高。

（2）尺寸因素。

进行弯曲疲劳试验和扭转疲劳试验时，随着试样尺寸的增大，疲劳强度降低，这种现象称为疲劳强度尺寸效应。因机件尺寸增大使表面缺陷概率增大，故疲劳裂纹产生概率增大；同时，机件尺寸增大将降低弯曲、扭转机件截面的应力梯度，增大表层高应力区，从而降低疲劳强度。缺口试样比光滑试样的疲劳强度尺寸效应明显。

3. 表面强化及残余应力的影响

表面强化处理可在机件表面产生有利的残余压应力，还能提高机件表面的强度和硬度。表面强化及残余应力都能提高材料的疲劳强度。材料的表面强化作用如图 7.14 所示。

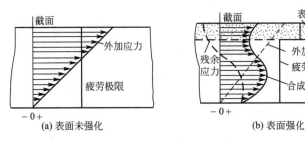

图 7.14　材料的表面强化作用

图 7.14（a）表示材料表面层应力大于疲劳极限的情况。可以看出，在表面层相当深度内，应力大于材料的疲劳极限，因此，在这些区域材料会产生疲劳裂纹。

图 7.14（b）表示材料表面层应力（合力）小于疲劳极限的情况。可以看出，表面强化不仅提高了材料表面层的疲劳极限，还由于表面残余应力和外加载荷的合成应力使材料所受总应力减小，使材料表面的总应力小于强化层的疲劳极限，因而不会出现疲劳裂纹。

常用的表面强化方法有喷丸、滚压、表面淬火及表面化学热处理、表面涂层等，其中喷丸处理在金属材料中使用最多。

4. 材料成分及显微组织的影响

（1）材料成分。

由于材料成分是决定材料组织结构和性能的主要因素，因此材料的疲劳裂纹及疲劳极限也与材料成分有着密切关系。在结构钢中，碳不仅可以形成间隙原子，起到固溶强化作用，而且可以形成碳化物，起到弥散强化作用，阻止疲劳裂纹的产生，从而提高材料的疲劳强度。钢中的合金元素主要是通过提高钢的淬透性和改善钢的强韧性来影响疲劳性能的。

（2）显微组织。

研究表明，对于低碳钢和钛合金来说，晶粒尺寸与疲劳强度存在类似霍尔-佩奇（Hall - Petch）公式所示的关系，即

$$\sigma_{-1} = \sigma_i + kd^{-1/2} \tag{7-6}$$

式中，σ_{-1} 为材料的疲劳强度；σ_i 为位错在晶格中运动的摩擦阻力；k 为材料常数；d 为晶粒平均直径。

可以看出，对于多晶体材料来说，细化晶粒可以提高材料的疲劳强度。因为细化晶粒后，在交变应力作用下，可以减小不均匀滑移的程度，从而推迟疲劳裂纹的形成；另外，当疲劳裂纹扩展到晶界时会被迫改变扩展方向，晶界又可以起到阻碍裂纹扩展的作用。因此，材料中的晶粒越细小，晶界越多，阻碍作用越明显，材料的疲劳强度越高。

在结构钢热处理组织中，回火马氏体的疲劳强度最高，回火屈氏体的疲劳强度次之，回火索氏体的疲劳强度最低。若淬火组织含有因加热或保温不足而残留的未熔铁素体，或者因热处理不当而存在过多残余奥氏体，则将使钢的 σ_{-1} 降低。例如，当钢中含有 10% 的残余奥氏体时，σ_{-1} 降低 10%～15%。因为这些组织是交变应力作用下容易产生集中滑移的区域，所以容易过早形成裂纹。

此外，组织中的一些非金属夹杂物或冶金缺陷易成为疲劳裂纹源，也会降低材料的疲劳性能。

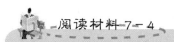

提高疲劳强度的"金属免疫疗法"

受到人类服用维生素来增强抵抗力的启迪，冶金专家在金属材料中添加少量稀土金属（ⅢB元素），如含有锆和稀土金属的镁合金不但疲劳性能提高，而且在高温下具有很高的强度，成为制造喷气式飞机的优良材料。在金属材料中添加"维生素"是增强金属抗疲劳的有效方法。在钢铁和有色金属里，加入万分之几至千万分之几的稀土元素可以延长使用寿命。

7.2　陶瓷材料的疲劳性能

随着工程结构陶瓷研究的不断发展和陶瓷在工程方面应用范围的日益扩大，陶瓷工程构件的疲劳行为和可靠性研究成为陶瓷工程应用的重要课题。

与金属相比，陶瓷材料有两大特点：一是由于致密性低和加工困难，往往存在许多先天缺陷或裂纹；二是由于脆性高、韧性低，陶瓷材料失稳时，临界裂纹尺寸很小。因此，陶瓷材料小裂纹扩展在疲劳寿命中占比较大。研究表明，陶瓷材料的小裂纹现象普遍存在于各种疲劳断裂过程中。

金属疲劳主要指在长期交变应力作用下，材料耐用应力减小及破坏的行为。陶瓷疲劳的含义与金属疲劳不同，陶瓷疲劳含义更广，可分为静态疲劳、动态疲劳和循环疲劳。下面主要介绍静态疲劳和循环疲劳。

7.2.1　静态疲劳

静态疲劳是指在持久载荷作用下，陶瓷材料发生失效断裂的现象。其相当于金属中的延迟断裂，即在一定载荷作用下，材料的耐用应力随时间减小的现象，对应于金属材料中的应力腐蚀和高温蠕变断裂。当外加应力小于断裂应力时，陶瓷材料可能出现亚临界裂纹扩展。该过程与温度、应力和环境介质等因素密切相关。

陶瓷材料的裂纹扩展速率曲线如图 7.15 所示。可见，陶瓷材料的疲劳行为与金属材料有相同之处，疲劳破坏过程也包含裂纹萌生、裂纹扩展和瞬间断裂三个过程。陶瓷材料的疲劳裂纹扩展速率也可以用帕里斯公式描述，但式中的 m 值比金属材料大得多。

通常将陶瓷材料的亚临界裂纹扩展速率与应力强度因子的关系曲线分为如下四个区。

（1）孕育区。$\mathrm{d}a/\mathrm{d}N$ 低于应力强度因子门槛值 K_{th} 时，裂纹不扩展。

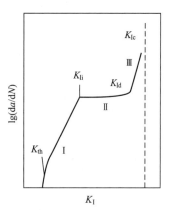

图 7.15　陶瓷材料的裂纹扩展速率曲线

（2）低速区。裂纹开始扩展，da/dN 随着 K_I 的增大而增大。材料与环境介质之间的化学反应不是裂纹扩展速率的影响因素。

（3）中速区。裂纹扩展速率变化仅与环境介质有关，而与 K_I 值无关。

（4）高速区。da/dN 随着 K_I 值的增大而呈指数关系增大，裂纹快速扩展，该阶段的速率取决于材料成分、结构和显微组织，与环境介质无关。直到最后应力强度因子 K_I 达到断裂韧性 K_{Ic} 时，陶瓷材料突然断裂。

7.2.2　循环疲劳

循环疲劳与金属材料的疲劳概念相同，即在循环应力下的材料失效。循环载荷对陶瓷材料造成的损伤是由裂纹尖端的微裂纹、蠕变，以及沿晶和界面滑动等因素引起的。但不易在陶瓷断口观测到疲劳条纹而呈现脆性断口特征。

由于陶瓷是脆性材料，其裂纹尖端塑性区很小，因此人们曾质疑陶瓷材料在承受低于静强度的交变载荷作用时是否发生疲劳破坏。后来有人发现，单相陶瓷、相变增韧陶瓷及陶瓷基复合材料缺口试样在室温循环压缩载荷作用下有裂纹萌生和裂纹扩展现象。

图 7.16 所示为多晶 Al_2O_3（晶粒尺寸为 $10\mu m$）在室温空气环境对称循环加载（$f=5Hz$）及静载下的疲劳裂纹扩展速率曲线。da/dN 依赖于最大应力强度因子 K_{Imax}。由图可见，陶瓷材料在循环载荷作用下的裂纹扩展速率远远高于静载荷下（静疲劳）的裂纹扩展速率。循环加载的 da/dN 比静载裂纹扩展速率高约两个数量级，表明循环载荷对陶瓷材料造成损伤。这种疲劳裂纹的扩展与金属材料的疲劳裂纹一样，也受应力比、裂纹闭合效应的影响。

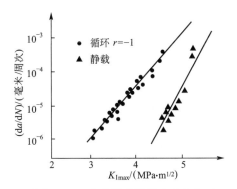

图 7.16　多晶 Al_2O_3 疲劳裂纹扩展速率曲线（$f=5Hz$）

7.2.3　陶瓷材料疲劳特性评价

与金属材料相比，陶瓷材料的 $\Delta K_{th}/K_{Ic}$ 值很低，只有金属的几十分之一至十分之一。因此，陶瓷材料的裂纹扩展速率曲线非常陡峭，一旦裂纹开始扩展，裂纹扩展速率就极高，比金属高几个数量级。

另外，由于陶瓷材料的静强度值分散性很强，因此疲劳强度值的分散性更强，如图 7.17 所示。因此，在试验方法方面，应增大测量时间范围；在数据处理方面，应考虑试验数据的概率分布。

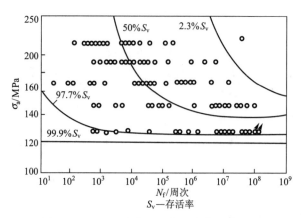

图 7.17　Al$_2$O$_3$ 陶瓷不同存活率的疲劳曲线

7.3　高分子材料的疲劳性能

在循环载荷作用下，高分子材料与金属材料类似，也会出现疲劳现象。但是，由于高分子材料的结合键为共价键、范德瓦耳斯键和氢键，其力学性能表现为玻璃态、高弹态和黏流态，内阻大，因此高分子材料的疲劳具有特殊的机理和宏观规律。

7.3.1　高分子材料的疲劳特点

高分子材料的动态局部不可逆变形以形成银纹、形成剪切带、分子链沿外力方向取向等方式开始，其中形成银纹和剪切流变是高分子材料疲劳过程中的普遍变形方式。

银纹总是位于垂直于最大主应力的方向，高度取向的原纤维构成的银纹质的密度相当于基体密度的 40%～60%。银纹的萌生、扩展和断裂往往控制着高分子材料的循环变形和疲劳裂纹的亚临界扩展过程。

多数高分子材料的疲劳强度为抗拉强度的 20%～50%。但增强热固性高分子材料的疲劳强度与抗拉强度的比值较高。

高分子材料的疲劳强度随相对分子质量的增大而提高，随结晶度的增大而降低。能够使高分子强度增大的因素，一般也能使疲劳寿命提高。因此，在相对分子质量增大到某临界相对分子质量以前，疲劳寿命提高。平行于外加应力的分子取向可以减少裂纹、提高疲劳寿命。

图 7.18 所示为高分子材料的 S-N 曲线。

由图 7.18 可见，高分子材料的疲劳寿命曲线可以分为如下三个区。

Ⅰ区的存在与否以及Ⅰ区曲线的斜率取决于银纹形成的倾向，容易形成银纹的高分子材料（如 PS 和 PMMA）存在明显的Ⅰ区；如果最大循环拉应力不足以形成银纹，则可能不存在Ⅰ区。

在Ⅱ区，很多高分子材料室温疲劳试验表明，$\Delta\sigma$ 每变化 14MPa，相应的 N_f 都约变化一个数量级。

Ⅲ区对应高分子材料的疲劳极限，其值为抗拉强度的 20%～50%。

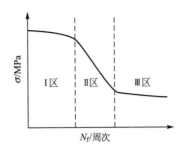

图 7.18　高分子材料的 $S\text{-}N$ 曲线

高分子材料的疲劳破坏不仅有因疲劳裂纹的生成和扩展而导致最后断裂的机械疲劳，还有疲劳热破坏。高分子材料的疲劳热破坏主要是每次加载循环产生的弹性滞后能（内耗）不能及时以热的形式散失于周围环境中，使高分子材料发热变软失去承载能力而破坏。高分子材料的疲劳寿命可用式（7-7）计算。

$$\lg N_f = A + B/T \qquad\qquad (7-7)$$

式中，N_f 为疲劳寿命；A 和 B 为常数；T 为热力学温度。

不同的高分子材料在不同频率的疲劳载荷作用下，温度升高的倾向差别很大。例如，聚苯乙烯在 28 次/秒的循环频率下进行疲劳试验发热不严重，而聚乙烯该循环频率下进行疲劳试验很快软化而熔融。并且，聚乙烯即使在 2 次/秒的循环频率下进行疲劳试验，在一般应力水平下温度升高 5℃以上。图 7.19 所示为聚四氟乙烯试验的 $S\text{-}N$ 曲线和相应不同应力水平下估算的 $T\text{-}N$ 曲线。

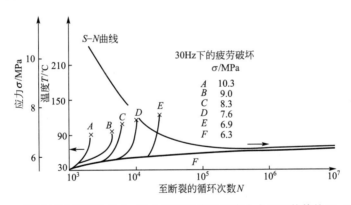

图 7.19　聚四氟乙烯试验的 $S\text{-}N$ 曲线和相应不同应力水平下估算的 $T\text{-}N$ 曲线

由图 7.19 可以看出，应力水平高于疲劳极限的所有试验都可使高分子材料加热到熔点（如温升曲线 A、B、C、D、E），相当于试样发热比环境散热快。当应力水平低于疲劳极限时，试样温度升高到热破坏温度以下的某个温度且趋于稳定（如温升曲线 F），这些试样即使经 10^7 次循环也不破坏。因此，限制外加应力、降低试验频率、允许周期的停歇或冷却试样、增大试样表面积对体积的比值均可抑制高分子材料的疲劳热破坏。

7.3.2　高分子材料的疲劳断口

高分子材料的疲劳断口也有特殊的形貌。在高 ΔK 水平下，da/dN 超过 5×10^{-4} 毫米/次，断口上也出现疲劳条带，与金属材料中看到的相似，相邻疲劳条带的间距与疲劳裂纹宏观扩展速率有很好的对应关系。但在较低 ΔK 水平下，在许多高分子材料的断口上出现不连续扩展增长带，其形态与疲劳条带类似，也垂直于疲劳裂纹扩展方向，但其间距远大于 $\mathrm{d}a/\mathrm{d}N$，表明疲劳裂纹不是每个循环都向前扩展，而是经过几十次或几百次循环后向前跃迁一次。

 综合习题

一、填空题

1. 疲劳断裂的过程包括_____、_____和_____三个阶段。

2. 在低碳钢典型的疲劳断口上有_____、_____和_____断裂特征区。

3. 疲劳裂纹一般发源于构件的_____处。

4. 贝纹线是_____区的_____特征，疲劳条带是_____区的_____特征。

二、概念辨析

1. σ_{-1} 与 ΔK_{th}；2. 疲劳断裂与静载断裂；3. 贝纹线与疲劳条带。

三、选择题（单选或多选）

1. 对称循环应力比 R 为（ ）。

A. 0   B. 1   C. ∞ D. -1

2. 判断材料疲劳的指标是（ ）。

A. 抗拉强度   B. 断裂强度   C. 疲劳强度   D. 断裂韧度

3. 疲劳裂纹扩展区的宏观特征是（ ）。

A. 疲劳条带   B. 纤维区   C. 贝纹线   D. 放射区

4. 疲劳裂纹扩展区的微观特征是（ ）。

A. 疲劳条带   B. 台阶   C. 贝纹线   D. 河流花样

5. 下面关于影响疲劳强度的因素中，错误的是（ ）。

A. 材料表面粗糙度越高，疲劳强度越高

B. 缺口效应对材料疲劳强度的影响很大

C. 疲劳裂纹大多在表面产生，可以采用表面强化方法提高疲劳抗力

D. 细化晶粒可以提高材料的疲劳强度

6. 疲劳门槛、过载持久值、接触疲劳强度都属于（ ）产生的力学性能。

A. 接触载荷   B. 交变载荷   C. 冲击载荷   D. 静载荷

7. 下列关于疲劳力学性能指标的描述，不正确的是（ ）。

A. 疲劳强度 σ_{-1} 是指光滑试样在指定疲劳寿命下，材料能承受的上限循环应力，用于传统的疲劳强度设计和校核

B. 疲劳裂纹扩展门槛 ΔK_{th} 表示材料阻止裂纹开始疲劳扩展的性能，也是裂纹试样的无限寿命疲劳性能

C. 过载持久值也称无限疲劳寿命，表征材料对过载疲劳的抗力

D. 机件运转到材料的过载损伤区不会降低材料的疲劳寿命

8. 关于疲劳断裂的特点，描述不正确的有（ ）。

A. 疲劳断裂是低应力循环延时断裂，也是具有寿命的断裂

B. 疲劳断裂前有明显塑性变形

C. 疲劳断裂对组织缺陷十分敏感，往往从表面局部开始

D. 疲劳过程包括裂纹萌生、扩展和断裂过程

9. 关于疲劳源区的特点，描述不正确的有（　　）。

A. 疲劳源区一般出现在机件表面缺口、裂纹等应力集中的地方

B. 机件内部的夹杂物、偏析或微裂纹等处也成为内部疲劳源

C. 在表面疲劳源只有一个，与机件的组织、应力状态等有关

D. 疲劳源区在裂纹扩展过程中断面不断摩擦挤压，光亮平滑

10. 关于疲劳裂纹扩展区的特点，描述不正确的有（　　）。

A. 疲劳裂纹扩展区的典型特征是贝纹线，其是疲劳裂纹扩展时前沿线的痕迹

B. 贝纹线是由应力状态变化或机器运行中启停等原因造成的

C. 贝纹特征总是出现在实际机件的疲劳断口中，不会出现在实验室的疲劳试样断口中

D. 通常在疲劳源附近贝纹线稀疏

11. 关于材料疲劳裂纹扩展特征的描述，描述不正确的有（　　）。

A. 疲劳裂纹扩展的第一个阶段是沿最大切应力的方向向内扩展，扩展速率很低

B. 疲劳裂纹扩展的第二个阶段是裂纹沿垂直于最大拉应力的方向扩展，扩展速率较高

C. 疲劳裂纹扩展区的微观特征是疲劳条带

D. 脆性疲劳条带条纹清晰、整齐，韧性条带条纹短且紊乱

四、文献查阅及综合分析

给出任一材料（器件、产品、零件等）疲劳破坏的案例，分析其疲劳失效的原因（给出必要的图、表、参考文献）。

五、工程案例分析

请举一个实际工程案例，说明材料断裂的原因、机理及其性能指标在其中的应用，完成 PPT 制作、课堂汇报与讨论，并提供案例来源、文字说明、图片、视频等资源。

第7章 试验方法(国家标准)

在线答题

第 8 章
材料的磨损性能

本章知识构架

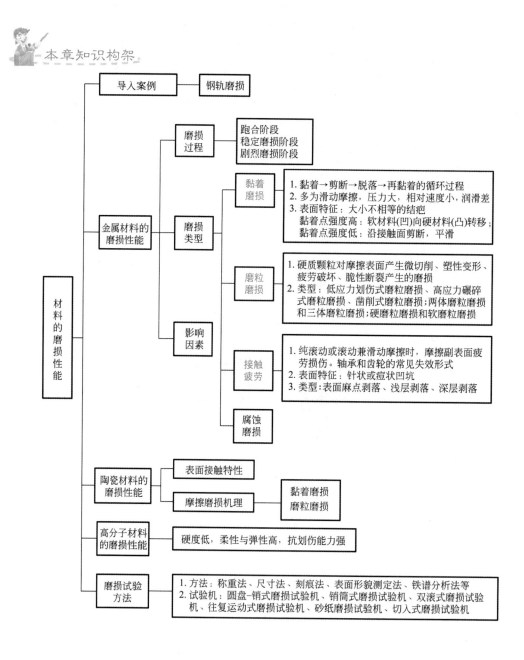

导入案例

图 8.01 所示为 U71Mn 热轧钢轨磨损出现的鱼鳞纹和剥离损伤，裂缝中充满夹杂物，夹杂物的主要成分有氧、铝、硅、钙、锰、磷、硫，有的还有钾、钠、镁、氯等，这是钢轨表面的油腻物质被挤压进入裂纹缝形成的。当钢轨涂油量过大时，油浸入裂纹缝而起到油楔作用，增大了裂纹尖端应力，促进了裂纹扩展，加速了钢轨的接触疲劳。当钢轨接触应力超过钢轨的屈服强度时，表层金属产生塑性变形，疲劳裂纹在表面塑性变形层萌生和扩展。当表层或次表层存在非金属夹杂物时，裂纹加速萌生和扩展，钢轨表面剥离脱落。

磨损失效

图 8.01　U71Mn 热轧钢轨磨损出现的鱼鳞纹和剥离损伤

磨损是发生在材料表面的局部变形与断裂。在摩擦作用下，物体表面在机械、物理和化学作用下逐渐分离出磨屑，表面尺寸变化和不断损伤累积的过程是材料的一种失效形式（过量变形、断裂、腐蚀、磨损）。磨损失效会造成巨大经济损失，1/3 以上的能量消耗在摩擦磨损上，60%～80% 的零件损坏是由磨损引起的。

摩擦磨损是工业领域和日常生活中的常见现象，当两个物体在接触状态下相对运动（滑动、纯滚动或滑动兼滚动）时产生摩擦。摩擦造成接触材料表面损耗，使机件尺寸发生变化、表面材料逐渐损失并造成损伤称为磨损。磨损是摩擦的结果。凡是相互作用、相对运动的两个表面之间，都存在摩擦与磨损。

工程应用上，摩擦磨损既有有利的方面又有不利的方面。人们可以利用摩擦原理使人和车辆在陆地上行走；离合器和制动器分别利用摩擦原理传递动力和制动；还可以利用磨损对材料进行磨削加工。但是，磨损又可能造成机件工作效率下降、准确度降低、缩短零件的使用寿命甚至使之报废，它是造成材料和能源浪费的重要原因，也是零件失效（过量变形、断裂、磨损、腐蚀）的原因。例如，当气缸套的磨损量超过允许值时，气缸套功率下降、耗油量增大、产生噪声和振动等，最终不得不更换。气缸套磨损如图 8.1 所示。

本章重点介绍常见的磨损类型，并阐述其磨损机理和影响因素。

刹车片

图 8.1 气缸套磨损

8.1 金属材料的磨损性能

8.1.1 磨损过程

机件正常运行的磨损过程可分为跑合阶段（又称磨合阶段）、稳定磨损阶段、剧烈磨损阶段，如图 8.2 所示。

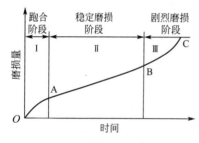

图 8.2 磨损量与时间的关系曲线

（1）跑合阶段。跑合阶段在整个磨损过程中占比很小，其特征是磨损速率随时间的增加逐渐降低。机件刚开始工作时，接触表面总是有一定的表面粗糙度，真实接触面积较小，磨损速率很高，接触表面逐渐被磨平，真实接触面积逐渐增大，磨损速率降低。对于新机件来讲，进行适当的跑合有助于提高耐磨性能。

（2）稳定磨损阶段。稳定磨损阶段在整个磨损过程中占比较大，其特征是磨损速率几乎保持不变。大多数机件都在此阶段服役。此阶段时间越长，机件使用寿命越长。跑合阶段磨合得越好，此阶段的磨损速率就越低。

（3）剧烈磨损阶段。随着机件工作时间的增加，机件间的接触间隙增大，机件表面质量下降，润滑条件恶化，磨损速率迅速提高，服役条件变差，机件很快失效。

当机件工作在摩擦服役条件下时都经历上述三个阶段，只是程度和不同阶段占比有所区别。

8.1.2 磨损类型

磨损主要是由力学作用引起的，并伴随着物理过程和化学过程。由于材料种类、润滑条件、加载方式和载荷大小、相对运行速度及工作温度等因素均可影响磨损量，因此磨损是一个多因素共同影响的复杂综合过程。磨损有多种分类方法，按坏境和介质，磨损可分为流体磨损、湿磨损、干磨损等；按表面接触性质，磨损可分为金属-流体磨损、金属-金属磨损、金属-磨粒磨损等。

1957 年，鲍威尔（Burwell）按磨损的失效机制，即摩擦面的损伤和破坏形式，认为磨损分为四大基本类型：黏着磨损、磨粒磨损、接触疲劳和腐蚀磨损。

在实际应用中，上述磨损很少单独出现，通常多种磨损同时存在，而且往往一种磨损发生后会诱发其他形式的磨损。如疲劳磨损的磨屑会引起磨粒磨损，而磨粒磨损所形成的新净表面又将引起腐蚀磨损或黏着磨损。

1. 黏着磨损

当摩擦副表面相对滑动时，由于黏着点发生剪切断裂，被剪切的材料或脱落成磨屑，或由一个表面迁移到另一个表面，此类磨损统称为黏着磨损。发生黏着磨损的材料表面形貌如图 8.3 所示。

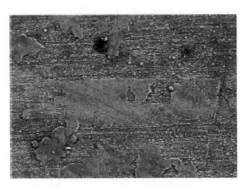

黏着磨损

图 8.3　发生黏着磨损的材料表面形貌

在实际应用中，机件即使经过抛光加工，表面也是凹凸不平的。当两个机件接触时，实际上只是接触面上的某些位置发生局部接触。因此，即使载荷不是很大，真实接触面上的局部应力也足以引发塑性变形，两个接触面的原子会因键合作用而产生黏着（冷焊）。随后，在相对滑动时黏着点被剪切而断掉，黏着点的形成和破坏造成黏着磨损。

黏着磨损是一种常见的磨损形式。汽车、机床、刀具、铁轨等的失效都与黏着磨损有关。当摩擦件之间缺乏润滑油、摩擦表面无氧化膜、单位法向载荷很大时，易发生黏着磨损。

（1）黏着磨损机理。

实际上材料表面是极粗糙的，当两个机件接触时，摩擦表面的实际接触面积只有名义接触面积的 1‰～10％，接触点的压力有时高达 500MPa，并产生 1000℃以上的瞬时温度。如此高的压力或温度足以使材料表面产生塑性变形，使这部分表面上的润滑油、氧化膜被挤破，金属表面直接接触而发生黏着。

摩擦面不断地相对移动，形成的黏着点不断破坏，但在其他地方又形成新的黏着点。当压力或温度较高时，黏着磨损速率为 $10\sim15\mu m/h$。该过程可用阿查德（Archard）模型解释，如图 8.4 所示。

假设材料表面在压力 P 的作用下发生黏着，凸起间的黏着概率为 K，材料表面硬度为 H，材料表面间滑动距离 L 后，材料的黏着磨损量 W 可用式（8-1）表示，即

$$W = K\frac{PL}{H} \tag{8-1}$$

由式（8-1）可见，材料的黏着磨损量与压力、滑动距离成正比，与材料表面硬度

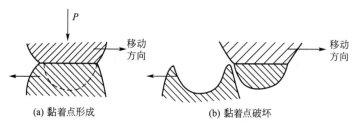

图 8.4　阿查德模型

（或强度）成反比，而与接触面积无关。

黏着概率实际上反映了配对材料的抗黏着能力，又称黏着磨损系数。试验发现，黏着概率远小于 1，如 60-40 黄铜/工具钢的 $K=6\times10^{-4}$，工具钢/工具钢的 $K=1.3\times10^{-4}$，说明只有极少数黏着点中发生磨损。

（2）黏着磨损的影响因素。

黏着磨损的影响因素主要有材料结构与特性、接触压力、温度及滑动速度、接触面粗糙度及润滑状态等。

① 材料结构与特性的影响。

a. 从点阵结构看，体心立方结构和面心立方结构的金属发生黏着磨损的倾向大于密排六方结构金属，塑性材料发生黏着磨损的倾向大于脆性材料。

b. 从材料的互溶性看，互溶性强的材料（相同金属或晶格类型、晶格间距、电子密度、电化学性质相近的金属）组成的摩擦副的黏着倾向大。

c. 从组织结构看，单晶体的黏着倾向大于多晶体，固溶体的黏着倾向大于化合物，材料的晶粒尺寸越大，黏着磨损量越大。

② 接触压力的影响。当摩擦速度一定时，黏着磨损量随压力的增大而增大。当接触压力超过材料硬度的 1/3 时，黏着磨损量急剧增大，甚至出现"咬死"现象。因此，设计中的许用压应力必须低于材料硬度的 1/3，以防止产生严重的黏着磨损。

③ 温度及滑动速度的影响。当压力一定时，黏着磨损量随滑动速度的增大而增大，达到一定数值后，又随滑动速度的增大而减小。因为滑动速度增大时，温度升高，材料强度下降，黏着磨损量增大；另外，塑性变形不能充分进行而使黏着磨损量减小，两者同时作用使曲线出现极大值后开始下降。

滑动速度对磨损类型有直接影响。随着滑动速度的变化，磨损可能由一种类型变为另一种类型。

④ 接触面粗糙度及润滑状态的影响。机件接触面粗糙度及润滑状态等对黏着磨损量也有较大影响。接触面表面粗糙度低，可以提高抗黏着磨损能力。但是，由磨损原理可知，在摩擦面内保持良好的润滑状态能显著减小黏着磨损量。因此，材料的表面粗糙度也不宜过低，否则会因润滑剂不能储存在摩擦面而促进黏着。

2. 磨粒磨损

机体表面与硬质颗粒或硬质凸出物（包括硬金属）摩擦而引起表面材料损失的现象称为磨粒磨损，又称磨料磨损。其特征是在摩擦副对偶表面沿滑动方向形成划痕。硬质颗粒或硬质凸出物一般为非金属材料（如石英砂、矿石等），也可能是金属（如落入齿轮间的金属屑等）。发生磨粒磨损的材料表面如图 8.5 所示。

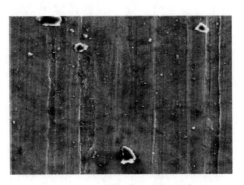

磨粒磨损

图 8.5　发生磨粒磨损的材料表面

磨粒磨损是一种常见的磨损形式。工业领域中的磨粒磨损约占零件磨损失效的 50％。

（1）磨粒磨损分类。

根据磨粒所受应力，磨粒磨损可分为低应力划伤式磨粒磨损、高应力碾碎式磨粒磨损和凿削式磨粒磨损。

a. 低应力划伤式磨粒磨损。低应力划伤式磨粒磨损的特点是磨粒作用于零件表面的应力不超过磨粒的压溃强度，磨粒不破碎，材料表面被轻微划伤，如犁铧及煤矿机械中的刮板输送机溜槽磨损。

b. 高应力碾碎式磨粒磨损。高应力碾碎式磨粒磨损的特点是磨粒与零件表面接触处的最大压应力大于磨粒的压溃强度，磨粒破碎，如球磨机衬板与磨球、破碎式滚筒磨损。

c. 凿削式磨粒磨损。凿削式磨粒磨损的特点是磨粒对材料表面有大的冲击力，从材料表面凿下较大颗粒的磨屑，如挖掘机斗齿及颚式破碎机齿板磨损。

② 根据磨损接触物体的表面分类，磨粒磨损可分为两体磨粒磨损和三体磨粒磨损。

a. 两体磨粒磨损。当摩擦副一方硬度比另一方硬度大得多时，产生两体磨粒磨损。两体磨粒磨损的特点是磨粒与机件表面接触，磨粒为一种物体，机件表面为另一种物体，如犁铧。

b. 三体磨粒磨损。当摩擦副接触面之间存在硬质粒子时，产生三体磨粒磨损。三体磨粒磨损的特点是磨损料介于两个滑动零件表面之间或者两个滚动物体表面之间，前者如活塞与气缸间落入磨粒，后者如齿轮间落入磨粒。

③ 根据磨粒与被磨材料的相对硬度，磨粒磨损可分为硬磨粒磨损和软磨粒磨损。当磨粒硬度高于被磨材料时，属于硬磨粒磨损；反之，属于软磨粒磨损。通常所说的磨粒磨损是指硬磨粒磨损。

（2）磨粒磨损机理。

磨粒磨损过程与磨粒的性质和形状有关。磨粒磨损机理主要有以下几种。

① 微量切削磨损机理。磨损是由从材料表面切下微量切屑造成的，磨屑呈螺旋形、弯曲形等。

当塑性材料与固定的磨粒摩擦时，在材料表面内发生两个过程：一是塑性挤压，形成擦痕；二是切削材料，形成磨屑。在摩擦过程中，大部分磨粒只在材料表面留下两侧凸起的擦痕，小部分磨粒的棱面切削材料而形成切屑。

微量切削磨损是一种常见的磨粒磨损，特别在固定磨粒磨损和凿削式磨粒磨损中是材

料表面磨损的主要机理。

② 疲劳磨损机理。材料磨粒摩擦时，同一显微体积经多次塑性变形而疲劳破坏，小颗粒从表层脱落，同时存在磨粒直接切下材料的过程。

③ 压痕磨损机理。对塑性较高的材料，磨粒在压力作用下犁耕材料表面而形成沟槽，材料表面产生严重的塑性变形，压痕两侧的材料受到破坏而脱落。该机理与微量切削磨损机理有相似之处。

④ 微观断裂（剥落）磨损机理。微观断裂（剥落）磨损机理主要针对脆性材料，以脆性断裂为主。当磨粒压入和划擦材料表面时，压痕处的材料产生塑性变形，当磨粒压入深度达到临界值时，随压力产生的拉应力足以产生裂纹。裂纹主要有两种形式，一种是垂直于表面的中间裂纹，另一种是从压痕底部向表面扩展的横向裂纹。在这种压入条件下，当横向裂纹相交或扩展到表面时磨粒脱落，形成磨屑。由于裂纹能超过擦痕的边界，因此由断裂引起的材料迁移率可能比由塑性变形引起的材料迁移率大得多。

试验证明，对于脆性材料，如果磨粒棱角尖锐、尺寸大且施加载荷高，则断裂过程产生的磨损占主要地位。

在实际磨粒磨损过程中，往往多种磨损机理同时存在，且以一种磨损机理为主。当工作条件发生变化时，磨损机理也随之变化。

（3）磨粒磨损量。

磨粒磨损量与材料硬度之间的关系用图8.6所示的磨粒磨损模型解释。

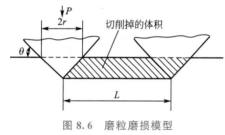

图 8.6　磨粒磨损模型

在接触压力 P 的作用下，硬材料的凸起部分（或圆锥形磨粒）压入软材料。若 r 为圆锥形磨粒半径，θ 为凸出部分的圆锥面与软材料表面的夹角，L 为摩擦副滑动距离，则软材料被犁出一道沟槽。假定材料硬度为 H，则有

$$W=\frac{\tan\theta}{\pi}\cdot\frac{PL}{H} \qquad (8-2)$$

可见，磨粒磨损量 W 与接触压力 P、摩擦副滑动距离 L 成正比，与材料硬度 H 成反比，同时与磨粒或硬材料凸出部分的尖端形状有关。

（4）磨粒磨损的影响因素。

磨粒磨损的影响因素主要有材料性能、磨粒性能及工作条件。

① 材料性能的影响。材料性能对磨粒磨损的影响主要包括材料硬度、断裂韧性和显微组织。

a. 材料硬度。一般情况下，材料硬度越高，其抗磨粒磨损能力越强。对于纯金属和未经热处理的钢，耐磨性与材料硬度成正比，并且关系曲线通过原点，如图8.7（a）所示。经过热处理的钢的耐磨性与材料硬度呈线性关系，但直线斜率比纯金属小，如图8.7（b）所示。这表明，在相同硬度下，经过热处理的钢的抗磨粒磨损能力不如纯金属。因为钢经过热处理后，其组织为非平衡组织，存在多种冶金缺陷，加速了切削过程，所以磨粒磨损量增大。

另外，由图8.7可以看出，当硬度相同时，钢的含碳量越高，碳化物形成元素越多，钢的耐磨性越好。

b. 断裂韧性。图8.8所示为耐磨性、硬度与断裂韧性的关系曲线。在Ⅰ区，磨损受

断裂过程控制，耐磨性随断裂韧性的提高而提高；在 Ⅱ 区，存在一个峰值区间，当硬度与断裂韧性配合最佳时，耐磨性最高；在 Ⅲ 区，由于磨损过程受塑性变形控制，因而耐磨性和硬度均降低。

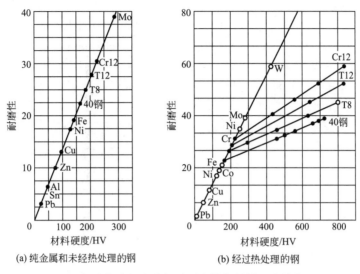

图 8.7　磨粒磨损中的相对耐磨性与材料硬度的关系

　　c. 显微组织。钢的抗磨粒磨损能力按铁素体、珠光体、贝氏体和马氏体的顺序递增。在相同硬度下，下贝氏体比回火马氏体的耐磨性高。在贝氏体中保留一定数量的残余奥氏体对提高材料的耐磨性有利。

　　细化晶粒能提高材料的屈服强度和硬度，从而提高耐磨性。

　　另外，钢中碳化物也是影响耐磨性的重要因素。高硬度的碳化物相可以起到阻止磨粒磨损的作用。为阻止磨粒的显微切削作用，可以在材料基体中加入一些高硬度的碳化物。

　　② 磨粒性能的影响。磨粒性能的影响因素有磨粒硬度和磨粒尺寸。

　　a. 磨粒硬度。磨粒硬度 H_0 与材料硬度 H 之间的相对值不同，磨损机理不同。磨粒磨损量与 H_0/H 的关系曲线如图 8.9 所示。

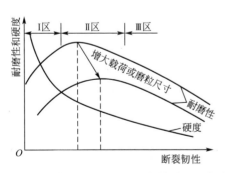

图 8.8　耐磨性、硬度与断裂韧性的关系曲线

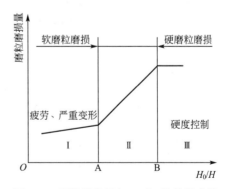

图 8.9　磨粒磨损量与 H_0/H 的关系曲线

　　Ⅰ 区：$H_0 < H$，软磨粒磨损区，磨粒磨损量最小。

　　Ⅱ 区：$H_0 \approx H$，过渡区，磨粒磨损量与硬度比成正比关系。

Ⅲ区：$H_0 > H$，硬磨粒磨损区，磨粒磨损量较大，但不再随硬度的变化而变化。

图8.9中的两个转折点A与B对应的硬度比分别为0.7～1.1和1.3～1.7。

可以看出，若能提高材料硬度，使H_0/H值下降，则磨粒磨损量减小。在Ⅰ区，提高材料硬度，磨粒磨损量变化不显著。$H_0/H \geqslant 1.3$后，即使提高材料硬度H，磨粒磨损量也不再变化。在磨粒硬度较高的Ⅲ区，材料的磨损是通过磨粒嵌入表面形成沟槽产生的，此时硬度是控制因素。因此，要降低磨粒磨损速率，必须使材料硬度高于磨粒硬度的1.3倍。

b. 磨粒尺寸。在磨粒磨损过程中，磨粒尺寸对耐磨性的影响存在一个临界值。当磨粒尺寸小于临界尺寸时，磨粒磨损量随磨粒尺寸的增大而按比例增大；当磨粒尺寸大于临界尺寸时，磨粒磨损量增大的幅度明显降低。

③ 工作条件的影响。载荷和滑动距离也对耐磨性有较大影响。载荷越大，滑动距离越大，磨粒磨损越严重。

3. 接触疲劳

接触疲劳是工件（如齿轮、滚动轴承、钢轨和轮箍、凿岩机活塞等）在纯滚动或滚动兼滑动摩擦时，表面在长期、反复的接触压应力作用下产生的一种表面疲劳破坏现象，其兼具一般疲劳和磨损的特征。由于接触疲劳表现为在接触表面出现许多针状或痘状凹坑（称为麻点），因此接触疲劳又称点蚀、麻点磨损、表面疲劳磨损。发生接触疲劳的材料表面微观形貌如图8.10所示。有的凹坑很深，呈贝壳状，存在疲劳裂纹发展线的痕迹。

接触疲劳

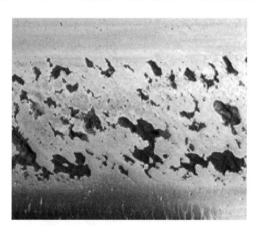

图8.10 发生接触疲劳的材料表面微观形貌

（1）接触应力的分布特点。

在纯滚动摩擦条件下，摩擦副间无论是线接触还是点接触，根据材料力学的知识可知，正应力（包括三向正应力）都在表面处最大，而切应力在距表面$0.786b$（b代表接触圆半径）处最大。沿接触深度的应力分布如图8.11所示。

在滚动兼滑动摩擦条件下，最大综合切应力τ_{max}移到材料表面，使表面产生接触疲劳裂纹。滑动摩擦力f越大，最大综合切应力越移向表面。滚动兼滑动摩擦副中的切应力分布如图8.12所示。

发生条件：黏着磨损和磨粒磨损都源于机件表面的直接接触，如果摩擦副表面被一层连续润滑膜隔开，不存在磨粒，则不会发生黏着磨损和磨粒磨损。而即使润滑条件良好，也会产生接触疲劳。

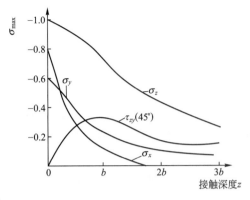

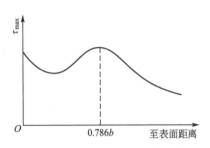

图 8.11 沿接触深度的应力分布　　　图 8.12 滚动兼滑动摩擦副中的切应力分布

（2）接触疲劳机理。

按照疲劳裂纹产生的位置，接触疲劳分为表面麻点剥落、浅层剥落、深层剥落。

① 表面麻点剥落。裂纹起源于表层（深度为 $0.1 \sim 0.2\text{mm}$，小块剥落），裂纹形成很慢，但扩展速度很高。表面麻点剥落易发生在滚动兼滑动摩擦尤其是以滑动为主的摩擦副（如齿轮）中。当表面接触应力小、滑动摩擦力大、材料表面质量差、剪切强度低时，易发生表面麻点剥落。表面麻点剥落过程如图 8.13 所示。

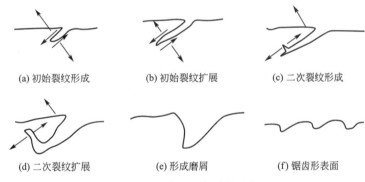

（a）初始裂纹形成　　　（b）初始裂纹扩展　　　（c）二次裂纹形成

（d）二次裂纹扩展　　　（e）形成磨屑　　　（f）锯齿形表面

图 8.13 表面麻点剥落过程

阅读材料 8-1

表面麻点剥落主要包括如下两个过程。

（1）滑移带开裂过程：摩擦副两对偶表面在接触过程中，受到法向应力和切应力的反复作用，表层材料产生塑性变形而导致表面硬化，在表面的应力集中源（如切削痕、腐蚀或其他磨损的痕迹等处）出现初始裂纹。该裂纹源以与滚动方向成小于 $45°$ 的角度由表面向内扩展。

（2）润滑剂气蚀过程：在润滑油揳入形成裂纹后，若滚动体的运动方向与裂纹扩展方向一致，则当接触到裂口时裂口封住，裂纹中的润滑油被堵塞在裂纹内，滚动使裂纹内的润滑油产生很大压力而使裂纹扩展，从而产生二次裂纹。二次裂纹与初始裂纹垂直，其中也有润滑油。二次裂纹在高压油的作用下不断向表面扩展，当扩展到表面时剥落一块金属，在表面形成扇形疲劳坑。

② 浅层剥落。浅层剥落常发生在纯滚动或滑动摩擦力很小的条件下（如滚动轴承）。裂纹起源于次表面［深度为 $0.2\sim0.4$ mm，即（$0.5\sim0.7$）b］，该处切应力最大，塑性变形最剧烈，使材料局部弱化，从而形成裂纹。此外，裂纹常出现在非金属夹杂物附近。裂纹底部先沿与材料表面平行的方向扩展，再垂直扩展到材料表面，如图 8.14 所示，最终形成盆状浅层剥落。

③ 深层剥落。深层剥落一般发生在表面强化的材料（如渗碳钢）中。经过表面强化处理的机件，裂纹往往起源于硬化层与心部的交界处。当硬化层深度不足、心部强度过低、过渡区存在不利应力时，过渡区易产生裂纹，如图 8.15 所示。裂纹形成后，首先平行于表面扩展，然后沿过渡区扩展，接着垂直于表面扩展，最后形成较深（深度大于 0.4 mm）的剥落坑。

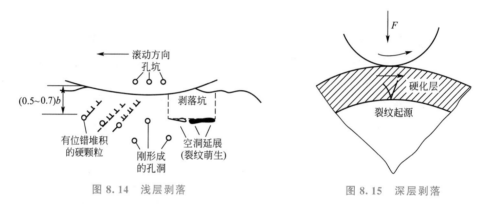

图 8.14 浅层剥落　　　　　　　　　　　图 8.15 深层剥落

（3）接触疲劳的影响因素。

接触疲劳与一般疲劳一样，也有裂纹源形成和裂纹源扩展两个阶段。因此，所有影响裂纹源形成和裂纹源扩展的因素都将影响材料的接触疲劳性能。

① 载荷。影响滚动元件（如轴承）寿命的主要因素是载荷。一般认为，轴承的寿命与载荷的立方成反比，即 $N\cdot P^3=$ 常数，其中，N 为轴承的寿命（循环次数），P 为载荷。

② 材料的冶金质量。钢中的非塑性夹杂物等冶金缺陷对接触疲劳有较大影响。如钢中氮化物、氧化物、硅酸盐等带棱角的质点在受力过程中的变形不能与基体协调而形成空隙，构成应力集中源，在交变应力作用下裂纹形成并扩展。因此，选择含有害夹杂物少的钢（如轴承常用净化钢）对提高摩擦副抗接触疲劳磨损能力有重要意义。

③ 材料硬度。在一定的硬度范围内，材料的接触疲劳寿命随硬度的增大而增大，但不能无限增大，否则韧性太低容易产生裂纹。轴承钢的接触疲劳寿命-硬度关系曲线如图 8.16 所示。

选配齿轮副的硬度时，一般要求大齿轮

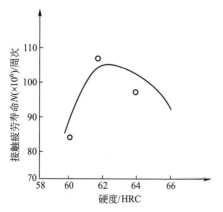

图 8.16 轴承钢的接触疲劳寿命-硬度关系曲线

硬度低于小齿轮，这样有利于跑合，使接触应力分布均匀且对大齿轮齿面产生冷作硬化作用，从而有效地提高齿轮副寿命。

④ 表面粗糙度。在接触应力一定的条件下，表面粗糙度越小，抗疲劳磨损能力越高。但表面粗糙度小到一定值后，对抗疲劳磨损能力的影响减小。如果接触应力太大，则无论表面粗糙度多小，其抗疲劳磨损能力都低。

⑤ 润滑。润滑油的黏度越大，抗疲劳磨损能力越高；在润滑油中适当加入添加剂或固体润滑剂可提高材料的抗疲劳磨损能力；润滑油的黏度随压力变化越大，材料的抗疲劳磨损能力越高。特别的，温度升高，润滑剂的黏度减小，油膜厚度减小，导致接触疲劳加剧。

另外，腐蚀性环境、使用温度等也会对材料的接触疲劳性能产生影响，材料设计时应加以考虑。

腐蚀磨损

4. 腐蚀磨损

腐蚀磨损是指摩擦副对偶表面在相对滑动过程中，材料表面与周围介质发生化学反应或电化学反应，并伴随机械作用引起的材料损失现象。腐蚀磨损分为氧化磨损和特殊介质腐蚀磨损。

8.2 陶瓷材料的磨损性能

陶瓷材料具有硬度高、耐磨性高、高温稳定性和抗氧化性好、密度低、摩擦系数小、传热系数小及热膨胀系数小等优良性能。工程上常用的陶瓷材料包括 Al_2O_3、SiC、ZrO_2 和 Si_3N_4 等。

陶瓷材料之间滑动接触时，摩擦表面产生塑性流动，影响材料机械性能的结构因素（如位错、空位、堆垛层错及晶体结构等）也将影响陶瓷材料的摩擦性能和磨损性能。

陶瓷材料的摩擦性能与对磨件的材料种类和性能、摩擦条件、环境，以及陶瓷材料自身的性能和表面状态等有关。陶瓷材料磨损通常有黏着磨损与磨粒磨损两种形式。

当陶瓷材料表面处于完全清洁状态时，两固体接触将发生很强的黏着键合。在大气或者润滑的条件下，陶瓷材料的黏着磨损率非常低。

陶瓷材料在滑动摩擦条件下的磨损机理主要是以微断裂方式导致磨粒磨损。陶瓷材料横向裂纹形成并扩展至表面或与其他裂纹相交，即导致陶瓷材料碎裂、剥落和流失。横向裂纹是由接触点下方在卸载时塑性区变形不可逆，导致弹-塑性边界上存在残余拉应力形成的。

陶瓷材料对环境介质和气氛极为敏感，在特定条件下会形成摩擦化学磨损，这是陶瓷材料特有的磨损机理。这种磨损涉及材料表面、材料结构、热力学与化学共同作用的摩擦化学问题。如对非氧化物陶瓷 Si_3N_4 和 SiC，水能有效地减小摩擦系数和磨损体积；而对氧化物陶瓷 Al_2O_3 和 ZrO_2，水可能增大或减小摩擦系数和磨损体积，取决于试验条件。

陶瓷-陶瓷摩擦副的黏着倾向很小；金属-陶瓷摩擦副比金属-金属摩擦副的黏着倾向小。由于陶瓷材料具有优良的耐磨性，因此在要求极低磨损率的机件上得到广泛应用。

刀具材料与性能

高速切削时，刀具在切削力和温度作用下因机械摩擦、黏结、化学磨损、塑性变形、崩刃和破碎等而引起磨损。因此，对高速刀具材料的主要性能要求是硬度大（大于60HRC）以及具有耐热性、耐磨性、化学稳定性及抗热震性等。

刀具材料包括工具钢、高速钢、硬质合金、陶瓷、聚晶立方氮化硼、聚晶金刚石等。

工具钢：包括碳素工具钢（T9、T10、T12等）和合金工具钢（9SiCr、GCr15、CrWMn等）。碳素工具钢的常温硬度为60～64HRC，当切削刃温度为200～250℃时，硬度和耐磨性迅速下降，丧失切削性能。合金工具钢经热处理后的硬度与碳素工具钢相近，耐热性和耐磨性略高，但切削速度和使用寿命远低于高速钢。工具钢主要用于制作锉刀、板牙和丝锥等工具。

高速钢：含钨、铬、钒等的高合金工具钢（W18Cr4V、W6Mo5Cr4V2）的淬透性好，可以空冷淬火和风冷淬火，因此高速钢又称"风钢"。由于刃磨后的切削刃锋利，因此高速钢又称"锋钢"。由于可以将钢材表面加工得光亮洁白，因此高速钢又称"白钢"。高速钢的切削速度为30～50m/min，是合金工具钢的2倍以上。其淬火回火后的硬度大于65HRC，在600℃下的硬度为48.5HRC，具有高的红硬性（高温下保持较高的硬度）。因此，高速钢具有硬度大及良好的红硬性、耐磨性、耐热性，广泛用于制造车刀、铣刀、钻头、铰刀、拉刀等结构复杂的刀具。

硬质合金：由高硬度、高熔点的金属碳化物 WC、TiC 等粉末，采用钴等金属胶黏剂经粉末冶金方法在高温下烧结而成。硬质合金的常温硬度为89～93HRA，维氏硬度为10～20HV。其耐磨性和耐热性均高于工具钢，切削温度为800～1000℃，切削速度是高速钢的几倍，刀具使用寿命提高了几十倍，能加工高速钢刀具难以切削加工的材料。但其抗弯强度和冲击韧性比高速钢低，刀具刃口不能磨得像高速钢刀具一样锋利。

陶瓷：包括氧化铝和氮化硅等。陶瓷刀具具有硬度高及耐热性、耐磨性、高温力学性能、化学稳定性好且不易与金属黏结等特点，其切削速度比硬质合金刀具高3～10倍，切削温度为800～1000℃。陶瓷刀具磨损是机械磨损与化学磨损综合作用的结果，主要有磨粒磨损、黏着磨损、扩散磨损和氧化磨损等。

聚晶立方氮化硼（polycrystalline cubic boron nitride，PCBN）：利用人工方法在高温高压条件下合成，维氏硬度为30～45HV，仅次于金刚石。维氏硬度超过40HV的材料称为超硬材料。聚晶立方氮化硼的耐热温度达1400～1500℃，在800℃下的硬度为Al₂O₃/TiC陶瓷的常温硬度，在1000℃下仍具有很高的抗氧化能力，与铁系材料在1200～1300℃下不发生化学反应，但在1000℃下与水发生水解作用。湿切无法明显提高聚晶立方氮化硼刀具的使用寿命，往往采用干切方式。聚晶立方氮化硼的导热系数低于金刚石且远高于硬质合金，摩擦系数为0.1～0.3，低于硬质合金的摩擦系数（0.4～0.6），具有优良的抗黏结能力，切削时不易形成滞留层或积屑瘤，加工表面质量提高。

聚晶金刚石：金刚石是自然界中最硬的材料，维氏硬度为80～120HV。金刚石刀具有较强的耐磨性，但耐热性较差，切削温度不宜超过800℃，强度低、脆性强、对振动敏感,只适合微量切削。金刚石刀具主要用于数控机床、高速精细车削和镗削有色金属、塑料和玻璃钢等非金属材料。与单晶金刚石比较,聚晶金刚石不易划伤材料表面、去除率和韧性高、具有自锐性、切削效率高,主要用于蓝宝石窗口镜片、衬底、光学晶体、超硬陶瓷、合金、磁头、硬盘等的研磨抛光和切削。

燕山大学田永君团队合成出超细纳米孪晶立方氮化硼和纳米孪晶金刚石块材,其2020年制备的新型交叉纳米孪晶金刚石的维氏硬度达到668HV,实现了人工合成比金刚石硬的超硬材料,将利用飞秒激光切割超硬材料应用于超精密切削加工领域,可实现淬硬钢的镜面加工。

8.3 高分子材料的磨损性能

高分子材料的摩擦系数极小,具有较高的化学稳定性,表面不与环境发生反应而保持稳定,具有抑制振动的能力。因此,高分子材料可作为较好的减摩耐磨材料。常用的具有优良耐磨性的高分子材料有超高相对分子质量聚乙烯(UHMWPE)、尼龙(PA)、聚四氟乙烯(PTFE)等。

高分子材料的硬度很低,磨损率常高于普通金属材料。

高分子材料具有较高的柔性、弹性和抗划伤能力。由于高分子材料的化学组成和结构与金属相差很大,因此两者的黏着倾向很小。对于磨粒磨损而言,高分子材料对磨粒有较好的适应性,其特有的高弹性可使接触表面产生变形而不是切削犁沟损伤,如同用细锉刀锉削橡皮一样,故具有较好的抗磨粒磨损能力。但在凿削式磨粒磨损情况下,高分子材料的耐磨性比较差,不如普通钢。

表8-1列出了部分具有优良耐摩擦性能的工程塑料的动摩擦系数。表8-2列出了部分塑料磨损的质量减小率。

表8-1 部分具有优良耐摩擦性能的工程塑料的动摩擦系数

名　　称	动摩擦系数		
	无润滑	水润滑	油润滑
超高相对分子质量聚乙烯	0.10~0.20	0.05~0.10	0.05~0.08
尼龙-66	0.15~0.40	0.14~0.19	0.06~0.11
聚四氟乙烯	0.04~0.25	0.04~0.08	0.04~0.05
聚甲醛	0.15~0.35	0.10~0.20	0.05~0.10
聚碳酸酯	0.15~0.38	0.13~0.18	0.02~0.10
聚苯乙烯	0.16~0.41	0.14~0.20	0.03~0.12

表 8 - 2 部分塑料磨损的质量减小率

名　称	质量减小率/（%）	名　称	质量减小率/（%）
尼龙	1	ABS 树脂	9
聚甲醛	2～5	聚甲基苯烯酸甲酯	2～5
聚苯乙烯	9～26	酚醛树脂	4～12

在实际应用中，几乎没有一种单独的高聚物能够同时满足摩擦系数和磨损率低的要求。如果在一个较大温度范围内的主要要求是摩擦系数低，则聚四氟乙烯是最好的选择；如果在室温下使用，磨损率低是主要要求，则可选择尼龙。尼龙是一种具有优良耐磨性和润滑性的高分子材料，可以做成轴承、齿轮等零件，在小载荷下可以在无润滑剂的情况下使用。尼龙无油润滑的摩擦系数为 0.1～0.3。

尼龙的种类不同，摩擦系数也不同。结晶度增大，摩擦系数减小，耐磨性提高。为了提高结晶度，可以采用热处理，还可以添加二硫化钼和石墨等固体润滑剂，其不仅起润滑作用，而且起结晶核心的作用，可以得到细密结晶的良好制品。尼龙可用于机械、汽车、化工、电子电工等领域，可用来制造轴承、齿轮、涡轮、螺钉、螺母、输油管等。

超高相对分子质量聚乙烯是一种线性结构的具有优异综合性能的热塑性工程塑料，其具有很好的自润滑性，摩擦系数小，不黏附异物。即使是无润滑剂，与钢或黄铜的表面滑动也不会出现发热胶着现象。其耐磨性与分子质量有关。当相对分子质量小于 10^6 时，耐磨性随相对分子质量的增大而迅速提高；当相对分子质量大于 10^6 时，耐磨性不再随相对分子质量的增大而发生变化。由于超高相对分子质量聚乙烯的耐磨性居塑料之首，因此应用十分广泛，遍布于建筑、机械、煤炭、冶金、食品工程等领域。

8.4 磨损试验方法

磨损试验是一种测定材料抗磨损能力的试验。磨损试验方法可分为零件磨损试验和试样磨损试验两类。前者以实际零件在机器实际工作条件下进行试验，具有真实性和可靠性。后者将试验材料加工成试样，在规定的试验条件下进行试验，多用于研究性试验，其优点是可以针对产生磨损的某具体因素进行研究，探讨磨损机制及其影响规律，具有时间短、成本低、易控制等优点；缺点是试验结果不能直接反映实际情况。

8.4.1　磨损试验机

磨损试验机种类很多。图 8.17 所示为常见磨损实验机的工作原理。图 8.17（a）所示为圆盘-销式磨损试验机的工作原理，将试样加上载荷压紧在旋转圆盘上，摩擦速度可调，试验精度较高，在抛光机上加一个夹持装置和加载系统即可制成；图 8.17（b）所示为销筒式磨损试验机的工作原理；图 8.17（c）所示为双滚式磨损试验机的工作原理，可用来测定金属材料在滑动摩擦、滚动摩擦、滚动-滑动复合摩擦及间歇接触摩擦情况下的磨损量，以比较各种材料的耐磨性；图 8.17（d）所示为往复运动式磨损试验机的工作原理，试件在静止平面上做往复运动，适用于研究导轨、缸套、活塞环等做往复运动的零件的耐磨性；图 8.17（e）所示为砂纸磨损试验机的工作原理，与圆盘-销式磨损试验机类似，只是对磨材料为砂纸；图 8.17（f）所示为切入式磨损试验机的工作原理，能较快地评定材料的组织和性能及处理工艺对耐磨性的影响。

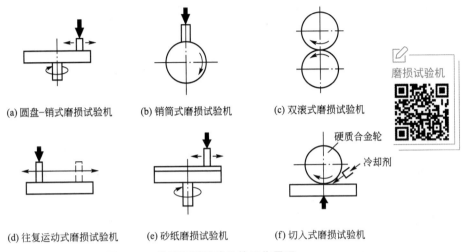

(a) 圆盘-销式磨损试验机　　(b) 销筒式磨损试验机　　(c) 双滚式磨损试验机

(d) 往复运动式磨损试验机　　(e) 砂纸磨损试验机　　(f) 切入式磨损试验机

图 8.17　常见磨损试验机的工作原理

8.4.2　磨损量的测定与表示

1. 磨损量的测定方法

磨损量的测定方法有称重法、尺寸法、刻痕法、表面形貌测定法及铁谱分析法等。

（1）称重法的原理是根据试样在试验前后的质量变化，用精密分析天平测量来确定磨损量。称重法适用于形状规则和尺寸较小的试样及在摩擦过程中不发生较大塑性变形的材料。称重前，需对试样进行清洗和干燥。这种方法灵敏度不高，测量精度为 0.1mg。

（2）尺寸法的原理是根据表面法向尺寸在试验前后的变化来确定磨损量。这种方法主要用于磨损量较大、用称重法难以实现的情况。

（3）刻痕法的原理是采用专门的金刚石压头，在磨损零件或试样表面预先刻上压痕，测量磨损前后刻痕尺寸的变化来确定磨损量。例如可以用维氏硬度的压头预先压出压痕，再测量磨损前后压痕对角线的变化，并换算成深度变化来确定磨损量。

（4）表面形貌测定法常用于测定磨损量非常小的超硬材料的磨损量。表面形貌测定法的原理是利用触针式表面形貌测量仪测量磨损前后机件表面粗糙度的变化来确定磨损量。

（5）铁谱分析法的原理是通过观察磨屑的形状、尺寸与数量来判别表面磨损类型和程度。铁谱仪的工作原理如图 8.18 所示，先将磨屑分离出来，再借助显微镜对磨屑进行研究。铁谱仪工作时，首先用泵将油样低速输送到处理过的透明衬底（磁性滑块）上，磨屑在衬底沉积。磁铁能在孔附近形成高密度磁场。沉积在衬底的磨屑近似按尺寸分布。然后借助光学显微镜观察，如果磨屑数量保持稳定，则可断定机器运转正常，磨损缓慢；如果磨屑数量或尺寸发生很大变化，则表明机器开始剧烈磨损。

2. 磨损量的表示方法

因为磨损试验结果的分散度很大，所以试验试样要足够，一般试验需要 4～5 对摩擦

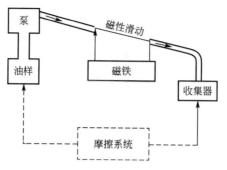

图 8.18　铁谱仪的工作原理

副，数据分散度大时应酌情增加摩擦副。处理试验结果时，一般取试验数据的平均值，分散度大时需用均方根值。

材料和机械构件的磨损量还没有统一标准，常用质量损失、体积损失和尺寸损失表示，分别对应质量磨损量、体积磨损量和线磨损量三种表示法。以上三种磨损量都是利用材料磨损前后相应数据的差值标定的，且没有考虑磨程和摩擦磨损时间等因素的影响。

为便于不同材料和试验条件下的比较，常用磨损率（单位磨程单位时间内的磨损量）、总磨程和测试时间内的平均磨损率等表示磨损量。

综合习题

一、填空题

1. 按磨损的机理（摩擦面损伤和破坏形式），磨损一般分为_____、_____、_____和_____。

2. 滚动轴承在纯滚动条件下常发生的磨损失效形式是_____；一般齿轮摩擦副在滚动兼滑动摩擦条件下常发生的磨损失效形式是_____。

二、选择题（单选或多选）

1. 按摩擦面损伤和破坏形式，磨损分为（　　）。

A. 黏着磨损　　　　　B. 干磨损　　　　　C. 磨料磨损　　　　　D. 湿磨损

E. 腐蚀磨损　　　　　F. 接触疲劳　　　　G. 流体磨损

2. 滚动轴承在纯滚动条件下常发生的磨损失效形式是（　　）。

A. 表面麻点剥落　　B. 深层剥落　　　C. 浅层剥落

3. 齿轮在滚动和滑动条件下常发生的磨损失效形式是（　　）。

A. 表面麻点剥落　　B. 深层剥落　　　C. 浅层剥落

4. 根据剥落裂纹起始位置及形态的差异，接触疲劳分为表面麻点剥落、浅层剥落和（　　）三类。

A. 麻点剥落　　　　　B. 深层剥落　　　　C. 针状剥落　　　　D. 表面剥落

5. 齿轮表面经过渗碳淬火处理后形成表面硬化层，裂纹常源于硬化层与心部的交接部，发生（　　）。

A. 表层麻点剥落　　B. 浅层剥落　　　　C. 深层剥落　　　　D. 腐蚀疲劳

6. 机件的磨损过程可分为（　　）、稳定磨损和剧烈磨损三个阶段。

A. 跑合　　　　　　　B. 疲劳磨损　　　　C. 轻微磨损　　　　D. 不稳定磨损

7. 陶瓷材料的磨损包括（　　）。

A. 黏着磨损　　　　B. 磨粒磨损　　　　C. 疲劳磨损　　　　D. 化学磨损

三、文献查阅及综合分析

给出任一材料（器件、产品、零件等）磨损失效的案例，分析其磨损失效的原因（给出必要的图、表、参考文献）。

四、工程案例分析

请举一个实际工程案例，说明材料断裂的原因、机理及其性能指标在其中的应用，完成 PPT 制作、课堂汇报与讨论，并提供案例来源、文字说明、图片、视频等资源。

第8章 试验方法（国家标准）

在线答题

第 9 章
材料的高温蠕变性能

本章知识构架

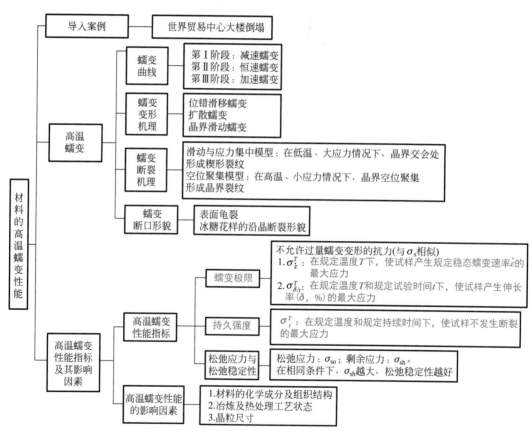

导入案例

高度为411m的纽约世界贸易中心大楼的主楼呈南北双塔形，采用钢结构，墙面由铝板和玻璃窗组成。2001年9月11日，一架波音767飞机撞击北塔，18min后，一架波音757飞机拦腰撞击南塔。在高达1000℃的烈焰下，北塔和南塔倒塌，该事件被称为"9·11"事件，如图9.01所示。

"9·11"事件

图9.01　"9·11"事件

"9·11"事件调查报告显示，纽约世界贸易中心大楼倒塌是飞机冲撞和随后引发的大火共同作用的结果，喷气燃料燃烧发出的热量不能使大楼倒塌，但在撞击过程中没有燃尽的喷气燃料向北塔和南塔各层扩散、燃烧并引燃众多楼内物品，钢结构的表面保护层绝缘板脱落，钢结构完全暴露于大火之中，大火温度接近钢的软化点，喷气燃料温度为550～1650℃，而钢在550℃下就会失去近一半的强度而产生弯曲变形，在760℃下只剩10％～20％的强度，北塔和南塔在重力加速度的作用下倒塌。

在工业应用中，很多机件都是在高温下工作的，如汽轮机、柴油机、化工设备、航空发动机、高压蒸汽锅炉等。在高温下 [高温是相对材料熔点而言的，当环境温度高于 $(0.4～0.5)\,T_m$ 时称为高温，其中 T_m 为材料熔点，单位为K]，材料内部组织和力学性能会发生很大变化，明显不同于室温。

高温下的载荷持续时间对材料的力学性能有很大影响。例如，20钢在450℃下的瞬时抗拉强度为330MPa，但若在此温度下持续工作300h，则能承受的最大应力仅为230MPa。因此，不能简单地用应力应变关系评定材料在高温下的力学性能，还需加入温度与时间两个因素。

材料在高温长时应力作用下会出现蠕变、应力松弛、持久断裂、氧化和腐蚀及热疲劳损坏等高温失效现象。这些现象在常温状态下是没有或不显著的，只有在高温下才显示出来。

本章重点讨论材料在高温长时应力作用下的蠕变现象以及蠕变变形机理和蠕变断裂机理，介绍材料的高温蠕变性能指标及其影响因素。

9.1　高温蠕变

在高温下，材料力学行为的一个重要特点就是会产生蠕变。材料在一定温度和应力作用下，随时间慢慢产生塑性变形的现象称为蠕变，由这种变形引起的断裂称为蠕变断裂。1910年，安德雷德等人发表了关于金属发生蠕变的研究报告，随后越来越多的科研工作者开始研究材料的蠕变。

在低温下材料也会发生蠕变，只是由于温度太低，蠕变现象不明显。一般认为，只有当温度高于 $0.3T_m$（T_m 为材料熔点，单位为 K）时，蠕变现象才较为明显。由于不同材料的熔点不同，因此其出现明显蠕变的温度不同，如碳素钢要超过 350℃；合金钢要超过400℃；熔点低的金属（如 Pb、Sn）和许多高分子材料在室温下可发生蠕变；熔点高的陶瓷材料（如 Si_3N_4）即使在 1100℃以上也不会发生明显蠕变。

9.1.1　蠕变曲线

材料在一定温度和应力作用下的蠕变过程常用伸长率与时间的关系曲线（蠕变曲线）描述。材料的蠕变曲线可在图 9.1 所示的蠕变试验机上测得。

高温蠕变

图 9.1　蠕变试验机

金属和陶瓷材料的蠕变特征类似，其蠕变曲线如图 9.2 所示。Oa 段是在温度 T 下承受恒定拉应力时产生的瞬间伸长，其应变为 δ_0，这是由外加载荷引起的一般变形过程。蠕变曲线 $abcd$ 包括 ab、bc、cd 三个蠕变阶段，曲线上任一点的斜率表示该点的蠕变速率。

（1）ab 段——第Ⅰ阶段。第Ⅰ阶段是减速蠕变阶段，又称过渡蠕变阶段。在该阶段，开始时蠕变速率很大，随着时间的延长，蠕变速率逐渐减小，到 b 点蠕变速率达到最小值。

（2）bc 段——第Ⅱ阶段。第Ⅱ阶段是恒速蠕变阶段，又称稳态蠕变阶段。该阶段的特点是蠕变速率几乎保持不变。通常蠕变速率用该阶段曲线的斜率表示，此时的蠕变速率称为最小蠕变速率。金属材料的设计、使用、蠕变变形的测量都是依据该阶段进行的。

（3）cd 段——第Ⅲ阶段。第Ⅲ阶段是加速蠕变阶段。该阶段的特点是随着时间的延长，蠕变速率逐渐增大，直至在 d 点处材料断裂。在该阶段，机件出现颈缩或者材料内部产生空洞、裂纹等，从而使蠕变速率激增。

高分子材料因具有黏性而有与金属和陶瓷材料不同的蠕变特征，其蠕变曲线如图 9.3 所示。

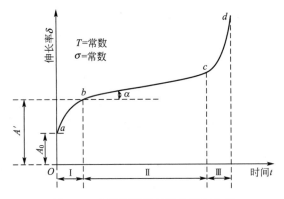

图 9.2　金属和陶瓷材料的蠕变曲线

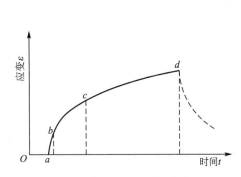

图 9.3　高分子材料的蠕变曲线

图 9.3 可分为如下三个阶段。

（1）ab 段。ab 段为可逆形变阶段，产生普通弹性变形，应力与应变成正比。

（2）bc 段。bc 段为推迟的弹性变形阶段，又称高弹性变形发展阶段。

（3）cd 段。cd 段为不可逆变形阶段，材料以较小的恒定应变速率产生弹性变形并产生颈缩现象，发生蠕变断裂。

高分子材料的蠕变是由弹性变形引起的蠕变。去除载荷后，这种蠕变可以发生回复，称为蠕变回复。这是高分子材料与金属、陶瓷材料的不同之处。

同一材料在恒定温度、不同应力和恒定应力、不同温度下的蠕变曲线分别如图 9.4（a）和图 9.4（b）所示。

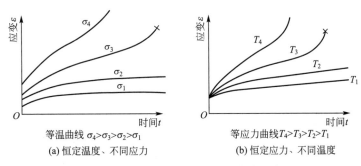

图 9.4　应力和温度对蠕变曲线的影响

由图 9.4 可见，若改变温度或应力，则蠕变曲线的形状改变。温度恒定而改变应力或者应力恒定而改变温度对蠕变曲线的影响是等效的。蠕变曲线有以下特点。

（1）基本保持三个阶段的特点。

（2）各阶段的持续时间不同。当应力较小或温度较低时，第Ⅱ阶段的持续时间长，甚

至无第Ⅲ阶段；相反，当应力较大或温度较高时，第Ⅱ阶段的持续时间很短，甚至第Ⅱ阶段完全消失，试样将在很短的时间内进入第Ⅲ阶段而断裂。

9.1.2　蠕变变形机理

蠕变变形机理包括位错滑移蠕变、扩散蠕变和晶界运动蠕变三种。

1. 位错滑移蠕变

在常温下，当位错受到各种障碍阻滞而产生塞积时，滑移不能继续进行，材料硬化。但在高温下，位错可以借助外界提供的热激活能来克服短程障碍，使变形继续进行，这就是动态回复（又称软化）过程。

在蠕变过程中，硬化和软化是相伴进行的。在蠕变第Ⅰ阶段，硬化作用较为显著，蠕变速率不断减小；在蠕变第Ⅱ阶段，硬化不断发展，同时促进了软化的进行，软化过程加速；当硬化和软化达到平衡时，进入蠕变第Ⅲ阶段，此时蠕变速率取决于位错的攀移速率。

位错的热激活机制有多种，如螺型位错的交滑移、刃型位错的攀移、位错环的分解及带割阶位错的运动等。不是所有热激活机制都同时对蠕变起作用，在蠕变的某阶段，可能只有一种蠕变机制起主要作用。

图9.5所示为刃型位错攀移克服障碍的四种模型。由图可见，受热激活运动的影响，位错塞积减少，对位错源的反作用力减小，位错源重新开动，位错增殖和运动，产生蠕变。

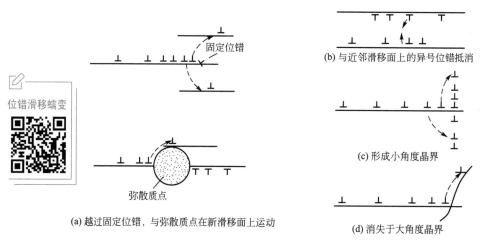

位错滑移蠕变

(a) 越过固定位错，与弥散质点在新滑移面上运动

(b) 与近邻滑移面上的异号位错抵消

(c) 形成小角度晶界

(d) 消失于大角度晶界

图 9.5　刃型位错攀移克服障碍的四种模型

2. 扩散蠕变

在蠕变温度高、蠕变速率小的情况下，会发生以原子或空位定向移动为主的扩散蠕变，如图9.6所示。在不受外力的情况下，原子和空位的移动不具有方向性，在宏观上不显示塑性变形。当存在应力时，多晶体内产生不均匀应力场。对于承受拉应力的晶界（图9.6中的A、B晶界），空位浓度增大；对于承受压应力的晶界（图9.6中的C、D晶界），空位浓度减小。因此，材料中的空位将从受拉晶界向受压晶界迁移，原子则向相反方向移动，材料逐渐产生蠕变。

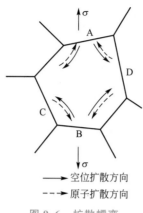

空位扩散方向
原子扩散方向

图 9.6　扩散蠕变

3. 晶界运动蠕变

当温度较高时，晶界运动也是蠕变的一个组成部分。晶界运动主要有两种方式：一种是晶界滑动，即晶界两边晶粒沿晶界相互错动；另一种是晶界沿其法线方向迁移。晶界滑动引起的硬化可通过晶界迁移得到回复。晶界滑动不是一种独立的机制，其与晶内的滑移变形配合进行，否则将破坏晶界的连续性，从而在晶界上产生裂纹。

晶界运动引起的变形量占总蠕变量的比重不大，即使在温度较高时，晶界滑移引起的变形量也仅占总蠕变量的 10%。

9.1.3　蠕变断裂机理

在高温蠕变中，特别是当应力较小时，沿晶断裂比较普遍。一般认为，这是由多晶体中晶内和晶界强度随温度变化不一致造成的。图 9.7 所示为晶内强度和晶界强度随温度变化的趋势。由图可见，在低温下，晶界强度高于晶内强度。随着温度的升高，晶内强度和晶界强度均下降，但晶界强度比晶内强度下降快。在某温度下，晶内强度等于晶界强度，该温度称为等强温度 T_E。当温度高于等强温度时，晶内强度高于晶界强度，发生沿晶断裂；当温度低于等强温度时恰恰相反。

另外，由图 9.7 可以看出，蠕变速率也对晶粒强度及等强温度有影响。蠕变速率下降，晶粒强度及等强温度均下降，晶界的断裂倾向增大。

在不同的应力和温度条件下，晶界裂纹形成机理有如下两种。

（1）在低温、大应力情况下，晶界交会处形成楔形裂纹。在低温、大应力情况下，由于沿晶滑移与晶内变形不协调，在晶界附近形成能量较高的畸变区，晶界滑动受阻。

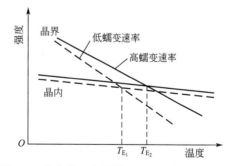

图 9.7　晶内强度和晶界强度随温度变化的趋势

这种情况可以在高温下消除，但在低温、大应力情况下不能协调变形，当应力集中达到晶界的结合强度时，在三个相邻晶粒交界间发生开裂，形成楔形裂纹，如图 9.8 所示。

（2）在高温、小应力情况下，晶界空位聚集形成晶界裂纹。这种裂纹发生在垂直于拉应力的晶界上，一般出现在晶界上的凸起部位和细小的第二相质点附近，因晶界滑动而产生空洞。一旦形成空洞核心，在应力作用下，空位由晶内和沿晶界继续向空洞扩散，使空洞不断长大并相互连接成裂纹，如图 9.9 所示。

晶界形成空洞裂纹

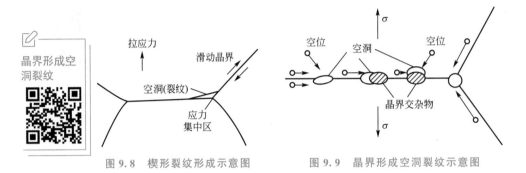

图 9.8　楔形裂纹形成示意图　　　图 9.9　晶界形成空洞裂纹示意图

由于主要在晶界上产生蠕变断裂，因此晶界的形态、晶界上的析出物和杂质偏聚、晶粒尺寸等都会对蠕变断裂产生较大影响。

9.1.4　蠕变断口形貌

蠕变断口的宏观特征包括：①在断口附近产生塑性变形，在变形区附近有许多裂纹，使断裂机件表面出现龟裂现象；②受高温氧化的影响，断口往往被一层氧化膜覆盖，其微观断口特征主要是冰糖花样的沿晶断裂形貌。金属材料的高温蠕变断口形貌如图 9.10 所示。

金属材料的高温蠕变断口形貌

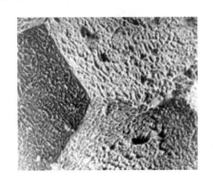

图 9.10　金属材料的高温蠕变断口形貌

在陶瓷材料中，由于位错在陶瓷晶体内的运动需要克服较大阻力（其键合力大），因此晶界蠕变对蠕变的贡献更重要。一般认为，高分子材料发生蠕变的机理为分子链在长时间外力作用下发生构象变化或位移。

9.2　高温蠕变性能指标及其影响因素

9.2.1　高温蠕变性能指标

一般采用蠕变极限、持久强度、松弛应力与松弛稳定性等力学性能指标描述材料的高温蠕变性能。

1. 蠕变极限

蠕变极限是材料在长期高温载荷作用下抵抗塑性变形的能力，其含义与材料在常温下的屈服强度相似。为了保证在长期高温载荷作用下的安全性，材料要具有一定的蠕变极限。

蠕变极限一般有两种表示方法：一种是在规定温度 T 下，使试样产生规定稳态蠕变速率 $\dot{\varepsilon}$ 的最大应力，用符号 $\sigma_{\dot{\varepsilon}}^{T}$（MPa）表示。例如，$\sigma_{1\times10^{-5}}^{650}=500\text{MPa}$ 表示在 650℃ 的温度下，蠕变速率为 $1\times10^{-5}\%/\text{h}$ 的蠕变极限为 500MPa。另一种是在规定温度 T 和规定试验时间 t（h）下，使试样产生一定伸长率（δ，%）的最大应力，用符号 $\sigma_{\delta/t}^{T}$ 表示。例如，$\sigma_{1/10^{5}}^{650}=100\text{MPa}$ 表示在 650℃下，10 万小时后伸长率为 1% 的蠕变极限为 100MPa。具体的试验时间及伸长率取决于机件的工作条件。

在蠕变时间短且蠕变速率大的情况下，一般采用第二种表示方法。因为对于短时蠕变试验，第Ⅰ阶段的蠕变变形量占比较大，且第Ⅱ阶段的蠕变速率不易测定，所以将蠕变总变形量作为测量对象比较合适。

2. 持久强度

蠕变极限表征材料在长期高温载荷作用下对塑性变形的抗力，但不能反映断裂时的强度及塑性。与常温下的情况一样，材料在高温下的变形抗力与断裂抗力是两个不同的性能指标。持久强度极限是指在规定温度 T 下和规定持续时间 t 下，使试样不发生断裂的最大应力，用 σ_{t}^{T}（MPa）表示。例如，$\sigma_{1000}^{600}=200\text{MPa}$ 表示在 600℃下，材料受 200MPa 应力作用 1000h 不发生断裂，或者在 600℃下工作 1000h 的持久强度为 200MPa。如果 $\sigma>200\text{MPa}$ 或 $t>1000\text{h}$，材料就会断裂。

对于某些在高温下运转过程中不考虑变形量，而只考虑在承受给定应力下使用寿命的机件来说，材料的持久强度是极其重要的性能指标。

有些耐热钢具有缺口敏感性。缺口造成的应力集中对持久强度的影响取决于温度、缺口形状、钢的持久塑性、热处理工艺及钢的成分等因素。

材料的持久强度试验时间通常比蠕变极限试验时间长得多，工程构件的持久强度试验时间最长可达几十万小时。在实际应用中，常根据短时间持久强度试验数据，按经验公式推算或按直线外推法求得材料的持久强度。

3. 松弛应力与松弛稳定性

在恒变形条件下，随着时间的延长，材料的弹性应力逐渐降低的现象称为应力松弛，材料抵抗应力松弛的能力称为松弛稳定性。例如，一些在高温下工作的紧定零件（如汽轮机缸盖或法兰盘上的紧定螺栓等）经过一段时间后，紧固应力不断降低，从而发生泄漏。图 9.11 所示为通过松弛试验测定的应力松弛曲线。其中，σ_0 为初始应力，随着时间的延长，试样中的应力不断减小，在任一时间试样上保持的应力称为 剩余应力（σ_{sh}）。试样上减小的应力（初始应力与剩余应力之差）称为 松弛应力（σ_{so}）。

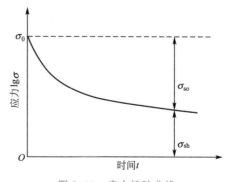

图 9.11　应力松弛曲线

松弛稳定性可以评价材料在高温下的预紧能力，对于在高温下工作的紧固件，选材和设计时应考虑材料的松弛稳定性。如果松弛稳定性差，随着时间的延长，材料的剩余应力就越来越小，当小于需要的预紧应力时会造成机械故障。

9.2.2　高温蠕变性能的影响因素

根据蠕变变形和断裂机理可知，蠕变是在一定的应力条件下，材料热激活微观过程的宏观表现。要降低蠕变速率、提高蠕变极限，必须控制位错攀移速率；要提高持久强度，必须抑制晶界滑动和空位扩散。

高温蠕变性能的影响因素主要包括材料的化学成分及组织结构、冶炼及热处理工艺状态、晶粒尺寸等。

1. 材料的化学成分及组织结构

材料的化学成分不同，蠕变的热激活能也不同。热激活能高的材料，蠕变困难，蠕变极限及持久强度较高。

对于金属材料，设计耐热钢及耐热合金时，一般选用熔点高、自扩散激活能高和层错能低的元素及合金。因为在一定温度下，熔点越高的金属，自扩散激活能越高，自扩散越慢；层错能越低的金属越易产生扩展位错，使位错难以产生割阶、交滑移和攀移，有利于降低蠕变速率。另外，在金属基体中加入一些可以形成单相固溶体的合金元素（如铬、钼、钨、铌等），可以产生固溶强化作用，降低层错能，从而提高蠕变极限。加入形成弥散相的合金元素后，弥散相能强烈阻碍位错的滑移，从而提高材料的高温强度。弥散相粒子硬度越大、弥散度越大、稳定性越高，强化作用越好。加入硼、稀土金属等可以提高晶界激活能的元素，既能阻碍晶界滑动，又能增大晶界裂纹面的表面能，对提高蠕变极限特别是持久强度非常有效。

陶瓷材料本身具有较好的抗高温蠕变性能。对于共价键结构的陶瓷材料，由于共价键具有方向性，因此具有较高的抵抗晶格畸变、阻碍位错运动的派-纳力；对于呈离子键结构的陶瓷材料，由于存在静电作用力，因此晶格滑移不仅遵循晶体几何学的原则，而且受到静电吸力和斥力的制约，从而使高温蠕变性能提高。

具有不同黏弹性的高分子材料，蠕变性能不同。例如玻璃纤维增强塑料的蠕变性能反而低于未增强塑料。因为在许多纤维增强塑料中，基体的黏弹性取决于时间和温度，并在恒定应力下呈现蠕变，而玻璃纤维增强塑料的基体比未增强塑料的基体对时间的依赖性低得多，所以在较短时间内断裂并显示出低的蠕变性能。

2. 冶炼及热处理工艺状态

因为即使杂质元素（如 S、P、Pb、Sn 等）含量只有十万分之几，也会使热强性及加工塑性降低，所以耐热合金对冶炼工艺要求极严格。可通过热处理改变金属材料的组织结构，从而改变热激活运动的难易程度。例如，对于珠光体耐热钢，采用正火＋高温回火工艺，可使碳化物较充分、均匀地溶解在奥氏体中；回火温度高于使用温度 $100\sim150℃$，可提高其在使用温度下的组织稳定性。对奥氏体耐热钢进行固溶处理和时效处理，可得到适当的晶粒度，改善强化相的分布状态。

陶瓷材料第二相的组织、形态不同，蠕变机理不同，特别是当第二相分布在晶界时，晶界处于微晶状态、液相或近液相状态，蠕变机理以晶界扩散和晶界滑动为主或以牛顿黏性流动为主。

3. 晶粒尺寸

晶粒尺寸对金属材料性能的影响很大。当使用温度低于等强温度时，细晶粒钢具有较高的强度；当使用温度高于等强温度时，粗晶粒钢及合金具有较高的蠕变抗力与持久强度。但是晶粒尺寸太大会使持久塑性和冲击韧性降低。对于耐热钢及合金，随着合金成分及工作条件的不同，最佳晶粒度有一个范围。例如，奥氏体耐热钢及镍基合金以 2～4 级晶粒度为宜。

对于陶瓷材料，晶粒尺寸不同，控制蠕变速率的蠕变机理也不同。当晶粒尺寸很大时，蠕变速率受位错开动和晶内扩散的影响；当晶粒尺寸较小时，蠕变速率受晶界扩散、晶界滑动机制的影响，也可能受所有机制的综合影响。

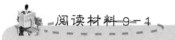 阅读材料 9 - 1

打造中国航空发动机叶片"金钟罩"

航空发动机叶片

作为飞机动力装置的航空发动机是飞机的心脏，在高温、高压、高强度条件下工作的航空发动机叶片称为"工业皇冠上的明珠"，要求其材料具有质轻、强度高、韧性好、耐高温、抗氧化、耐腐蚀等性能，这几乎是结构材料中最高的性能要求。中国科学院和中国工程院两院院士师昌绪发展了我国第一个铁基高温合金，并领导开发了我国第一代空心气冷铸造镍基高温合金涡轮叶片，使中国航空发动机涡轮叶片由锻造到铸造、由实心到空心，他被称为"中国高温合金之父"。

师昌绪与高温合金

叶片从组织形态上经历了一代多晶体叶片、二代定向凝固叶片、三代单晶叶片的发展。发动机燃烧室的工作温度已超过 2000K，而镍基高温合金的工作温度不超过 1600K。中国工程院院士徐惠彬团队制备了陶瓷梯度热障涂层。

高温合金按基体元素种类分为铁基高温合金、镍基高温合金、钴基高温合金等；按强化类型分为固溶强化高温合金和时效沉淀强化高温合金；按材料成型方式分为铸造高温合金（多晶铸造高温合金、定向凝固高温合金、定向共晶铸造高温合金和单晶铸造高温合金）、变形高温合金、粉末冶金高温合金（普通粉末冶金高温合金和氧化物弥散强化高温合金）。

航空发动机叶片

镍基高温合金的含镍量高于 50%，其采用固溶时效强化，抗蠕变性能、抗压强度、屈服强度大幅度提升，使用温度超过 1000℃，它是我国产量最大、使用量最大的一种高温合金。GH4169 合金是时效硬化型镍基（镍-铬-铁）变形高温合金，其在 -253～650℃ 下组织性能稳定，在深冷和高温条件下用途极广，在航空发动机中的使用量超过 50%，在 650℃ 以下具有高的抗拉强度、屈服强度和良好的塑性，并具有良好的耐蚀性、抗辐射性、疲劳性能、断裂韧性、焊接和焊后成型性等，广泛用于航空发动机的压气机盘、压气机轴、压气机叶片、涡轮盘、涡轮轴、机匣、紧固件等。

综合习题

一、填空题

1. $\sigma_{\dot{\varepsilon}}^{T}$ 表示_____。

2. $\sigma_{\delta/t}^{T}$ 表示_____。

3. σ_{t}^{T} 表示_____。

二、选择题（单选或多选）

1. 表示蠕变极限的性能指标有（   ）。

A. $\sigma_{\delta/t}^{T}$　　　　B. σ_{t}^{T}　　　　C. σ_{sh}　　　　D. $\sigma_{\dot{\varepsilon}}^{T}$　　　　E. σ_{so}

2. σ_{t}^{T} 是指在规定温度 T 和规定持续时间 t 下，使试样不发生断裂的（   ）。

A. 持久强度　　　　　　　　B. 蠕变极限

C. 高温强度　　　　　　　　D. 高温疲劳极限

3. 蠕变是材料的高温力学性能，它是缓慢产生（   ）直至断裂的现象。

A. 弹性变形　　　　　　　　B. 塑性变形

C. 磨损　　　　　　　　　　D. 疲劳

4. 应力松弛是指在规定温度和压力下，材料中的（   ）随时间逐渐减小的现象。

A. 弹性变形　　　　　　　　B. 塑性变形

C. 屈服强度　　　　　　　　D. 应力

5. 下列关于高温蠕变的说法中，不正确的是（   ）。

A. 蠕变发生的机理与应力水平无关

B. 粗化晶粒是提高钢持久强度的途径

C. 松弛稳定性可以评价材料的高温预紧能力

D. 蠕变的热激活能与材料的化学成分有关

三、文献查阅及综合分析

给出任一材料（器件、产品、零件等）在高温条件下工作的案例，分析材料的成分设计、工艺是如何满足高温工作要求的（给出必要的图、表、参考文献）。

四、工程案例分析

请举一个实际工程案例，说明材料断裂的原因、机理及其性能指标在其中的应用，完成 PPT 制作、课堂汇报与讨论，并提供案例来源、文字说明、图片、视频等资源。

第9章 试验方法(国家标准)

在线答题

第10章
材料在环境介质作用下的腐蚀

 本章知识构架

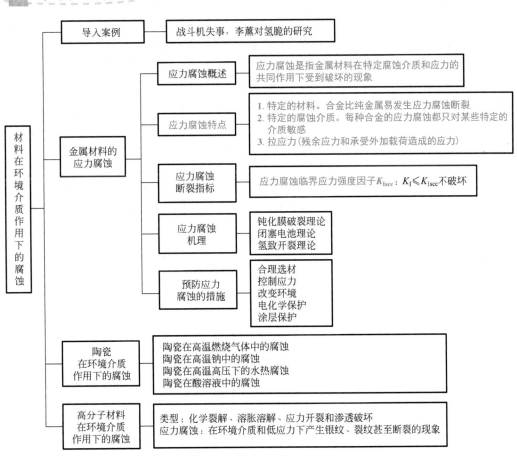

材料在环境介质作用下的腐蚀

- 导入案例 ── 战斗机失事，李薰对氢脆的研究

- 金属材料的应力腐蚀
  - 应力腐蚀概述 ── 应力腐蚀是指金属材料在特定腐蚀介质和应力的共同作用下受到破坏的现象
  - 应力腐蚀特点 ──
    1. 特定的材料。合金比纯金属易发生应力腐蚀断裂
    2. 特定的腐蚀介质。每种合金的应力腐蚀都只对某些特定的介质敏感
    3. 拉应力(残余应力和承受外加载荷造成的应力)
  - 应力腐蚀断裂指标 ── 应力腐蚀临界应力强度因子K_{Iscc}：$K_I \leqslant K_{Iscc}$不破坏
  - 应力腐蚀机理 ──
    钝化膜破裂理论
    闭塞电池理论
    氢致开裂理论
  - 预防应力腐蚀的措施 ──
    合理选材
    控制应力
    改变环境
    电化学保护
    涂层保护

- 陶瓷在环境介质作用下的腐蚀 ──
  陶瓷在高温燃烧气体中的腐蚀
  陶瓷在高温钠中的腐蚀
  陶瓷在高温高压下的水热腐蚀
  陶瓷在酸溶液中的腐蚀

- 高分子材料在环境介质作用下的腐蚀 ──
  类型：化学裂解、溶胀溶解、应力开裂和渗透破坏
  应力腐蚀：在环境介质和低应力下产生银纹、裂纹甚至断裂的现象

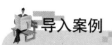

李薰——氢脆研究的创始人

李薰（1913—1983）是中国科学院院士、物理冶金学家、中国科学院金属研究所的创建者和第一任所长。

氢脆是限制高强度钢工业应用的瓶颈。1938年，英国一架战斗机在特技飞行时失事，调查发现飞机发动机主轴断成两截，主轴内部有大量裂纹（发裂）。李薰研究发现，钢中含氢是造成该事故的主要因素，发裂的原因是在冶炼过程中混入的氢原子引起钢的脆性断裂（氢脆）。李薰研究了钢中含氢产生白点需要孕育期和钢中去氢的规律，为钢中氢的研究奠定了科学基础，同时是氢脆研究领域的创始人。

1950年10月，在英国谢菲尔德大学工作的李薰回国，开展中国科学院金属研究所的筹建工作。他放弃了北京，而选定沈阳作为金属研究所所在地。

李薰建立并发展了钢中氢、氧和非金属夹杂物的分析技术，建立了在炼钢炉熔池中取样分析氢含量的方法。在平炉炼钢过程中，炉气中的水气是钢液中氢的主要来源，他的这一发现为国内钢铁冶炼技术的提高提供了依据；另外，他研究了钢在凝固过程中氢的分布规律及除氢技术。

人们对氢脆的微观机理仍没有达成共识，基于宏观试验和原位电子显微镜观察，普遍认为氢对位错运动没有阻碍作用，甚至可以促进位错运动。2016年，西安交通大学在氢脆机理研究方面取得突破性进展，发现充氢几十分钟后，氢不仅导致金属铝中的位错产生强烈钉扎，而且该过程可逆，即在停止充氢一段时间后，被钉扎的位错又可以在外力作用下恢复运动能力，从而提出了充氢原子与空位的结合体在该过程中起主导作用，而不是氢原子本身。

如何设计高强度抗氢脆钢？部分学者认为，可以引入晶内氢陷阱来捕获氢。例如，在马氏体钢中Nbc与Fe基体半共格界面处存在大量失配位错，其是Nbc作为深氢陷阱的根源，具有优异的抗氢脆性能。

材料腐蚀是材料受周围环境介质（如水、空气、酸、碱、盐、溶剂等）的作用，发生有害的物理变化、化学变化或电化学变化，产生损耗与破坏而失去其固有性能的过程，如金属的腐蚀破坏、涂料和橡胶因阳光或者化学物质的作用而变质、炼钢炉衬的熔化等。腐蚀要满足两个条件：一是材料受介质作用部分发生状态变化，转变成新相；二是整个腐蚀体系的自由能降低。

腐蚀种类众多，按腐蚀方式分为化学腐蚀（非离子导体介质）和电化学腐蚀（离子导电性介质）；按腐蚀破坏特点分为全面腐蚀、局部腐蚀（应力腐蚀、点蚀、选择腐蚀、焊缝腐蚀、磨蚀、缝隙腐蚀、晶间腐蚀等）；按腐蚀环境分为大气腐蚀、土壤腐蚀、海洋腐蚀、微生物腐蚀和高温腐蚀等。

应力腐蚀是材料（机械零件或构件）在静态应力（主要是拉应力）和腐蚀介质的共同作用下产生的失效现象。应力腐蚀断裂占全部腐蚀断裂的38％，常出现于锅炉用钢、黄铜、高强度铝合金和不锈钢中，凝汽器管、矿山用钢索、飞机紧急制动用高压气瓶内壁等，产生的应力腐蚀也很显著。氧化物陶瓷（如 Al_2O_3、ZrO_2 等）在室温下的潮湿空气或水中也会发生应力腐蚀。

10.1 金属材料的应力腐蚀

10.1.1 应力腐蚀概述

应力腐蚀是指金属材料在特定腐蚀介质和应力的共同作用下受到破坏的现象。

应力腐蚀现象普遍存在，涉及国防、化工、电力、石油、航空航天、海洋等领域。

10.1.2 应力腐蚀特点

1. 产生应力腐蚀断裂的条件

应力腐蚀

一般认为，金属材料发生应力腐蚀断裂需要具备以下三个基本条件。

（1）特定的材料。合金比纯金属易发生应力腐蚀断裂。一般认为，纯金属不会发生应力腐蚀断裂。例如，纯度为 99.999％ 的铜不会在含氨介质中发生应力腐蚀断裂，但当含磷量达到 0.004％ 时会发生应力腐蚀断裂；当钢的含碳量为 0.12％ 时，应力腐蚀敏感性最高。

（2）特定的腐蚀介质。对于某种合金，发生应力腐蚀断裂与其所处的特定腐蚀介质有关，每种合金的应力腐蚀都只对某些特定的介质敏感，不是任何介质都能引起应力腐蚀的，介质中能引起应力腐蚀的物质的浓度一般较低。例如，当核电站高温水介质中仅含质量分数为百万分之几的 Cl^- 和 O_2 时，奥氏体不锈钢发生应力腐蚀断裂。另外，当无应力作用时，单纯介质作用可在金属表面形成保护膜，只有在介质与应力同时作用下才产生强烈的应力腐蚀。表 10-1 列举了常用金属材料产生应力腐蚀的敏感介质。

表 10-1 常用金属材料产生应力腐蚀的敏感介质

金属材料	敏感介质
低碳钢和低合金钢	NaOH 溶液、热硝酸盐溶液、过氧化氢溶液、碳酸盐溶液、HCN 溶液、海水、H_2S 溶液
奥氏体不锈钢	水溶液（含 Cl^-、Br^-、I^-）、H_2S 溶液、NaOH 溶液
镍合金	NaOH 溶液、高纯水蒸气
镁合金	HNO_3 溶液、NaOH 溶液、蒸馏水、含 SO_2 的大气
高强度钢	蒸馏水、水、氯化物溶液、H_2S 溶液
铜合金	氨蒸气、含 SO_2 的大气、氨溶液、$FeCl_3$ 溶液、HNO_3 溶液
铝合金	NaCl 溶液、海水、水蒸气、含 SO_2 的大气
钛合金	水溶液（含 Cl^-、Br^-、I^-）、N_2O_4、甲醇、三氯乙烯、有机酸

（3）拉应力。拉应力是产生应力腐蚀断裂的必要条件。拉应力有两个来源：一是残余

应力，可能在加工、冶炼、装配过程中产生，也可能是由温差产生的热应力及相变产生的相变应力；二是材料承受外加载荷造成的应力。据统计，在应力腐蚀断裂事故中，由残余应力引起的占 80% 以上。残余应力中以焊接应力为主。产生应力腐蚀断裂的应力通常很小，当不存在腐蚀介质时，这样小的应力是不会使材料和零件发生机械破坏的。但在腐蚀介质环境下，材料往往在没有预兆的情况下突然断裂，其危害十分严重。

2. 应力腐蚀断裂特征

应力腐蚀断裂从宏观上属于脆性断裂，其断口与疲劳断口相似，也有亚稳扩展区和瞬间断裂区，即使是塑性很强的材料也无颈缩现象。受腐蚀介质的作用，断口表面特别是亚稳扩展区常呈黑色或灰黑色。应力腐蚀断口的微观特征较复杂，往往在显微镜下可见腐蚀坑及二次裂纹。断裂方式有穿晶断裂、沿晶断裂、混合型断裂等，其中沿晶断裂较多，断裂方式与具体的材料和环境有关。沿晶断裂呈冰糖花样，穿晶断裂具有河流花样等特征。应力腐蚀宏观裂纹一般沿着与拉应力垂直的方向扩展，且呈树枝状。应力腐蚀裂缝的深度比宽度大几个数量级。图 10.1 所示为应力腐蚀裂纹的扩展形式。

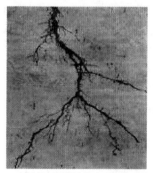 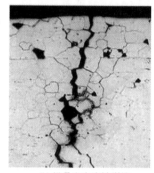 

(a) 奥氏体不锈钢中的应力腐蚀裂纹　　(b) 沿晶应力腐蚀裂纹　　(c) 沿晶应力腐蚀断口

图 10.1　应力腐蚀裂纹的扩展形式

3. 应力腐蚀断裂过程

应力腐蚀断裂是一种典型的滞后破坏。金属材料在应力和环境的共同作用下，经过孕育期产生裂纹，裂纹逐渐扩展，直至达到临界尺寸。当裂纹尖端的应力强度因子达到材料断裂韧性时，金属材料失稳而发生断裂。应力腐蚀断裂过程可分为如下三个阶段。

（1）孕育期（又称潜伏期、引发期、诱导期）。孕育期是在无预制裂纹或金属无裂纹、无蚀孔和无缺陷时裂纹的萌生阶段，即裂纹源形成所需时间。孕育期的时间取决于金属的性能、腐蚀介质及应力值，少则几天，长则几年、几十年，一般占总断裂时间的 90%。

（2）裂纹扩展期。裂纹扩展期是指裂纹形核后发展到临界尺寸所需时间。在该阶段，裂纹扩展速度与应力强度因子无关。裂纹扩展主要受裂纹尖端的电化学过程影响。试验证明，在该阶段，裂纹扩展速率介于没有应力下的腐蚀破坏速率与单纯的力学断裂速率之间。

（3）失稳断裂期。在失稳断裂期，裂纹扩展受纯力学因素影响。裂纹扩展速率随应力的增大而增大，直至断裂。

在有预制裂纹和蚀坑的情况下，应力腐蚀断裂过程只有裂纹扩展期和失稳断裂期。

10.1.3　应力腐蚀断裂指标

1. 应力腐蚀门槛

金属与合金承受的拉应力越小，断裂时间越长。应力腐蚀可在极小的应力（如屈服强度的 5%~10% 或更小）下产生。一般认为，当拉应力强度因子 K_I 低于某个临界值时，材料不再发生应力腐蚀断裂，这个临界值称为应力腐蚀临界应力强度因子，用 K_{ISCC} 表示。对于大多数金属材料，在特定的化学介质中，K_{ISCC} 值是一定的。因此，K_{ISCC} 可以作为判断金属材料应力腐蚀断裂的依据。对某些材料（如高强度钢或钛合金）来说，K_{ISCC} 是真正的应力腐蚀临界应力强度因子，但有些材料（如铝合金）没有明显的应力腐蚀临界应力强度因子，所以这类材料的临界应力强度因子实际上是给定滞后断裂时间的条件临界应力强度因子。在应用中，只有零件要求的服役时间比给定滞后断裂时间短才是安全的。

2. 应力腐蚀裂纹扩展速率

当裂纹尖端的应力强度因子 $K_I > K_{ISCC}$ 时，裂纹不断扩展。单位时间内裂纹的扩展量叫作应力腐蚀裂纹扩展速率，用 da/dt 表示。试验证明，da/dt 与 K_I 有关，即

$$da/dt = f(K_I) \tag{10-1}$$

在应力腐蚀断裂过程中，裂纹扩展速率 da/dt 随应力强度因子 K_I 变化的曲线（称为 $da/dt - K_I$ 曲线）如图 10.2 所示。由图可见，曲线分为如下三个区域。

（1）区域Ⅰ。当 K_I 稍大于 K_{ISCC} 时，裂纹经过孕育期突然加速扩展，$da/dt - K_I$ 曲线几乎与纵坐标平行。可见，在此阶段，裂纹扩展速率对 K_I 值较敏感。

（2）区域Ⅱ。da/dt 与 K_I 无关，曲线为水平线，通常所说的应力腐蚀裂纹扩展速率就是指该区域速率。其主要受电化学过程影响，较强烈地取决于溶液的 pH、黏度和温度。

（3）区域Ⅲ。区域Ⅲ为失稳断裂期，裂纹深度接近临界值，超过该临界值后，da/dt 随 K_I 的增大而急剧增大。当 $K_I = K_{Ic}$ 时，裂纹失稳扩展，材料断裂。

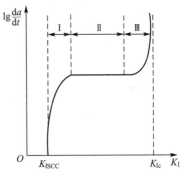

图 10.2　$da/dt - K_I$ 曲线

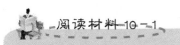

阅读材料 10-1

应力腐蚀断裂试验

根据施加应力的方法不同，应力腐蚀断裂试验分为恒载荷试验和恒应变试验；根据试样的种类和形状的不同，应力腐蚀断裂试验可采用光滑试样、缺口试样和预裂纹试样。在恒载荷试验和恒应变试验中，虽然可用应力腐蚀断裂的临界应力、临界应力强度因子、应力腐蚀裂纹扩展速率、断裂时间等指标来评价应力腐蚀断裂，但其均存在试验周期过长的缺点。

慢应变速率拉伸试验是在恒载荷试验的基础上发展而来的。由于试样承受的恒载荷被缓慢恒定的延伸速率（塑性变形）取代，加速了材料表面膜的破坏，使应力腐蚀过程充分发展，因而试验周期较短，常用于应力腐蚀断裂的快速筛选试验，可采用光滑试样、缺口试样或预裂纹试样。

在工程上，常用慢应变速率拉伸试验快速测定金属材料的应力腐蚀敏感性。可用应力腐蚀敏感系数 ε_f 评价金属材料的应力腐蚀敏感性

$$\varepsilon_f = \frac{E_{fh}}{E_{fk}} \tag{10-2}$$

式中，E_{fh} 为金属材料在腐蚀介质中的塑性应变率；E_{fk} 为金属材料在空气中的塑性应变率。

ε_f 值越大，金属材料越耐应力腐蚀。表 10-2 列出了部分金属材料在不同体系中应力腐蚀的应变速率。

表 10-2　部分金属材料在不同体系中应力腐蚀的应变速率

体　系	应变速率/s^{-1}	体　系	应变速率/s^{-1}
铝合金，氯化物溶液	10^{-4}	钢，碳酸盐、硝酸盐溶液	10^{-6}
钢合金，硝酸盐溶液	10^{-6}	不锈钢，氯化物溶液	10^{-6}
不锈钢，高温高压水溶液	10^{-7}	钛合金，氯化物溶液	10^{-5}

10.1.4　应力腐蚀机理

实际上，人们提出了多种机理来解释应力腐蚀现象，其中应用较多的三种机理是钝化膜破裂理论、闭塞电池理论和氢致开裂理论。

1. 钝化膜破裂理论

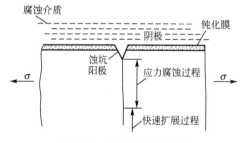

图 10.3　钝化膜破裂理论

钝化膜破裂理论认为，在发生应力腐蚀的环境中，金属表面通常由钝化膜覆盖，不直接与腐蚀介质接触，金属处于钝化状态，可以阻止金属的进一步腐蚀（图 10.3）。但在拉应力的作用下，钝化膜破裂，露出具有活性的金属表面，其在电解质溶液中成为阳极，其余具有完整钝化膜的金属表面成为阴极，从而构成腐蚀微电池。在此过程中，拉应力一方面促进钝化膜的破坏；另一方面在裂纹尖端产生应力集中区，降低阳极电位，加速阳极金属溶解。

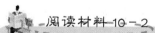

阅读材料 10-2

可以用钝化膜破裂理论解释穿晶应力腐蚀断裂：在应力作用下，位错沿滑移面运动并在表面形成滑移台阶，使金属产生塑性变形。若金属表面钝化膜不能随此滑移台阶产生相应的变形，且滑移台阶的高度比钝化膜的厚度大，则该处钝化膜破坏，从而产生应力腐蚀。

可以用钝化膜破裂理论解释沿晶应力腐蚀断裂：金属在所有腐蚀介质中，都将在大角度晶界处受到侵蚀。但在无应力的情况下，侵蚀很快被腐蚀产物阻止。当存在拉应力时，在侵蚀形成的晶界处形成应力集中，晶界上的钝化膜破坏，裂纹不断沿晶界发展，直至金属断裂。

2. 闭塞电池理论

闭塞电池理论认为：①在应力和腐蚀介质的共同作用下，金属表面缺陷处会形成微蚀孔或裂纹源。②微蚀孔和裂纹源的通道非常窄小，孔隙内外溶液不容易对流和扩散，形成闭塞区。③在闭塞区，理论上阳极反应与阴极反应共存，一方面金属原子变成离子进入溶液（$Me \longrightarrow Me^{2+} + 2e^-$）；另一方面电子与溶液中的氧结合成氢氧根离子$\left(\frac{1}{2}O_2 + H_2O + 2e^- \longrightarrow 2OH^- \right)$。但在闭塞区，氧迅速耗尽，得不到补充，最后只能进行阳极反应。④缝内金属离子水解产生 H^+ [$Me^{2+} + 2H_2O \longrightarrow Me(OH)_2 + 2H^+$]，使环境 pH 下降。缝内金属离子和 H^+ 增多，为了维持电中性，缝外的 Cl^- 可移至缝内，形成腐蚀性极强的盐酸，使缝内腐蚀以自催化方式加速进行，直到裂纹扩展到一定程度，金属断裂。

闭塞电池理论可以很好地说明一些耐蚀性强的合金（如不锈钢、铝合金和钛合金等）在海水中不耐蚀的原因，以及氯化物易使金属产生点蚀和应力腐蚀的原因。

氢脆

3. 氢致开裂理论

氢致开裂理论认为，进入晶格的氢原子和应力的共同作用将导致金属材料产生脆性断裂，称为氢脆断裂，简称氢脆。该理论认为，在应力作用下，金属腐蚀产生的氢被金属吸收后，生成氢应变铁素体或高活化氢化物，使金属材料脆化而出现裂纹，并沿氢脆部位扩展，最终导致金属断裂。该理论是由一些塑性很强的合金在发生应力腐蚀断裂时具有脆性断裂的特征提出的。氢致开裂是应力腐蚀断裂的一种机理。

氢原子进入金属可以通过应力腐蚀中的阴极反应过程，还可以通过冶炼（以杂质的形式）、焊接（以水分的形式）、酸洗（以水分的形式）等过程。因此，氢脆可包括两大类，一类为内部氢脆，另一类为环境氢脆。一般来说，内部氢脆只涉及把晶格中过饱和的氢原子通过扩散输送到裂纹尖端，使金属脆化；而环境氢脆需要把环境介质中的氢通过物理吸附、化学吸附、氢分子分解、氢原子溶解及氢在晶格中的扩散等过程到达裂纹尖端，使金属脆化。

10.1.5　预防应力腐蚀的措施

根据应力腐蚀的机理及产生条件可知，预防应力腐蚀的措施主要有合理选材、控制应力、改变环境、电化学保护、涂层保护。

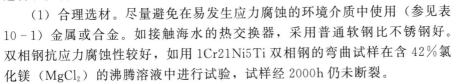

防腐材料

（1）合理选材。尽量避免在易发生应力腐蚀的环境介质中使用（参见表 10-1）金属或合金。如接触海水的热交换器，采用普通软钢比不锈钢好。双相钢抗应力腐蚀性较好，如用 1Cr21Ni5Ti 双相钢的弯曲试样在含 42% 氯化镁（$MgCl_2$）的沸腾溶液中进行试验，试样经 2000h 仍未断裂。

（2）控制应力。引起应力腐蚀的拉应力主要是由金属机件的设计和加工工艺不合理造成的。因此，制造和装配金属构件时，应尽量使结构的应力集中系数最小，并使与介质接触部分的残余拉应力最小。热处理退火可以有效消除残余应力。如碳钢构件在 650℃ 下退火 1h，可消除焊接引起的残余应力；如果采用喷丸等工艺，使机件表层产生一定的残余压应力，则更为有效。

（3）改变环境。可以采取措施去除环境中危害较大的介质组分，也可以通过控制环境的温度或 pH、添加适量的缓蚀剂等，达到改变环境的目的。例如，需要预先处理汽轮机发电机组用水，以降低 NaOH 的含量；在核反应设备的不锈钢热交换器中，需将水中 Cl^- 及 O_2 的含量降低到 10^{-6} 以下。

（4）电化学保护。根据应力腐蚀机理可知，金属（合金）发生应力腐蚀与其电极电位有关。有些体系存在一个临界断裂电位值，可以采用外加电位的方法，使金属在介质中的电位远离应力腐蚀敏感电位区域，从而起到良好的保护作用，一般采用阴极保护法。

（5）涂层保护。良好的涂层（镀层）可使金属表面和环境隔离开，从而避免发生应力腐蚀。例如用石棉层对输送热溶液的不锈钢管外表面绝热，石棉层中渗出 Cl^-，可引起不锈钢表面破裂，在不锈钢外表面涂有机硅涂料后就不会破裂了。

10.2　陶瓷在环境介质作用下的腐蚀

陶瓷具有优异的耐热性和耐蚀性，在腐蚀性环境下很少发生化学反应，材料外形变化极小，即使在高温下，陶瓷的特性也能充分发挥出来。我们常见的氮化硅、碳化硅陶瓷常用于环境恶劣的能源系统开发。长期以来，人们一直从材料的电学、磁学、光学、热学、机械学等方面评价陶瓷，而对腐蚀，特别是在恶劣环境条件下是否会因腐蚀引起陶瓷功能变化的研究较少。实际上，陶瓷在某些恶劣环境下仍可能会被环境介质腐蚀。例如，非氧化物陶瓷在酸性条件下是不稳定的，但当环境中存在酸时，非氧化物陶瓷的机械强度明显下降，导致材料失效。

常见的陶瓷腐蚀几乎都是晶界腐蚀。提高陶瓷的耐蚀性，一要严格控制晶界的组成和结构，二要针对不同的腐蚀介质选用合适的陶瓷材料。例如，在非氧化物陶瓷中存在大量晶界，而且晶界是腐蚀的快速通道，其腐蚀速率远远大于高纯度的 SiC 或 Si_3N_4 粉体；SiC 陶瓷与 Si_3N_4 陶瓷相比，SiC 陶瓷中的晶界数量大大小于 Si_3N_4 陶瓷，因而 SiC 陶瓷的耐蚀性优于 Si_3N_4 陶瓷。

1. 陶瓷在高温燃烧气体中的腐蚀

当陶瓷在高温燃烧气体中时，陶瓷表面生成以氧化硅为主要成分的氧化层，该氧化层在高温下汽化且滞留于材料表面附近。

当燃烧气体不流动时，氧化层的汽化和凝聚处于动态平衡状态，燃烧气体相对静止时，陶瓷表面存在玻璃层；当燃烧气体流动时，氧化层的汽化和凝聚的动态平衡状态受到破坏，汽化的氧化物被流动气体带走，材料表面不存在光滑的玻璃层，陶瓷被腐蚀。

2. 陶瓷在高温钠中的腐蚀

Al_2O_3 等氧化物陶瓷在高温钠中表面呈现灰褐色或黑褐色，并且颜色随温度的升高或时间的延长而加深，材料的质量随温度的升高或时间的延长而减小，但 ZrO_3 陶瓷相反。单晶材料和化学气相沉积材料在高温钠中表面不变色，质量变化也只有多晶材料的 1/10 左右。Si_3N_4、SiC 等硅系陶瓷在高温钠中表面变色，其质量随温度的升高或时间的延长而减小，腐蚀程度比氧化物陶瓷严重。

陶瓷在高温钠中的腐蚀来自两个方面：一是钠沿晶界扩散引起晶界腐蚀，二是陶瓷本身不耐钠腐蚀。腐蚀过程中，高温中的钠沿陶瓷的晶界扩散，使晶界上的 Si—O 断裂，发生如下反应：

$$4Na + 3SiO_2 \longrightarrow 2Na_2SiO_3 + Si$$

$$2Na + [O] + SiO_2 \longrightarrow Na_2SiO_3$$

式中，[O] 表示游离氧。接触钠溶液的晶界上的骨架元素溶解析出，使晶界活化能增大，反应不断进行。由于钠具有选择性，因此钠的腐蚀作用是局部的，最终往往在材料中形成很深的蚀孔。晶界上的非晶态成分越多，杂质含量越高，这种腐蚀越严重。

3. 陶瓷在高温高压下的水热腐蚀

对金属材料和陶瓷来说，水都是最强烈的腐蚀性物质。其中，水对陶瓷的腐蚀只在高温高压下发生，使非氧化物转变为氧化物或氧化物转变为氢氧化物。氧化物陶瓷在高温高压下，即使存在极少量的水或水蒸气，也会龟裂而使强度下降，原因如下。

（1）陶瓷表面的氧与水中解离的 H^+ 发生化学吸附，产生 OH^-，这些 OH^- 通过表面扩散及体积扩散进入晶格，使晶体结构发生畸变和变形，从而产生相变。

（2）由于陶瓷中存在一定的结构缺陷并成为水的渗透通道，因此水能够使陶瓷的部分成分溶解析出。

4. 陶瓷在酸溶液中的腐蚀

陶瓷的耐酸蚀性与陶瓷的组成成分紧密相关。例如，氧化铝陶瓷中铝和氧之间存在很大的键合力，因此氧化铝陶瓷的耐酸蚀性很强；氮化硅陶瓷的耐酸蚀性较差，温度越高，腐蚀越快。由于氢氟酸溶解氮化硅的能力特别强，因此无论氢氟酸的浓度是多少，氮化硅陶瓷在氢氟酸中的腐蚀都很严重。

当在陶瓷中加入烧结助剂钇和铝时，陶瓷的耐酸蚀性显著提高，并且与焙烧的加热方式和酸的浓度无关，其原因在于腐蚀主要集中在材料表面，而烧结助剂往往浓缩于材料表面，抑制了酸向材料内部扩散。特别是当环境中存在金属硝酸盐时，含烧结助剂钇和铝的陶瓷的耐酸蚀性显著提高。共存的金属硝酸盐的浓度越高，陶瓷的耐酸蚀性越好。

阅读材料 10-3

混凝土中的腐蚀

防腐混凝土

混凝土在实际服役过程中受温度、湿度、二氧化碳渗透、有害物质侵蚀等环境作用，外观及内部特征会发生变化，力学性能不断降低，使用寿命缩短。环境因素引起的腐蚀主要包括硫酸盐、氯化镁等盐类对混凝土基体的腐蚀破坏、淡水腐蚀、碱集料腐蚀破坏、二氧化碳腐蚀、钢筋腐蚀等化学腐蚀破坏，以及物理形式的冻融破坏。

例如，盐类和水泥的水化产物发生化学变化而生成具有膨胀性质的物质，破坏结构混凝土基体；流动的淡水使混凝土中的钙离子流失，水化产物逐渐分解而失去强度；钢筋腐蚀主要是二氧化碳或氯离子的侵入破坏了钢筋表面的钝化膜而导致钢筋不断锈蚀、膨胀，破坏混凝土结构。

冻融破坏的原理是在某冻结温度下，水结冰引起体积膨胀，过冷水发生迁移，引起各种压力，当压力超过混凝土强度时，混凝土内部孔隙及微裂缝逐渐扩展并连通，强度逐渐降低，造成混凝土破坏。对于混凝土的冻融破坏，目前提出的相关理论主要有静水压理论、渗透压理论、微冰棱镜理论、临界饱水度理论和变形理论等。

一般从施工工艺和原材料角度考虑结构混凝土的防腐措施。例如在结构混凝土表面增加防腐涂层；优化混凝土配合比，选择有利于抗氯离子渗透的原材料，如粉煤灰能有效改善混凝土的孔结构，减少自由氯离子的侵入；在钢筋表面涂阻锈剂等防腐涂层，以提高钢筋的耐蚀性。

10.3　高分子材料在环境介质作用下的腐蚀

高分子材料一般具有优良的耐蚀性，在酸、碱和盐溶液中具有较好的耐蚀性，但在复杂多变的腐蚀介质中也会产生腐蚀。例如，尼龙只耐较稀的酸、碱溶液，而在浓酸、浓碱溶液中会被腐蚀。

10.3.1　高分子材料的腐蚀类型

高分子材料的腐蚀与金属有本质差别。金属是导体，其腐蚀行为多以电化学过程进行，常以离子的形式溶解。高分子材料一般不导电，也不以离子形式溶解，其腐蚀过程难以用电化学规律阐明。高分子材料的腐蚀类型主要包括化学裂解、溶胀溶解、应力开裂和渗透破坏等。

（1）化学裂解。在活性介质作用下，渗入高分子材料的介质分子可能与大分子发生化学反应，使大分子主价键发生破坏、裂解。

（2）溶胀溶解。溶剂分子渗入材料而破坏大分子间的次价键，与大分子发生溶剂化作用，使高分子材料出现溶胀、软化，强度显著降低。

（3）应力开裂。在应力（外加应力或内部残余应力）与某些介质（如表面活性物质）共同作用下，有些高分子材料会出现银纹，并进一步生长成裂缝，直至发生脆性断裂。

（4）渗透破坏。对于衬里设备来说，一旦介质透过衬里层接触到基体，就会引起基体的腐蚀，使设备损坏。

另外，高分子材料中的某些成分（如增塑剂、稳定剂等添加剂或低分子量组分）会从固体内部向外扩散、迁移并溶入环境介质，从而使高分子材料变质。

10.3.2　高分子材料的应力腐蚀

当高分子材料处于某种环境介质中时，往往会在比空气中的断裂应力或屈服应力小得多的应力下产生银纹、裂纹甚至断裂的现象，称为高分子材料的应力腐蚀开裂。这种应力包括外加应力和内部残余应力；环境介质包括液体、蒸气和固体介质。部分结晶的塑料（如聚乙烯、聚丙烯、聚苯醚及聚全氟乙丙烯树脂等）会在相应的介质，尤其是表面活性介质中产生环境应力腐蚀开裂。

介质渗入高分子材料会使材料表面塑性增强、屈服强度降低，在应力作用下，材料表面层产生塑性变形和大分子链的定向排列，形成由一定量物质和浓度空穴组成的疏松纤维状结构，称为银纹；在更大的应力作用下，一部分大分子链与另一部分大分子链完全断开，形成裂纹。与银纹不同，裂纹不再是疏松的纤维结构，而完全是穴隙。银纹和裂纹是由介质的渗入和应力共同作用形成的，而银纹和裂纹的出现有利于介质向材料内部渗透和扩散，导致银纹和裂纹不断扩展，直至材料断裂。

1. 高分子材料应力腐蚀开裂的特点

（1）高分子材料应力腐蚀开裂是一种从表面开始发生破坏的物理现象，从宏观上看呈脆性破坏，但若用电子显微镜观察则属于韧性破坏。

（2）无论负载应力是单轴方式还是多轴方式，都是在比空气中的屈服应力更低的应力下发生龟裂滞后破坏的。

（3）在裂缝尖端存在银纹区。

（4）与应力腐蚀断裂不同，材料不发生化学变化。

（5）在发生开裂的前期状态中，屈服应力不降低。

研究高分子材料在特定介质中产生的应力腐蚀开裂行为，可检测材料的内应力和耐开裂性能，以对材料性能进行评价及质量管理。

2. 高分子材料应力腐蚀开裂的机理

介质与高分子材料发生反应的情况不同，会引起不同形式的应力腐蚀。有的应力腐蚀开裂过程出现银纹、裂纹及裂纹扩展几个阶段；有的在开裂之前只出现少量银纹，有的甚至完全不出现银纹。按照介质的特性，应力腐蚀开裂可分为以下几种机理。

（1）介质是表面活性物质。这类介质（包括醇类和非离子型表面活性剂等）对高分子材料的溶胀作用不严重。介质能渗入材料表面层中的有限部分，产生局部增塑作用，于是在较低应力下被增塑的区域产生局部取向，形成较多银纹。这种银纹在初期几乎是笔直的、末端尖锐。介质进一步侵入，使应力集中处的银纹末端进一步增塑，链段更易取向、解缠。银纹逐步扩展、汇合，直至材料开裂，这是一种典型的应力腐蚀开裂。有人采用表面能降低的理论解释这种现象。

（2）介质是溶剂型介质。由于这类介质与高分子材料有相近的溶解度参数，因此对高分子材料有较强的溶胀作用。这类介质进入大分子可以起到增塑作用，使链段易相对滑移，从而使材料强度降低，在较小的应力作用下可发生应力腐蚀开裂。在开裂之前产生少量银纹，强度降低是由溶胀或溶解引起的。

（3）介质是强氧化性介质。这类介质（如浓硫酸、浓硝酸等）与高聚物发生化学反应，使大分子链发生氧化裂解，在应力作用下，少数薄弱环节处产生银纹。银纹中的空隙使介质快速渗入，继续发生氧化裂解。最后在银纹尖端应力集中较大的地方大分子断裂，形成裂缝，材料发生应力腐蚀开裂。这类开裂产生的银纹极少，甚至比溶剂型介质还少，但在较小的应力作用下，可使极少银纹迅速扩展，使材料发生脆性断裂。

3. 影响高分子材料应力腐蚀开裂的因素

（1）高分子材料的性质。高分子材料的性质是影响应力腐蚀开裂的主要因素。不同的高聚物具有不同的耐应力腐蚀开裂能力；同一高聚物的耐应力腐蚀开裂能力也因分子量、结晶度、内应力的不同而有很大差别。

分子量小且分子量分布窄的材料，发生应力腐蚀开裂所需时间短。因为分子量越大，在介质作用下的解缠越困难。高聚物的结晶度高，容易产生应力集中，而且在晶区与非晶区的交界处容易受到介质的作用，所以易产生应力腐蚀开裂。

杂质、缺陷、黏结不良的界面、表面刻痕及微裂纹等应力集中体会促进材料的应力腐蚀开裂。

另外，由加工不良引起的内应力或者材料热处理条件不同产生的内应力均对应力腐蚀开裂有很大影响。

（2）环境介质的性质。环境介质对应力腐蚀开裂的影响主要取决于它与材料间的相对表面性质或溶度参数差值 $\Delta\delta$。若 $\Delta\delta$ 很小，即介质对材料的浸湿性能很好，则易溶胀，环境介质的影响极小，不是典型的应力腐蚀开裂；若 $\Delta\delta$ 很大，即环境介质不能浸湿材料，则环境介质的影响也极小。只有当 $\Delta\delta$ 在某一范围内时，才易引起局部溶胀，使材料产生应力腐蚀开裂。

（3）试验条件。试样厚度对应力腐蚀开裂有一定的影响，在某临界厚度以下，材料不产生应力腐蚀开裂。如果施加应力的作用方向与大分子取向垂直，开裂就易出现在大分子取向方向上。一般来说，温度高易导致应力腐蚀开裂，但如果温度接近材料的熔点就不会发生应力腐蚀开裂。另外，浸渍时间、外加应力等都会对高分子材料的应力腐蚀开裂产生影响。

 综合习题

一、填空题

1. 材料发生应力腐蚀断裂的三个基本条件是_____、_____和_____。

2. 应力腐蚀断裂过程可分为_____、_____和_____三个阶段。

3. 材料发生应力腐蚀开裂时的应力来源于_____和_____。

二、选择题（单选或多选）

1. 材料发生应力腐蚀断裂的三个基本条件是（　　）。

A. 特定的材料　　　　B. 特定的腐蚀介质　　　C. 压应力　　　D. 拉应力

2. 下面（　　）可以加速材料发生应力腐蚀断裂。

A. 扭转应力　　　　B. 拉应力　　　　C. 压应力　　　D. 剪切应力

3. K_{ISCC} 表示材料的（　　）。

A. 断裂韧性

B. 应力腐蚀临界应力强度因子

C. 冲击韧性

D. 应力强度因子

E. 疲劳门槛

F. 应力腐蚀裂纹扩展速率

4. 黄铜易在（　　）溶液中发生应力腐蚀开裂。

A. 热碱　　　　　B. 氯化物　　　　C. 氨水　　　　D. 硝酸

5. 奥氏体不锈钢易在（　　　）溶液中发生应力腐蚀开裂。

A. 热碱　　　　　　　　B. 氯化物　　　　　　　　C. 氨水　　　　　　　　D. 硝酸盐

三、文献查阅及综合分析

给出任一材料（器件、产品、零件等）应力腐蚀破坏的案例，分析其应力腐蚀失效的原因（给出必要的图、表、参考文献）。

四、工程案例分析

请举一个实际工程案例，说明材料断裂的原因、机理及其性能指标在其中的应用，完成 PPT 制作、课堂汇报与讨论，并提供案例来源、文字说明、图片、视频等资源。

第10章 试验方法（国家标准）

在线答题

第11章
材料的强韧化

本章知识构架

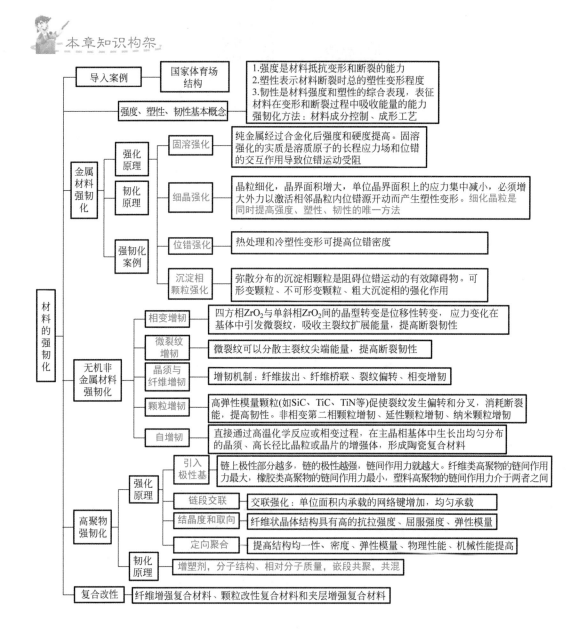

导入案例	国家体育场结构	1.强度是材料抵抗变形和断裂的能力 2.塑性表示材料断裂时总的塑性变形程度 3.韧性是材料强度和塑性的综合表现，表征材料在变形和断裂过程中吸收能量的能力	
	强度、塑性、韧性基本概念	强韧化方法：材料成分控制、成形工艺	

金属材料强韧化

强化原理 · 韧化原理

强韧化案例

- 固溶强化：纯金属经过合金化后强度和硬度提高。固溶强化的实质是溶质原子的长程应力场和位错的交互作用导致位错运动受阻
- 细晶强化：晶粒细化，晶界面积增大，单位晶界面积上的应力集中减小，必须增大外力以激活相邻晶粒内位错源开动而产生塑性变形。细化晶粒是同时提高强度、塑性、韧性的唯一方法
- 位错强化：热处理和冷塑性变形可提高位错密度
- 沉淀相颗粒强化：弥散分布的沉淀相颗粒是阻碍位错运动的有效障碍物。可形变颗粒、不可形变颗粒、粗大沉淀相的强化作用

材料的强韧化

无机非金属材料强韧化

- 相变增韧：四方相ZrO_2与单斜相ZrO_2间的晶型转变是位移性转变，应力变化在基体中引发微裂纹，吸收主裂纹扩展能量，提高断裂韧性
- 微裂纹增韧：微裂纹可以分散主裂纹尖端能量，提高断裂韧性
- 晶须与纤维增韧：增韧机制：纤维拔出、纤维桥联、裂纹偏转、相变增韧
- 颗粒增韧：高弹性模量颗粒(如SiC、TiC、TiN等)促使裂纹发生偏转和分叉，消耗断裂能，提高韧性。非相变第二相颗粒增韧、延性颗粒增韧、纳米颗粒增韧
- 自增韧：直接通过高温化学反应或相变过程，在主晶相基体中生长出均匀分布的晶须、高长径比晶粒或晶片的增强体，形成陶瓷复合材料

高聚物强韧化

强化原理

- 引入极性基：链上极性部分越多，链的极性越强，链间作用力就越大。纤维类高聚物的链间作用力最大，橡胶类高聚物的链间作用力最小，塑料高聚物的链间作用力介于两者之间
- 链段交联：交联强化：单位面积内承载的网络键增加，均匀承载
- 结晶度和取向：纤维状晶体结构具有高的抗拉强度、屈服强度、弹性模量
- 定向聚合：提高结构均一性、密度、弹性模量、物理性能、机械性能提高

韧化原理：增塑剂，分子结构，相对分子质量，嵌段共聚，共混

复合改性：纤维增强复合材料、颗粒改性复合材料和夹层增强复合材料

导入案例

我国国家体育场（图 11.01）坐落在奥林匹克公园中心区平缓的坡地上，网络状外观为建筑的主体结构。国家体育场形象简洁、典雅，犹如一个颇具象征意义的"鸟巢"，孕育着人类的生命与梦想。

国家体育场

图 11.01　国家体育场

"鸟巢"不仅是建筑设计中的经典，更是材料学上的国际尖端科技成果。如果没有研发成功承担主要负重任务的 Q460 钢，一切就只能停留于想象与图纸之上。

Q460 钢是一种低合金高强度钢。一般情况下，材料的强度越大，塑性、韧性及加工工艺性能越低。"鸟巢"——国内在建筑结构上首次使用 Q460 钢，钢板厚度达 110mm，不仅要求材料具有高的强度，而且具有高的塑性、韧性和焊接性能。为解决材料的强度和韧性、焊接性能的矛盾，科研人员经历了半年多的攻关之路，通过调整成分、改进轧制工艺，在保证碳当量低的基础上，适当增大微合金元素的含量，降低轧制温度，增大压下量，从而细化晶粒，达到高强度、高韧性的配合。

一般情况下，材料的强度与塑性、韧性是一对互为消长的矛盾性能指标，材料的强度越大，塑性、韧性及加工工艺性能越低。随着科学技术与工业生产的发展，机器装备日益向大型化、复杂化、高精尖方向发展，主要零部件的工作条件更为严酷和复杂，对材料强度与塑性、韧性的要求越来越高，尤其是对兼具高强度和高塑性、高韧性配合的材料的需求持续增长。

韧性是材料强度和塑性的综合表现，表征材料在变形和断裂过程中吸收能量的能力；强度是材料抵抗变形和断裂的能力；塑性表示材料断裂时总的塑性变形程度。因此，可以用材料在塑性变形和断裂过程中吸收的能量表示韧性。提高材料的强度和韧性可以节约材料、降低成本、提高材料在使用过程中的可靠性和使用寿命，对国民经济有重大意义。

一方面，结合键和原子排列方式不同是金属材料、陶瓷材料、高分子材料力学性能不同的根本原因，改变材料的内部结构可以达到控制材料性能的目的；另一方面，不同的加工成形工艺决定着材料的最终组织状态，从而决定着材料的性能。因此，可以从材料成分控制和成形工艺改进两个方面改进材料的强度及韧性。对于不同的材料，提高强度与塑性、韧性的机理和方法也不同。

11.1 金属材料强韧化

11.1.1 金属材料的强化原理

固溶强化

1. 固溶强化

纯金属经过适当的合金化后强度和硬度提高的现象，称为固溶强化。固溶强化的实质是溶质原子的长程应力场和位错的交互作用导致位错运动受阻。固溶体可分为无序固溶体和有序固溶体，其强化机理不同。

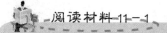
阅读材料 11—1

固溶强化铁基变形高温合金

我国固溶强化铁基变形高温合金可以成功地在700～900℃下使用。添加合金元素使基体得到强化的铁基变形高温合金是在 Fe - Cr - Ni 型奥氏体不锈钢的基础上发展起来的，使用温度较高，所受应力较小，能适应各种复杂成形的加工，在航空航天领域广泛用于制造燃烧室和火焰筒等部件。

根据使用温度，我国固溶强化铁基变形高温合金基本可以分为如下三类。

(1) 700℃以下：主要有 GH13 和 GH139。GH139 以 6％锰代替部分镍，并辅以氮进行固溶强化。这是成分简单、较经济的合金。

(2) 700～800℃：主要有 GH1040。以 20Cr35Ni - 40Fe 为基体，加入适量钨、钼作为固溶强化的主要手段，再辅以少量铝和钛增强固溶强化，使其具有良好的综合性能，在 700～800℃应用的铁基板材高温合金中具有统治地位。

(3) 800～900℃：主要有 GH1131、GH138、GH1015 和 GH1016 等。这类合金主要用大量钨、钼和铌（总量高达 10％）进行固溶强化，有的合金还添加少量氮（＜0.3％）来增强固溶强化效果。

细晶强化

2. 细晶强化

在多晶体金属中，当相邻的不同取向的晶粒受力产生塑性变形时，部分取向因子大的晶粒内位错源先开动，并沿一定晶面产生滑移和增殖。滑移至晶界前的位错被晶界阻挡，造成塑性变形晶粒内位错塞积。在外力作用下，晶界上的位错塞积产生一个应力场，当应力场作用于位错源的力等于位错开动的临界应力时，相邻晶粒内的位错源开动、滑移与增殖，金属产生塑性变形。

当晶粒细化时，晶界面积增大，单位晶界面积上的应力集中减小，必须增大外力以激活相邻晶粒内位错源开动使金属产生塑性变形。因此，细晶粒产生塑性变形需要更大的外力，细化晶粒可使金属材料强化。

3. 位错强化

金属晶体的缺陷理论指出，晶体中的位错密度 ρ 达到一定值后，可以有效地提高金属的强度。位错间的弹性交互作用可产生位错运动的阻力，表现为强度增大。采用热处理和冷塑性变形提高位错密度是钢强化的重要手段。

金属的强度和塑性受位错的可动性控制。位错的可动性降低会引起位错密度增大。只要能阻碍位错滑移，就能提高金属的强度，同时降低金属的塑性。

4. 沉淀相颗粒强化

多相合金的高强度是由位错与沉淀析出相的交互作用产生的。弥散分布的沉淀相颗粒是阻碍位错运动的有效障碍物，其强化效果因颗粒在钢屈服时本身能否产生塑性变形而定。另外，第二相的形态与分布方式不同，产生的强化效应不同。

（1）可形变颗粒的强化作用。

可形变颗粒是指沉淀相通常处于与母相共格的状态，颗粒尺寸小（<15nm），可被运动的位错切割。

可变形颗粒的强化效应与以下几个方面有关：①第二相颗粒具有不同于基体的点阵结构和点阵常数，当位错切割共格颗粒时，不在滑移面造成错配的原子排列，因而位错运动做的功增大；②沉淀相颗粒的共格应力场与位错的应力场产生弹性交互作用，位错通过共格应变区时产生一定的强化效应；③位错切割颗粒后形成滑移台阶，增大界面能，增大位错运动的能量消耗；④当颗粒的弹性切变模量高于基体时，位错进入沉淀相，增大位错自身的弹性畸变能，导致位错的能量和线张力增大，位错运动遇到更大的阻力。

因此，与基体相完全共格的沉淀相颗粒具有显著的强化效应。

（2）不可形变颗粒的强化作用。

不可形变颗粒是具有较高的硬度和一定尺寸，并与母相部分共格或非共格的沉淀相颗粒。位错无法切割这类颗粒，只能绕过颗粒，绕过的最大角度 θ 可达到 π，每条位错绕过颗粒后留下一个位错环，然后恢复平直状态，继续向前推移。由于位错的能量与其长度成正比，因此，当位错遇到颗粒，滑移受到阻碍而发生弯曲时，必须增大外加切应力以克服由位错弯曲引起的位错线张力增大。不可形变颗粒的强化作用与颗粒尺寸成反比，与颗粒数目成正比。

（3）粗大的沉淀相群体的强化作用。

当由两个相组成的组织是一种不同晶粒尺寸的多晶体时，一个相晶粒的预先形成可以明显地影响另一个相晶粒的成长，也可以规定另一个相的生长范围，还可能引起另一个相晶粒细化。沉淀相的作用与沉淀相的形态、分布和数量，以及每个沉淀物承受外力的能力有关。

由两个相混合而成的组织的强化方法如下：①纤维强化；②一个相对另一个相起阻碍塑性变形的作用，从而导致另一个相产生更大的塑性变形和加工硬化，直到未塑性变形的相开始产生塑性变形为止；③在沉淀相之间，颗粒可由不同的位错增殖机制引入新的位错。

11.1.2　金属材料的韧化原理

韧性是断裂过程的能量参数，也是材料强度与塑性作用的综合表现。通常以裂纹形核和裂纹扩展的能量消耗或裂纹扩展抗力来表示材料韧性。

裂纹形核前的塑性变形、裂纹的扩展与金属组织结构密切相关，从而反映出不同的断裂方式及不同的断裂机制；它涉及位错运动、位错间的弹性交互作用、位错与溶质原子和

沉淀相之间的弹性交互作用、组织形态（基体、沉淀相和晶界）的作用。这些作用结果体现了组织结构对裂纹形核和裂纹扩展的促进或缓和，显示为材料的韧化或脆化。

改善金属材料韧性断裂的途径如下：①减少诱发微孔的组成相（如沉淀相）；②提高基体塑性，从而增大在基体上裂纹扩展的能量消耗；③增强组织的塑性变形均匀性，主要是为了减小应力集中；④避免晶界弱化，防止裂纹沿晶界的形核与扩展；⑤金属材料的各种强化方法都会对其韧性产生影响。

1. 位错强化与塑性和韧性

金属材料的位错密度 ρ 对其塑性和韧性的影响是双重的。一般位错密度提高，位错间的弹性交互作用增强，位错的可动性降低，材料的流变应力提高，塑性和韧性都降低。可动的未被锁住的位错对韧性的损害小于被沉淀物或固溶原子锁住的位错，位错遭到钉扎，塑性变形受到抑制。

2. 固溶强化与塑性

在保证强度的前提下，提高塑性可以提高材料的韧性。在合金元素中，通常硅和锰对铁的塑性损害较大，而且置换固溶量越大，塑性越低。

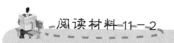

阅读材料 11-2

体心立方点阵金属的强化与韧化

在体心立方点阵 α-Fe 中置换固溶镍是改善塑性的主要手段，镍改善塑性的本质是促进交滑移。另外，加入铂、铑、铱和铼也可改善塑性。其中，铂的作用尤其明显，它不但可以改善塑性，而且有相当大的强化效应。

α-Fe 中固溶碳含量 $w_C < 0.2\%$，如低碳马氏体的 $a/c \approx 1$，不出现点阵正方度的畸变，全部溶质原子偏聚于刃型位错线附近（$\rho = 10^{11} \sim 10^{12}\ cm^{-2}$）。严格地说，低碳位错型马氏体并不是真实的间隙固溶体，只有当 $w_C > 0.2\%$ 时才出现 α-Fe 点阵的间隙固溶。因此，对于低碳位错型马氏体，位错可带着气团在基体中运动，表现出良好的塑性。低碳位错型马氏体的强韧配合是比较合理的。

间隙固溶的固溶度和错配度是影响间隙强化的两个主要因素。马氏体组织充分利用间隙固溶强化作用，当马氏体间隙固溶碳含量 $w_C = 0.4\%$ 时，其硬度升高到 60HRC，塑性指标 φ 降低到 10%；固溶碳含量继续 $w_C = 1.2\%$ 时，其硬度为 68HRC，而 φ 低于 5%。

3. 细化晶粒与塑性

细化晶粒是既能提高强度又能优化塑性和韧性的唯一方法。当晶粒尺寸较小时，晶粒内的空位和位错都比较少，位错与空位及位错间的弹性交互作用的机遇相应减少，位错易运动，表现出较好的塑性；另外，位错少，位错塞积减少，形成的应力集中减小，从而推迟微孔和裂纹的萌生，断裂应变增大。此外，细晶粒为同时在更多的晶粒内开动位错和增殖位错提供了机遇，使塑性变形更为均匀，表现出较高的塑性。

4. 沉淀相颗粒与塑性

因为沉淀相颗粒本身的断裂处或颗粒与基体间界面的脱开处常为诱发微裂纹的地点，从而降低塑性，引发断裂，所以析出相沉淀强化将降低塑性。研究表明：①沉淀相颗粒越多，流变应力提高越显著，塑性越低；②呈片状的沉淀相对塑性损害大，呈球状的析出相对塑性损害小；③均匀分布的沉淀相对塑性削弱小；④沉淀相沿晶界的连续分布，特别是网状析出降低晶粒间的结合力，将明显降低塑性。

不可形变的沉淀相与基体间的界面会出现位错或位错环，形成应力集中，极易形成裂纹源，使断裂韧性降低、冷脆转变温度升高，而且沉淀相颗粒尺寸越大（当碳化物厚度大于 $4\mu m$ 时，冷脆转变温度明显升高），韧性降低越明显。

粗大的析出相或群集体（如珠光体和夹杂物）对钢的塑性和韧性的影响较显著。珠光体可明显降低钢的塑性和韧性，使冷脆转变温度升高。碳化物及硫化物均可降低钢的塑性。

11.1.3　金属材料的强韧化案例

金属材料的强韧化必须在提高强度的同时兼顾韧性。

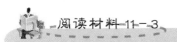

阅读材料 11-3

低碳马氏体钢的强韧化

钢中马氏体的强化效应包括固溶强化、位错强化、相变强化、时效强化和晶界强化等。低碳马氏体钢具有良好的强韧配合，其 σ_b 和 $\sigma_{0.2}$ 在 $w_C = 0.1\% \sim 0.29\%$ 时保持线性的函数关系，证明低碳马氏体钢的强化主要依赖碳的固溶强化。在淬火条件下，低碳马氏体钢会发生自回火。自回火碳化物颗粒小且分布均匀，可以产生粒子沉淀强化作用。低碳马氏体具有高密度位错，可提高马氏体屈服强度。

低碳板条状马氏体的亚结构是位错缠结的胞状结构，亚结构内的位错具有较高的可动性。由于位错运动能缓和局部地区的应力集中，因此可延缓裂纹的萌生。另外，马氏体条间位错存在厚度为 10nm 的稳定的奥氏体薄膜，奥氏体是高塑性相，裂纹扩展遇到奥氏体将受到阻挡。因此，低碳板条状马氏体也具有很好的塑性和韧性。

位错在低碳马氏体钢中既起到了强化作用，又因具有可动性而对韧性作出了贡献；虽然奥氏体的强度低，但因其在低碳马氏体钢中占有很小的体积分数，故不会降低钢的强度，而且因在马氏体板条间的薄膜状分布而提高了低碳马氏体的韧性。

由于淬火获得马氏体是钢强化的重要手段，因此提高钢的淬透性尤为重要。在位错型马氏体钢中加入碳、硅、铬、锰、钼、硼等元素，能有效提高其淬透性。

低碳马氏体钢的强韧配合优良，获得了广泛应用。常用低碳马氏体钢的牌号有 16Mn、20Cr 和 20CrMnTi 等，适合我国资源条件的两类低碳马氏体钢为 15MnVB（15MnB）和 20SiMn2MoVA，特别适用于制造要求高强度和高韧性的机件，如石油机械产品的重要零件——钻杆（图 11.1）及汽车中的高强度

图 11.1　低碳马氏体钢钻杆

螺栓等。又如汽车轮胎螺栓,原来使用 40Cr 调质钢,改用低碳马氏体钢 20Cr 后,产品质量和使用寿命均得到提高。40Cr 与 20Cr 的性能对比见表 11-1。

表 11-1 40Cr 与 20Cr 的性能对比

钢的类别	热处理工艺	σ_b/MPa	σ_s/MPa	ψ/(%)	α_k/(kJ/m^2)
40Cr	850℃淬火,500℃回火	1100	1050	57	600
20Cr	880℃淬火,200℃回火	1500	1200	49	700

阅读材料 11-4

马氏体时效钢的强韧化

因为当含碳量超过 0.03% 时钢的冲击韧性急剧下降,所以马氏体时效钢不依靠碳强化。马氏体时效钢的强韧化思路:以高塑性的超低碳位错型马氏体和具有高沉淀硬化作用的金属间化合物为组成相,将这两个在性能上相互对立的组成相组合,构成具有优异强韧配合的钢。Ni18 马氏体时效钢的屈服强度级别见表 11-2。

表 11-2 Ni18 马氏体时效钢的屈服强度级别

屈服强度级别/MPa	化学成分含量 w/(%)							
	C	Mn	Si	Ni	Co	Mo	Al	Ti
1350	<0.03	<0.01	<0.10	17~19	8.0~9.0	3.0~3.5	0.10	0.20
1650	<0.03	<0.01	<0.10	17~19	7.0~8.5	4.6~5.1	0.15	0.40
1950	<0.03	<0.01	<0.10	17~19	8.5~9.5	4.7~5.2	0.15	0.40

在马氏体时效钢中加入镍、钼、钛和铝等元素,可形成 AB$_3$ 型 η-Ni$_3$Mo 或 Ni$_3$Ti、γ-Ni$_3$(Al,Ti)和 Ni$_3$Nb 等金属间化合物,其在时效过程中沉淀析出,起到强化作用。加入钴不但能够促进沉淀相的形成,而且能够细化沉淀相颗粒,减小沉淀相颗粒间距。由于含碳量低,马氏体时效钢消除了碳、氮间隙固溶对韧性的不利影响,可以基本保持固有的高塑性。镍使螺型位错不易分解,保证交滑移,提高塑性;同时,镍能降低位错与杂质间弹性交互作用的能量,这意味着马氏体存在更多可动位错,从而改善塑性,减小解理断裂倾向。

一般在 850~870℃下对马氏体时效钢进行热处理,随后进行空冷或水淬,再加热到 480℃进行 3h 时效处理。表 11-3 所列为 Ni18 马氏体时效钢经热处理后的力学性能。

表 11-3 Ni18 马氏体时效钢经热处理后的力学性能

屈服强度级别/MPa	$\sigma_{0.2}$/MPa	σ_b/MPa	δ/(%)	ψ/(%)	20℃下的冲击值/J	K_{Ic}/(MPa·m$^{1/2}$)
1350	1290~1430	1350~1500	14~16	65~70	81~149	88~176
1650	1650~1850	1730~1900	10~12	48~52	24~35	88~163
1950	1950~2080	2040~2100	12	60	14~27	64~115

马氏体时效钢主要用于制造航空器/航天器构件、冷挤/冷冲模具及要求高强度、高韧性的构件，如火箭发动机壳体和零件、飞机起落架部件、高压容器以及压铸模、塑料模等。

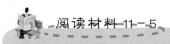

阅读材料 11-5

纳米尺度共格界面强韧化材料

传统提高材料强度的四大机制包括固溶强化、位错强化、弥散强化和细化晶粒，这些机制实际上是通过引入各种缺陷（点缺陷、线缺陷、面缺陷及体缺陷等）阻碍位错运动，使材料难以产生塑性变形而提高强度的。除了细化晶粒能在室温下同时提高材料的强度和韧性，其他三种机制在强化材料的同时往往伴随塑性和韧性的急剧下降，使高强度材料往往缺乏良好的塑性和韧性，而高塑性材料和高韧性材料的强度往往很低。

对纳米结构材料的发展作出贡献的卢柯博士

中国科学院卢柯院士提出了用纳米尺度共格界面强化材料的方法。2009 年其在 *Science* 上发表研究成果，通过对铜的研究发现，部分共格界面（孪晶界面）可阻碍位错运动，还可作为位错的滑移面，在变形过程中吸纳和储存位错，通过提高共格界面的稳定性，增大共格界面的密度，利用高密度纳米尺度共格孪晶界面（孪晶层片厚度小于 100nm）提高材料的强度、塑性和韧性。当高密度孪晶片厚度为 15nm 时，抗拉强度接近 10GPa，其是普通粗晶铜的 10 倍以上，单向拉伸试验下的伸长率达 13%。

采用纳米尺度共格界面强化材料是一种提高材料综合性能的方法。将该技术应用到冷轧厂拉矫辊，可大幅度提高拉矫辊的使用寿命；采用电解沉积、磁控溅射沉积、塑性变形、退火再结晶等工艺，可使材料中产生纳米尺度孪晶，"纳米孪晶结构"为开发高综合性能纳米材料开辟了新途径。

11.2　无机非金属材料强韧化

11.2.1　无机非金属材料的韧化机理

一般情况下，如果陶瓷受载时不产生塑性变形，就会在较低的应力下断裂，因此韧性极低，这是阻碍陶瓷作为结构材料广泛应用的主要原因。陶瓷发生相变也会引起内应力而造成开裂。因此，在陶瓷工艺中，往往将相变视为不利因素，应尽量避免。但在某些情况下，可以利用相变提高陶瓷的韧性和强度。

陶瓷的增韧机制主要有相变增韧、微裂纹增韧、晶须与纤维增韧、颗粒增韧、自增韧等。

相变增韧

1. 相变增韧

纯氧化锆在常压下有三种晶型：在低温（1170℃）下为单斜晶系，密度为 $5.65g/cm^3$；在高温（2370℃）下为四方晶系，密度为 $6.10g/cm^3$；在更高温（2700℃）下为立方晶系，密度为 $6.27g/cm^3$。在陶瓷基体内的 ZrO_2 存在 $m-ZrO_2 \rightleftharpoons t-ZrO_2$ 的可逆相变特性，晶体结构的转变伴有 $3\%\sim5\%$ 的体积膨胀。加热时，单斜相 ZrO_2（斜锆石）向四方相转变的温度为 $1100\sim1200℃$；冷却时，由于新相形成晶核困难，因此四方相向单斜相转变的温度滞后，为 $950\sim1000℃$。四方相 ZrO_2 与单斜相 ZrO_2 之间的晶型转变是位移性转变，和碳素钢中的奥氏体与马氏体之间的转变相似，也称马氏体相变。

ZrO_2 颗粒弥散分布于陶瓷基体中，由于两者具有不同的热膨胀系数，因此，烧结完成后，在冷却过程中，ZrO_2 颗粒周围受力情况不同，当 ZrO_2 粒子受到基体压应力作用时，其相变也将受到压制。ZrO_2 还具有一个特性——相变温度随着颗粒尺寸的减小而下降，可下降至室温。当基体对 ZrO_2 颗粒有足够的压应力且 ZrO_2 的颗粒尺寸足够小时，其相变温度可下降至室温以下。在室温下，ZrO_2 仍可保持四方相结构。当材料受到外应力作用时，基体对 ZrO_2 的压应力得到松弛，ZrO_2 颗粒发生由四方相到单斜相的转变，并在基体中引发微裂纹，从而吸收主裂纹扩展能量，达到提高断裂韧性的效果。

在陶瓷烧结的冷却过程中，颗粒尺寸大的 ZrO_2 优先由四方相转变为单斜相，即 ZrO_2 的相变起始温度 M_S 随着 ZrO_2 颗粒尺寸的减小而降低。若 ZrO_2 颗粒尺寸小，则足以使相变温度下降至常温以下，即 $t-ZrO_2$ 一直保持到常温，在陶瓷基体中储存了相变弹性压应变能，只有当基体受到适量的外加张应力，使 ZrO_2 的束缚解除，才能发生四方相 ZrO_2 向单斜相 ZrO_2 的转变。所以，小颗粒弥散分布的 ZrO_2 有利于相变增韧。

2. 微裂纹增韧

在大多数情况下，陶瓷内存在裂纹。当受到外力或存在应力集中时裂纹迅速扩展，致使陶瓷破坏。因此，防止裂纹扩展、消除应力集中是解决问题的关键。

在四方相 ZrO_2 向单斜相 ZrO_2 转变的过程中出现体积膨胀而产生微裂纹。无论是在陶瓷冷却过程中产生的 ZrO_2 相变激发微裂纹，还是在裂纹扩展过程中尖端区域形成的应力激发 ZrO_2 相变导致的微裂纹，都起着分散主裂纹尖端能量的作用，可提高断裂能，称为微裂纹增韧。

微裂纹增韧

不同尺寸的 ZrO_2 颗粒的相变起始温度 M_S 不同，且相应的膨胀程度不同，即 ZrO_2 颗粒尺寸越大，相变温度越高，膨胀程度越大。

当 ZrO_2 颗粒的相变温度低于室温时，陶瓷基体中储存相变弹性压应变能。如果 ZrO_2 颗粒的相变温度高于室温，则 ZrO_2 颗粒自发地由四方相转变为单斜相，在基体中激发出微裂纹。在有微裂纹韧化作用的情况下，主裂纹尖端的应力重新分布，如图 11.2 所示。一般来说，为了阻止主裂纹扩展，在主裂纹尖端应有一个较大范围的相变诱导微裂纹区，如图 11.3 所示。

总之，在相变发生之前，裂纹尖端区域诱导出的局部压应力可提高抗拉强度；相变诱导出的微裂纹带能在裂纹扩展过程中吸收能量，提高材料的断裂韧性 K_{Ic}。

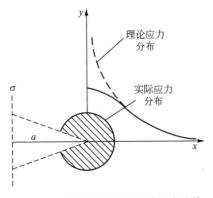

图 11.2　微裂纹区导致主裂纹尖端的应力重新分布

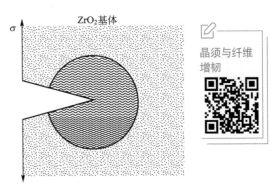

图 11.3　主裂纹尖端的相变诱导微裂纹区

3. 晶须与纤维增韧

晶须是具有一定长径比（直径为 $0.1\sim1.8\mu m$，长度为 $35\sim150\mu m$）且缺陷少的陶瓷单晶。晶须具有很高的强度，它是一种非常好的陶瓷基复合材料的增韧增强体；其纤维长度是陶瓷晶须的数倍，可与纤维复合使用。可利用 SiC、Si_3N_4 等晶须或 C、SiC、硅酸铝等长纤维对氧化铝陶瓷进行复合增韧。

加入晶须或纤维可以增大断裂表面，即增加裂纹扩展通道。当裂纹扩展的剩余能量渗入晶须（纤维），发生晶须（纤维）的拔出、脱黏和断裂时，断裂能被消耗或裂纹扩展方向发生偏转，使复合材料的韧性提高。晶须或纤维不仅提高了陶瓷材料的韧性，还使陶瓷材料的断裂行为发生了根本变化，由原来的脆性断裂变成非脆性断裂。但当晶须或纤维含量较高时，由于其具有拱桥效应而使致密化变得困难，从而引起密度和性能下降。

纤维增强陶瓷基复合材料的增韧机制包括基体预压缩应力、裂纹扩展受阻、纤维拔出、纤维桥联、裂纹偏转、相变增韧等。纤维拔出是纤维复合材料的主要增韧机制，纤维拔出过程的摩擦耗能使复合材料的断裂功增大。纤维拔出过程的耗能取决于纤维拔出长度和脱黏面的滑移阻力。晶须增韧机制包括晶须拔出、裂纹偏转、晶须桥联，其增韧机理与纤维增韧陶瓷基复合材料类似。晶须增韧效果不随温度的变化而变化，它是高温结构陶瓷复合材料的主要增韧方式，包括外加晶须法和原位生长晶须法。

4. 颗粒增韧

颗粒增韧的原理是用高弹性模量颗粒（如 SiC、TiC、TiN 等）作为增韧剂，在材料断裂时促使裂纹发生偏转和分叉，消耗断裂能，从而提高韧性。纳米复相陶瓷是在陶瓷基体中引入纳米级的第二相增强粒子（通常小于 $0.3\mu m$），可使材料的室温性能和高温性能大幅度提高，特别是强度的提高幅度很大。颗粒增韧陶瓷基复合材料原料的均匀分散及烧结致密化都比短纤维及晶须复合材料简便、易行。因此，尽管其颗粒的增韧效果不如晶须与纤维，但是如果颗粒种类、尺寸、含量及基体材料选择得当，就仍有一定的韧化效果，同时会改善高温强度、高温蠕变性能。颗粒增韧按增韧机理可分为非相变第二相颗粒增韧、延性颗粒增韧、纳米颗粒增韧。

自增韧

5. 自增韧

加入可以生成第二相的原料，控制生成条件和反应过程，直接通过高温化学反应或者相变过程，在主晶相基体中生长出均匀分布的晶须、高长径比晶粒或晶片的增强体，形成陶瓷复合材料，称为自增韧。自增韧可以避免两相不相容、分布不均匀问题，强度和韧性都比外来第二相增韧的同种材料高。例如，加入助溶剂使 Al_2O_3 晶粒在烧结中原位发育成具有较高长径比的柱状晶粒并呈网状分布，达到晶须增韧的效果。自增韧陶瓷的增韧机理类似于晶须对材料的增韧机理，有裂纹的桥接增韧、裂纹的偏转和晶粒的拔出，其中桥接增韧是主要增韧机理。

11.2.2　无机非金属材料的强韧化方法举例

ZrO_2 对陶瓷的韧性、强度都有增强作用。增韧效果最好的系统有两个：一个是氧化锆增韧氧化铝；另一个是氧化锆增韧氧化锆，即相变韧化氧化锆，也称部分稳定氧化锆，稳定氧化锆的平均抗弯强度达到了高强度合金钢的水平，其断裂韧性相当于铸铁和硬质合金的水平，这种陶瓷制品甚至可抵抗铁锤的敲击，有"陶瓷钢"的美称。

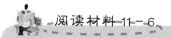

阅读材料 11-6

氧化锆增韧陶瓷

Y_2O_3 可以促进生成四方相 ZrO_2，增大高温时 ZrO_2 四方相的最大临界颗粒尺寸，抑制 ZrO_2 颗粒长大，从而增强陶瓷的韧性。Al_2O_3 陶瓷经（ZrO_2，2% Y_2O_3）增韧后的断裂韧性 K_{Ic} 由 4.89 MPa·m$^{1/2}$ 提高到 8.12 MPa·m$^{1/2}$。

部分 ZrO_2 在烧结降温中不发生马氏体相变，而在使用过程中由外界张应力诱发马氏体相变，起到微裂纹增韧的作用，称为部分稳定氧化锆（partially stabilized zirconia，PSZ）陶瓷。在氧化钇部分稳定氧化锆（Y-PSZ）陶瓷中添加 20% 的 Al_2O_3，Y-PSZ的平均抗弯强度为 2400MPa，断裂韧性 $K_{Ic}=17$MPa·m$^{1/2}$，导热率低（比氮化硅低80%），绝热性好，热膨胀系数接近在发动机中使用的金属，易与金属部件连接。Al_2O_3 可以大大提高 Y-PSZ 的高温强度，在 ZrO_2 中加入 20%~40% 的 Al_2O_3 可使其在 1000℃ 以上保持 1000MPa 的强度。

11.3　高聚物强韧化

11.3.1　高聚物的强化原理

对高分子材料机械强度的研究表明，大分子链的主价键力、分子间力和大分子的柔顺性是影响机械强度的主要因素。单个大分子无法承受机械力的作用，只有当无数个大分子链靠分子间力（氢键力、范德瓦耳斯力）聚集时才显示强度特性。因此，研究高分子材料的机械性能时，必须充分注意分子间作用力的影响，还应注意聚集状态、结构不均一性等对分子间作用力的影响。

当高分子材料受外力作用时，主价链和次价链必然都是负载的承担者。根据构成大分子链的化学链的强度和大分子链相互作用力的强度，可以估算出高分子材料的理论强度。但实际上，高分子材料的强度一般仅为理论强度的 $0.1\% \sim 1.0\%$。高分子材料的实际强度比理论强度小得多的原因是实际材料的结构有缺陷。此外，由于分子链不能同时承载和同时断裂，尤其是次价链不会同时发生，因此，一般情况下，链段间次价键先断裂，并使负载逐渐转移到处于薄弱环节的主价键上，尽管主价键的强度比分子间作用力大 10 倍，但是会因应力过分集中而断裂。试验温度低、速度高、链段不易运动更容易产生应力集中而使主价键断裂，脆性断裂的特征更明显。

高分子材料的缺陷和薄弱环节包括裂纹、银纹、表面刻痕、空孔和杂质等。高分子材料常具有自然产生的裂纹，其长度为 $10^{-4} \sim 10^{-3}$ cm、宽度接近分子宽度。在裂纹的末端集中非常大的应力，可能超过分子断裂的理论强度。高分子材料的不均一性还会导致裂纹产生。所以，高分子材料的强化主要有以下几个方面。

1. 引入极性基

链间作用力对高聚物的机械强度有很大的影响。为了比较不同高聚物分子链间的作用力，一般取长度为 0.5nm、配位数为 4 时计算的链间作用能，见表 11-4。

表 11-4 不同高聚物的链间作用能

高聚物	聚乙烯	聚异戊二烯	聚氯丁二烯	聚苯乙烯	聚氯乙烯	聚乙酸乙烯	三醋酸纤维素	聚酰胺	纤维素
链间作用能/(J/mol)	1.0	1.3	1.6	2.0	3.2	4.2	4.8	5.8	6.2

表 11-4 中的数据表明，链上极性部分越多，链的极性越强，链间作用力就越大。有意思的是，上面数据依次递增的顺序刚好是橡胶、塑料、纤维三类物质的序列（聚乙烯除外）。据此可以看出，纤维类高聚物的链间作用力最大，橡胶类高聚物的链间作用力最小，塑料高聚物的链间作用力介于两者之间，而它们之间并无严格界限。因此，如果能改变它们的链间作用力，就能改变它们的强度。在大分子链中引入极性基可以增大链间作用力，改善高聚物的力学性能。例如，在聚丁二烯的大分子链上引入适当的极性基（羧基）可以增大链间作用力，得到强度较高的羧基橡胶。

2. 链段交联

链段交联

当环境温度高于玻璃化温度 T_g 时，随着交联程度的增大，交联键的平均距离减小，高分子材料的断裂强度增大，屈服强度和弹性模量大幅度提高。交联使单位面积内承载的网络键增加，并且可以均匀承载，这是交联强化的基本原因。

3. 结晶度和取向

结晶性高分子材料的结晶度和大分子取向对其强度有明显影响。实际上，结晶性高聚物中存在晶区和非晶区，一个大分子链可以贯穿多个晶区和非晶区。在非晶区，由于分子链是卷曲的、相互缠结的，因而当结晶性高聚物受力时，应力分散并导致分子微晶取向化，使强度提高。结晶度的增大使高分子的密度增大，微晶还会起到物理交联的作用，使

应力均匀分布，断裂强度增大。

试验表明，使高聚物熔体在高压下结晶或高度拉伸结晶性高聚物，获得由伸直链形成的纤维状晶体结构，从而获得高的抗拉强度、屈服强度和弹性模量。

4. 定向聚合

定向聚合是提高高分子材料结构均一性的有效方法。在聚合过程中，三乙基铝和四氯化钛型催化剂对大分子的空间排列有特殊的定向作用，可以使 α-烯烃单体生成空间排列规整的大分子链，使聚乙烯的密度、弹性模量、物理性能、机械性能提高。定向聚合在高分子合成和结构研究方面是重大突破，它开辟了改性高分子材料的新途径。

11.3.2 高聚物的韧化原理

拉伸高聚物时，由于内部结构具有不均一性，因此裂纹尖端应力集中而产生塑性应变，产生大量银纹，称为银纹化。银纹在与应力垂直的方向上增厚，增厚的银纹进一步演变成裂缝。这个过程加快了裂纹尖端弹性应变能的释放，即应变能释放率 g_c 增大。韧性高分子材料的 g_c 有一个临界值 g_{ic}，当 $g_c > g_{ic}$ 时材料发生韧脆转变。材料的韧性是拉伸试验速率的函数，裂纹尖端的有效应变速率往往比标称应变速率高得多。随着应变速率的增大，g_{ic} 减小，即容易出现 $g_c > g_{ic}$ 的情况，从而材料发生韧脆转变。在银纹化过程中，g_{ic} 主要消耗在银纹的形成和变形上。

材料经不同拉伸速率拉伸后得到的应力-应变曲线如图 11.4 所示，曲线包围的面积是材料的冲击韧性值。拉伸速率增大，应力-应变曲线向纵轴靠近，断裂强度增大，断后伸长率减小，曲线包围的面积减小，即冲击韧性下降。如果试验温度升高至高于 T_g，则断裂强度减小，断后伸长率增大。断后伸长率往往对材料的冲击韧性起着更大的作用，通常材料的冲击韧性随断后伸长率的增大而增强。非晶态高分子链越柔顺，相对分子质量越大，在外力作用下，能将越多的外加动能转变为热能（由分子内摩擦产生），冲击韧性越高。

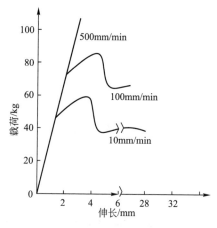

图 11.4　材料经不同拉伸速率拉伸后得到的应力-应变曲线

试验温度升高，冲击韧性增强。硬聚氯乙烯的冲击韧性与试验温度的关系见表 11-5。

当温度上升至材料的玻璃化温度 T_g 附近或更高时，非晶态高聚物的冲击韧性骤增。对于大多数结晶性高分子材料，温度在 T_g 以上时比在 T_g 以下时的冲击韧性高。温度在 T_g 附近时应力集中可以缓和，分子运动较容易，外力所做的功在短时间冲击下变成分子间的内摩擦热而散逸。

表 11-5 硬聚氯乙烯的冲击韧性与试验温度的关系

试验温度/℃	−20	−10	−5	0	5	10	20
冲击韧性/（kJ/m²）	30	34	40	42	48	58	150

1. 增塑剂与冲击韧性

添加增塑剂可以减小分子间作用力，链段及大分子易运动，使高分子材料的冲击韧性提高。但某些增塑剂在添加量较小时有反增塑作用，使冲击韧性下降。如图 11.5 所示，当增塑剂邻苯二甲酸辛酯（DOP）的含量小于 10％时，聚氯乙烯等材料的冲击韧性随着增塑剂含量的增大而明显下降；越过最低点后，冲击韧性随着增塑剂含量的增大而迅速上升。

2. 分子结构、相对分子质量与冲击韧性

热塑性塑料的大分子结构及分子间作用力是决定材料性能的主要因素。若这两个因素使堆砌密度小、玻璃化温度低，则冲击韧性高。大分子链的柔性好，可提高结晶性高分子材料的结晶能力，而结晶度高会使冲击韧性下降。球晶尺寸对聚丙烯应力-应变的影响如图 11.6 所示。

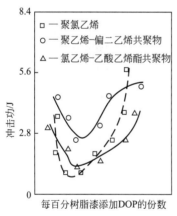

图 11.5 增塑剂邻苯二甲酸辛酯（DOP）
对冲击韧性的影响

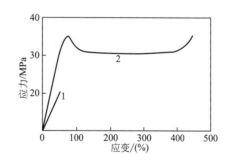

1—大球晶；2—小球晶。
图 11.6 球晶尺寸对聚丙烯应力-应变的影响

非晶态高聚物的脆化温度比玻璃化温度低得多，如聚氯乙烯等可在 T_g 以下使用并承受一定的冲击载荷。链柔性好的非晶态高聚物的 T_g 低，抗冲击性较好。

分子结构以玻璃化温度与结晶结构两方面影响着冲击韧性。晶态高聚物温度在 T_g 以上，抗冲击性较好，在 T_g 以下脆性骤增。热固性塑料中的交联键与晶粒一样，起着束缚链段运动的作用，当交联密度较大时，抗冲击性下降。

相对分子质量增大可使分子键的构象和缠结点均增加，有利于断后伸长率及强度的提高，而断后伸长率和强度的提高都会提高冲击韧性。所以，冲击韧性随着相对分子质量的

增大而提高。如图 11.7 所示，相对分子质量达数百万的超高相对分子质量聚乙烯具有极其优越的抗冲击性。相对分子质量对晶态高聚物冲击韧性的影响还与结晶度有关。相对分子质量降低会使结晶度提高，冲击韧性降低，同时使冲击韧性对温度的敏感性降低。

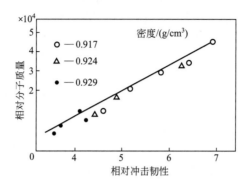

图 11.7　相对分子质量对低密度
聚乙烯冲击强度的影响

因为分子链的缠结、交联会降低其柔性，所以提高相对分子质量对高聚物冲击韧性的作用会因长分子链的缠结而削弱。在温度和拉伸速率一定的条件下，高聚物的相对分子质量有一个临界值 M_c，当相对分子质量大于 M_c 时，高聚物具有韧性，反之具有脆性。高聚物长分子链上部分发生缠结，缠结部分相对分子质量为 M_e，当 $M_c > 2M_e$ 时，应变能释放率 g_c 下降，材料的冲击韧性增强。高聚物中相对分子质量的平均值 M_n 称为数均相对分子质量，只要满足 $M_n > M_c$，就会使冲击韧性增强。

3. 嵌段共聚与冲击韧性

采用多元嵌段是提高高分子材料冲击韧性的有效方法。在玻璃化温度高的链段中间嵌入玻璃化温度低的链段。在使用过程中，刚性强的链段发挥保证硬度、强度的作用，而玻璃化温度低和柔性强的软链段可保证共聚物的冲击韧性，如加入少量聚乙烯嵌段的聚丙烯和韧化效果更为明显的加入无定型乙烯-丙烯共聚物嵌段的聚丙烯。

4. 共混与冲击韧性

共混增韧聚合物的发展令人瞩目，其中最重要的是与橡胶态的高聚物掺混在一起的玻璃态或接近玻璃态的树脂，当配合适宜时能显著提高冲击韧性。橡胶是以不太相容的微滴形式存在的，当银纹在橡胶微滴周围产生时，应力导致橡胶颗粒的体积膨胀要吸收能量，限制了树脂内部裂纹的进一步扩展。

只有选择与玻璃相树脂半相容半不相容的橡胶颗粒才能获得良好的增韧效果。橡胶颗粒越多，增韧效果越明显。但橡胶颗粒的直径不宜过小，如高冲聚苯乙烯的银纹宽度为 $2\mu m$，试验观察到橡胶颗粒的最佳直径为 $1.0 \sim 10\mu m$。对 ABS 来说，这两个值分别为 $0.5\mu m$ 和 $0.1 \sim 1.0\mu m$。

11.3.3　高分子材料的强韧化方法举例

高分子材料的强韧化途径主要有填料增强、共混与共聚、添加增塑剂和成核剂、淬火等。

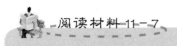

阅读材料 11-7

高分子材料的强韧化方法

1. 填料增强

高度交联的热固性树脂的脆性很大，加入纤维类填料（石棉、玻璃纤维）后，其成为应用广泛的玻璃钢，抗冲性能大大提高。将长玻璃纤维与聚丙烯树脂直接挤出，切成粒料再回挤，可制得增强聚丙烯，抗冲性能提高 1.5～4.5 倍，抗拉强度提高 2～5 倍。

2. 共混与共聚

最成功的共混是聚苯乙烯的改性。具有脆性的聚苯乙烯与橡胶共混后，抗冲击性能提高几倍甚至几十倍，原因在于橡胶颗粒形变能量较大，可转变成热能散逸；橡胶颗粒也是应力集中体，会形成很多放射状银纹，将冲击能转变成表面能和弹性能并储存起来。

针对水泥浆堵漏存在水泥浆无法驻留、易被水稀释、胶结强度差、堵漏效果差的问题，以丙烯酰胺（AM）、2-丙烯酰胺-2-甲基丙磺酸（AMPS）、N-乙烯基吡咯烷酮（NVP）和疏水单体 MJ-16 的共聚后水解方式制备的四元高分子凝胶，将凝胶加入水泥浆，形成凝胶水泥浆复合堵漏体系，高温下具有良好的流变性能、抗水侵性能和滞留能力，抗压强度较高，适用于大裂缝的渗水堵漏。

3. 添加增塑剂和成核剂

增塑剂能减小分子间作用力，使玻璃化温度下降，提高抗冲性能。例如在环氧树脂中加入邻苯二甲酸二丁酯作为黏结剂；经丁腈橡胶、氯丁橡胶改性的酚醛树脂既有较高的强度，又极耐冲击。

成核剂是促进聚合物结晶、改善晶粒结构和性能的改性助剂，可用于改善聚丙烯（PP）、聚乙烯（PE）等结晶性塑料的透明性。在尼龙 6 中添加有机成核剂，质量分数 0.10%～0.15%，对尼龙 6 注塑成型时间缩短、成型收缩率明显降低，拉伸强度明显提高。无规共聚聚丙烯（PPR）是冷热水用塑料管道中使用最多的材料，结晶晶型主要为 α 晶，低温抗冲击性能差。在 PPR 树脂中添加 β 成核剂 3,5-二（环己酰胺）-1-苯甲酸（BCABA），有效诱导了 PPR 材料中 β 晶型的生成，提高低温抗冲击性能。

4. 淬火

淬火是提高结晶性高分子材料冲击韧性的有效方法。例如三氟氯乙烯是极优良的耐蚀衬里材料，但若将喷涂三氟氯乙烯的制品从 270℃缓慢冷却，并在其最佳结晶温度（190～200℃）长时间停留，则可获得大晶粒球晶和 80%～90%的结晶度，其性质硬且脆，冲击韧性仅为 4～6kJ/m²。若将熔融状态的涂层迅速投入水中，使之尽快通过最佳结晶温度区域，则可得到 25%～30%的结晶度及小晶粒的透明体，这种涂料坚韧且富于弹性，冲击韧性为 100～200kJ/m²。

11.4 复合改性

复合改性

将两种或两种以上不同性质或不同组织的物质，以微观或宏观的形式组成的材料称为复合材料。复合材料以其优越性能而广泛应用于航空航天、交通运输及日常生活等领域。人们熟悉的钢筋混凝土、玻璃钢、金属陶瓷和橡胶轮胎等均属于复合材料。

复合材料的结构通常是以一个基体相为连续相，而增强相是以独立的形态分布于整个连续相中的分散相。与独立的连续相相比，分散相会使材料的性能发生显著变化。因此，可以按分散相对复合材料进行分类，主要有纤维增强复合材料、颗粒改性复合材料和夹层增强复合材料等。下面我们简单介绍纤维复合材料的强韧化。

11.4.1 纤维的增强作用

在纤维增强复合材料中，纤维起着骨架的作用，基体起着传递力的作用，即利用金属、水泥、橡胶、塑料等基体的塑性流动，将应力传递给纤维。纤维增强复合材料的强度主要是由纤维的强度、纤维与基体界面的黏结强度及基体的剪切强度决定的。纤维的长度和纤维在基体中的排列方式会对复合材料的力学性能产生影响。

单向排列的连续纤维具有各向异性，当载荷平行于纤维时，其力学性能最高；当载荷垂直于纤维时，其力学性能最低。

11.4.2 纤维的增韧作用

在树脂基复合材料或金属基复合材料中，纤维的弹性模量 E_f 远大于基体的弹性模量 E_m（E_f/E_m 很高），而陶瓷的 E_f/E_m 很低。所以，在陶瓷基复合材料中，纤维增强作用不显著。在金属基复合材料或热塑性塑料基复合材料中，基体的断裂应变大于纤维，在拉伸过程中，通常纤维先发生断裂，纤维断裂控制着整个复合材料的断裂过程。但是，对于陶瓷复合材料来说，断裂先发生于基体，说明纤维在陶瓷基材料中不是主要起增强作用，而是起增韧作用，克服了单纯材料的固有脆性。

表 11-6 所示是纤维增韧陶瓷基复合材料。可以看出，热压 Si_3N_4/SiC 晶须和 $SiC-SiC$ 纤维的断裂韧性已进展到可与金属材料相比的阶段。为什么纤维和基体本身都是脆性的，变成复合材料之后会使韧性有很大的改善呢？因为裂纹在基体中扩展时，假如纤维与基体的结合不是很强，则纤维和基体将在界面脱开，当裂纹到达界面时，改变了裂纹的扩展方向，扩展方向不是垂直于纤维，而是沿着脱开的界面扩展，使裂纹的传播路程大大增加，因而需消耗更多断裂功（图 11.8）。这种纤维与基体界面的结合力不能太强，否则裂纹将垂直于纤维方向横贯整个截面，材料的韧性也不强。因此，只要求陶瓷基复合材料有适中的界面结合强度，而并不要求像树脂基复合材料或金属基复合材料那样具有高的界面结合强度，这是控制陶瓷基复合材料冲击韧性的关键。

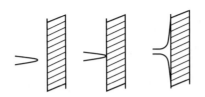

图 11.8 复合材料中裂纹停止扩展示意图

表 11-6 纤维增韧陶瓷基复合材料

材 料	抗弯强度/MPa	断裂韧性 K_{Ic}/(MPa·m$^{1/2}$)	材 料	抗弯强度/MPa	断裂韧性 K_{Ic}/(MPa·m$^{1/2}$)
Al_2O_3 - SiC 晶须	800	8.7	玻璃-陶瓷	200	2.0
SiC - SiC 纤维	750	25.0	玻璃-陶瓷 - SiC 纤维	830	17.0
ZrO_2 - SiC 纤维	450	22.0	热压 Si_3N_4/SiC 晶须	800	56.0

对以塑料或金属为基体的复合材料,纤维不仅起增强作用,还起增韧作用,如玻璃纤维或碳纤维增强的塑料的冲击韧性可达 $50kJ/m^2$,比基体($5kJ/m^2$)和纤维($0.1kJ/m^2$)的冲击韧性高得多。所以,纤维增韧作用也是普遍的。纤维对塑料基复合材料的增韧机制是纤维拔出机制。纤维受力断裂时,它们的断口不可能都出现在一个平面上,要使材料整体断裂,必定要从基体中拔出许多根纤维,因而必须克服基体对纤维的黏结力。所以,在材料的断裂过程中,会消耗更多能量。对于以高分子为基体的纤维增强复合材料,纤维与基体之间应该有适当的黏结强度。黏结强度高,有利于整体的强度,便于将基体所受的载荷传递给纤维,以充分发挥其增强作用。但过高的黏结强度会使材料断裂时失去纤维从基体中拔出的过程,降低韧性,导致危险的脆性断裂。

综合习题

一、选择题(单选或多选)

1. 细化晶粒是非常好的强化方法,但不适用于( )。

A. 高温　　　　　B. 中温　　　　　C. 常温　　　　　D. 低温

2. 材料韧性通常随加载速度的提高、温度的降低、应力集中程度的加剧而( )。

A. 提高　　　　　B. 降低　　　　　C. 无影响　　　　　D. 难以判断

3. 材料强化的机理包括( )。

A. 固溶强化　　　　　　　　　　B. 细化晶粒

C. 加工硬化　　　　　　　　　　D. 沉淀相颗粒强化

4. 高分子材料的强韧化途径有( )。

A. 填料增强　　　B. 位错强化　　　C. 共混与共聚　　　D. 银纹强化

E. 添加增塑剂　　F. 成核剂　　　　G. 淬火　　　　　　H. 晶界强化

5. 喷丸处理时,使用高速弹丸冲击工件表面,可提高了工件的疲劳强度、延长工件的使用寿命,其强化机理是( )。

A. 表面残余拉应力层　　　　　　B. 表面残余压应力层

C. 表面残余热应力层　　　　　　D. 表面微裂纹层

6. 马氏体的强化原理包含（　　　）。

A. 固溶强化 　　　B. 相变强化 　　　C. 变形强化

D. 时效强化 　　　E. 晶界强化

二、概念辨析

固溶强化，加工硬化（位错强化），细晶强化和弥散强化（时效强化、沉淀相颗粒强化、第二相强化）。

三、文献查阅及综合分析

给出任一材料（器件、产品、零件等）提高强度和韧性的方法（给出必要的图、表、参考文献）。

四、工程案例分析

请举一个实际工程案例，说明材料断裂的原因、机理及其性能指标在其中的应用，完成 PPT 制作、课堂汇报与讨论，并提供案例来源、文字说明、图片、视频等资源。

在线答题

第三篇

材料的物理性能

根据材料的性能特点和应用领域，通常把材料分为结构材料和功能材料。结构材料以材料的强度、刚度、塑性、韧性、疲劳强度、耐磨性等力学性能为主要衡量指标；功能材料以材料的物理性能为主要衡量指标，要求材料具有优良的热学、磁学、电学、光学、声学、生物化学等性能及其相互转化的性能。

我国进入创新型国家行列，推进新型工业化，加快建设制造强国、质量强国、航天强国、交通强国、网络强国、数字中国，构建新一代信息技术、人工智能、生物技术、新能源、新材料、高端装备、绿色环保等一批新的增长引擎。

《中国材料科学2035发展战略》指出，材料科学的发展动力主要来自高科技和新产业的重大需求、交叉科学前沿和自身不断完善三个方面。例如，航空工业对材料性能的超轻、超强、超高温要求日益苛刻，载人航天及深空探测要求材料的功能和智能化程度越来越高，海洋工程对材料腐蚀与防护性能的要求亟待解决，原子能技术对材料的抗辐照和极端服役性能的要求更是令人望而却步。因此，"一代材料，一代装备"，高温合金单晶叶片材料直接制约着新一代航空发动机和燃气轮机的设计研发。材料是生命现象的物质载体，从人工器官培育到脑科学中神经元构建都需要材料科学提供支撑。电子信息、5G通信、人工智能及新型能源等新产业集群都期待新一代半导体单晶、稀土功能材料和储氢储能材料研究取得新突破。增材制造技术实现了材料科学研究与高端数字制造的有机结合，为高速轨道交通和高端机械电子制造开辟了新路径。

随着当代分析测试技术的不断进步，材料科学对组织形态和相结构的研究不仅达到纳米尺度，而且深入原子尺度，向基本粒子范畴延伸。新材料的逆向设计与合成制备研究更多地依赖物质微观结构理论和物理化学基本性质规律，使材料科学和物质科学深度融合。超材料、构筑材料、拓扑量子材料、六元环无机材料、有机光电功能半导体分子材料，以及柔性超弹性铁电氧化物薄膜等新兴材料的诞生充分体现了材料科学与物质科学的交叉研究特征。例如，"高混合熵"概念启发了多元等原子比单相合金的设计制备，纳米孪晶机制为人工合成硬度超越天然金刚石的超硬材料提供了理论依据。我国在电子信息、5G通信、人工智能及新型能源等新产业集群都期待新一代半导体单晶、稀土功能材料和储氢储能材料研究取得新突破。超材料、构筑材料、拓扑量子材料、六元环无机材料、有机光电功能半导体分子材料，以及柔性超弹性铁电氧化物薄膜等新兴材料的诞生过程均充分体现了材料科学与物质科学的交叉研究特征。

材料的物理性能主要涉及热学、磁学、电学、光学、声学、生物化学及其相互转化的性能，从原子级、分子级、量子级组建材料，并通过物性分析和测量，使材料具有特殊的使用性能，为功能材料的研究和发展提供理论基础。

本篇内容立足于"大材料"，重点介绍金属材料、无机非金属材料和高分子材料共有的基本物理性能，主要包括材料的热学、磁学、电学、光学及其相互转化性能，从经典物理与量子物理角度阐述材料物理性能的基本概念、基本原理和本质，分析材料成分、组织结构与性能的关系和基本规律。

第12章
材料的热学性能

本章知识构架

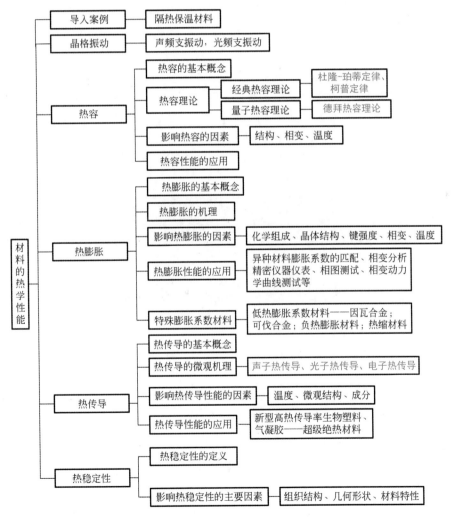

导入案例

为什么家用暖气用水而不是用油作为加热介质？为什么发动机用水而不是用油作为冷却介质？为什么海边城市比内陆城市的昼夜温差小？为什么南极比北极冷？这是因为水的比热容为 4.2kJ/（kg·K），油的比热容为 2.0～2.7kJ/（kg·K）；水含有高结合能的氢键；而油不存在氢键。因此，水每升高或降低 1℃需要吸收或释放更多热量，打破结合能更高的氢键；而油只需克服分子间作用力，比热容小。南极是一块大陆，储热能力较弱；北极大部分为北冰洋，海水的热容量大，能吸收较多热量，年平均气温比南极高 8℃。

隔热保温是节约能源、改善居住环境的一个重要方面，主要选择质轻中空、热阻大、具有良好反射性和辐射性的填料，与成膜基料一起构成低辐射传热层，有效隔断热量传递。薄层隔热反射涂料、水性反射隔热涂料、隔热防晒涂料和陶瓷绝热涂料等可用于建筑、车辆、船舶、油罐、粮库、冷库、集装箱、管道等的涂装。太空绝热反射涂料以极细中空陶瓷颗粒为填料，对 400～1800nm 的可见光和近红外区的太阳热进行高反射，同时在涂膜中引入导热系数极低的空气微孔层来隔绝热量传递，可使屋面温度最高降低 20℃，室内温度降低 5～10℃。

国家游泳中心（图 12.01）的主体钢结构与混凝土支撑的最外层是 3000 多个乙烯—四氟乙烯共聚（ETFE）透明不规则气枕。ETFE 膜的抗拉强度大于 40MPa，延伸率大于 400%；耐热性和耐候性高，可在 −200～150℃下保持性能稳定，熔点为 260℃；透光光谱与玻璃相近，称为软玻璃，但质量只有相同尺寸玻璃的 1%；具有自清洁功能，可以利用雨水完成自清洁，使用寿命为 15～20 年。ETFE 膜还广泛应用于减磨件、耐磨件、密封件、电缆绝缘件、柔性太阳能光伏电池板、5G 打印基材等。

图 12.01　国家游泳中心

航空航天零件往往在超高温的极端条件下工作，要求其材料具有低的热传导率和热膨胀系数、高热容量等。飞船在飞行过程中，向阳面舱外温度超过 100℃，背阳面舱外温度为 −100℃。飞船最外面是聚四氟乙烯和玻璃纤维防护层，玻璃纤维的耐热性好，聚四氟乙烯具有超强的耐候性，不易受湿气、霉菌及紫外线的影响，可以保护隔热层及金属壳体，保证舱内温度。

材料的热学性能包括热容、热膨胀、热传导、热稳定性等。本章探讨这些热学性能和材料的宏观、微观本质关系，为选择材料、合理使用材料、改善材料的性能，以及开发研制出满足使用要求的新材料打下理论基础。

12.1　晶　格　振　动

　　构成晶体的质点总是在各自平衡位置附近做微小的振动，称为晶体的晶格振动或点阵振动。固体材料的比热容、热膨胀、热传导等热性能都与晶格振动有关。

　　晶格振动，也称热振动，它是固体中离子或分子的主要运动形式。温度反映了晶格振动的强烈程度。温度高时动能增大，晶格振动的振幅和频率均增大。

　　由于材料质点间有着很强的相互作用力，因此一个质点的振动会影响相邻质点的振动，使相邻质点间的振动存在一定的位相差，形成弹性波（又称格波）并以弹性波的形式在整个材料内传播，即晶格质点（原子、离子）的三维热振动以波的形式传播，形成弹性波。弹性波是多频率振动的组合波。

　　如果晶格振动的频率较低（弹性波频率低），如图 12.1（a）所示，则振动质点间的位相差较小，弹性波类似于弹性体中的应变波，称为声频支振动，声频支可以看作相邻原子具有相同的振动方向。如果晶格振动的频率较高（弹性波振动频率高），如图 12.1（b）所示，则振动质点间的位相差很大，相邻质点的运动几乎相反，振动频率往往在红外线区，称为光频支振动，光频支可以看作相邻原子的振动方向相反。

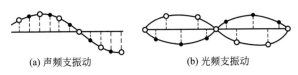

(a) 声频支振动　　　　　　　　(b) 光频支振动

图 12.1　一维双原子点阵中的弹性波

　　如果晶格中有两种具有独立振动频率的原子，即使它们的振动频率与晶格振动频率一致，也由于两种原子的质量和振幅不同而有相对运动。对于离子晶体，正、负离子间产生相对振动，当异号离子间有反向位移时构成一个偶极子，其偶极矩在振动过程中发生周期性变化。

12.2　热　　容

12.2.1　热容的基本概念

　　当物质吸收热量而温度升高时，温度每升高 1K 所吸收的热量称为该物质的热容（符号为 C，单位为 J/K）。

　　单位质量材料的热容称为比热容或质量热容，单位为 J/（kg·K）；1mol 材料的热容称为摩尔热容，单位为 J/（mol·K），又称原子热容。

　　不同种类的材料，热容不同。同一种材料在不同温度下的比热容往往不同，通常工程上所用的平均比热容是指单位质量的材料温度从 T_1 到 T_2 所吸收的热量的平均值，即

$$C_{均} = \frac{Q}{T_2 - T_1} \cdot \frac{1}{m} \tag{12-1}$$

式中，$C_{均}$ 为平均比热容；Q 为热量；T_1、T_2 为温度；m 为质量。

平均比热容是比较粗略的值，$T_1 \sim T_2$ 的范围越大，精确性越差，应用时要特别注意。

热容是一个广度量，在定压条件下进行加热过程时，所测定的比热容称为定压比热容（C_p）；在保持物体体积不变的条件下进行加热过程时，所测定的比热容称为定容比热容（C_V）。由于在定压加热过程中，物体除温度升高外，还要对外界做功（膨胀功），因此温度每升高 1K 需要吸收更多热量，即 $C_p > C_V$，因此它们可表达为

$$C_p = \left(\frac{\partial Q}{\partial T}\right)_p \cdot \frac{1}{m} = \left(\frac{\partial H}{\partial T}\right)_p \cdot \frac{1}{m} \qquad (12-2)$$

$$C_V = \left(\frac{\partial Q}{\partial T}\right)_V \cdot \frac{1}{m} = \left(\frac{\partial E}{\partial T}\right)_V \cdot \frac{1}{m} \qquad (12-3)$$

式中，E 为内能；H 为焓。

从试验的观点看，C_p 的测定要方便得多；但从理论上讲，C_V 的测定更有意义，因为它可以直接从系统的能量增量来计算，还可以根据热力学第二定律导出 C_p 和 C_V 的关系：

$$C_p - C_V = \frac{a_V^2 V_m T}{\beta} \qquad (12-4)$$

式中，$a_V = \frac{dV}{VdT}$ 为体积热膨胀系数；$\beta = \frac{-dV}{Vdp}$ 为三向静力压缩系数；V_m 为摩尔体积。

12.2.2　经典热容理论

固体的热容主要由晶格热容（晶格振动）和电子热容（电子热运动）组成，若发生相变，则还有相变热容。

描述固体材料的热容有两个经验定律：一个是元素的热容定律——杜隆-珀蒂定律，另一个是化合物的热容定律——柯普定律。

1. 杜隆-珀蒂定律

"大多数固态单质的原子热容几乎都相等"是 1819 年法国科学家杜隆和珀蒂测定了许多单质的比热容之后发现的定律。

经典热容理论是将理想气体热容理论应用于固态晶体材料，其基本假设是将晶态固体中的原子看作彼此孤立地做热振动，把晶态固体原子的热振动近似看作与气体分子的热运动类似。

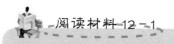
阅读材料 12-1

杜隆简介

杜隆（1785—1838）是法国化学家、物理学家。1811 年，杜隆发现三氯化氮（NCl_3）是一种非常不稳定的烈性炸药，进行试验研究时，他一只眼睛失明、一只手受伤。杜隆曾与法国物理学家珀蒂合作研究热学理论。他们研究发现，一个元素的比热容与它的原子量存在反比关系（原子热容＝比热容×原子量），因为直接测定原子量比较困难，而测定比热容比较容易，所以，可以通过测定元素的比热容求原子量。表 12-1 所示为杜隆-珀蒂定律修订原子量结果，与精确原子量测试结果非常接近。

表 12-1 杜隆-珀蒂定律修订原子量结果

元素	初始原子时	修订原子量结果	精确原子量测试结果
锌	129	64.5	65.39
银	379	108	107.8682

晶态固体原子的热运动不像气体分子的热运动那么自由，每个原子都只在其平衡位置附近振动，可用谐振子代表每个原子在一个自由度的振动。根据经典热容理论，能量按自由度均分原理，每个自由度的总能量是 kT，其中 $\frac{1}{2}kT$ 是平均势能，$\frac{1}{2}kT$ 是平均动能。每个原子都有三个振动自由度，1mol 固体有 N_A 个原子，则总平均能量

$$E = 3N_A\left(\frac{1}{2}kT + \frac{1}{2}kT\right) = 3N_A kT = 3RT \tag{12-5}$$

式中，N_A 为阿伏伽德罗常数，$N_A = 6.022 \times 10^{23}\,\mathrm{mol}^{-1}$；$T$ 为热力学温度（K）；k 为玻尔兹曼常数，$k = R/N_A = 1.380649 \times 10^{-23}\,\mathrm{J/K}$；$R$ 为气体常数，$R = 8.314\,\mathrm{J/(mol \cdot K)}$。

根据热力学理论，固体的热容

$$C_V = \left(\frac{\partial E}{\partial T}\right)_V = \left[\frac{\partial(3N_A kT)}{\partial T}\right]_V = 3N_A k = 3R = 24.942 \approx 25\,\mathrm{J/(mol \cdot K)} \tag{12-6}$$

由式（12-6）可知，固体的热容是一个与温度无关的常数，近似于 25J/(mol·K)，这就是元素的热容定律——杜隆-珀蒂定律。

在室温下，杜隆-珀蒂定律适用于大多数金属和一些非金属；对有些物质（如硼、铍、硅和金刚石等），在高温下适用。轻元素的摩尔热容见表 12-2。

表 12-2 轻元素的摩尔热容 单位:J/(mol·K)

元素	H	B	C	O	F	Si	P	S	Cl
C	9.6	11.3	7.5	16.7	20.9	15.9	22.5	22.6	20.4

在低温下，热容随温度的下降而减小，杜隆-珀蒂定律只适用于高温区，因为经典理论把原子的振动能看作连续的，模型过于简单。而实际上原子的振动能是不连续的、量子化的。要克服经典热容理论的弱点，需要用晶格振动的量子理论来解释。

2. 柯普定律

1864 年，化学家柯普将杜隆-珀蒂定律推广到化合物，解释了 1832 年纽曼的分子热容定律，即化合物分子热容等于构成此化合物各元素原子的热容之和，称为柯普定律。化学式为 $A_a B_b C_c$ 的化合物，其分子热容量

$$C = aC_A + bC_B + cC_C + \cdots \tag{12-7}$$

式中，C_A、C_B、C_C…分别为元素 A、B、C…的原子热容。

12.2.3　量子热容理论

普朗克研究黑体辐射时，提出了振子能量的量子化理论。他认为在某温度 T 下，物质质点热振动时所具有的能量是量子化的，都是以 $h\nu$（h 为普朗克常数，ν 为振动频率）为

量子理论与
量子纠缠

最小单位。$h\nu$ 称为量子能阶，通过试验测得 $h = 6.626 \times 10^{-34}$ J·s。所以，各质点的能量只能是 ν，$h\nu$，$2h\nu$，$\cdots$，$nh\nu$（$n = 0$，1，2$\cdots$，称为量子数）。

根据［麦克斯韦-］玻尔兹曼分布，可推导出在温度 T 时一个振子的平均能量

$$\overline{E} = \frac{h\nu}{\exp\left(\dfrac{h\nu}{kT}\right) - 1} \tag{12-8}$$

在高温下，$kT \gg h\nu$，因此 $\overline{E} = kT$，即每个振子单向振动的总能量与经典热容理论一致；在室温下，$kT > h\nu$，因此 $\overline{E}$ 与 kT 相差较大。所以，只有当温度较高时才可按经典热容理论计算热容。

由于 1mol 固体中有 N 个原子，把每个原子的振动都看成在三维方向独立振动的叠加，每个原子热振动的自由度都是 3，因此 1mol 固体的振动可看成 $3N$ 个振动的合成振动，则 1mol 固体的平均能量

$$\overline{E} = \sum_{i=1}^{3N} \frac{h\nu}{\exp\left(\dfrac{h\nu}{kT}\right) - 1} \tag{12-9}$$

根据量子理论，固体的摩尔热容

$$C_V = \left(\frac{\partial \overline{E}}{\partial T}\right)_V = \sum_{i=1}^{3N} k\left(\frac{h\nu_i}{kT}\right)^2 = \frac{\exp\left(\dfrac{h\nu_i}{kT}\right)}{\left[\exp\left(\dfrac{h\nu_i}{kT}\right) - 1\right]^2} \tag{12-10}$$

但是，用式（12-10）计算热容必须知道谐振子的频谱，这是非常困难的。热容量子理论是基于即使在同一温度下物质中不同质点的热振动频率也不相同，同一质点的振动所具有的能量不一致，而且振动能量是量子化的这一假设提出来的。爱因斯坦和德拜分别提出了简化的热容量子理论。

1906 年，爱因斯坦通过引入晶格振动能量量子化的概念，提出了新的热容理论。爱因斯坦模型如下：晶体中的每个原子都是一个独立的振子，原子之间彼此无关，所有原子都以相同的频率振动，适当地选取频率，可以使理论与试验结果吻合。但该模型的计算结果表明，C_V 依指数规律随温度变化，与试验中得出的 T^3 变化规律不符，而且在低温区，由该模型计算出的 C_V 比试验值小（图 12.2）。导致这一差异的原因是爱因斯坦采用过于简化的假设，而实际晶体中各原子不是彼此独立地以单一频率振动的，原子振动间有耦合作用，当温度很低时，这一耦合作用尤其显著。因此，忽略振动之间频率的差异是爱因斯坦模型在低温

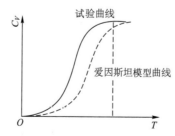

图 12.2　铜的试验曲线和爱因斯坦模型曲线

下不准确的原因。德拜模型在这一方面有所改进。

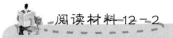
阅读材料 12-2

德　拜

德拜（1884—1966），1905 年毕业于德国亚琛工业大学，随后赴慕尼黑大学做索末菲的助手；1910 年获博士学位；1911 年在苏黎世联邦理工学院任教授。

1911 年，德拜提出了分子的偶极矩公式和物质比热容的立方定律（德拜公式）。

1916 年，德拜和他的研究生谢乐发展了劳厄用 X 射线研究晶体结构的方法，推进了布拉格父子的研究工作，证明 X 射线分析不仅适用于完整的晶体，而且适用于固体粉末，创立了德拜-谢乐法（X 射线粉末法）。他们采用粉末状晶体代替较难制备的大块晶体，经 X 射线照射后，在底片上得到同心圆环的衍射图样（德拜-谢乐环），用以鉴定样品的成分和晶胞尺寸，适用于多晶样品的结构测定。

1918 年，德拜和他的助手休克尔开始研究强电解质理论，推导出强电解质溶液的当量电导表达式（德拜-休克尔公式）。

1926 年，德拜提出了用顺磁盐绝热去磁制冷的方法，获得了 1K 以下的超低温。

1929 年，德拜提出了极性分子理论，确定了分子偶极矩的测定方法，为测定分子结构、确定化学键的类型提供数据。人们把偶极矩的单位定为德拜（用 D 表示）。

1930 年后，德拜致力于光线在溶液中散射的研究，发展了测定高分子化合物分子量的技术。

1936 年，德拜因利用偶极矩、X 射线和电子衍射法测定分子结构而获得诺贝尔化学奖。

德拜热容理论考虑到晶体中原子的相互作用，晶体近似为连续介质，主要考虑声频支振动和原子间的相互作用。晶体中对热容的主要贡献是弹性波的振动，也就是波长较大的声频支振动在低温下占主导地位。由于声频波的波长远大于晶体的晶格常数，可以把晶体近似视为连续介质，因此声频支振动也可近似看作连续的，具有频率为 $0 \sim \nu_{max}$ 的谱带，高于 ν_{max} 的不在声频支振动范围而在光频支振动范围，对热容的贡献很小，可以忽略不计。ν_{max} 值取决于分子密度及声速。由这种假设导出的热容表达式为

$$C_{V,m} = 3R f_D \left(\frac{\theta_D}{T} \right) \tag{12-11}$$

式中，θ_D 为德拜温度，$\theta_D = \dfrac{h\nu_{max}}{k} \approx 4.8 \times 10^{11} \nu_{max}$；$f_D$ 为德拜比热容函数，$f_D \left(\dfrac{\theta_D}{T} \right) = 3 \left(\dfrac{T}{\theta_D} \right) \int_0^{\frac{\theta_D}{T}} \dfrac{e^x x^4}{(e^x - 1)^2} dx$，$x = \dfrac{h\nu}{kT}$。

当温度较高时，即 $T \gg \theta_D$，$C_{V,m} \approx 3R$，这就是杜隆-珀蒂定律。当温度很低时，即 $T \ll \theta_D$，经计算

$$C_{V,m} = \frac{12\pi^4 R}{5} \left(\frac{T}{\theta_D} \right)^3 \tag{12-12}$$

当 T 趋于 0K 时，$C_{V,m}$ 与 T^3 成比例地趋于零，这就是著名的德拜 T^3 定律，它与试验

结果十分吻合,温度越低,越吻合。

在德拜热容理论中,德拜温度 θ_D 是重要参数,不同材料的 θ_D 不同。θ_D 与键的强度、材料的弹性模量和熔点等有关,可以通过测定声速或热容量确定。

德拜热容理论的不足:如图 12.3 所示,随着科学的发展,试验技术和测量仪器不断完善,人们发现德拜热容理论在低温和高温下不能完全符合试验结果。德拜热容理论仅讨论了晶格振动引起的热容变化,实际上,电子运动能量的变化也对热容有影响,只是当温度较低时,这部分影响远小于晶格振动能量的影响,一般可以忽略不计;当温度极低时,晶格振动被冻结,振动能量急剧减小,电子运动引起的热容所占比重增大,电子热容成为不可忽略的因素;当温度较高时,电子运动能力增强,电子热容增大,电子热容的影响明显,也不能忽略。量子热容理论对于金属晶体和部分较简单的离子晶体(如 Al、Cu、C、KCl 等),在较大温度范围内与试验结果相符,但并不完全适用于其他化合物。另外,由于晶体不是一个连续体,材料往往为多相结构且有晶界、杂质等缺陷,因此理论计算误差较大。此外,德拜热容理论解释不了超导现象。

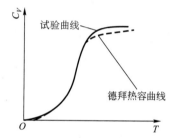

图 12.3　铜的试验曲线和德拜热容曲线

12.2.4　影响热容的因素

对于固体材料,热容与材料的组织结构关系不大。图 12.4 所示的 $CaO + SiO_2$ 与 $CaSiO_3$ 的热容-温度曲线基本重合。

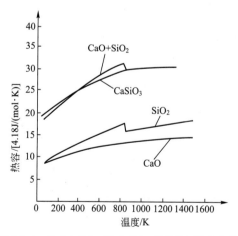

图 12.4　$CaO + SiO_2$ 与 $CaSiO_3$ 的热容-温度曲线

相变时,由于热量不连续变化,因此热容出现了突变,如图 12.4 中 SiO_2 晶体结构类型由 α 型转变为 β 型时出现的明显变化。其他晶体在熔化与凝固、多晶转化、铁电转变、铁磁转变、有序—无序转变等相变情况下都会发生类似情况。例如铁的 α →γ 相变,在临界点,热焓出现跃变,热容为无限大。

虽然固体材料的摩尔热容不是结构敏感的,但是单位体积的热容与气孔率有关。因为多孔材料质量轻,所以比热容小,提高轻质隔热砖的温度所需热量远低于致密的耐火砖。

材料热容与温度的关系应由试验来精确测定,对某些试验结果加以整理,可有如下经验公式〔单位为 J/（mol·K）〕：

$$C_p = a + bT + cT^{-2} + \cdots \qquad (12-13)$$

某些无机材料的热容-温度关系经验方程式系数见表 12-3。表 12-4 所列为某些材料在 27℃下的比热容。在较高温度下，固体的热容具有加和性，可以计算多相合金和复合材料的热容。

表 12-3 某些无机材料的热容-温度关系经验方程式系数

名 称	a	b（$\times 10^{-3}$）	c（$\times 10^5$）	适用的温度范围/K
氮化铝（AlN）	2287.00	32.60	—	298～900
刚玉（α-Al_2O_3）	114.66	12.79	−35.41	298～1800
莫来石（$3Al_2O_3 \cdot 2SiO_2$）	365.96	62.53	−111.52	298～1100
碳化硼（B_4C）	96.10	22.57	−44.81	298～1373
氮化硼（α-BN）	7.61	15.13	—	273～1173
硅灰石（$CaSiO_3$）	111.36	15.05	−27.25	298～1450
氧化铬（Cr_2O_3）	119.26	9.20	−15.63	298～1800
钾长石（$K_2O \cdot Al_2O_3 \cdot 6SiO_2$）	266.81	53.92	−71.27	298～1400
碳化硅（SiC）	37.33	12.92	−12.83	298～1700
α-石英（SiO_2）	46.82	34.28	−11.29	298～848
β-石英（SiO_2）	60.23	8.11	—	848～2000
石英玻璃（SiO_2）	55.93	15.38	−14.96	298～2000
碳化钛（TiC）	49.45	3.34	−14.96	298～1800
金红石（TiO_2）	75.11	1.17	−18.18	298～1800
氧化镁（MgO）	42.55	7.27	−6.19	298～2100

表 12-4 某些材料在 27℃下的比热容

材 料	比热容/[J/（kg·K）]	材 料	比热容/[J/（kg·K）]
Al	0.215	Ti	0.125
Cu	0.092	W	0.032
B	0.245	Zn	0.093
Fe	0.106	水	1.000
Pb	0.038	He	1.240
Mg	0.243	N	0.249
Ni	0.106	聚合物	0.200～0.350
Si	0.168	金刚石	0.124

12.2.5 热容性能的应用

具有高平均输出功率的固体激光器在工业、科学和军事领域都有着广泛的应用前景。选取密度大且热容高的材料作为激光器工作物质，可以降低温升，并将废热储存在工作介质中，提高了激光器的品质因子。掺钕钆镓石榴石（Nd：GGG）晶体的平均输出功率达到 100kW 级，输出脉冲频率为 200 个/秒。它是固体热容激光器的典型激光工作物质。独特的脉冲工作模式使固体热容激光器成为世界上平均功率最高的固体激光器。

12.3 热 膨 胀

12.3.1 热膨胀的基本概念

物体的体积或长度随温度升高而增大的现象称为热膨胀。通常在外压强不变的情况下，温度升高时，大多数物质体积增大，温度降低时体积减小。在相同条件下，气体膨胀最大，液体膨胀次之，固体膨胀最小。少数物质在一定的温度范围内温度升高时，其体积反而减小。

通常物体的伸长量和温度之间存在下述关系：

$$L_2 = L_1[1 + \bar{a}(T_2 - T_1)] \tag{12-14}$$

式中，L_1 和 L_2 分别代表试样在 T_1 和 T_2 温度下的长度；$\bar{a}$ 为温度由 T_1 上升到 T_2 的平均线膨胀系数，即

$$\bar{a} = \frac{L_2 - L_1}{T_2 - T_1} \cdot \frac{1}{L_1} = \frac{\Delta L}{\Delta T} \cdot \frac{1}{L_1} \tag{12-15}$$

当 ΔT 和 ΔL 趋近于零时，得到

$$a_T = \frac{\mathrm{d}L}{\mathrm{d}T} \cdot \frac{1}{L_T} \tag{12-16}$$

式中，a_T 为温度 T 下的线膨胀系数，单位为 K^{-1}。

实际上，固体材料的 a_T 不是一个常数，而是随温度变化的，通常随温度的升高而增大，如图 12.5 所示。无机非金属材料的线膨胀系数一般较小，为 $10^{-6} \sim 10^{-5} K^{-1}$。各种金属和合金在 $0 \sim 100 \, ℃$ 下的线膨胀系数也为 $10^{-6} \sim 10^{-5} K^{-1}$，钢的线膨胀系数多为 $(10 \sim 20) \times 10^{-6} K^{-1}$。材料的线膨胀系数一般用平均线膨胀系数表征。物体体积随温度的增大可表示为

$$V_T = V(1 + a_V \Delta T) \tag{12-17}$$

式中，a_V 为体膨胀系数，相当于温度升高 1K 时物体体积的相对增大值。对于各向同性的立方体材料，$a_V \approx 3a$；对于各向异性的晶体，各晶轴方向的线膨胀系数不同，假设分别为 a_a、a_b、a_c，则 $a_V = a_a + a_b + a_c$。

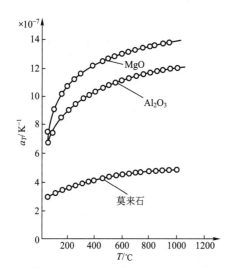

图 12.5 固体材料的线膨胀系数与温度的关系

12.3.2　热膨胀的机理

在晶格振动理论中，晶格振动时质点间作用力是非线性的，由图 12.6 可以看到，质点在平衡位置两侧时受力不对称，合力曲线的斜率不相等。当 $r<r_0$ 时，曲线斜率较大；当 $r>r_0$ 时，曲线斜率较小。所以，当 $r<r_0$ 时，斥力随位移变化得很快；当 $r>r_0$ 时，引力随位移的变化慢些。因此，质点振动时的平均位置不在 r_0 处，而是要向右移动，相邻质点间的平均距离增大。温度越高，振幅越大，质点在 r_0 两侧受力不对称的情况越显著，平衡位置向右移动得越多，相邻质点间的平均距离增大得越多，以致晶胞参数增大，晶体膨胀。

从位能曲线的非对称性同样可以得到较具体的解释。由图 12.7 可见，作平行于横轴的水平线 ab 和 cd，它们与横轴间的距离分别代表 T_1、T_2 等温度下质点振动的总能量 E_1（T_1）和 E_2（T_2）。当温度为 T_1 时，质点的振动位置相当于在 E_1 线的 ab 间变化，相应的位能按 aAb 曲线变化，在 A 点处，$r=r_0$，位能最小，动能最大。在 $r=r_a$ 和 $r=r_b$ 处，分别表示相邻原子最近和最远的位置，动能为零，位能为总能量，而 aA 曲线和 Ab 曲线的非对称性使得平均位置不在 r_0 处，而在 r_1 处。同理，当温度升高到 T_2 时，平衡位置移动到 r_2 处，平衡位置随温度的变化沿 AB 曲线变化，温度越高，平衡位置移动得越远，晶体就越膨胀。综上所述，热膨胀是由质点在平衡位置两侧受力不对称的热振动引起的。

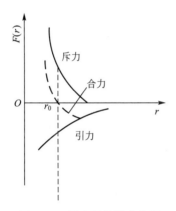
图 12.6　质点间作用力曲线

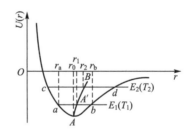
图 12.7　晶体中质点振动的非对称

此外，晶体中的热缺陷将造成局部晶格的畸变和膨胀。随着温度的升高，热缺陷浓度呈指数增大，在高温下对某些晶体的影响很大。

12.3.3　影响热膨胀的因素

热膨胀系数主要与材料的化学组成、晶体结构和键强度等密切相关。键强度高的材料（如 SiC）具有小的热膨胀系数。对于成分相同而结构不同的材料，热膨胀系数也不同。通常结构紧密的晶体热膨胀系数较大，结构比较松散的材料往往热膨胀系数较小。如多晶石英的热膨胀系数为 $12\times10^{-6}\ \text{K}^{-1}$，而无定型石英玻璃的热膨胀系数只有 $0.5\times10^{-6}\ \text{K}^{-1}$。

对于非等轴晶系的晶体，各晶轴方向的热膨胀系数不相等。最显著的是层状结构材料（如石墨），因为层片内黏结强度高，而层片间黏结强度低，所以层片内的热膨胀系数为 $1\times10^{-6}\ \text{K}^{-1}$，层片间的热膨胀系数为 $27\times10^{-6}\ \text{K}^{-1}$。表 12-5 至表 12-7 分别列出一些

材料的平均线膨胀系数和某些各向异性晶体的主膨胀系数。

表 12-5　一些无机材料的平均线膨胀系数（273～1273K）

材料名称	平均线膨胀系数 $\bar{a}/(\times 10^{-6}\mathrm{K}^{-1})$	材料名称	平均线膨胀系数 $\bar{a}/(\times 10^{-6}\mathrm{K}^{-1})$
Al_2O_3	8.8	石英玻璃	0.5
BeO	9.0	钠钙硅玻璃	9.0
MgO	13.5	电瓷	3.5～4.0
莫来石	5.3	刚玉	5.0～5.5
尖晶石	7.6	硬质瓷	6.0
SiC	4.7	滑石	7.0～9.0
ZrO_2	10.0	金红石	7.0～8.0
TiC	7.4	钛酸钡	10.0
B_4C	4.5	堇青石	1.1～2.0
TiC 金属陶瓷	9.0	黏土质耐火砖	5.5

表 12-6　金属的平均线膨胀系数（273～373K）

金属	平均线膨胀系数 $\bar{a}/(\times 10^{-6}\mathrm{K}^{-1})$	金属	平均线膨胀系数 $\bar{a}/(\times 10^{-6}\mathrm{K}^{-1})$	金属	平均线膨胀系数 $\bar{a}/(\times 10^{-6}\mathrm{K}^{-1})$
Li	58.00	Ni	13.30	Sb	10.80
Be	10.97 (293K)	Cu	17.00	Te	17.00
B	8.00	Zn	38.70	Cs	97.00
Na	71.00	Ga	18.30	Ba	17.00～21.00 (273～573K)
Mg	27.30	Ge	6.00		
Al	23.80	As	4.70 (293K)	Ta	6.57
Si	6.95	Rb	40.00	W	4.40
K	84.00	Zr	5.83	Re	12.45 (293K)
Ca	20.00 (273～573K)	Nb	7.20	Os	5.70～6.60
Ti (99.94%)	8.40 (293K)	Mo (99.95%)	5.09 (273K)	Ir (99.5%)	8.42 (293K)
V (99.8%)	8.70 (293K)	Rn	7.00	Pt	8.90
				Au	14.00 (273K)
Cr (99.95%)	5.60 (273K)	Rh	8.50	Hg	181.79 (273K)

表 12-7 某些各向异性晶体的主膨胀系数

晶体	主膨胀系数 $a/(\times 10^{-6} K^{-1})$		晶体	主膨胀系数 $a/(\times 10^{-6} K^{-1})$	
	垂直于 c 轴	平行于 c 轴		垂直于 c 轴	平行于 c 轴
Al_2O_3	8.3	9.0	$CaCO_3$（方解石）	-6	25
Al_2TiO_5	-2.6	11.5	SiO_2（石英）	14	9
$3Al_2O_3 \cdot 2SiO_2$	4.5	5.7	$NaAlSi_3O_8$（钠长石）	4	13
TiO_2（金红石）	6.8	8.3	ZnO（红锌矿）	6	5
$ZrSiO_4$（锆英石）	3.7	6.2	C（石墨）	1	27

影响金属材料热膨胀系数的还有相变、温度。材料发生相变时，在热膨胀系数曲线上出现拐折（图 12.8）。

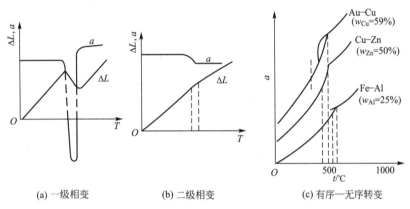

(a) 一级相变　　　　　(b) 二级相变　　　　　(c) 有序—无序转变

ΔL—伸长量；a—热膨胀系数。

图 12.8 相变时的热膨胀曲线

12.3.4 热膨胀性能的应用

性能匹配：热膨胀系数是材料的一项重要热学性能，如普通陶瓷坯的热膨胀系数和釉的热膨胀系数适应是很重要的。当釉的热膨胀系数适当地小于坯的热膨胀系数时，制品的机械强度提高。若釉的热膨胀系数比坯的小，则烧成后的制品在冷却过程中表面釉层的收缩量比坯的小，釉层中存在压应力，抑制釉层微裂纹的产生及发展，能明显地提高脆性材料的强度；反之，若釉层的热膨胀系数比坯的大，则在釉层中形成拉应力，过大的拉应力使釉层龟裂，对强度不利。同样，釉层的热膨胀系数不能比坯的小太多，否则会使釉层剥落。在电子管生产中，为了将电子管封接得严密可靠，除考虑陶瓷材料与焊料的结合性能外，还应尽可能使陶瓷和金属的膨胀系数接近。精密仪器仪表的零件也应有较小的膨胀系数，以提高仪器、仪表的精度。

组织与相变研究：在材料科学研究中，膨胀分析是一种非常重要的分析手段。例如，钢组织转变产生的体积效应会引起材料膨胀和收缩，并叠加在加热或冷却过程中单纯由温度改变引起的膨胀和收缩上。在组织转变的温度范围内，附加的膨胀效应导致膨胀曲线偏离一般规律，在组织转变的开始和终了，曲线出现拐折，拐折点对应组织转变的开始温度和终了温度。因此，对膨胀曲线进行分析可以测定相变温度和相变动力学曲线（TTT图和CCT曲线）。

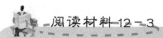 阅读材料 12-3

低热膨胀系数材料——因瓦合金

1896年，瑞士物理学家纪尧姆发现了一种热膨胀系数极小的铁基高镍合金（含镍量为32%～36%）的特殊合金，称为因瓦合金（或不变钢、殷钢）。

因瓦合金焊接

组织与性能特点：镍为扩大奥氏体区元素，使得奥氏体转变为马氏体的相变温度很低（−120～−100℃），退火后形成镍溶于γ-Fe中的面心立方结构的奥氏体组织。因瓦合金的热膨胀系数为0.02×10^{-6} K^{-1}，在−80℃～100℃下稳定不变，所以又称低膨胀合金。其具有热膨胀系数小、热导率低（为45钢热导率的1/4～1/3）、强度和硬度低（抗拉强度为517MPa，屈服强度为276MPa）、塑性和韧性高（伸长率为25%～35%）的特点。

获得荣誉：纪尧姆在1920年获诺贝尔物理学奖，他是历史上第一位也是唯一一位因冶金学成果获奖的科学家。

应用领域：因瓦合金广泛用于测量元件、标准尺、测温计、测距仪、钟表摆轮、块规、微波设备的谐振腔、重力仪、热双金属、精密光学仪器零件等领域。

液化天然气（liquefied natural gas，LNG）运输船是在−163℃低温下运输液化天然气的专用船舶，其是"海上超级冷冻车"。因瓦合金具有优异的低温尺寸稳定性，它是制造大型LNG运输船必不可少的材料，可以防止船体结构在超低温环境下发生冷裂。但因瓦合金极为娇贵，用手摸一下厚度为0.7mm的因瓦合金，其24h内就会锈穿。它是较难焊接的材料，需要最高级别（G级）焊工佩戴专用羊皮吸汗手套仔细焊接。

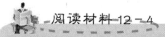 阅读材料 12-4

可伐合金

可伐合金也称铁镍钴合金，其含镍量为28.5%～29.5%，含钴量为16.8%～

图 12.9　玻璃封装后镀金的可伐合金零件

17.8%。可伐合金在20～450℃下具有与硬玻璃相近的热线膨胀系数和相应的膨胀曲线，能与硬玻璃进行有效封装匹配，为硬玻璃铁基封接合金（图12.9）。可伐合金的居里点较高，低温组织稳定性良好，氧化膜致密，容易焊接和熔接，具有良好的可塑性，可切削加工，耐磨性好，广泛用于制造电真空元件、发射管、显像管、开关管、晶体管，以及密封插头和继电器外壳等。一般要求在可伐合金工件表面镀金。

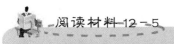
阅读材料12－5

负热膨胀材料

负热膨胀（negative thermal expansion，NTE）材料是指在一定温度范围内，平均线膨胀系数或体膨胀系数为负值的材料。负热膨胀材料可与正热膨胀材料按一定成分配比和工艺复合制备可控热膨胀系数或零膨胀系数的材料。

1951年，Hummel首次报道β-锂霞石（$Li_2O \cdot Al_2O_3 \cdot 2SiO_2$）的结晶聚集体在温度超过1000℃时，出现随温度的升高而体积减小的现象。1995年，美国俄勒冈州立大学的Korthuis研究小组发现了$ZrV_{2-x}P_xO_7$系列各向同性负热膨胀材料；Sleight研究小组发现了立方晶体结构的ZrW_2O_8负热膨胀材料，并被《发现》杂志评为1996年的100项重大发现之一。随后，以ZrW_2O_8为代表的各向同性负热膨胀材料和以$Sc_2W_3O_{12}$为代表的各向异性负热膨胀材料的发现（表12-8和表12-9），极大地推动了负热膨胀材料的发展。材料的热胀冷缩是机械电子、光学、医学、通信等领域面临的普遍问题。因此，负热膨胀材料可广泛用于制造精密光学和机械器件、航空航天材料、发动机部件、集成电路板、热工炉衬、传感器、牙齿填充材料、家用电器和炊具等。

表12-8　各向同性负热膨胀材料

化学组成	平均热膨胀系数（$\times 10^{-6}$）/℃$^{-1}$	$T/℃$	化学组成	平均热膨胀系数（$\times 10^{-6}$）/℃$^{-1}$	$T/℃$
ZrW_2O_8	-8.8	$-273 \sim 777$	ThP_2O_7	-8.1	$300 \sim 1200$
HfW_2O_8	-8.7	$-273 \sim 777$	UP_2O_7	-6.3	$600 \sim 1500$
ZrV_2O_7	-10.8	$100 \sim 800$			

表12-9　各向异性负热膨胀材料

化学组成	平均热膨胀系数（$\times 10^{-6}$）/℃$^{-1}$	$T/℃$	化学组成	平均热膨胀系数（$\times 10^{-6}$）/℃$^{-1}$	$T/℃$
$Sc_2W_3O_{12}$	-2.2	$-263 \sim 977$	SiO_2（石英）	-12.0	$1100 \sim 1500$
$Lu_2W_3O_{12}$	-6.8	$127 \sim 627$	$KAlSi_2O_6$（天然）	-20.8	$800 \sim 1200$
$Y_2W_3O_{12}$	-7.0	$-258 \sim 1100$			
$CuLaO_2$	-6.4	$-243 \sim 323$	$PbTiO_3$	-5.4	$100 \sim 600$
$NaZr_2P_3O_{12}$	-0.4	$2 \sim 1000$	$AlPO_4 - 17$	-11.7	$-255 \sim 27$

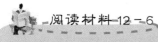
阅读材料12－6

热缩材料

热缩材料又称高分子形状记忆材料，是高分子材料与辐射加工技术交叉结合的一种智能型材料。20世纪50年代，Dole和Charlesby发现高能辐射可使聚乙烯交联并改善性能，Charlesby 发现交联的结晶聚合物具有"形状记忆效应"，奠定了开发热收缩高分子材料的基础。1959 年瑞侃（Raychem）公司申请了第一个聚乙烯热收缩管的专利权。热缩材料的生产工艺包括混配、成型、辐照、扩张、涂胶等。聚烯烃基材经辐照发生交联反应，具有不溶和不熔特点。升温至熔融温度后，结晶消失，将材料扩张并迅速冷却至结晶熔点以下，高分子结晶态恢复，形变被"冻结"，再次加热后会收缩到原来形态，具有"形状记忆效应"。

热缩材料的径向收缩率为 50%～80%，可用于制作热收缩管材、膜材和异形材，起到绝缘、防潮、密封、保护和接续等作用，广泛用于军事工业、电子工业、汽车工业、电力系统、通信、石油化工、交通等领域，还可用于制备热缩通信电缆附件、热缩电力电缆附件、电子系统热缩套管、热缩包覆片、复合绝缘热缩带等（图 12.10）。

图 12.10　热缩材料制品

12.4　热　传　导

12.4.1　热传导的基本概念

热量从物体温度较高的部分沿着物体传递到温度较低的部分的方式称为热传导。

很多物体都能够传热，但是不同物体的传热能力不同。容易传热的物体称为热的良导体，不容易传热的物体称为热的不良导体。金属都是热的良导体。瓷、木头、竹子、皮革、水都是热的不良导体。金属中最善于传热的是银，其次是铜和铝；最不善于传热的是羊毛、羽毛、毛皮、棉花、石棉、软木和其他松软的物质。

假设材料垂直于 x 轴方向的截面面积为 ΔS，沿 x 轴方向的温度变化率为 $\mathrm{d}T/\mathrm{d}x$，在 Δt 时间内沿 x 轴正方向穿过 ΔS 截面上的热量为 ΔQ，试验表明，对于各向同性物质，在稳定传热状态下有如下傅里叶（Fourier）定律：

$$\Delta Q = -k_{\mathrm{t}}\frac{\mathrm{d}T}{\mathrm{d}x}\Delta S\Delta t \tag{12-18}$$

式中，k_{t} 为热导率（或称导热系数，也可用 λ 表示），单位为 J/(m·s·K)，其物理意义是在单位梯度温度下单位时间内通过材料单位垂直面积的热量。由此定义能流密度

$$J = \frac{\Delta Q}{\Delta S\Delta T} = -k_{\mathrm{t}}\frac{\mathrm{d}T}{\mathrm{d}x} \tag{12-19}$$

12.4.2　热传导的微观机理

固体材料的热传导主要是由晶格振动的格波（声子）实现的，高温下还有光子热传导。而金属材料中有大量自由电子，电子热传导是主要传热机理。

1. 声子热传导

声子热导

当温度不太高时，光频支振动的能量很微弱，讨论热容时可忽略其影响。同样，在热传导过程中，当温度不太高时，主要考虑声频支振动弹性波的作用。

当材料中某质点处于较高温度时，其热振动较强烈，振幅较大，而相邻质点温度较低，热振动较弱；由于质点间有相互作用力，振动较弱的质点在振动较强的质点的影响下，振动加剧，热运动能量增大，就能转移和传递热量，从温度较高处传向温度较低处，从而产生热传导现象。

由于晶格振动的能量是量子化的，因此晶格振动的量子称为"声子"。弹性波的传播可看成质点（声子）的运动，弹性波与物质的相互作用可理解为声子和物质的碰撞，把弹性波在晶体中传播时遇到的散射看作声子同晶体中质点的碰撞，把理想晶体中热阻的来源看成声子与声子的碰撞。因为气体热传导是气体分子（质点）碰撞的结果，晶体热传导是声子碰撞的结果，所以可以用气体中热传导的概念来处理声子热传导问题。它们的热导率具有相同形式的数学表达式。

根据气体分子运动理论，理想气体的热导率

$$k = \frac{1}{3} C \bar{v} l \tag{12-20}$$

式中，C 为气体容积热容；$\bar{v}$ 为气体分子平均速度；l 为气体分子平均自由程。

将上述结果引申到晶体材料，式（12-20）中的参数可看成 C 是声子的热容，$\bar{v}$ 是声子的速度，l 是声子的平均自由程。

声子的速度可以看作仅与晶体的密度和弹性力学性质有关，而与频率无关的参量。但是热容 C 和自由程 l 都是声子振动频率 λ 的函数，所以固体热导率 k 的普遍形式可写成

$$k = \frac{1}{3} \int C(v) v l (v) \mathrm{d}v \tag{12-21}$$

晶格振动不是线性的，弹性波间的耦合作用导致声子产生碰撞，从而使声子的平均自由程 l 减小。弹性波间的相互作用越大，声子间碰撞概率越大，相应的平均自由程越小，热导率也就越低。因此，由声子间碰撞引起的散射是晶体中热阻的主要来源。

2. 光子热传导

材料除声子热传导外，在高温下还有明显的光子热传导。因为材料中分子、原子和电子的振动、转动等运动状态改变，会辐射出频率较高的电磁波频谱，其中波长为 $0.4 \sim 40 \mu m$ 的可见光和近红外光具有较强的热效应，称为热射线，其传递过程称为热辐射。考虑到黑体的辐射能

$$E_{\mathrm{T}} = 4\sigma_0 n^3 T^4 / v \tag{12-22}$$

式中，σ_0 为斯特藩-玻尔兹曼常量；n 为折射率；v 为光速；T 为温度。则辐射热容量

$$C_{\mathrm{T}} = \left(\frac{\partial E}{\partial T}\right) = 16\sigma_0 n^3 T^3 / v \tag{12-23}$$

由于光子在材料中的速度 $v_{\mathrm{T}} = \dfrac{v}{n}$，因此光子的热导率

$$k = \frac{1}{3} C_{\mathrm{T}} v_{\mathrm{T}} \lambda_{\mathrm{r}} = \frac{16}{3} \sigma_0 n^2 T^3 \lambda_{\mathrm{r}} \tag{12-24}$$

式中，C_T 为辐射热容量；v_T 为光子在材料中的速度；λ_r 为光子的平均自由程。

3. 电子热传导

由于金属中的电子不受束缚，因此电子间的相互作用或者碰撞是金属中热传导的主要机制，即电子热传导机制。

对于纯金属，电子对热传导的贡献远远大于声子对热传导的贡献。随着温度的降低，在低温下声子热传导对金属热传导的贡献将略有增大，由于半导体陶瓷含有弱束缚的电子，因此电子热传导机制对其也有贡献。

与声子热传导类似，金属中电子热传导的贡献也可表示为

$$k = \frac{1}{3} C_V \bar{v} \bar{l} \tag{12-25}$$

式中，C_V 为单位体积电子的热容；$\bar{v}$ 为电子的平均速度；$\bar{l}$ 为电子的平均自由程。式（12-25）还可以写成

$$k = \frac{1}{3} n C_V^0 \bar{v} \bar{l} \tag{12-26}$$

式中，n 为单位体积的电子数；C_V^0 为每个电子的热容。

可见，金属中的热传导主要依靠电子。合金材料的情况与纯金属不同，在合金材料中，电子散射主要是杂质原子的散射，电子的平均自由程 $\bar{l}$ 与杂质浓度 N_i 成反比，当 N_i 很大时，$\bar{l}$ 与声子平均自由程有相同的数量级。因此，合金材料的热传导由声子热传导和电子热传导共同贡献。

12.4.3　影响热传导性能的因素

1. 温度对热导率的影响

当温度不太高时，材料中以声子热传导为主，其热导率由式（12-21）给出。决定热导率的因素有材料的热容 C、声子的平均速度 $\bar{v}$ 和声子的平均自由程 $\bar{l}$。其中 $\bar{v}$ 通常可以看作常数，只有在温度较高时，介质的弹性模量下降才导致 $\bar{v}$ 减小。声子的热容 C 在低温下与温度 T^3 成正比。声子平均自由程 $\bar{l}$ 随温度的变化类似于气体分子运动中的情况，随温度升高而降低。试验表明，在低温下 l 的变化不大，其上限为晶粒的线度，下限为晶格间距。

在极低温度下，声子平均自由程接近或达到其上限值——晶粒的直径；声子的热容 C 与 T^3 成正比；在此范围内，光子热传导可以忽略不计。因此，晶体的热导率与 T^3 成正比。

在较低温度下（德拜温度以下），声子的平均自由程 $\bar{l}$ 随温度升高而减小，声子的热容 C 仍与 T^3 成正比；光子热传导仍然极小，可以忽略不计。此时，与 $\bar{l}$ 相比，C 对声子热导率的影响更大，因此在此范围内热导率仍然随温度升高而增大，但变化率减小。

在较高温度下（德拜温度以上），声子的平均自由程 $\bar{l}$ 随温度升高继续减小，而声子的热容 C 趋近于常数，材料的热导率由 $\bar{l}$ 随温度升高而减小决定。

随着温度的升高，声子的平均自由程逐渐趋近于最小值，声子的热容为常数，光子的

平均自由程有所增大，故此光子的热传导逐步提高。因此，在高温下热导率随温度升高而增大。

一般来说，对于晶体材料，在常用温度范围内，热导率随温度升高而下降。图 12.11 所示为氧化铝单晶的热导率随温度的变化。

2. 微观结构对热导率的影响

声子热传导与晶格振动的非谐性有关。由于晶体结构越复杂，晶格振动的非谐性程度越大，弹性波受到的散射越大，因此，声子的平均自由程较小，热导率较低。例如，镁铝尖晶石的热导率比 Al_2O_3 和 MgO 的热导率都低。因为莫来石的结构更复杂，所以热导率比镁铝尖晶石低得多。

非等轴晶系的晶体热导率呈各向异性。石英、金红石、石墨等都是在膨胀系数小的方向热导率最大。因为温度升高，晶体的结构总是趋于对称的，所以不同方向的热导率差异减小。

对于同一种物质，多晶体的热导率总是比单晶小。图 12.12 所示为不同晶型无机材料的热导率。由于多晶体中的晶粒尺寸小、晶界多、缺陷多，晶界处杂质也多，声子更易受到散射，平均自由程小得多，因此热导率小。另外，还可以看到，低温时多晶体的热导率与单晶体的平均热导率一致，但随着温度升高，差异迅速增大。这也说明了晶界、缺陷、杂质等在较高温度下对声子热传导有更大的阻碍作用，同时使温度升高后的单晶体比多晶体在光子热传导方面有更明显的效应。

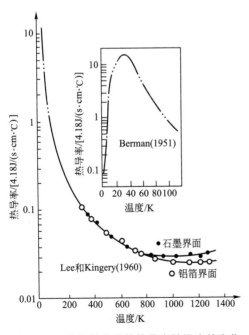

图 12.11 氧化铝单晶的热导率随温度的变化　　图 12.12 不同晶型无机材料的热导率

非晶态材料的热导率较小，并且随温度的升高而增大。因为非晶态为近程有序结构，可以近似看成晶粒很小的晶体，所以它的声子平均自由程近似为一个常数，即等于 n 个晶格常数，而这个数值是晶体中声子平均自由程的下限（晶体和玻璃态的热容值相差不大）。

石英玻璃的热导率可以比石英晶体低三个数量级，如图 12.13 所示。

3. 成分对热导率的影响

不同组成的晶体，热导率往往有很大差异。构成晶体的质点尺寸、性质不同，它们的晶格振动状态不同，传导热量的能力也就不同。一般来说，质点的原子量越小，密度越小，弹性模量越大，德拜温度越高，热导率越大。图 12.14 所示为原子量对热导率的影响。轻元素的固体和结合能大的固体的热导率较大，如金刚石的热导率 $k=1.7\times10^{-2}\,W/(m\cdot K)$，较轻的硅、锗的热导率分别为 $1.0\times10^{-2}\,W/(m\cdot K)$ 和 $0.5\times10^{-2}\,W/(m\cdot K)$。

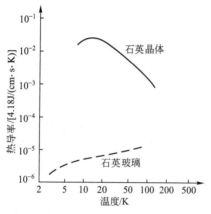

图 12.13　石英晶体与石英玻璃的热导率

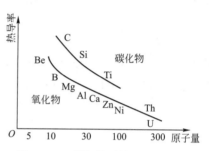

图 12.14　原子量对热导率的影响

12.4.4　热传导性能的应用

热传导在生活及工业生产中的应用非常广泛。人们很早就开始使用金属制作炊具，如青铜器、铁器、铜器、银器等，这是因为金属具有很大的电子热导，从而可以快速地将局部受到的热量传递到整个器具，利于热量的收集和利用并防止局部过热。

工业生产和器件设计：用导电性优良的铜质磨具作为快速冷却材料制备纳米颗粒或者纳米带是制备非晶材料的常用手段。利用材料的热传导性质还可制作多种温度传感器。

保温隔热设计：传统的建筑墙体材料一般是由黏土、石灰、水泥烧制而成的，热容较大而热导率很低，再配合多层、颗粒复合、多孔或者中空结构等设计，能够有效地起到保温隔热的作用。在工业生产中，高温熔窑（如浮法玻璃熔窑）更是广泛采用耐高温的陶瓷材料作为保温材料，如锆刚玉砖、高铝砖、普镁砖、镁铝砖及硅砖等，从而起到蓄热和节能的效果，还可以延长窑体的使用寿命。

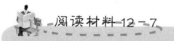
阅读材料 12-7

新型高热传导率生物塑料

日本电气公司开发出以植物为原料的生物塑料，其热传导率与不锈钢不相上下。该公司在以玉米为原料的聚乳酸树脂中混入长数毫米、直径为 0.01mm 的碳纤维和特殊的黏结剂，制得高热导率的生物塑料。如果混入 10% 的碳纤维，生物塑料的热导率就与不锈钢相当；如果混入30％的碳纤维，生物塑料的热导率就是不锈钢的2倍，而密度只有不锈钢的1/5。

这种生物塑料除导热性好外，还具有质量轻、易成形、对环境污染小等优点，可用于生产轻薄型计算机、手机等电子产品的外框。

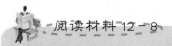 阅读材料12－8

气凝胶——超级绝热材料

气凝胶又称干凝胶、冻结的烟、蓝烟、固体烟，具有纳米多孔结构（1～100nm）、密度低（0.003～0.25g/cm³）、热导率低 [0.013～0.025W/(m·K)]、孔隙率高（80％～99.8％）、比表面积大（500～1000m²/g）等特点，保温性能极佳。

气凝胶的种类很多，有硅系、碳系、硫系、金属氧化物系、金属系等。常见气凝胶为硅气凝胶，由美国科学工作者S. Kistler在1931年制得并命名。

气凝胶的制备过程通常由溶胶凝胶过程和超临界干燥处理构成。在溶胶凝胶过程中，通过控制溶液的水解和缩聚反应条件，在溶体内形成不同结构的纳米团簇，纳米团簇相互粘连形成凝胶体，而在凝胶体的固态骨架周围充满化学反应后剩余的液态试剂。为防止凝胶干燥过程中微孔洞内的表面张力导致材料结构破坏，采用超临界干燥工艺处理或常压干燥工艺，把凝胶置于压力容器中加温升压，使凝胶内的液体发生相变并成为超临界态的流体，气液界面消失，表面张力不复存在，将这种超临界流体从压力容器中释放，即可得到多孔、无序、具有纳米量级连续网络结构的低密度气凝胶材料。因此，气凝胶的结构特征是拥有高通透性的圆筒形多分支纳米多孔三维网络结构，拥有极高孔洞率、极低密度、高比表面积、超高孔体积率，其密度为0.003～0.500g/cm³（空气的密度为0.0129 g/cm³）。

由于气凝胶颗粒非常小（纳米量级），可见光经过时散射（瑞利散射）较小，就像阳光经过空气一样。因此，它也和天空一样发蓝，如果对着光看有点发红。一般气凝胶中80％以上是空气，具有非常好的隔热效果。即使把气凝胶放在玫瑰与火焰之间，玫瑰也会丝毫无损，如图12.15所示。

2011年，美国HRL实验室、加州大学尔湾分校和加州理工学院合作制备了一种由镍构成的气凝胶，其密度为9×10^{-4} g/cm³，把这种气凝胶放在蒲公英花朵上（图12.16），柔软的绒毛几乎不变形。

图 12.15　气凝胶隔热玫瑰与火焰　　图 12.16　将气凝胶放在蒲公英花朵上

气凝胶

2013 年，浙江大学制备出一种超轻"全碳气凝胶"，其密度为 $1.6 \times 10^{-4} \mathrm{g/cm^3}$，仅为空气密度的约 1/6，拥有高弹性和强吸油能力。现有吸油产品一般只能吸收自身质量 10 倍左右的有机溶剂，而"全碳气凝胶"的吸收量为自身质量的 900 倍，其有望在海上漏油、净水、净化空气等环境污染治理上发挥重要作用。

气凝胶是纳米孔超级绝热材料，广泛应用在航空航天、电力、石化、化工、冶金、建筑建材行业及日常生活中，例如制作火星探险宇航服；收集彗星微粒；制作防弹车；作为油墨添加剂，扩大油墨微粒表面张力，增强吸附能力，使打印图案更清晰、逼真；作为"超级海绵"，可强力吸附污染物；制作服装、鞋、睡袋等一系列户外御寒用品；制作网球拍，击球能力更强。

12.5 热稳定性

12.5.1 热稳定性的定义

热稳定性，又称抗热震性，是指材料承受温度的急剧变化而不破坏的能力。材料在加工和使用过程中的抗温度起伏的热冲击破坏有两种类型：一种是抵抗材料在热冲击下发生瞬时断裂的抗热冲击断裂性，称为热应力断裂或热震断裂；另一种是抵抗材料在热冲击循环作用下开裂、剥落直至碎裂或变质的抗热冲击损伤性，称为热应力损伤或热损伤。

未改变外力作用状态时，材料仅因热冲击而在内部产生的内应力称为热应力。对于具有不同热膨胀系数的多相复合材料，各相膨胀或收缩的相互牵制会产生热应力；各相同性材料因材料中存在温度梯度也会产生热应力。

1. 材料的热应力断裂

对于脆性材料，从热弹性力学出发，采用应力-强度判据，可以分析材料热冲击断裂的热破坏现象。一般材料受热冲击作用时，受到三个方向的热应力，三个方向都会有热膨胀或热收缩，而且会相互影响。下面分析薄板型材料的热应力状态，如图 12.17 所示。材料受冷时，由于薄板 y 方向的厚度小，y 方向的温度很快平衡，薄板可沿 y 方向自由收缩（$\sigma_y = 0$）。垂直于 y 轴的截面有相同的温度，但在 x 方向和 z 方向上，材料的各截面层温度不同，表面温度低、中间温度高，使得这两个方向来不及收缩（$e_x = e_z = 0$），从而产生热应力 $+\sigma_x$ 和 $+\sigma_z$。

根据广义胡克定律得

$$\sigma_x = \sigma_z = \frac{aE}{1-\mu}\Delta T \qquad (12-27)$$

若材料在冷却瞬间正好达到断裂强度 σ_f，则将开裂破坏，此时温差

$$\Delta T_{max} = \frac{\sigma_f(1-\mu)}{aE} \qquad (12-28)$$

对于其他形状的材料，式（12-28）中的等号右端需乘以形状因子 S。可见，ΔT_{max} 越

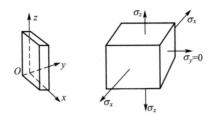

图 12.17 薄板型材料的热应力状态

大，材料能承受的温度变化越大，热稳定性也就越好。急剧受热和冷却时，用热震断裂的临界温度 $\Delta T_{\max}$ 表征材料热稳定性的**第一抗热应力断裂因子**

$$R_1 = \frac{\sigma_f(1-\mu)}{aE} \tag{12-29}$$

式中，R_1 的单位为 K；μ 为泊松比；a 为热膨胀系数；E 为弹性模量。

实际上，当材料受到热冲击时，材料的热导率越大，传热越快，散热越好，对材料的热稳定性越有利。慢速受热和冷却时表征材料热稳定性的**第二抗热应力断裂因子**

$$R_2 = k_t \cdot \frac{\sigma_f(1-\mu)}{aE} = k_t R_1 \tag{12-30}$$

式中，R_2 的单位为 $J/(m \cdot s)$；k_t 为热导率。

在实际使用场合，材料所能允许的最大冷却速率或加热速率 dT/dt 很重要，对于厚度为 $2b$ 的无限大平板材料，可推得其允许的最大冷却速率

$$-\left(\frac{dT}{dt}\right)_{\max} = \frac{k_t}{\rho C_p} \cdot \frac{\sigma_f(1-\mu)}{aE} \cdot \frac{3}{b^2} \tag{12-31}$$

式中，ρ 为材料的密度；C_p 为材料的定压热容量。恒定速率加热或冷却时表征材料热稳定性的**第三抗热应力断裂因子**

$$R_3 = \frac{k_t}{\rho C_p} \cdot \frac{\sigma_f(1-\mu)}{aE} = \frac{k_t}{\rho C_p} \cdot R_1 = \frac{R_2}{\rho C_p} \tag{12-32}$$

可见，R_3 越大，材料允许的最大冷却速率越大，热稳定性就越好。若材料表面热导率为 k_t，表面与介质之间的传热系数为 h_t，则最大允许温差

$$\Delta T_{\max} = \frac{k_t \sigma_f(1-\mu)}{aE} \times \frac{1}{0.31 b h_t} \tag{12-33}$$

2. 材料的热应力损伤

对于含微孔的材料和非均质的金属陶瓷等，从断裂力学出发，采用应变能-断裂能作为判据，可以更好地分析材料热冲击损伤的热破坏现象。

根据断裂力学的观点，材料的损坏不仅与裂纹的产生有关，而且与应力作用下裂纹的扩展有关，若能将裂纹抑制在一个很小范围内，则可使材料不致完全破坏。裂纹的产生和扩展与材料中积存的弹性应变能和裂纹扩展所需的断裂表面能有关。当弹性应变能小或断裂表面能大时，裂纹不易扩展，材料的热稳定性好。材料的抗热应力损伤性正比于断裂表面能，反比于弹性应变能释放率。

只考虑材料的弹性应变能时，定义表征材料稳定性的**第四抗热应力损伤因子**

$$R_4 = \frac{E}{\sigma_f^2(1-\mu)} \tag{12-34}$$

实际上，式（12-34）是材料的弹性应变能释放率的倒数，用来比较具有相同断裂表面能的材料。

同时考虑材料的弹性应变能和断裂表面能时，定义表征材料热稳定性的第五抗热应力损伤因子

$$R_5 = \frac{Er}{\sigma_f^2 (1-\mu)}$$ （12-35）

式中，r 为断裂表面能。

R_5 用来比较具有不同断裂表面能的材料，R_5 越大，材料的抗热应力损伤性越好。

表征材料热稳定性的抗热应力损伤因子 R_4 和 R_5 与材料的弹性模量 E 成正比，而与断裂强度 σ_f 成反比，这与抗热应力断裂因子 R_1、R_2 和 R_3 的情形恰好相反，原因在于其判据不同。抗热应力损伤从阻止裂纹扩展方面避免材料的热应力损伤破坏，适用于疏松型材料；抗热应力断裂从避免裂纹产生方面防止材料的热应力断裂破坏，适用于致密型材料。

对于表面有较多孔隙的材料，主要应提高其抗热应力损伤性，着重抑制已有微裂纹的扩展。也可以有意识地利用材料中的微裂纹，在抗拉强度要求不高的使用场合，可利用各向异性的热收缩来引入微裂纹，使得由材料表面撞击引起的尖锐初始裂纹钝化，从而提高材料的热稳定性，缓解灾难性的热应力破坏。

阅读材料 12-9

抗热震性试验

抗热震性试验用于评价试样经受一次或多次温度急剧变化的损伤程度。将材料加热至不同的温度并保温一定时间后，在水或空气中冷却，常采用如下三种试验方法进行评价：①材料产生宏观裂纹的热循环次数；②试样表面开裂的最大温差；③规定循环加热冷却次数后的抗弯强度保持率，即以热震前后抗弯强度变化的百分率评价热震损伤程度。

$$R_r = \frac{R_a}{R_b} \times 100\%$$

式中：R_r 为抗弯强度保持率；R_a 为热震后抗弯强度；R_b 为热震前抗弯强度。

12.5.2 影响热稳定性的主要因素

影响热稳定性的主要因素包括组织结构、几何形状和材料特性，如热膨胀系数、热导率、弹性模量、材料固有强度、断裂韧性等。

一般地，材料组织相对疏松、孔隙率较高、适当的微裂纹可以提高断裂能，使材料在热冲击下不致破坏。形状简单和外形均匀的构件热稳定性较好。热膨胀系数越小，材料由温度变化引起的体积变化量越小，产生的温度应力越小，热稳定性越好；热导率越大，材料内部温差越小，由温差引起的应力差越小，热稳定性越好；材料固有强度越高，承受热应力而不致破坏的强度越大，热稳定性越好；弹性模量越大，材料产生弹性变形而缓解和释放热应力的能力越强，热稳定性越好。

高分子材料：软化温度和分解温度较低，长时间使用时会出现降解老化现象，一般在 200～400℃下开始热分解，允许的使用温度不高，热稳定性较差，热塑性塑料允许的连续

使用温度在 100℃ 以下，工程塑料为 100～150℃，热固性交联塑料为 150～260℃。

金属材料：强度和热导率较大，熔点高，弹性模量较小，热稳定性较好，允许使用温度明显高于高聚物材料。

无机非金属材料：断裂强度和弹性模量较大，热导率中等，容易产生热应力断裂破坏，但熔点一般都很高，不易发生熔化或分解，允许使用温度范围很大，热稳定性较好。常见的抗热震材料主要是抗热震陶瓷，包括氮化物、碳化物、氧化物等，在耐火材料和高温结构陶瓷方面得到了广泛应用。

综合习题

一、填空题

1. 材料的热学性能包括_____、_____、_____、_____等。

2. 固体材料的比热容、热膨胀、热传导等热性能都直接与_____有关。

3. 德拜热容理论认为低温下固体热容按_____变化，高温下固体热容_____。

4. 固体材料的热传导机理包括_____、_____、_____等。

5. 热稳定性是指_____，包括_____和_____。

6. 热应力断裂是指_____，采用_____理论；热应力损伤是指_____，采用_____理论。

二、选择题（单选或多选）

1. 固体材料的比热、热膨胀、热传导等热学性能就其物理本质而言，都直接与材料质点的（ ）有关。

 A. 热振动   B. 晶格振动   C. 微观组织   D. 化学成分

2. 对于固体材料的点阵热容，尤其是低温热容，（ ）模型给出了较好的解释。

 A. 德拜模型   B. 爱因斯坦模型 C. 杜隆-珀蒂模型 D. 柯普模型

3. 德拜热容理论认为，在低温下固体热容按（ ）变化，在高温下固体热容为（ ）。

 $A. T_2，3R$ $B\ T_3，3R$ $C. 3R，T_3$ $D. T_2，2R$

4. 固体材料的热传导机理包括（ ）。

 A. 电子热传导 B. 质子热传导   C. 光子热传导   D. 声子热传导

5. 杜隆-珀蒂定律把晶态固体原子的热振动近似看作与（ ）的热运动相类似，只适用于（ ）。

 A. 气体分子，低温区   B. 气体分子，高温区

 C. 液体分子，高温区   D. 气体分子，中温区

6. 热稳定性是指材料承受（ ）的急剧变化而不破坏的能力。

 A. 应力   B. 加载速率   C. 加载频率   D. 温度

7. 在导热过程中，温度不太高时，主要考虑（ ）作用。

 A. 声频支格波 B. 光频支格波   C. 振动频率   D. 散射

8. 下列关于影响热容的因素，说法不正确的是（ ）。

 A. 在高温下化合物的热容可由柯普定律描述

B. 德拜热容模型能够精确描述材料热容随温度的变化

C. 热容与温度相关,需要用微分精确定义

D. 材料热容与温度的精确关系一般需要通过试验确定

9. 下列关于热膨胀的说法中,不正确的是( )。

A. 各向同性材料的体膨胀系数是线膨胀系数的三倍

B. 各向异性材料的体膨胀系数是三个晶轴方向膨胀系数的和

C. 热膨胀的微观机理是温度升高,点缺陷密度增大而引起晶格膨胀

D. 由于本质相同,因此热膨胀与热容随温度的变化趋势相同

三、计算题

计算室温（298K）下莫来石瓷的摩尔热容,并与按杜隆-珀蒂定律计算的结果比较。

四、文献查阅及综合分析

1. 量子力学理论的核心观点有哪些?查阅文献,举例说明量子力学理论的发展及对热学理论发展的贡献。在量子力学研究领域作出突出贡献的科学家有哪些?任举三人并说明其重要贡献。

2. 查阅近期科学研究论文,任选一种材料,以材料的热学性能为切入点,论述构成材料科学与工程的五要素之间的关系（给出必要的图、表、参考文献）,重点分析材料的热学性能与成分、结构、工艺的关系。

五、工程案例分析

请举一个实际工程案例,说明材料断裂的原因、机理及其性能指标在其中的应用,完成 PPT 制作、课堂汇报与讨论,并提供案例来源、文字说明、图片、视频等资源。

第12章 试验方法(国家标准)

在线答题

第13章

材料的磁学性能

本章知识构架

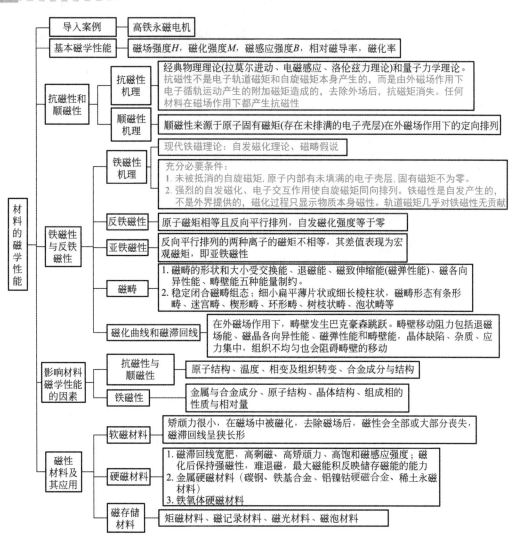

材料的磁学性能

导入案例 —— 高铁永磁电机

基本磁学性能 —— 磁场强度H, 磁化强度M, 磁感应强度B, 相对磁导率, 磁化率

抗磁性和顺磁性
- **抗磁性机理** —— 经典物理理论(拉莫尔进动、电磁感应、洛伦兹力理论)和量子力学理论。抗磁性不是电子轨道磁矩和自旋磁矩本身产生的, 而是由外磁场作用下电子循轨运动产生的附加磁矩造成的, 去除外场后, 抗磁矩消失。任何材料在磁场作用下都产生抗磁性
- **顺磁性机理** —— 顺磁性来源于原子固有磁矩(存在未排满的电子壳层)在外磁场作用下的定向排列

铁磁性与反铁磁性
- **铁磁性机理**
  - 现代铁磁理论：自发磁化理论、磁畴假说
  - 充分必要条件：
    1. 未被抵消的自旋磁矩, 原子内部有未填满的电子壳层, 固有磁矩不为零。
    2. 强烈的自发磁化、电子交互作用使自旋磁矩同向排列。铁磁性是自发产生的, 不是外界提供的, 磁化过程只显示物质本身磁性。轨道磁矩几乎对铁磁性无贡献
- **反铁磁性** —— 原子磁矩相等且反向平行排列, 自发磁化强度等于零
- **亚铁磁性** —— 反向平行排列的两种离子的磁矩不相等, 其差值表现为宏观磁矩, 即亚铁磁性
- **磁畴**
  1. 磁畴的形状和大小受交换能、退磁能、磁致伸缩能(磁弹性能)、磁各向异性能、畴壁能五种能量制约。
  2. 稳定闭合磁畴组态：细小扁平薄片状或细长棱柱状, 磁畴形态有条形畴、迷宫畴、楔形畴、环形畴、树枝状畴、泡状畴等
- **磁化曲线和磁滞回线** —— 在外磁场作用下, 畴壁发生巴克豪森跳跃。畴壁移动阻力包括退磁场能、磁晶各向异性能、磁弹性能和畴壁能, 晶体缺陷、杂质、应力集中, 组织不均匀也会阻碍畴壁的移动

影响材料磁学性能的因素
- **抗磁性与顺磁性** —— 原子结构、温度、相变及组织转变、合金成分与结构
- **铁磁性** —— 金属与合金成分、原子结构、晶体结构、组成相的性质与相对量

磁性材料及其应用
- **软磁材料** —— 矫顽力很小, 在磁场中被磁化, 去除磁场后, 磁性会全部或大部分丧失, 磁滞回线呈狭长形
- **硬磁材料**
  1. 磁滞回线宽肥, 高剩磁、高矫顽力、高饱和磁感应强度；磁化后保持强磁性, 难退磁, 最大磁能积反映储存磁能的能力
  2. 金属硬磁材料（碳钢、铁基合金、铝镍钴硬磁合金、稀土永磁材料）
  3. 铁氧体硬磁材料
- **磁存储材料** —— 矩磁材料、磁记录材料、磁光材料、磁泡材料

　　磁性材料是国民经济和国防工业的重要支柱,广泛应用于电信、自动控制、通信和家用电器等领域,信息技术向小型多功能化方向发展,磁性材料向高性能和新功能方向发展。

　　钕铁硼永磁材料是一类具有超强磁性的稀土永磁材料,广泛应用于能源、交通、机械、医疗、互联网及家用电器等行业,如应用于直流电机及核磁共振成像、可以使磁悬浮列车(图 13.01)高速安全运行。由药物、磁性纳米粒子药物载体和高分子耦合剂组成的磁性药物在外磁场作用下具有磁导向性,可以对肿瘤进行靶向治疗。

磁悬浮列车

高铁永磁电机

图 13.01　磁悬浮列车

　　在经历了"直流""交流"后,世界轨道交通车辆牵引技术向"永磁"驱动技术发展。2019 年,中车株洲电机有限公司正式发布速度为 400km/h 的高速动车组用 TQ—800 永磁同步牵引电机,填补了国内相关技术空白。该电机采用新型稀土永磁材料,有效解决了永磁体失磁的难题;结合大功率机车和高铁牵引电机绝缘结构的优点,具备更高的绝缘可靠性;采用全新封闭风冷及关键部位定向冷却技术,确保电机内部清洁并有效平衡了电机各部件的温度。与传统的异步牵引电机相比,该电机具有功率密度和效率高、环境适应能力强、全寿命周期成本低等特点。

　　本章主要介绍固体物质的抗磁性、顺磁性、铁磁性、反铁磁性、亚铁磁性的形成机理,磁性表征参量,磁化过程,磁性材料的类型及应用。

13.1　基本磁学性能

13.1.1　磁学基本量

　　在外磁场中放入磁介质,磁介质受外磁场作用而处于磁化状态,磁介质内部的磁感应强度 B(T)将发生变化,即

$$B = \mu H = \mu_0 (H + M) \tag{13-1}$$

式中, H 为磁场强度(A/m); μ_0 为真空磁导率, $\mu_0 = 4\pi \times 10^{-7}$ H/m; μ 为介质的绝对磁

导率，μ 只与介质有关；M 为磁化强度，表征物质被磁化的程度。

对于一般磁介质，无外磁场时，其内部各磁矩的取向不同，宏观无磁性。但在外磁场作用下，各磁矩有规则地取向，使磁介质宏观显示磁性，即被磁化。磁化强度的物理意义是单位体积的磁矩。

$$M=\left(\frac{\mu}{\mu_0}-1\right)H=(\mu_r-1)H=\chi H \qquad (13-2)$$

式中，μ_r 为介质的相对磁导率，$\mu_r=\mu/\mu_0$；χ 为介质的磁化率，$\chi=\mu_r-1$。其中，χ 仅与磁介质性质有关，它反映材料磁化的能力，没有单位；χ 可正、可负，取决于材料的磁性类别。表 13-1 所列为常见材料在室温下的磁化率。

表 13-1 常见材料在室温下的磁化率

材　　料	磁化率	材　　料	磁化率
氧化铝	-1.81×10^{-5}	锌	-1.56×10^{-5}
铜	-0.96×10^{-5}	铝	2.07×10^{-5}
金	-3.44×10^{-5}	铬	3.13×10^{-4}
水银	-2.85×10^{-5}	钠	8.48×10^{-6}
硅	-0.41×10^{-5}	钛	1.81×10^{-4}
银	-2.38×10^{-5}	锆	1.09×10^{-4}

磁介质在外磁场中的磁化状态主要由磁化强度 M 决定。M 可正、可负，由磁体内磁矩矢量和的方向决定。

13.1.2　物质的磁性分类

根据磁化率，磁体大致可以分为五类，即抗磁体、顺磁体、铁磁体、亚铁磁体、反铁磁体。按各类磁体磁化强度 M 与磁场强度 H 的关系，可作出磁化曲线，如图 13.1 所示。

1. 抗磁体

抗磁体的磁化率 χ 为很小的负数，数量级约为 10^{-6}。抗磁体在磁场中受微弱斥力。在金属中，约一半简单金属是抗磁体。根据磁化率 χ 与温度的关系，抗磁体又可分为经典抗磁体（磁化率 χ 不随温度变化，如铜、银、金、汞、锌等）和反常抗磁体（磁化率 χ 随温度变化，其值是抗磁体的 $10\sim100$ 倍，如铋、镓、锑、锡、铟、铜锆合金等）。

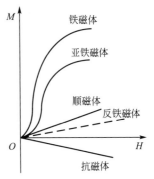

图 13.1　五类磁体的磁化曲线

2. 顺磁体

顺磁体的磁化率 χ 为正值（$10^{-6}\sim10^{-3}$）。顺磁体在磁场中受微弱吸力。根据磁化率 χ 与温度的关系，顺磁体可分为正常顺磁体［磁化率 χ 随温度的变化符合 $\chi\propto1/T$ 关系（T 为温度），如铂、钯、奥氏体不锈钢、稀土金属等］和磁化率 χ 与温度无关的顺磁体（如锂、钠、钾、铷等）。

3. 铁磁体

在较弱的外磁场作用下，铁磁体能产生很大的磁化强度，其磁化率 χ 是很大的正数，并且与外磁场呈非线性关系，如铁、钴、镍等。铁磁体在温度高于某临界温度后变成顺磁体，此临界温度称为居里温度或居里点，常用 T_C 表示。

4. 亚铁磁体

亚铁磁体有点像铁磁体，但磁化率 χ 没有铁磁体大。通常所说的磁铁矿（Fe_3O_4）、铁氧体等属于亚铁磁体。

5. 反铁磁体

反铁磁体的磁化率 χ 是很小的正数。当温度低于某温度时，反铁磁体的磁化率与磁场的取向有关；高于某温度时，其行为像顺磁体。

13.2　抗磁性和顺磁性

13.2.1　原子本征磁矩

材料的磁性来源于原子磁矩。原子轨道磁矩包括电子轨道磁矩和核磁矩。试验和理论都证明了原子核磁矩很小，只有电子轨道磁矩的几千分之一，通常在考虑它对原子磁矩的贡献时忽略不计。电子绕原子核运动，犹如环形电流，在其运动中心处产生磁矩。环形电流产生磁矩如图 13.2 所示。

由于不同的原子具有不同的电子壳层结构，因而对外表现出不同的磁矩，当这些原子组成不同的物质时会表现出不同的磁性。虽然原子的磁性是物质磁性的基础，但不能完全决定凝聚态物质的磁性，因为原子间的相互作用（包括磁和电的作用）往往对物质磁性起更重要的作用。材料的宏观磁性是由原子中电子的磁矩引起的，电子产生的磁矩有电子轨道磁矩［图 13.3（a）］和自旋磁矩［图 13.3（b）］。

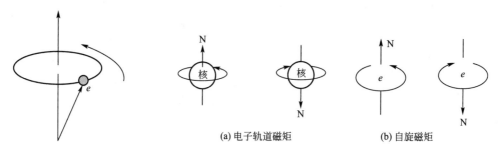

(a) 电子轨道磁矩　　　　(b) 自旋磁矩

图 13.2　环形电流产生磁矩　　　　图 13.3　电子产生的磁矩

1. 电子轨道磁矩

电子绕原子核的轨道运动会产生一个非常小的磁场，形成一个沿旋转轴方向的电子轨道磁矩，如图 13.3（a）所示。设 r 为电子运动轨道的半径，L 为电子运动的轨道角动量，

ω 为电子绕核运动的角速度，电子电量为 e，电子质量为 m。根据磁矩等于电流与电流回路所包围面积的乘积的原理，电子轨道磁矩

$$P_e = iS = e\left(\frac{\omega}{2\pi}\right)\pi r^2 = \frac{e}{2m}m\omega r^2 = \frac{e}{2m}L \tag{13-3}$$

该磁矩的方向垂直于电子运动轨迹平面，并遵循右手螺旋定则。它在外磁场方向上的投影（电子轨道磁矩在外磁场方向上的分量）满足量子化条件

$$P_{ez} = m_l\mu_B \quad (m_l = 0, \pm1, \pm2, \cdots, \pm l) \tag{13-4}$$

式中，m_l 为电子运动状态的磁量子数；下角标 z 表示外磁场方向；μ_B 为玻尔磁子，它是电子磁矩的最小单位。

2. 自旋磁矩

每个电子本身都做自旋运动，产生一个沿自旋轴方向的自旋磁矩。可以把原子中的每个电子都看作一个小磁体，具有永久的轨道磁矩和自旋磁矩，如图 13.3（b）所示。试验测定，电子自旋磁矩在外磁场方向上的分量恰为一个玻尔磁子，即

$$P_{ez} = \pm\mu_B \tag{13-5}$$

其符号取决于电子自旋方向，一般规定与外磁场方向 z 一致的为正，反之为负。因为原子核比电子重 1000 多倍，运动速度仅为电子速度的几千分之一，所以原子核的自旋磁矩仅为电子自旋磁矩的千分之几，可以忽略不计。

原子中的电子轨道磁矩和电子的自旋磁矩构成了原子固有磁矩，也称原子本征磁矩。如果原子中的所有电子壳层都是填满的，形成一个球形对称的集体，则电子轨道磁矩和自旋磁矩相互抵消，此时原子固有磁矩 $P = 0$。

原子的磁矩取决于电子壳层结构。若有未填满的电子壳层，其电子的自旋磁矩未被完全抵消（方向相反的磁矩可相互抵消），则原子具有永久磁矩。例如，铁原子的电子层分布为 $2s^2 2p^6 3s^2 3p^6 3d^6 4s^2$，除 3d 壳层外，各层均被电子填满（其自旋磁矩相互抵消），而根据洪德规则，3d 壳层的电子应尽可能填充不同的轨道，其自旋应尽量在一个平行方向上。因此，在 3d 壳层的 5 个轨道中，除 1 个轨道填有 2 个自旋方向相反的电子外，其余 4 个轨道均只有 1 个电子，并且这 4 个电子的自旋方向相互平行，使总的电子自旋磁矩为 $4\mu_B$。锌的各壳层都充满电子，其电子自旋磁矩相互抵消而不显磁性。在磁性材料内部，$\boldsymbol{B}$ 与 $\boldsymbol{H}$ 的关系较复杂，二者不一定平行，矢量表达式为

$$\boldsymbol{B} = \mu_0(\boldsymbol{H} + \boldsymbol{M}) = \mu_0\boldsymbol{H} + \boldsymbol{B}_i \tag{13-6}$$

式中，$\boldsymbol{B}_i$ 为磁性材料内的磁偶极矩被外磁场 $\boldsymbol{H}$ 磁化而贡献的磁场强度。

一般磁性材料的磁化不仅对磁感应强度 B 有影响，而且可能影响磁场强度 H。

图 13.4（a）所示的闭合环形磁芯，$B = \mu_0(H + M)$，其中 H 等于外磁场强度；图 13.4（b）所示的缺口环形磁芯，由于在缺口处出现表面磁极，因此在磁芯中产生一个与磁化强度方向相反的磁场，称为退磁场，以 H_d 表示，只有均匀磁化时 H_d 才是均匀的，其数值与磁化强度 M 成正比，而方向与 M 相反。因此，退磁场起着削弱磁化的作用，其表达式为

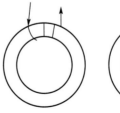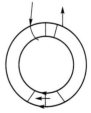

(a) 闭合环形磁芯　　(b) 缺口环形磁芯

图 13.4　环形磁芯

$$H_d = -NM \qquad (13-7)$$

式中，N 为退磁因子，无量纲，与磁体的几何形状有关。

13.2.2 抗磁性

对于电子壳层填满的原子，仅在无外磁场的情况下，其电子轨道磁矩和自旋磁矩的总和为零；当有外磁场作用时，即使对于总磁矩为零的原子也会显示出磁矩。这是由于电子循轨运动在外磁场的作用下产生了抗磁磁矩 ΔP。

关于抗磁性的解释有经典物理理论和量子力学理论，其中经典物理理论包括拉莫尔进动、电磁感应和洛伦兹力理论。下面采用洛伦兹力理论进行解释。

如图 13.5 所示，取两个轨道平面与磁场强度 H 方向垂直且循轨运动方向相反的电子为例进行研究。当无外磁场时，电子循轨运动产生的轨道磁矩 $P_e = 0.5e\omega r^2$，电子受到的向心力 $K = mr\omega^2$。加上外磁场后，电子受到洛伦兹力的作用，从而产生一个附加力 $\Delta K = Her\omega$。ΔK 使向心力 K 增大 [图 13.5（a）] 或减小 [图 13.5（b）]，对图 13.5（a）而言，向心力增大为 $K + \Delta K = mr(\omega + \Delta\omega)^2$，一般认为 m 和 r 是不变的，故当 K 增大时，只有 ω 变化，即增大一个 $\Delta\omega = eH/2m$（解上式并省略 $\Delta\omega$ 的二次项），称为拉莫尔角频率。电子以 $\Delta\omega$ 围绕磁场所做的旋转运动称为电子进动，磁矩增量（附加磁矩）

$$\Delta P = -\frac{1}{2e}\Delta\omega r^2 = -\frac{e^2 r^2}{4m}H \qquad (13-8)$$

式中的负号表示附加磁矩 ΔP 总是与磁场强度 H 方向相反，这就是物质产生抗磁性的原因。

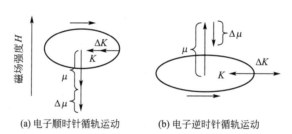

(a) 电子顺时针循轨运动　　　(b) 电子逆时针循轨运动

图 13.5　产生抗磁矩的示意图（沿圆周箭头指电流方向）

抗磁性不是由电子轨道磁矩和自旋磁矩本身产生的，而是由外磁场作用下电子循轨运动产生的附加磁矩造成的。由式（13-8）可看出，ΔP 与磁场强度 H 成正比，说明抗磁磁化是可逆的，即去除外磁场后，抗磁磁矩消失。

既然抗磁性是由电子轨道运动产生的，而任何物质都存在这种运动，那么可以说任何物质在外磁场作用下都会产生抗磁性。因为原子除产生抗磁磁矩外，还有由电子轨道磁矩和自旋磁矩产生的顺磁磁矩，所以不能说任何物质都是抗磁体。抗磁性大于顺磁性的物质称为抗磁体。抗磁体的磁化率很小，与温度、磁场强度等无关或变化极小。凡是电子壳层填满的物质都是抗磁体，如惰性气体。

13.2.3 顺磁性

顺磁性来源于原子固有磁矩在外磁场作用下的定向排列。原子固有磁矩是电子轨道磁矩和自旋磁矩的矢量和，其源于原子内未填满的电子壳层（如过渡元素的 d 层、稀土金属的 f 层）或具有奇数个电子的原子。当无外磁场时，受热振动的影响，其原子磁矩的取向是无序的，总磁矩为零，如图 13.6（a）所示。当有外磁场时，原子磁矩排向外磁场的方向，总磁矩大于零而表现为正向磁化，如图 13.6（b）所示。在常温下，受热运动的影响，原子磁矩难以有序化排列，顺磁体的磁化十分困难，磁化率仅为 $10^{-6} \sim 10^{-3}$。

在常温下，使顺磁体达到磁饱和所需的磁场强度约为 $8 \times 10^8\,\mathrm{A/m}$，这在技术上是很难达到的。但若把温度降低到接近 0K，则容易达到磁饱和。例如，$GdSO_4$ 在 1K 下，只需 $H = 24 \times 10^4\,\mathrm{A/m}$ 便可达到磁饱和状态，如图 13.6（c）所示。总之，顺磁体的磁化仍是磁场克服热运动的干扰，使原子磁矩排向磁场方向的结果。

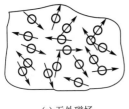 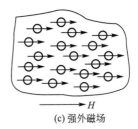

(a) 无外磁场　　　　　　　(b) 弱外磁场　　　　　　　(c) 强外磁场

图 13.6　顺磁体磁化过程

13.3　铁磁性与反铁磁性

13.3.1　铁磁质的自发磁化

现代铁磁理论包括自发磁化理论和磁畴假说两种。1907 年法国物理家韦斯系统地提出了铁磁性假说，其主要内容有铁磁物质内部存在很强的"分子场"，在"分子场"作用下，原子磁矩趋于同向平行排列，即自发磁化至饱和，称为自发磁化；铁磁体自发磁化分成若干个小区域（自发磁化至饱和的小区域称为磁畴），由于各个区域（磁畴）的磁化方向不相同，其磁性相互抵消，因此大块铁磁体对外不显示磁性。

韦斯提出的铁磁性假说取得了很大成功，试验证明了其正确性，并在此基础上发展了现代铁磁性理论。在分子场假说的基础上发展了自发磁化理论，解释了铁磁性的本质；在磁畴假说的基础上发展了技术磁化理论，解释了铁磁体在磁场中的行为。

铁磁性材料的磁性是自发产生的。磁化过程（又称感磁或充磁）只显示物质本身磁性，而不是由外界向物质提供磁性。试验证明，铁磁质自发磁化的根源是原子（正离子）磁矩，在原子磁矩中起主要作用的是自旋磁矩。与原子顺磁性一样，在原子的电子壳层中存在没有被电子填满的状态是产生铁磁性的必要条件。例如，铁在 3d 状态有 4 个空位，钴在 3d 状态有 3 个空位，镍在 3d 状态有 2 个空位，如果使充填的自旋磁矩同向排列，则会得到较大磁矩，在理论上铁有 $4\mu_B$，钴有 $3\mu_B$，镍有 $2\mu_B$。

对另一些过渡族元素，如锰在 3d 状态有 5 个空位，若同向排列，则自旋磁矩有 $5\mu_B$，但它并不是铁磁性元素。因此，在原子中存在没有被电子填满的状态（d 状态或 f 状态）是产生铁磁性的必要条件，但不是充分条件。产生铁磁性不仅在于元素的原子磁矩是否高，还要考虑形成晶体时，原子之间相互键合的作用是否对形成铁磁性有利。这是形成铁

磁性的第二个条件。

根据键合理论可知，原子接近而形成分子时，电子云重叠，电子交换。对于过渡族金属，原子的 **3d** 状态与 s 状态能量相差不大，电子云重叠，引起 s 状态、d 状态电子再分配，产生交换能 E_{ex}（exchange energy，与交换积分有关），交换能使相邻原子内 d 层未抵消的自旋磁矩同向排列。

$$E = -2AS^2\cos\varphi \qquad (13-9)$$

式中，A 为交换积分常数；φ 为相邻原子电子自旋磁矩夹角。理论计算证明，交换积分常数 A 不仅与电子运动状态的波函数有关，而且强烈地依赖原子核之间的距离 R_{ab}（点阵常数），如图 13.7 所示。

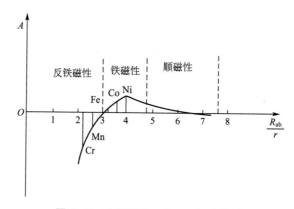

图 13.7　交换积分 A 与 R_{ab}/r 的关系

由图 13.7 可见，只有当原子核之间的距离 R_{ab} 与参加交换作用的电子距核的距离（电子壳层半径）r 之比大于 3 时，交换积分常数才为正。

量子力学计算表明，对 Fe、Co 和 Ni，$R_{ab}/r > 3$，相邻原子的电子交换积分常数 $A > 0$。当 $\varphi = 0°$ 时，E_{ex} 值最小，即相邻原子的自旋磁矩同向排列，产生自发磁化，这是材料具有铁磁性的原因。这种相邻原子电子交换效应的本质仍是静电力迫使电子自旋磁矩平行排列，作用效果与强磁场相同。韦斯分子场就是这样得名的。对 Cr 和 Mn 等，$R_{ab}/r < 3$，$A < 0$，当 $\varphi = 180°$ 时，E_{ex} 值最小，即自旋磁矩反向排列，未填满电子壳层的电子云在两原子核间重叠，当重叠区过大时，具有反铁磁性。对稀土元素，$R_{ab}/r > 5$，$A > 0$，但 A 值较小，原子核之间的距离太大，电子云重叠少，交换作用弱，自发磁化倾向小，表现出顺磁性。

铁磁性产生的充分必要条件：原子内部要有未填满的电子壳层，有未被抵消的自旋磁矩；原子固有磁矩不为零；$R_{ab}/r > 3$，交换积分常数 A 为正，产生强烈的自发磁化，有一定的晶体结构要求。

铁磁性是自发产生的，不是外界提供的。磁化过程只显示物质本身的磁性。电子轨道磁矩对铁磁性几乎无贡献，这是由于外层电子轨道受点阵周期场的作用方向变化，不能产生联合磁矩。

自发磁化的过程和理论可以解释许多铁磁特性。例如温度对铁磁性的影响，当温度升高时，原子核之间的距离增大，交换作用减弱，同时热运动不断破坏原子磁矩的规则取向，自发磁化强度 M_s 下降。直到温度高于居里点，原子磁矩的规则取向完全破坏，自发磁矩就不存在了，材料由铁磁体变为顺磁体。同理，可以解释磁晶各向异性、磁致伸缩等。

13.3.2 反铁磁性和亚铁磁性

通过前面的讨论可知，当相邻原子的交换积分常数 $A>0$ 时，原子磁矩取同向平行排列时的能量最低，自发磁化强度 $M_s \neq 0$，从而具有铁磁性 [图 13.8（a）]。当交换积分常数 $A<0$ 时，原子磁矩取反向平行排列时的能量最低。如果相邻原子磁矩相等，由于原子磁矩反向平行排列而相互抵消，因此自发磁化强度等于零，这种特性称为反铁磁性。纯金属 α-Mn、Cr 等以及金属氧化物（如 MnO、Cr_2O_3、CuO、NiO 等）具有反铁磁性。这类物质无论在什么温度下的宏观特性都是顺磁性的，χ 值相当于通常强顺磁性物质磁化率的数量级。当温度很高时，χ 值很小，温度逐渐降低，χ 值逐渐增大，降至某温度时，χ 达到最大值；温度继续降低，χ 值又减小。当温度趋于 0K 时，χ 值如图 13.8（b）所示。χ 值最大时的温度点称为奈尔点，用 T_N 表示。当温度高于 T_N 时，χ 值服从居里-韦斯定律，即 $\chi = \dfrac{C}{T+\Theta}$。奈尔点是反铁磁性转变为顺磁性的温度（反铁磁物质的居里点 T_C）。

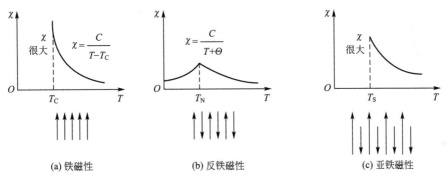

图 13.8 三种磁化状态

在奈尔点附近普遍存在热膨胀、电阻、比热、弹性等反常现象，使反铁磁物质成为有实用意义的材料。例如，用具有反铁磁性的 Fe-Mn 合金做恒弹性材料。

亚铁磁性物质由磁矩不相等的两种离子（或原子）组成，相同磁性的离子磁矩同向平行排列，而不同磁性的离子磁矩反向平行排列。由于两种离子的磁矩不相等，因此反向平行的磁矩不能恰好抵消，二者之差表现为宏观磁矩，这就是亚铁磁性。绝大部分具有亚铁磁性的物质是金属氧化物，称为铁氧体（磁性瓷或黑瓷），其属于半导体，不易导电，电阻率高，应用于高频磁化过程，常作为磁介质。亚铁磁性的 χ-T 关系曲线如图 13.8（c）所示。图 13.8 中还标出了铁磁性、反铁磁性、亚铁磁性原子（离子）磁矩的有序排列。

13.3.3 磁畴

根据现代铁磁理论，铁磁性材料内部原子磁矩间相互作用，相邻原子的磁偶极子在一个较小区域内排成一致的方向，形成一个较大的净磁矩，即通过自发磁化形成磁矩一致排列的小区域——磁畴。

磁畴的形状和大小受交换能、退磁能、磁致伸缩能（磁弹性能）、磁各向异性能和畴壁能五种能量制约。磁畴是能量极小化的后果。这是物理学家朗道和李佛西兹提出的磁畴结构理论观点。

交换能 E_{ex} 使相邻原子的磁矩同向排列,假设一个铁磁性长方体自发磁化为一个单畴[图 13.9 (a)],则在长方体的顶面与底面产生很多正磁荷与负磁荷,从而产生磁极,使磁体有强烈的磁能,而且在铁磁体内产生与磁化强度方向相反的退磁场 H_d,退磁能增加。

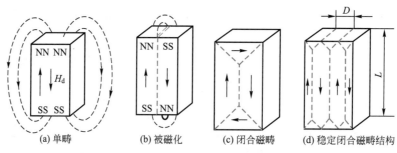

(a) 单畴　　　　(b) 被磁化　　　　(c) 闭合磁畴　　　　(d) 稳定闭合磁畴结构

图 13.9　铁磁物质的磁畴结构

假设铁磁性长方体分为两个磁畴 [图 13.9 (b)],其中一个磁畴的磁矩朝上,另一个磁畴的磁矩朝下,则在顶面的左右两边分别形成正磁荷与负磁荷,在底面的左右两边分别形成负磁荷与正磁荷,磁能较微弱,约为图 13.9 (a) 中的一半,退磁能大大减少。

假设铁磁性长方体是由多个磁畴组成的,如图 13.9 (c) 所示,则由于磁荷不会形成于顶面与底面,只会形成于斜虚界面,因此所有磁场都在长方体内部,磁能更微弱,这种组态称为闭合磁畴。闭合磁畴的退磁能为零,但闭合磁畴中的磁化强度方向各异,磁各向异性能增加。闭合磁畴中不同磁化方向引起的磁致伸缩不同,产生一定的磁致伸缩能(磁弹性能),其与磁畴的方向和大小有关,磁畴尺寸越大,磁致伸缩引起的尺寸变化越不易相互补偿,磁致伸缩能(磁弹性能)越大。因此,闭合磁畴结构需要由较小的磁畴构成,以降低磁致伸缩能。

当多个小磁畴构成闭合磁畴结构时,还要考虑相邻磁畴交界处原子自旋磁矩的排列情况,即畴壁结构,如图 13.10 (a) 所示。为降低交换能,畴壁内自旋磁矩的方向是从一个磁畴逐渐过渡到另一个磁畴的,但又使畴壁的自旋磁矩偏离晶体的易磁化方向,增加了磁各向异性能和磁致伸缩能。形成畴壁需要一定的能量,即畴壁能。因此,当磁畴减小而使磁致伸缩能减小至与畴壁能相等时,达到能量最小的稳定闭合磁畴结构 [图 13.9 (d)]。

因此,形成磁畴结构是为保持自发磁化的稳定性和能量最低。在每个磁畴中,各电子的自旋磁矩定向一致排列,具有很强的磁性。每个磁畴的体积都约为 $10^{-6}\,\text{mm}^3$,内含约 $10^{17} \sim 10^{20}$ 个原子。各磁畴取向不同,首尾相接,形成闭合磁路,对外不显示磁性。畴壁的厚度($10 \sim 1000$ 个原子间距)取决于交换能和磁各向异性能平衡的结果。稳定闭合磁畴的组态是细小扁平薄片状或细长棱柱状,磁畴形态有条形畴 [图 13.10 (b)]、楔形畴、环形畴、树枝状畴 [图 13.10 (c)]、泡状畴、迷宫畴 [图 13.10 (d)] 等。

当没有外磁场时,铁磁体内各个磁畴的排列方向是无序的,所以铁磁体对外不显示磁性。当铁磁体处于外磁场中时,各个磁畴的磁矩在外磁场作用下都趋向于转向外磁场方向排列,产生的附加磁场强度一般比外磁场的磁场强度大几十倍到数万倍,材料被强烈磁化。由于铁磁体在外磁场中的磁化过程主要为畴壁移动和磁畴内磁矩的转向过程,因此,铁磁体只需在很弱的外磁场中即可得到较大的磁化强度。

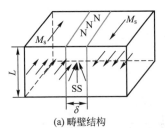

(a) 畴壁结构

(b) 条形畴

(c) 树枝状畴

(d) 迷宫畴

图 13.10　磁畴形态

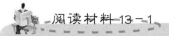

阅读材料 13-1

朗　道

朗道是 20 世纪较有个性的物理学家。苏联学界把朗道对物理学的十大贡献刻在石板上，称为"朗道十诫"，包括量子力学中的密度矩阵和统计物理学（1927 年）、自由电子抗磁性理论（1930 年）、二级相变研究（1936—1937 年）、铁磁性的磁畴理论和反铁磁性的理论解释（1935 年）、超导体混合态理论（1934 年）、原子核概率理论（1937 年）、氦Ⅱ超流性的量子理论（1940—1941 年）、基本粒子的电荷约束理论（1954 年）、费米液体的量子理论（1956 年）、弱相互作用的 CP 不变性（1957 年）。

朗道

13.3.4　磁化曲线和磁滞回线

磁性材料的磁化曲线和磁滞回线是材料在外磁场中表现出来的宏观磁特性。铁磁体具有很高的 χ 值（或 μ 值），即使在微弱的磁场强度 H 作用下也可以引起激烈的磁化并达到饱和。

1. 磁化曲线

对于铁磁性材料，磁感应强度 B 和磁场强度 H 不成正比，因为材料的磁化过程与磁畴磁矩改变方向有关。当 $H=0$ 时，磁畴取向是无规则的，当磁感应强度饱和（$B=B_s$）时增大 H 也不能使 B 增大，因为形成的单一磁畴的方向与 H 一致。一些工业材料的基本磁化曲线如图 13.11 所示，这种从退磁状态到饱和之前的磁化过程称为技术磁化。

若把磁化曲线画成 $B-H$ 的关系，则曲线上各点与坐标原点连线的斜率即各点磁导率，从而建立 $\mu-H$ 曲线，近似确定磁导率 $\mu=B/H$。因 B 与 H 呈非线性关系，故铁磁材料的 μ 不是常数，而是随 H 变化的，如图 13.12 所示。在实际应用中，常使用相对磁导

率 $\mu_r = \mu/\mu_0$ （μ_0 为真空中的磁导率），铁磁材料的相对磁导率达数千至数万。

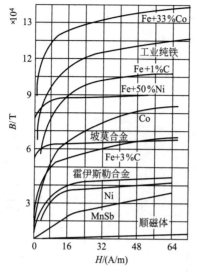

图 13.11　一些工业材料的基本磁化曲线

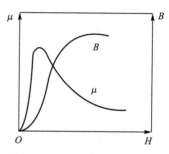

图 13.12　B、μ 与 H 关系曲线

当 $H=0$ 时，$\mu_i = \lim\limits_{H \to 0} \dfrac{\Delta B}{\Delta H}$，$\mu_i$ 称为起始磁导率。对于工作在弱磁场下的软磁材料（如信号变压器、电感器铁芯等），要求有较大的 μ_i，以在较小的 H 下产生较大的 B。在弱磁场区，$\mu - H$ 曲线存在的极大值 μ_m 称为最大磁导率。对于在强磁场下工作的软磁材料（如电力变压器、功率变压器等），要求有较大的 μ_m。

图 13.13 所示为磁化曲线分布，其表示畴壁移动和磁畴磁化矢量的转向及其在磁化曲线上起作用的范围。磁畴与外磁场进行交互作用产生的静磁能起主导作用，它是畴壁移动的原动力。可以看出，当无外磁场（物质在退磁状态下）时，具有不同磁化方向的磁畴的磁矩大体可以相互抵消，物质对外不显磁性。在外磁场强度不太大的情况下，畴壁移动，使与外磁场方向一致的磁畴范围增大，其他方向的磁畴范围相应减小。这种效应不能进行到底，当磁场强度继续增大至较大值时，与外磁场方向不一致的磁畴的磁化矢量会按外磁场方向转动。在磁化曲线最陡区域（图 13.13 中②），畴壁发生跳跃式的不可逆位移过程，称为**巴克豪森跳跃**（Barkhausen jump）或**巴克豪森效应**（Barkhausen effect）。在每个磁

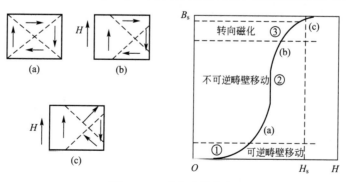

图 13.13　磁化曲线分布

畴中，磁矩都向外磁场方向排列，处于饱和状态，此时用 B_m 表示饱和磁感应强度，用 M_s 表示饱和磁化强度，对应的磁场强度为 H_s。此后，H 继续增大，B 增大极其缓慢，与顺磁物质磁化过程相似。其后，磁化强度的微小增大主要是由外磁场克服部分热骚动能量，使磁畴内部各电子自旋方向逐渐都与外磁场方向一致造成的。畴壁移动阻力包括退磁场能、磁晶各向异性能、磁弹性能和畴壁能，晶体缺陷、杂质、应力集中，组织不均匀也会阻碍畴壁移动。

2. 磁滞回线

磁滞回线如图 13.14 所示。当铁磁物质中不存在磁场时，磁场强度 H 和磁感应强度 B 均为零（O 点）。随着 H 的增大，B 也增大，但两者之间不呈线性关系（Oab 曲线）。当 H 增大到一定值时，B 不再增大（b 点），物质磁化达到饱和状态，此时 H_s 和 B_s 分别为饱和磁场强度和饱和磁感应强度。如果使 H 逐渐减小到零，B 就沿另一曲线 bc 下降到 B_r，铁磁物质中仍保留一定的磁性，这种现象称为磁滞，B_r 称为剩磁，铁磁物质成为永久磁铁。要消除剩磁，只需施加反向磁场到 $H = -H_c$，使相反方向的磁畴形成并长大，磁畴重新呈现无规则状态，B 为零，H_c 称为矫顽力。矫顽力反映铁磁材料保持剩磁状态的能力。B 随 H 的变化而形成闭合 $B-H$ 曲线，称为磁滞回线。

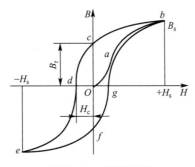

图 13.14　磁滞回线

当铁磁材料处于交变磁场（如变压器中的铁芯）时，它将沿磁滞回线被反复磁化→去磁→反向磁化→反向去磁。在此过程中要消耗额外能量，并以热的形式从铁磁材料中释放，这种损耗称为磁滞损耗。磁滞回线表示铁磁材料的一个基本特征，磁滞损耗与磁滞回线围成的面积成正比。

μ、M_r 和 H_c 都是对材料组织敏感的磁参数，它们不但取决于材料的组成（化学组成和相组成），而且受显微组织的粗细、形态和分布等的强烈影响，即与材料的制造工艺密切相关，其是材料磁滞现象的表征。由于不同的磁性材料具有不同的磁滞回线，因此它们的应用范围不同。H_c 小、μ 大的瘦长形磁滞回线的材料适宜做软磁材料；M_r 和 H_c 大、μ 小的短粗形磁滞回线的材料适宜做硬磁（永磁）材料；M_r/M_s 接近 1 的矩形磁滞回线的材料（矩磁材料）可做磁记录材料。总之，通过材料种类和工艺过程的选择可以得到性能各异、品种繁多的磁性材料。

从静态磁性来说，一般金属磁性材料要达到 $H_c > 8 \times 10^4 \mathrm{A/m}$ 是相当困难的，但铁氧体可得到很高的 H_c。例如，钡铁氧体的 $H_c = 11.5 \times 10^4 \mathrm{A/m}$。铁氧体的 M_s 较低，而金属磁性材料的 M_s 较高。图 13.15 所示为铁氧体与金属磁性材料磁滞回线的比较。

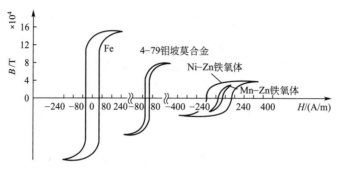

图 13. 15　铁氧体与金属磁性材料磁滞回线的比较

13.4　影响材料磁学性能的因素

13. 4. 1　影响材料抗磁性与顺磁性的因素

材料的原子结构、温度、相变及组织转变、合金成分与结构等对材料的抗磁性和顺磁性有很大影响。

1. 原子结构

在磁场作用下，电子的循轨运动会产生抗磁矩，而离子的固有磁矩会产生顺磁矩。此外，自由电子在磁场作用下也会产生抗磁矩和顺磁矩，但抗磁矩远小于顺磁矩，故自由电子的主要贡献是顺磁性。材料都是由原子和电子构成的，其内部既存在产生抗磁性的因素，又存在产生顺磁性的因素，属于哪种磁性材料取决于哪种因素占主导地位。

由于惰性气体的原子磁矩为零，在外磁场作用下只能产生抗磁矩，因此它是典型的抗磁性物质。对于其他大多数非金属元素，虽然原子具有磁矩，但形成分子时受共价键的作用，外层电子被填满，它们的分子就不具有固有磁矩了。因此，绝大多数非金属都是抗磁性物质，只有氧和石墨是顺磁性物质。

金属是由点阵离子和自由电子构成的。在磁场作用下，电子运动产生抗磁矩，离子和自由电子产生顺磁矩。其中，自由电子引起的顺磁性比较小，只有当内层电子未被填满、自旋磁矩未被抵消时，才产生较强的顺磁性。

由于铜、银、金、镉、汞等的离子产生的抗磁性大于自由电子的顺磁性，因此它们是抗磁性的。

碱金属和碱土金属（除 Be 外）都是顺磁性的，在离子状态下都与惰性气体相似，具有相当的抗磁磁矩，但由于电子产生的顺磁性占主导地位，因此表现为顺磁性。＋3 价金属也是顺磁性的，其主要是由自由电子或离子的顺磁性决定的。稀土金属的顺磁性较强、磁化率较大，主要是因为原子 4f 层和 5d 层没有被填满，存在未能全部抵消的自旋磁矩。

过渡族金属在高温下基本都是顺磁体，但其中有些存在铁磁转变（如 Fe、Co、Ni），有些存在反铁磁转变（如 Cr）。由于它们的 3d～5d 电子壳层未被填满，d 状态和 f 状态电子未抵消的自旋磁矩形成离子的固有磁矩，产生强烈的顺磁性，d 层和 f 层电子交互作用而产生强烈的自发磁化，从而呈现铁磁性。

2. 温度的影响

一般温度对抗磁性没有什么影响，但当金属熔化、凝固、同素异构转变及形成化合物时，电子轨道的变化和单位体积内原子数量的变化使抗磁化率发生变化。

温度对顺磁性影响很大，顺磁物质的磁化是磁场克服原子和分子热运动的干扰，使原子磁矩排向磁场方向的结果。一般用居里定律表示顺磁物质原子的磁化率与温度的关系：

$$\chi = \frac{C}{T} \tag{13-10}$$

式中，C 为居里常数，$C = n m_{at}^2/3k$，其中 n 为单位体积里的原子数，m_{at} 为原子磁矩，k 为玻尔兹曼常数；T 为热力学温度。只有部分顺磁性物质符合这个定律，而很多固溶体顺磁物质，特别是过渡族金属元素不适用居里定律。过渡族金属元素的原子磁化率与温度的关系用居里-外斯定律表达：

$$\chi = \frac{C'}{T + \Delta} \tag{13-11}$$

式中，C' 为常数；Δ 对某种物质来说也是常数，对不同的物质，其值可大于零或小于零。铁磁性物质在居里点（居里温度）以上是顺磁性的，其磁化率大致符合居里-外斯定律，此时 $\Delta = -\theta$（θ 为居里温度），磁化强度 M 和磁场强度 H 呈线性关系。

3. 相变及组织转变的影响

当材料发生同素异构转变时，由于晶格类型及原子间距发生变化，电子运动状态变化而导致磁化率发生变化。例如，正方晶格的白锡转变为金刚石结构的灰锡时，磁化率发生明显变化。

加工硬化对金属的抗磁性影响很大。加工硬化使金属原子间距增大而密度减小，使材料的抗磁性减弱。例如，当高度加工硬化时，铜可以由抗磁体变为顺磁体。退火与加工硬化的作用相反，其能使铜的抗磁性恢复。

4. 合金成分与结构的影响

合金成分与结构对磁性有很大影响。形成固溶体合金时，磁化率因原子之间结合的变化而有较明显变化。通常，弱磁化率的两种金属组成固溶体（如 Al-Cu 合金的 α 固溶体等）时，其磁化率和成分按接近直线的平滑曲线变化。固溶体合金有序化时，溶剂和溶质原子呈现规则的交替排列，改变原子间结合力，合金磁化率发生明显变化。

合金形成中间相（金属化合物）时，磁化率将发生突变。当 Cu-Zn 合金形成中间相 Cu_3Zn_5（电子化合物 γ 相）时具有很高的抗磁磁化率，这是由于 γ 相的相结构中自由电子减少，几乎无固有原子磁矩，因此是抗磁性的。

13.4.2　影响材料铁磁性的因素

铁磁性的基本参数可以分为组织不敏感参数和组织敏感参数。凡是与自发磁化过程有关的参数属于组织不敏感参数，其主要取决于金属与合金成分、原子结构、晶体结构、组成相的性质与相对量，与材料的组织形态几乎无关。凡是与技术磁化过程有关的参数都属于组织敏感参数。具有实用价值的铁磁性纯金属有铁、钴、镍三种，影响其铁磁性的主要因素有温度、形变和晶粒尺寸、形成固溶体及多相合金等。

1. 温度

由于温度升高会使金属原子的热运动加剧，影响自发磁化过程和技术磁化过程，因此温度对两类铁磁性参量都有影响。温度升高使铁磁性的饱和磁化强度 M_s 下降，当温度达到居里点时，M_s 降至零，铁磁材料的铁磁性消失而变为顺磁性。这是温度升高使原子无规则的热运动加剧，破坏了自旋磁矩同向排列的结果。温度升高会使饱和磁感应强度 B_s、剩余磁感应强度 B_r 和矫顽力 H_c 减小。

2. 形变和晶粒尺寸

冷塑性变形使金属中点缺陷和位错密度增大、点阵畸变加大、内应力升高，使组织敏感的铁磁性发生变化。图 13.16 所示冷加工对工业纯铁磁性的影响。随着形变度的增大，磁导率 μ_m 减小而矫顽力 H_c 增大。因为形变引起的点阵畸变和内应力的增大既使磁畴壁移动阻力增大，又使磁畴转动困难，造成磁化和退磁过程困难。剩余磁感应强度 B_r 在临界变形度（5%～7%）之下随变形度的增大而急剧下降，而在临界变形度以上随变形度的增大而升高。在临界变形度以下，只有少数晶粒发生塑性变形；在临界变形度以上，晶体中大部分晶粒参与形变。整个晶体的应力状态复杂，内应力增大严重，不利于磁畴在去磁后的反向可逆转动，B_r 随着变形度的增大而增大。冷塑性变形不会影响饱和磁化强度。

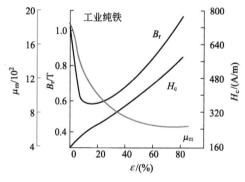

图 13.16　冷加工对工业纯铁磁性的影响

冷塑性变形的金属经再结晶退火后，形成无畸变的新晶粒，点缺陷、位错密度及亚结构恢复到正常状态，内应力被消除，各磁性参数都恢复到形变前的状态。

晶粒尺寸与冷塑性变形的影响相似。晶界原子排列不规则，晶界附近位错密度较大，造成点阵畸变和应力场，阻碍畴壁的移动和转动。所以晶粒越细，晶界影响区越大，磁导率越低，矫顽力越大。例如，经过真空退火的纯铁，当晶粒直径分别为 6.3mm、0.6mm、0.1mm 时，最大磁导率 μ_m 分别为 8200H/m、6970H/m、4090H/m。

3. 形成固溶体及多相合金

将铁磁性金属溶入抗磁性元素或弱顺磁性元素时，固溶体的饱和磁化强度随溶质组元含量的增大而降低。将铁磁性金属溶入强顺磁性元素时，如溶质组元含量较低则使 M_s 增大，而溶质组元含量高则使 M_s 减小。铁磁性金属间形成固溶体时，其饱和磁化强度通常随成分单调连续变化。

13.4.3 铁磁性的测量方法与应用

铁磁性的测量方法很多，应用也很广泛，下面举例说明其在材料研究中的应用。

1. 冲击法测磁化曲线和磁滞回线

通常采用环形试样冲击法测定材料的磁化曲线和磁滞回线（图13.17）。环形试样无退磁场，漏磁通少；但不便于加工、更换，产生的磁场较弱，达不到磁化强度。此种方法适用于软磁材料的起始磁化部分，不适用于硬磁材料。

2. 感应热磁仪测钢的 C 曲线

感应热磁仪（图13.18）结构和原理与变压器类似。感应热磁仪的二次线圈 W_2 是由两个圈数相等、绕向相反的线圈串联而成的。当经过稳压的电流输入一次线圈 W_1 时，二次线圈 W_2 中产生的电动势大小相等、方向相反，回路中的总感应电动势为零。将经过奥氏体化的试样从加热炉移到等温炉，当奥氏体发生转变时，其转变产物珠光体或贝氏体均为强铁磁性组织，相当于在线圈中增加了一个铁芯，导致感应电动势 E_1 增大，回路中的总电动势为 $E_1-E_2>0$，毫伏表的指针开始偏转，奥氏体转变越多，毫伏表的读数就越大。毫伏表的读数反映了奥氏体转变的趋势。从感应电动势的变化曲线可以确定奥氏体转变的开始及转变的终了时间。

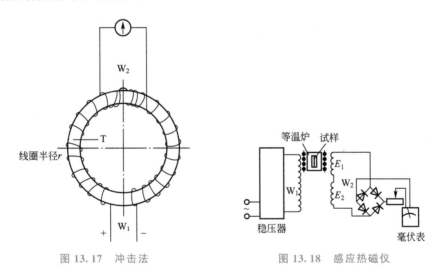

图 13.17 冲击法　　　　图 13.18 感应热磁仪

钢中的奥氏体为顺磁相，珠光体 P、贝氏体 B 和马氏体 M 为强铁磁相，而且饱和磁化强度 M_s 与转变产物数量成正比。因此，磁性测量可应用于材料的相变研究，如测残余奥氏体 Ar 转变量（M∞铁磁相量），研究回火过程，分析过冷奥氏体的 TTT 图和 C 曲线，分析相图中的最大固溶度曲线，等等。

3. 热磁仪测 C 曲线

热磁仪又称阿库洛夫仪，用于测定试样在外磁场产生的磁力矩，从而求出磁化强度。如图13.19所示，将试样放在磁场中，并与磁场强度 H 方向成一定夹角 φ_0，试样在磁场中磁化并承受力矩 M_1，即

$$M_1 = VHM \sin\varphi_0 = M_2 = C\Delta\varphi \tag{13-12}$$

由于 $\Delta\varphi$ 值很小且正比于光尺读数 α，因此式（13-11）可以写成

$$M = C\Delta\varphi/VH \sin\varphi_0 = k\alpha \tag{13-13}$$

式（13-13）表明，测得的 α 越大，磁化强度就越大，当 $H > 28 \times 10^3 \text{A/m}$ 时，$M \approx M_s$。在实际研究中，α 可代表铁磁相的数量。但当磁路不闭合时，不易精确测量 C 和 φ_0。此方法主要用于测量相变过程中 M 的变化。

4. 冲击法测残余奥氏体 Ar

冲击磁性仪的工作原理如图 13.20 所示。冲击磁性仪有一对空心磁头，测量时，迅速将试样沿 x 方向从磁极的间隙中放入或抽出。如存在铁磁相，则线圈中的磁通发生变化。由于冲击磁性仪的磁场强度 H 很强，使试样达到磁饱和，因此测出的磁化强度 M_s 与试样中铁磁相的数量成正比。

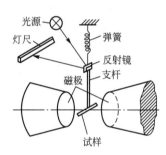

图 13.19 热磁仪的工作原理

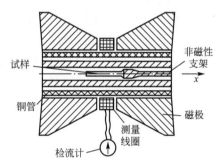

图 13.20 冲击磁性仪的工作原理

铁磁性分析还可用于研究合金的时效，分析显微应力，验证双组元合金的成分、钢的回火转变，检测钢的组织与机械性能，等等。

13.5 磁性材料及其应用

磁滞回线内的面积代表单位体积磁性材料在一个磁化和退磁周期中的能量损耗，面积越大，损耗量越大。磁滞回线的形状决定了磁性材料的特性，磁性材料分为软磁材料、硬磁材料和磁存储材料。

13.5.1 软磁材料

软磁材料是矫顽力很小（小于 0.8kA/m）的磁性材料，材料在磁场中被磁化，去除磁场后，磁性会全部或大部分丧失。软磁材料的磁滞回线呈狭长形。软磁材料的特点如下：①矫顽力和磁滞损耗量小；②电阻率较高，磁通变化时产生的涡流损耗量小；③磁导率高，有时要求在低的磁场下具有恒定磁导率；④高的饱和磁感应强度；⑤有些材料的磁滞回线呈矩形，要求矩形比高。为软磁材料外加很小的磁场就可以达到磁饱和，故软磁材料适合制作交变磁场的器件，如变压器的铁芯。

任何阻碍磁畴壁运动的因素都能增大材料的矫顽力。由于晶体缺陷、非磁化相的粒子

或空位都会阻碍磁畴壁运动，因此软磁材料中应该尽量减少这些缺陷和杂质的含量。

软磁材料的发展经历了晶态、非晶态、纳米微晶态的历程。常用软磁材料有纯铁、磁性陶瓷材料、铁镍合金和铁铝合金、非晶态合金等。

1. 纯铁

铁是最早应用的一种经典的软磁材料，降低含碳量可减小矫顽力；在铁中加入硅或在氢气气氛中脱碳可以减小矫顽力，且是较经济的方法。在铁中加硅还可增大比电阻，降低涡流损失量和磁滞损耗量。

2. 磁性陶瓷材料

20世纪40年代，磁性陶瓷材料是重要的磁性材料，具有强的磁性耦合、高的电阻率和低的损耗量。铁氧体磁性材料主要有两类：一类具有尖晶石结构，化学式为 MFe_2O_4（M 代表锰、锌和镍），主要用于制作通信变压器、电感器、阴极射线管用变压器的器件及微波器件等。另一类具有石榴石结构、化学式为 $R_3Fe_5O_{12}$（R 代表铱或稀土元素），可用于制作微波器件，比尖晶石结构铁氧体的饱和磁化强度低。在非磁性基片上外延生长薄膜石榴石铁氧体可作为磁泡记忆材料。

3. 铁镍合金和铁铝合金

铁镍合金在低磁场中具有高磁导率、低饱和磁感应强度和低损耗、很低的矫顽力，加工成形性也比较好。例如坡莫合金（79%Ni，21% Fe）具有很高的磁导率。虽然坡莫合金的饱和磁化强度不高，只有硅钢片的一半，但磁导率极高（150000 或更高），矫顽力很低（约为 0.4A/m），反复磁化损失只有热轧硅钢片的 5% 左右。

铁镍合金不仅可以通过轧制和退火获得，还可以在居里点之下进行磁场冷却，强迫镍和铁原子定向排列，得到矩形磁滞回线的铁镍合金，一般含镍量为 40%～90%，此时合金成单相固溶体。原子有序化对合金的电阻率、磁晶各向异性常数、磁致伸缩系数、磁导率和矫顽力都有影响。要想得到较高的磁导率，含镍量必须为 76%～80%，为使磁晶各向异性常数和磁致伸缩系数趋近于零，在铁镍合金热处理中必须急速冷却，在合金中加入钼、钴、铜等元素以减缓合金有序化的速度，简化处理工序，改善磁性能。

通常用铁铝合金（含铝量一般低于 16%）热轧成板材、带材。铁铝合金的电阻率高、硬度高、耐磨性好、密度小，成本比较低，用途比较广泛。

4. 非晶态合金

非晶态软磁合金为软磁材料的应用开辟了新领域。例如，虽然 $Fe_{80}-P_{16}-C_3-B_1$ 和 $Fe_{40}-Ni_{40}-P_{14}-B_6$ 的矫顽力及饱和磁化强度与 50Ni-Fe 合金相当，但含量低于 20% 的非金属成分，不但比电阻大、交流损失很小，而且制造工艺简单、成本低、强度高、耐腐蚀。其中，铁基非晶态软磁合金的饱和磁感应强度高，矫顽力低，耗损特别小，但磁致伸缩大；钴基非晶态软磁合金的饱和磁感应强度较低，磁导率高，矫顽力低，损耗小，磁致伸缩几乎为零；铁镍基非晶态软磁合金的性质基本介于上述两者之间。

13.5.2　硬磁材料

硬磁材料的磁滞回线宽肥，具有高剩磁、高矫顽力和高饱和磁感应强度。磁化后，硬磁材料可长久保持很强的磁性,难退磁,适合制成永久磁铁。因此,除高矫顽力外,磁滞回线包容的面积［磁能积（BH）］是硬磁材料的重要参数。最大磁能积 $(BH)_{max}$ 反映硬磁材料储存磁能的能力。最大磁能积 $(BH)_{max}$ 越大,去除外磁场后单位面积储存的磁能越大,性能也越好。矫顽力 H_c 是衡量硬磁材料抵抗退磁的能力,一般 $H_c > 10^3$ A/m。要求 B_r 值大一些,一般不得小于 10^{-1} T。此外,对温度、时间、振动和其他干扰的稳定性也要好。

硬磁材料可分为金属硬磁材料和铁氧体硬磁材料两大类。金属硬磁性材料按生产方法分为铸造合金、粉末合金、微粉合金、变形合金和稀土合金等;按成分分为碳钢、铁基合金、铝镍钴硬磁合金和稀土永磁材料。

1. 硬磁铁氧体

硬磁铁氧体是 $CoFeO_4$ 与 Fe_3O_4 粉末烧结并经磁场热处理而成的。虽然其出现得很早,但因性能差、制造成本高而应用不广。20 世纪 50 年代,钡铁氧体（$BaFe_{12}O_{19}$）出现,使硬磁铁氧体的应用领域得到扩展。钡铁氧体是用 $BaCO_3$ 和 Fe_3O_4 合成的,其工艺简单,成本低;后来用锶代替钡得到锶铁氧体,$(BH)_{max}$ 值提高很多。由于铁氧体磁性材料是采用陶瓷技术生产的,因此常称为陶瓷磁体。

硬磁铁氧体具有六方晶体结构,磁晶各向异性常数大（$K_1 = 0.3$ MJ/m³）,饱和磁化强度低（$M_s = 0.47$ T）,矫顽力高。由于其居里温度只有 450℃,远低于铝镍钴材料（铝镍钴 5 型的居里温度为 850℃）,因此磁性能对温度十分敏感。

2. 铝镍钴硬磁合金

铝镍钴硬磁合金具有的 $(BH)_{max}$ 值高（40～70kJ/m³）,剩余磁感应强度（$B_r = 0.7～1.35$ T）高,矫顽力适中（$H_c = 40～160$kA/m）,其是含有铝、镍、钴及 3%Cu 的铁基系合金。AlNiCo1～AlNiCo 4 型合金是各向同性的,而 AlNiCo 5 型及以上型号合金可通过磁场热处理得到各向异性的硬磁材料。**AlNiCo 5 型**为该合金系中使用最广泛的合金,该合金是脆性的,可以用粉末冶金方法生产。铝镍钴硬磁合金属于析出（沉淀）强化型磁体。通过增大含钴量或增加钛或铌,矫顽力可以增大到典型值的 3 倍,如 AlNiCo 8 型合金和 AlNiCo 9 型合金。

铝镍钴硬磁合金广泛用于制造电机器件,如发电机、电动机、继电器和磁电机,以及电子行业中的扬声器、行波管、耳机。与铁氧体相比,铝镍钴硬磁合金价格较高,自 20 世纪 70 年代中期起逐渐被铁氧体代替。

3. 碳钢和铁基合金

因为对碳钢进行热处理后会形成细化马氏体,所以其是一种性能较差的硬磁材料;添加合金元素铬、钴、钒等后,其磁性能优异,成形性能好,可以进行冲、压、弯、钻等切削加工,材料可制成片、丝、管、棒,使用方便,价格低。

铁基合金的磁能积一般为 8kJ/m³;冷轧回火后的 Fe-Mn-Ti 合金性能与低钴钢相当;性能较好的是 $Fe_{38}-Co_{52}-V_{10}$,回火前必须进行冷变形,而且变形量越大,性能就越好;含钒量越高,性能就越好;延伸性较好,能压成薄片使用。Fe-Cr-Co 合金的冷/热塑性变形性能较好,磁性能可以与 AlNiCo 5 型合金媲美,成本只有 AlNiCo 5 型合金的 1/5～1/3,可取代 AlNiCo 系合金。

4. 稀土永磁材料

稀土永磁材料是稀土元素（用 R 表示）与过渡族金属铁、钴、铜、锆等或非金属元素硼、碳、氮等组成的金属间化合物。20 世纪 60 年代至今，稀土永磁材料的研究与开发经历了四个阶段：第一代是 20 世纪 60 年代开发的 **RCo5 型合金（1∶5）**。这种合金分单相和多相两种，单相是指单一化合物的 RCo5 永磁体，如 SmCo5、（SmPr）Co5 烧结永磁体；多相是指以 1∶5 相为基体，含有少量 2∶17 型沉淀相的 1∶5 型永磁体。第一代稀土永磁合金于 20 世纪 70 年代初投入生产。第二代稀土永磁合金为 **R2TM 17型（2∶17 型，TM 代表过渡族金属）**。其中起主要作用的金属间化合物的组成比例是 2∶17（R/TM 原子数比），也有单相和多相之分。第二代稀土永磁合金约于 1978 年投入生产。第三代为 **Nd - Fe - B 合金**，于 1983 年研制成功，1984 年投入生产。烧结 Nd - Fe - B 的磁性能为永磁铁氧体的 12 倍。第四代主要是 **R - Fe - C 系合金与 R - Fe - N 系合金**。

 阅读材料 13 - 2

磁王——钕铁硼

1982 年，日本发现了当时磁能积（*BH*）最大的物质——四方晶系钕铁硼磁铁（$Nd_2Fe_{14}B$），并被称为"磁王"。它是如今磁性最强的永久磁铁，也是最常用的稀土磁铁。

钕铁硼永磁材料的主要成分为稀土（Re）、铁（Fe）、硼（B），其是以金属间化合物 $Re_2Fe_{14}B$ 为基础的永磁材料。其中，稀土元素钕（Nd）可用镝（Dy）、镨（Pr）等稀土金属部分替代，铁（Fe）可被钴（Co）、铝（Al）等金属部分替代，硼（B）的含量较小，却对形成四方晶体结构金属间化合物起着重要作用，使化合物的饱和磁化强度、单轴各向异性和居里温度较高。

钕铁硼永磁体

钕铁硼分为黏结钕铁硼和烧结钕铁硼两种，黏结钕铁硼的各个方向都具有磁性，且耐腐蚀；烧结钕铁硼一般分为轴向充磁与径向充磁，由于其易腐蚀，因此需要进行表面处理，方法有纳米螯合薄膜无镀层处理、磷化、电镀、电泳、真空气相沉积、化学镀和有机喷塑等。钕铁硼的生产工艺流程为配料→熔炼制锭/甩带→制粉→压型→烧结回火→磁性检测→磨加工→销切加工→电镀等表面处理→成品。其中，配料是基础，烧结回火是关键。

钕铁硼的牌号主要按最大磁能积和矫顽力设计。例如，N35-N52 中的 N50 表示最大磁能积为 50MGOe（400kJ/m³）；NdFeB380/80 表示最大磁能积为 366～398kJ/m³，矫顽力为 800kA/m 的烧结钕铁硼永磁材料。

钕铁硼具有极高的磁能积和矫顽力，广泛应用于电子、电力机械、医疗器械、玩具、包装、机械、航空航天、风电、新能源汽车、节能变频空调等领域，如用于制造永磁电机、扬声器、磁选机、计算机磁盘驱动器、磁共振成像设备仪表等（图 13.21），使仪器仪表等设备的小型化、轻量化、薄型化成为可能。

磁谱仪

图 13.21　钕铁硼永磁铁材料制品

1998 年 6 月，"发现号"航天飞机携带了探寻太空反物质和暗物质的宇宙探测器"阿尔法磁谱仪"。"阿尔法磁谱仪"实验由美国华裔科学家、诺贝尔奖获得者丁肇中教授领导，美国、中国、德国等 10 多个国家和地区的科学家参加了研究与设计工作。其核心部件是一块外径为 1.6m、内径为 1.2m、质量为 2t 的钕铁硼环状永磁体。若使用常规磁铁，则会因四处弥漫的磁场影响而无法在太空中运行，使用超导磁体又须在超低温下运行，而钕铁硼永磁体可为捕捉反物质和暗物质信息提供强大的磁力，探测灵敏度提高 4～5 个数量级，能够精确测量太空中反质子、正电子和光子的能量分布，寻找宇宙空间中的反碳核和反氢核。

13.5.3　磁存储材料

磁存储材料

磁存储技术起源于 1898 年丹麦发明家波尔森发明的钢丝录音机，经历了从钢丝录音机、磁带机、硬盘的漫长发展历程，向高可靠性、高存储密度、高传输速率及低成本的非易失性信息存储系统发展。磁存储技术是该领域备受关注的存储技术，其中关键的磁存储材料可分为矩磁材料、磁记录材料、磁光材料和磁泡材料。

磁存储器一般是由磁存储材料表现出的两种截然不同的稳定磁化取向状态构成的，这两种稳定状态的物理来源是材料的磁滞特性。

在磁滞回线中，铁磁材料的剩余磁感应强度 B_r 点（图 13.14 中的 M 点）是磁存储的两个稳定状态之一。与此点对称，介质在反向磁场 H 逐渐减小为零时，介质的另一个剩磁状态点（图 13.14 中的 N 点）是铁磁介质能够存储信息的另一个稳定状态，介质在此两点的磁化取向往往相反。

磁存储材料的剩余磁感应强度 B_r 及矫顽力 H_c 是磁存储中衡量磁存储材料特性的两个重要参数。剩余磁感应强度 B_r 表示该材料存储信息的程度。B_r 越大，磁头读取信号时感受到的磁信号越强。剩余磁感应强度 B_r 小于饱和磁化强度 B_s，B_r 与 B_s 的比值称为矩形比 R_s，R_s 是衡量磁存储材料磁滞回线矩形程度的重要参数。对于磁存储材料，矩形比越大越好（$R_s=0.90～0.97$）。矫顽力 H_c 反映该材料保持记录信息的能力，H_c 越大，存储的信息越稳定，抗干扰能力越强。

1. 矩磁材料

矩磁材料是磁滞回线接近矩形的材料，主要用于制作计算机存储器、半固定存储器等。无触点式继电器、开关元件、逻辑元件也利用矩磁材料的两个剩磁状态来实现电路的"开"和"关"。矩磁材料主要有 FeNi 合金带及薄膜、冷轧 Fe – Si 合金带、复合铁氧体（$M^{++}O \cdot Fe_2O_3$，其中 M^{++} 代表 MgMn、NiMg、MnCu）。

2. 磁记录材料

磁记录材料主要包括磁记录材料和磁头材料。磁记录材料按形态分为颗粒状材料和连续薄膜材料，按性质分为金属材料和非金属材料。使用广泛的磁记录材料有 γ – Fe_2O_3 系材料、CrO_2 系材料、Fe – Co 系材料和 Co – Cr 系材料等。磁头材料主要有 Mn – Zn 系铁氧体和 Ni – Zn 系铁氧体、Fe – Al 系合金、Ni – Fe – Nb 系合金及 Fe – Al – Si 系合金等。使用广泛的磁带、磁盘、磁卡就属于磁记录材料。

3. 磁光材料

磁光材料的存储原理是以磁化矢量不同取向的两个磁状态来表示二进位制中的 0 和 1 状态。磁光存储是采用磁性介质的居里点或补偿温度写入信息，即不采用磁头，而采用光学头，依靠激光束加外部辅助磁场方法写入信息，利用磁光效应读出信息。第一代磁光材料是非晶稀土–过渡金属合金膜，其中以铽铁钴（Tb – Fe – Co）和钆铽铁（Gd – Tb – Fe）三元非晶合金薄膜的性能最佳，但其热稳定性差、磁光优值小。第二代磁光材料有石榴石膜 [（Dy，Bi）$_3$（Fe，Ga）$_5O_{12}$ 溅射膜] 及磁性多层膜，如钯–钴（Pd – Co）多层膜、锰–铋（Mn – Bi）合金膜。

4. 磁泡材料

磁泡材料的存储原理是在磁性单晶膜中形成磁化向量与膜面垂直的圆柱状磁畴，形似水泡，称为磁泡。在某位置上有磁泡和没有磁泡是两个稳定的物理状态，用以存储二进位制的数字信息。控制磁泡的发生、缩灭、传输就可实现信息的写入、清除和读出。美国贝尔实验室在 20 世纪 60 年代首先提出用磁泡实现固体化存储器的设想。20 世纪 80 年代初，日本学者又提出以石榴石型单晶薄膜的条状畴壁中的垂直布洛赫线为信息载体来提高存储密度。磁泡材料具有工作可靠、耐恶劣环境的优点，但其生长工艺较复杂，需要单晶基片，成本高。磁泡材料主要有钆钴系（Gd – Co）非晶薄膜、石榴石型铁氧体单晶薄膜。

综合习题

一、填空题

1. 材料的磁性来源于_____。
2. 材料的抗磁性来源于_____。
3. 材料的顺磁性来源于_____。
4. 产生铁磁性的充要条件是_____和_____。

二、选择题（单选或多选）

1. 材料的磁性来源于（　　）。

A. 电子的循轨运动　　　　　　B. 原子核的循轨运动

C. 电子自旋运动　　　　　　　D. 原子核的自旋运动

2. 下列关于材料的抗磁性来源，描述不正确的是（　　）。

A. 外磁场使电子轨道改变，产生与外磁场相反的附加磁矩

B. 电子是在循轨运动中产生的

C. 任何材料在磁场作用下都产生抗磁性

D. 抗磁性是电子的轨道与自旋磁矩本身产生的

3. 材料的顺磁性来源于（　　　）。

A. 原子的固有磁矩

B. 外磁场

C. 热运动

D. 存在未排满的电子层

4. 下列关于产生铁磁性的充要条件，描述不正确的是（　　　）。

A. 原子内部有未满电子壳层，未被抵消的自旋磁矩

B. 固有磁矩不为零

C. 强烈的自发磁化，电子交互作用使自旋磁矩同向排列

D. 有晶体点阵结构要求，$a/r<3$，$A>0$

5. 下列（　　　）不是影响磁畴形状和大小的因素。

A. 交换能

B. 退磁能

C. 弹性应变能　　　D. 各向同性能　　　E. 畴壁能

6. 下列关于畴壁厚度与能量之间的关系，描述正确的是（　　　）。

A. 各向异性能随畴壁厚度增大而增大

B. 各向异性能随畴壁厚度增大而减小

C. 交换能随畴壁厚度增大而增大

D. 交换能随畴壁厚度增大而减小

7. 在钢铁材料的组织中，属于非铁磁性相的是（　　　）。

A. 珠光体　　　B. 马氏体　　　C. 铁素体　　　D. 奥氏体

三、文献查阅及综合分析

1. 查阅文献，举例说明量子力学理论对磁学性能的解释。在磁学研究领域作出突出贡献的科学家有哪些？任举三人并说明其重要贡献。

2. 查阅近期科学研究论文，任选一种材料，以材料的磁性能为切入点，分析材料的磁性能与成分、结构、工艺之间的关系（给出必要的图、表、参考文献）。

四、工程案例分析

请举一个实际工程案例，说明材料断裂的原因、机理及其性能指标在其中的应用，完成 PPT 制作、课堂汇报与讨论，并提供案例来源、文字说明、图片、视频等资源。

第13章 试验方法(国家标准)

在线答题

第14章
材料的电学性能

本章知识构架

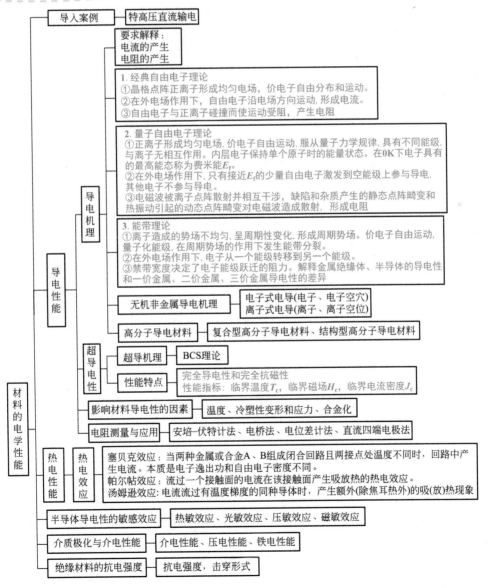

材料的电学性能
- 导入案例 —— 特高压直流输电
- 导电性能
  - 要求解释:
    电流的产生
    电阻的产生
  - 导电机理
    - 1. 经典自由电子理论
      ①晶格点阵正离子形成均匀电场, 价电子自由分布和运动。
      ②在外电场作用下, 自由电子沿电场方向运动, 形成电流。
      ③自由电子与正离子碰撞而使运动受阻, 产生电阻
    - 2. 量子自由电子理论
      ①正离子形成均匀电场, 价电子自由运动, 服从量子力学规律, 具有不同能级, 与离子无相互作用。内层电子保持单个原子时的能量状态。在0K下电子具有的最高能态称为费米能 E_f。
      ②在外电场作用下, 只有接近 E_f 的少量自由电子激发到空能级上参与导电, 其他电子不参与导电。
      ③电磁波被离子点阵散射并相互干涉, 缺陷和杂质产生的静态点阵畸变和热振动引起的动态点阵畸变对电磁波造成散射, 形成电阻
    - 3. 能带理论
      ①离子造成的势场不均匀, 呈周期性变化, 形成周期势场。价电子自由运动, 量子化能级, 在周期势场的作用下发生能带分裂。
      ②在外电场作用下, 电子从一个能级转移到另一个能级。禁带宽度决定了电子能级跃迁的阻力。解释金属绝缘体、半导体的导电性和一价金属、二价金属、三价金属导电性的差异
    - 无机非金属导电机理 —— 电子式电导(电子、电子空穴)
      离子式电导(离子、离子空位)
    - 高分子导电材料 —— 复合型高分子导电材料、结构型高分子导电材料
  - 超导电性
    - 超导机理 —— BCS理论
    - 性能特点 —— 完全导电性和完全抗磁性
      性能指标: 临界温度 T_c, 临界磁场 H_c, 临界电流密度 J_c
  - 影响材料导电性的因素 —— 温度、冷塑性变形和应力、合金化
  - 电阻测量与应用 —— 安培-伏特计法、电桥法、电位差计法、直流四端电极法
- 热电性能
  - 热电效应
    - 塞贝克效应: 当两种金属或合金A、B组成闭合回路且两接点处温度不同时, 回路中产生电流。本质是电子逸出功和自由电子密度不同。
    - 帕尔帖效应: 流过一个接触面的电流在该接触面产生吸放热的热电效应。
    - 汤姆逊效应: 电流流过有温度梯度的同种导体时, 产生额外(除焦耳热外)的吸(放)热现象
- 半导体导电性的敏感效应 —— 热敏效应、光敏效应、压敏效应、磁敏效应
- 介质极化与介电性能 —— 介电性能、压电性能、铁电性能
- 绝缘材料的抗电强度 —— 抗电强度, 击穿形式

导入案例

电对人类文明的影响有两方面：一是能量的获取、传输和转化；二是电子信息技术的基础。不同材料的电学性能存在极大差异，在不同应用场合下应选择电学性能不同的材料。

能量的获取与传输：导线需要具有很高的导电性，电阻为零的超导材料是理想的导体材料，绝缘保护层需要高电绝缘性材料。高压（特高压）直流系统与高压交流系统相比，在长距离输电上的能耗更小、成本更低。特高压直流输电技术的关键设备包括换流阀、换流变压器、平波电抗器、直流滤波器和避雷器等。我国特高压直流输电技术应用成熟，形成了西电东送、北电南供的特高压输电网络，建立了全球通用的特高压输电技术中国标准，让跨国跨州电力联网成为可能，加速推进了全球能源互联互通。特高压直流输电如图 14.01 所示。

特高压直流输电

图 14.01　特高压直流输电

电子器件：电子器件需要在一个电子芯片上集成导体、半导体和绝缘体，采用在硅和砷化镓之间生长钛酸锶界面层的方法，在大直径硅衬底上沉积高质量半导体 GaAs 单晶薄膜，制备的大直径 GaAs/SrTiO$_3$/Si 复合片材克服了 GaAs、InP 大晶片易碎和导热性能差等缺点，而且成本低廉，与标准半导体工艺兼容，可实现光电子器件与常规微电子器件和电路在一个芯片上的集成。

能量转化：热电材料是一种利用热电效应将热能和电能相互转换的功能材料，也是热电发电机和热电制冷器的核心材料，广泛应用于在航空航天、空间探测、医用物理、光通信及传感器微型电源和微区冷却等领域。把具有强烈热电效应的明矾石 $[KAl_3(SO_4)_2(OH)_6]$ 等矿物材料加入墙体，与空气接触发生极化而放电，可净化室内空气。哺乳动物靠细胞表面的离子通道产生电流，刺激神经感知外界温度变化。鲨鱼鼻子里的一种胶体能把海水温度的变化转换成电信号，感知 0.001℃ 的变化使胶体内产生电流，并传送给神经细胞，从而在海水中准确地觅食。

材料的电学性能是材料性能的重要组成部分。导电材料、电阻材料、热电材料、半导体材料、超导材料和绝缘材料都是以材料的电学性能为基础的。电子技术、传感技术、自动控制、信息传输与处理等领域的发展，对各种材料在电学性能方面提出了新的要求。本章介绍材料的导电性能、热电性能、半导体导电性的敏感效应、介质极化与介电性能、绝缘材料的抗电强度等。

14.1 导电性能

根据导电性能，材料分为导体、绝缘体和半导体。对于导体，电阻率 $\rho < 10^{-2}\,\Omega\cdot m$；对于绝缘体，电阻率 $\rho > 10^{10}\,\Omega\cdot m$；对于半导体，电阻率 $\rho = 10^{-2} \sim 10^{10}\,\Omega\cdot m$。不同材料的导电性能是由其结构与导电机理决定的。

14.1.1 导电机理

对材料导电性物理本质的认识是从金属开始的。德国物理学家特鲁德和荷兰物理学家洛伦兹首先提出了经典自由电子理论；随着量子力学的发展，美国物理学家费米、贝特和德国物理学家索末菲提出了量子自由电子理论，美国物理学家布洛赫和英国物理学家威尔逊提出了导电的能带理论。

洛伦兹、费米、索末菲

1. 金属及半导体的导电机理

（1）经典自由电子理论。

经典自由电子理论认为，在金属晶体中，离子构成了晶格点阵并形成一个均匀电场，价电子是完全自由的，称为自由电子，它们弥散分布于整个点阵之中，就像气体分子充满整个容器一样，称为"电子气"。它们的运动遵循经典力学气体分子的运动规律，自由电子之间及自由电子与正离子之间的相互作用类似于机械碰撞。在没有外电场作用下，金属中的自由电子沿各个方向运动的概率相等，因此不产生电流。当对金属施加外电场时，自由电子沿电场方向做加速运动，从而形成电流。自由电子在定向运动过程中不断与正离子发生碰撞而使运动受阻，这就是产生电阻的原因。设电子两次碰撞之间运动的平均距离（平均自由程）为 l，电子平均运动速度为 $\bar{v}$，单位体积内的自由电子数为 n，则电导率

$$\sigma = \frac{ne^2 l}{2m\bar{v}} = \frac{ne^2}{2m}\bar{t} \qquad (14-1)$$

式中，m 为电子质量；e 为电子电荷；$\bar{t}$ 为两次碰撞之间的平均时间。

从式（14-1）可以看到，金属的导电性取决于自由电子数、平均自由程和平均运动速度。自由电子数越多，导电性应当越好。但事实是虽然 +2 价金属、+3 价金属的价电子比 +1 价金属的多，但导电性反而比 +1 价金属差。另外，按照气体动力学的关系，ρ 应与热力学温度 T 的平方根成正比，但试验结果是 ρ 与 T 成正比，这些都说明该理论还不完善。此外，该理论不能解释超导现象。

经典电子理论——金属导电

（2）量子自由电子理论。

量子自由电子理论认为金属中正离子形成的电场是均匀的，价电子与离子间没有相互作用，为整个金属所有，可以在整个金属中自由运动。但金属中每个原子的内层电子基本都保持着单个原子时的能量状态，所有价电子按量子化规律具有不同的能量状态，即具有不同的能级。

自由电子的 $E-K$ 曲线如图 14.1 所示，图中的"+"和"−"表示自由电子运动的

方向。从粒子的观点看，E-K曲线表示自由电子的能量与速度（或动量）的关系；而从波动的观点看，E-K曲线表示电子的能量与波数的关系，电子的波数越大，能量越高。E-K曲线清楚地表明金属中的价电子具有不同的能量状态，有的处于低能态，有的处于高能态。根据泡利不相容原理，每个能态都只能存在沿正、反方向运动的一对电子，自由电子从低能态一直排到高能态，在温度 0K 下电子具有的最高能态称为费米能 E_f。同种金属的费米能是一个定值，不同金属的费米能不同。

没有外电场时，金属沿正、反向运动的电子数相等，不产生电流。在外电场的作用下，向着电场正向运动的电子能量降低，向着电场反向运动的电子能量升高，正、反向运动的电子数不相等，从而使金属导电，如图 14.2 所示。不是所有自由电子都参与了导电，而是只有处于较高能态的自由电子参与了导电。电磁波在传播过程中被离子点阵散射，然后相互干涉而形成电阻。量子力学证明，对于理想完整晶体，在温度 0K 下电磁波的传播不受阻碍而形成无阻传播，电阻为零，产生超导现象。而实际金属内部存在缺陷和杂质，缺陷和杂质产生的静态点阵畸变和热振动引起的动态点阵畸变对电磁波造成散射，这是金属产生电阻的原因。

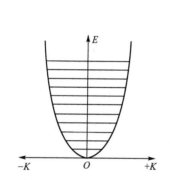

图 14.1 自由电子的 E-K 曲线

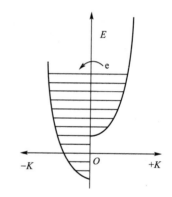

图 14.2 电场对 E-K 曲线的影响

量子自由电子理论较好地解释了金属导电的本质，但其假定金属中离子产生的势场是均匀的，与实际情况不符。

（3）能带理论。

晶体中电子能级间的间隙很小，能级的分布可以看成准连续的，称为能带。能带理论认为金属中的价电子是公有化的、能量是量子化的，由离子造成的势场不均匀，呈周期性变化。

能带理论用于研究金属中的价电子在周期势场作用下的能量分布问题。电子在周期势场中运动时，随着位置的变化，它的能量呈周期性变化，即接近正离子时势能降低、离开正离子时势能增高。价电子在金属中的运动受到周期场的作用。以不同能量状态分布的能带发生分裂，某些能态电子不能取值，如图 14.3（a）所示。

从能带分裂后的曲线可以看到，当 $-K_1 < K < K_1$ 时，E-K 曲线按照抛物线规律连续变化。当 $K = \pm K_1$ 时，只要波数稍增大，能量就从 A 跳到 B，A 和 B 之间存在一个能隙 ΔE_1。同理，当 $K = \pm K_2$ 时，能带也发生分裂，存在能隙 ΔE_2。能隙的存在意味着禁止电子具有 A 和 B 与 C 和 D 之间的能量。能隙对应的能带称为禁带，电子可以具有的能级所组成的能带称为允带，允带与禁带相互交替，形成了材料的能带结构，如图 14.3（b）所示。

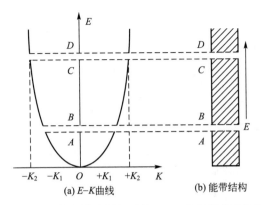

图 14.3　周期场中电子运动的 $E-K$ 曲线及能带结构

　　电子可以具有允带中各能级的能量，但允带中每个能级都只能允许有两个自旋方向相反的电子。在外电场的作用下，电子有没有活动的余地，即转向电场正端运动的能级取决于物质的能带结构，而能带结构与价电子数、禁带宽度及允带的空能级等因素有关。空能级是指允带中未被填满电子的能级，具有空能级的允带中的电子是自由的，在外电场的作用下参与导电，这种允带称为导带。禁带宽度取决于周期势场的变化幅度，变化越大，禁带越宽。若势场没有变化，则能带间隙为零，此时能量分布情况如图 14.2 所示的 $E-K$ 曲线。

　　能带理论不仅能够很好地解释金属的导电性，还能够很好地解释绝缘体、半导体等的导电性。

　　如果允带内的能级未被电子填满，允带之间没有禁带或允带相互重叠，如图 14.4（a）所示，在外电场的作用下，电子易从一个能级转到另一个能级而产生电流。有这种能带结构的材料就是导体。所有金属都是导体。若一个允带的所有能级都被电子填满，则这种能带称为满带。

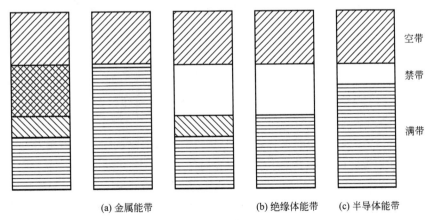

图 14.4　能带填充情况

　　若一个满带上面相邻的是一个较宽的禁带，如图 14.4（b）所示，则由于满带中的电子没有活动的余地，即使禁带上面的能带完全是空的，在外电场的作用下电子也很难跳过禁带。也就是说，电子不能趋向于一个择优方向运动，即不能产生电流。具有这种能带结构的材料是绝缘体。

半导体的能带结构与绝缘体相同，不同的是其禁带比较窄，如图 14.4（c）所示。电子跳过禁带不像绝缘体那么困难，如果存在外界作用（如热、光辐射等），价带中的电子就有能量跃迁到导带。不仅在导带中出现导电电子，而且在价带中出现电子留下的空穴。在外电场的作用下，价带中的电子可以沿逆电场方向运动到这些空穴中，而本身又留下新的空穴，电子的迁移等于空穴沿电场方向运动，所以这种导电称为空穴导电。空带中的电子导电和价带中的空穴导电同时存在的导电方式称为本征电导。本征电导的特点是参加导电的电子和空穴的浓度相等。具有本征电导特性的半导体称为本征半导体。本征半导体的电子–空穴对是由热激活产生的，其浓度与温度成指数关系。

杂质对半导体的导电性能影响很大，如在单晶硅中掺入十万分之一的硼原子，可使其导电性能提高一千倍。按杂质的性质不同，掺杂半导体可分为 N 型半导体和 P 型半导体，N 型半导体的载流子主要是导带中的电子，而 P 型半导体的载流子主要是空穴。

一价金属导电性分析：如图 14.5（a）所示，对于一价金属（一价碱金属和一价贵金属，如ⅠB 族的铜、银、金及ⅠA 族锂、钠、钾等），如金属钠，每个原子都有 11 个电子，其中 3s 状态有 2 个电子，所以当 N 个原子组成晶体时，3s 能级过渡成能带，能带中有 N 个状态，可以容纳 2N 个电子。但钠只有 N 个 3s 电子，价电子只填满 s 带的一半，即能带是半满的。同时，s 带扩展很宽，与 p 带有相当宽的重叠区。因此，在外电场的作用下，电子不仅能在自己的 s 带中有充分的活动余地，而且很容易跃迁到 p 带，故一价金属具有很好的导电性。

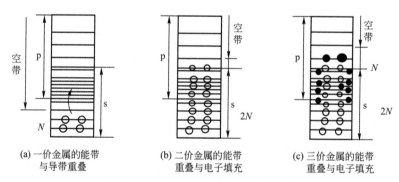

(a) 一价金属的能带
与导带重叠

(b) 二价金属的能带
重叠与电子填充

(c) 三价金属的能带
重叠与电子填充

图 14.5 金属导体的能带结构示意图

二价金属导电性分析：如图 14.5（b）所示，二价金属能带上的 2N 个电子正好填满 s 带，这似乎与绝缘体的情况类似，但 s 带与 p 带有重叠区，价电子并未填满它的能带，部分电子进入 p 带，占有较高的能带，因此仍有电子在未填满的带。电子发生 s→p 能级的跃迁，由于进入 p 带的电子较少，因此二价金属的导电性比一价金属差。

三价金属导电性分析：如图 14.5（c）所示，三价金属外电子层有 3N 个价电子，其中 2N 个价电子属于 s 带，并填满 s 带；另外 N 个价电子属于 p 带，p 带有 3N 个能级，电子只填充了 p 带的一部分。因此，电子易发生 p→p 能级的跃迁。同时，s 带与 p 带有重叠区，三价金属 p 带中的电子要比二价金属 p 带中的电子多，故三价金属的导电性比二价金属好。

2. 无机非金属导电机理

虽然自由电子导电的能带理论可以解释金属和半导体的导电现象，但难以解释陶瓷、玻璃及高分子材料等非金属材料的导电机理。无机非金属材料的种类很多，导电性及导电机制相差很大，其中多数是绝缘体，但也有一些是导体或半导体。即使是绝缘体，在电场作用下也会产生漏电电流（或称电导）。对材料来说，只要有电流通过就意味着有带电粒子做定向运动，这些带电粒子称为载流子。金属材料电导的载流子是自由电子，而无机非金属材料电导的载流子可以是电子、电子空穴或离子、离子空位。载流子是电子或电子空穴的电导称为电子式电导，载流子是离子或离子空位的称为离子式电导。

非金属材料按结构状态可以分为离子晶体与玻璃，其导电机理也有所不同。

（1）离子晶体的导电机理。

离子晶体（如 NaCl、AgBr、MgO 等）都是电解质导体，在这些晶体中能产生离子迁移。例如，在卤化银中，一些银离子从晶体中的正常位置离开而留下一些空位，它们占据在立方点阵中其他离子间的一些小空隙（间隙位置）。在外电场的作用下，移位的间隙银离子从一个空位到另一个空位连续不断地运动而产生电流。在一些晶体中，空位本身可以存在，而不需要等量的间隙原子与之配合，此时可以认为空位中这些消失的原子或离子已经移到晶体表面的正常位置。当一个与失去的离子有相同极性的离子从一个相邻的位置移到这个空位时，空位从初始位置移出。在离子晶体中，空位迁移涉及离子运动，因此，这一过程提供了产生电流传导的另一个机理。

晶体的离子电导可以分为两大类。第一类离子电导源于晶体点阵中基本离子的运动，称为离子固有电导或本征电导，这种离子随着热振动的加剧而离开晶格点阵，形成热缺陷。由于热缺陷的浓度随温度的升高而增大，因此本征电导率与温度的关系可用式（14-2）表示。

$$\sigma_s = A_s \exp(-E_s/kT) \tag{14-2}$$

式中，A_s 与 E_s 均为材料的特性常数；k 为玻尔兹曼常数；T 为热力学温度。E_s 与可迁移的离子从一个空位移到另一个空位的难易程度有关，通常称为离子激活能。A_s 取决于可迁移的离子数，即离子从一个空位移到另一个空位的距离及有效的空位数目。

一般情况下，本征离子电导率可以简化为

$$\sigma = A_1 \exp(-E/kT) = A_1 \exp(-B_1/T) \tag{14-3}$$

式中，A_1 为常数；$B_1 = E/k$。

第二类离子电导是由结合力比较小的离子运动造成的，这些离子主要是杂质离子，因而称为杂质电导。杂质离子载流子的浓度取决于杂质的数量和种类。因为杂质离子不仅增加了电流载体，而且使点阵发生畸变，杂质离子离解活化能减小。在低温下，离子晶体的电导主要由杂质载流子浓度决定。由杂质引起的电导率可以用式（14-4）表示。

$$\sigma = A_2 \exp(-B_2/T) \tag{14-4}$$

式中，A_2 与 B_2 均为材料常数，它们的意义与式（14-3）中的 A_1 和 B_1 相同。对于材料中存在多种载流子的情况，材料的总电导率可以看成各种电导率的总和。

（2）玻璃的导电机理。

玻璃通常是绝缘体，但是在高温下玻璃的电阻率大大降低，从而可能成为导体。

玻璃导电是由某些离子在结构中的可动性导致的。在钠玻璃中，钠离子在二氧化硅网络中从一个间隙移到另一个间隙，使得电流流动，与离子晶体中的间隙离子导电类似。

玻璃的组成对玻璃的电阻影响很大，影响方式也很复杂。例如，电阻率是硅酸盐玻璃的物理参数之一，它明显地随玻璃组成的变化而变化，玻璃工艺师能控制组成，从而使制成的玻璃电阻率在室温下为 $10^{15} \sim 10^{17} \Omega \cdot m$，但是这一过程很大程度上仍然是基于经验或通过试探法实现的。

一些新型半导体玻璃的室温电阻率为 $10^2 \sim 10^6 \Omega \cdot m$，其中存在电子导电，但这些玻璃不是以二氧化硅为基础的氧化物玻璃。

3. 高分子导电材料

高分子导电材料（导电高聚物）是具有导电功能（包括半导电性、金属导电性和超导电性）、电导率高于 $10^{-6} S/m$ 的聚合物材料，通常分为复合型高分子导电材料和结构型高分子导电材料。

（1）复合型高分子导电材料。

复合型高分子导电材料由通用的高分子材料与各种导电性物质，通过填充复合、表面复合或层积复合等方式制得。常用的导电填料有炭黑、金属粉、金属箔片、金属纤维、碳纤维等。复合型高分子导电材料主要有导电塑料、导电橡胶、导电纤维织物、导电涂料、导电胶黏剂及透明导电薄膜等，其性能与导电填料的种类、用量、粒度、状态及其在高分子材料中的分散状态有很大关系。

（2）结构型高分子导电材料。

结构型高分子导电材料是指高分子结构本身或经过掺杂后具有导电功能的高分子材料。结构型高分子材料根据电导率分为高分子半导体、高分子金属和高分子超导体；根据导电机理分为电子导电高分子材料和离子导电高分子材料。

电子导电高分子材料的结构特点是具有线型或面型大共轭体系，当聚合物的单体重复连接时，π电子轨域相互影响，能带减小，在热或光的作用下，通过共轭π电子的活化而导电，可以达到半导体甚至导体的性质。当高分子结构拥有延长共轭双键时，离域π键电子不受原子束缚而在聚合链上自由移动，经过掺杂后，可移走电子而生成空穴或添加电子，使电子或空穴在分子链上自由移动，从而形成导电分子。采用掺杂技术可使这类材料的导电性能大大提高。例如，在聚乙炔中掺杂少量碘，电导率可提高 12 个数量级，成为"高分子金属"；经掺杂后的聚氮化硫在超低温下，可转变成高分子超导体。

第一个高导电性的高分子材料是经碘掺杂处理的聚乙炔，其后出现聚苯胺、聚吡咯、聚噻吩、聚苯硫醚、聚酞菁类化合物和聚对苯乙烯及其衍生物。导电聚合物如图 14.6 所示。

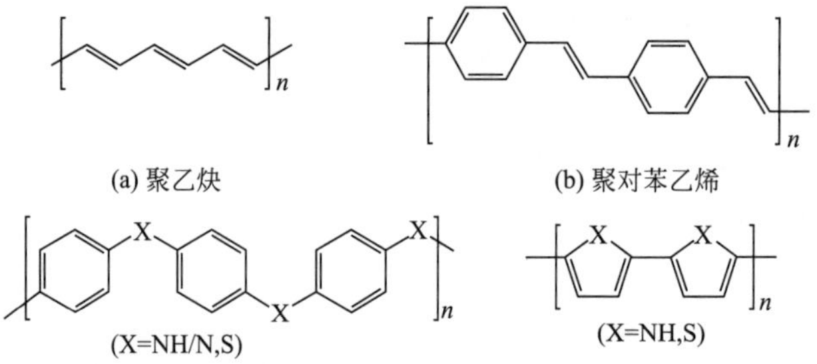

(a) 聚乙炔   (b) 聚对苯乙烯

(X=NH/N,S)
(c) 聚吡咯(X=NH),聚噻吩(X=S)   (d) 聚苯胺(X=NH/N),聚苯硫醚(X=S)

图 14.6　导电聚合物

所有导电高分子都属于"共轭高分子"。典型共轭高分子是聚乙炔。它由长链的碳分子以 sp2 键连接而成，每个碳原子都有一个价电子未配对，且在垂直于 sp2 面上形成未配对键，相邻原子未配对键的电子云相互接触，使未配对电子容易沿着长链移动。然而，未配对电子容易与邻居配对形成"单键-双键"交替出现的结构。为使共轭高分子导电，必须掺杂，这与半导体掺杂后导电性提高类似。

1977 年，白川英树、麦克迪尔米德和希格利用碘蒸气氧化聚乙炔，发现其导电性提高了十亿倍，他们因此共同获得 2000 年诺贝尔化学奖。以碘或其他强氧化剂［如五氟化砷（AsF_5）］部分氧化聚乙炔可大大增强导电性，聚合物失去电子，生成具有不完全离域的正离子自由基"极化子"，此过程称为 P 型掺杂。氧化作用可使聚乙炔生成"双极化子"及"孤立子"，从而使聚乙炔导电。

导电聚合物可应用于轻质塑料蓄电池、太阳能电池、传感器件、微波吸收材料、半导体元器件、手机显示屏、电动汽车等，如电池中的电极、电解电容器及电子感应器、有机发光二极管和平面显示器，也可成为安装在纳米电子装置内的"高分子电线"。

14.1.2　超导电性

1911 年昂内斯在试验中发现，在 4.2K 温度附近，汞的电阻突然下降到无法测量的程度，或者说电阻为零。在一定的低温条件下，材料突然失去电阻的现象称为超导电性。由于超导态的电阻小于目前所能检测的最小电阻，因此可以认为超导态没有电阻。材料有电阻的状态称为正常态。因为没有电阻，所以超导体中的电流将继续流动。超导体中有电流且没有电阻，说明超导体是等电位的，超导体内没有电场。材料由正常态转变为超导态的温度称为临界温度，以 T_c 表示。

超导电性

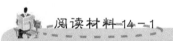
阅读材料 14-1

昂 内 斯

昂内斯是荷兰物理学家。1882 年，昂内斯任莱顿大学物理学教授，创建了闻名世界的低温研究中心——莱顿低温实验室。

研究成就： 1877 年，昂内斯从液化气体（空气）开始了低温物理领域的研究。1906 年，他成功液化氢气；1908 年，他液化了被认为是永久气体的氦气。1911 年，在研究金属电阻随温度的变化关系时，他发现汞在 4.22～4.27K 低温下电阻完全消失，还有一些金属也具有这种特性，他称这种现象为超导电性，开辟了低温物理学领域。他还发现了超导体的临界电流和临界磁场现象。

获奖： 昂内斯因对低温物理作出了突出贡献而获得 1913 年诺贝尔物理学奖。

超导体具有完全导电性和完全抗磁性两个基本特性。在室温下，把超导体做成圆环放在磁场中冷却到低温，使其转入超导态。然后突然去掉原来的磁场，通过磁感应作用，沿着圆环产生感应电流。由于圆环的电阻为零，因此感应电流将永不衰竭，称为永久电流。环内感应电流使环内磁通保持不变，称为冻结磁通。

完全抗磁性是指处于超导状态的金属，内部磁感应强度 B 为零。1933 年，迈斯纳和奥森菲尔德发现，不仅外磁场不能进入超导体，而且原来处于磁场中的正常态样品，当温度下降而变成超导体时，也会把原来在体内的磁场完全排出去。完全抗磁性通常称为迈斯纳效应，说明超导体是一个完全抗磁体。因此，超导体具有屏蔽磁场和排除磁通的性能，当用超导体制成球体并处于正常态时，磁通通过球体，如图14.7（a）所示。当它处于超导态时，进入球体的磁通被排出，内部磁场为零，如图14.7（b）所示，实际上，磁场能穿透到超导样品表面的一个薄层。薄层的厚度称为穿透深度，它与材料的温度有关，一般为几十纳米。

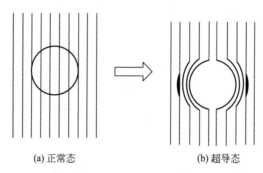

(a) 正常态   (b) 超导态

图 14.7 超导态对磁通的排斥

超导体有三个重要性能指标。第一个性能指标是临界温度 T_c，当超导体温度低于临界温度时，出现完全导电和迈斯纳效应等基本特征。超导材料的临界温度越高，越有利于应用。

临界磁场 H_c 是超导体的第二个性能指标，当 $T < T_c$ 时，将超导体放入磁场，如果磁场强度高于临界磁场强度，则磁力线穿入超导体，超导体被破坏而变成正常态。H_c 随温度的降低而增大，即

$$H_{c(T)} = H_{c(0)} \left[1 - \left(\frac{T}{T_c} \right)^2 \right] \tag{14-5}$$

式中，$H_{c(0)}$ 是温度为 0K 时超导体的临界磁场。临界磁场是破坏超导态的最小磁场。H_c 与超导材料的性质有关，不同材料的 H_c 变化范围很大。

临界电流密度 J_c 是超导体的第三个性能指标。如果输入电流所产生的磁场与外磁场之和超过临界磁场，则超导态被破坏。此时输入的电流为临界电流 I_c，相应的电流密度称为临界电流密度 J_c。随着外磁场的增大，J_c 必须相应地减小，以使磁场的总和不超过 H_c 而保持超导态，故临界电流是材料保持超导态的最大输入电流。

1957 年，美国物理学家巴丁、库珀和施里弗提出了解释超导微观机理的 BCS 理论，并因此而共同获得 1972 年诺贝尔物理学奖。

BCS 理论认为：晶格的低频振动称为声子。电子和声子发生交互作用（电声子交互作用），某电子 e_1 的运动使周围正离子被吸引而向其靠拢，导致晶格局部畸变，该区域正电荷密度增大，吸引邻近电子 e_2，克服静电斥力，e_1、e_2 结成电子对，即 Cooper 电子对。因此，Cooper 电子对的形成靠晶格点阵振动的格波相互作用，而不是正常态的静电斥力。Cooper 电子对的波长很长，可以绕过杂质和晶格缺陷，从而无阻碍地形成电流。一个 Cooper 电子对的能量比它的两个单独正常态的电子能量低。超导态电子对在运动中的总能量保持不变，电子间的吸引力最大、最稳定。当晶格散射使 e_1 能量改变时，e_2 能量产生相反的等量变化，电阻为零。

BCS 理论也引发了激烈争论，BCS 理论只能对部分超导现象进行有限的解释，如解释低温超导，但无法解释高温超导和第二类超导现象。

根据材料对磁场的响应，超导材料分为第一类超导体和第二类超导体。第一类超导体只存在一个临界磁场；第二类超导体有两个临界磁场，在两个临界磁场之间，允许部分磁场穿透材料。根据临界温度，超导材料分为高温超导体和低温超导体。临界温度大于液氮温度（77K）的称为高温超导体。根据材料成分，超导材料分为单质超导体（Pb、Hg 等）、合金超导体（NbTi、Nb_3Ge、Nb - Ti - Zr 等）、氧化物超导体（Y - Ba - Cu - O，La - Ba - Cu - O，Bi - Sr - Ca - Cu - O，Tl - Ba - Ca - Cu - O，Hg - Ba - Ca - Cu - O 等）和有机超导体［氧化聚丙烯、$(BEDT - TTF)_2ClO_4$（1，1，2- 三氯乙烷）、$(BEDT - TTF)_2ReO_4$、碳纳米管］等。超导材料的分类及特性见表 14 - 1。超导材料的发展如图 14.8 所示。

表 14 - 1　超导材料的分类及特性

铜氧化物超导体		铁基超导体		金属低温超导体	
材料	临界温度/K	材料	临界温度/K	材料	临界温度/K
$Hg_{12}Tl_3Ba_{30}Ca_{30}Cu_{45}O_{127}$	138	SmFeAs（O，F）	43	Nb3Sn	18
$Tl_2Ba_2Ca_2Cu_3O_{10}$	125	CeFeAs（O，F）	41	NbTi	10
$YBa_2Cu_3O_7$	92	LaFeAs（O，F）	26	Hg（汞）	4.2

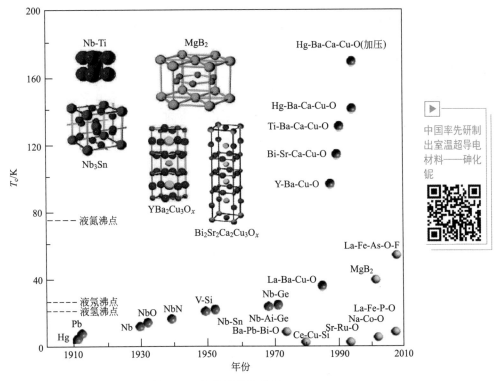

图 14.8　超导材料的发展

超导材料

超导材料的优异特性预示了其广阔的应用前景，但又受到临界参量、工艺性等（如脆性）的影响。超导材料主要用于制造电机、高能粒子加速器、磁悬浮运输、受控热核反应、储能磁体等；电力电缆、无摩擦陀螺仪和轴承，精密测量仪表及辐射探测器、微波发生器、逻辑元件、计算机逻辑和存储元件等。高温超导体已经取得了实际应用，如采用钇钡铜氧超导体和铋系超导体制成高质量的超导电缆；将铊钡钙铜氧超导薄膜安装在移动电话的发射塔中可增大容量，减少断线和干扰现象。

14.1.3　影响材料导电性的因素

影响材料导电性的因素主要有温度、冷塑性变形和应力、合金化等。以自由电子为机理的金属材料，电阻率随温度的升高而减小；以离子电导为机理的离子晶体型陶瓷材料，电阻率随温度的升高而增大。

1. 温度的影响

金属电阻率随温度的升高而增大。温度几乎对有效电子数和电子平均速度没有影响，但温度升高使离子振动加剧，热振动的振幅增大，原子的无序度增大，使电子运动的自由程减小，散射概率增大，导致电阻率增大。

金属电阻率与温度的关系如图 14.9 所示。在德拜温度以上，认为电子是完全自由的，原子的振动彼此无关，电子的平均自由程与晶格振动振幅平方成反比。所以，在理想完整的晶体中，电子的散射取决于由温度造成的点阵畸变，金属的电阻取决于离子的热振动。此时，纯金属电阻率与温度的关系为

$$\rho_t = \rho_0(1 + \alpha \Delta T) \tag{14-6}$$

式中，α 为电阻温度系数；ρ_0 为标准态（通常为 $20\,℃$）电阻率；ΔT 为环境温度与标准温度的差。

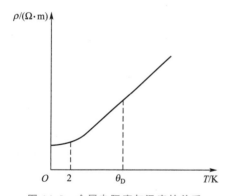

图 14.9　金属电阻率与温度的关系

当温度较低（低于 θ_D）时，应考虑振动原子与导电电子之间的相互作用，电阻率与温度的关系为

$$\rho = AT^5 \int_0^{\theta_D/T} \frac{4x^2\,\mathrm{d}x}{e^x - 1} \tag{14-7}$$

式中，A 为系数；x 为积分变量，$x = h\nu_m/kT$，在低温下其值趋于常数，$\rho \propto T^5$。类似于热容的德拜 T^3 定律。当温度接近 $0K$（$T < 2K$）时，电子散射原因主要是电子与电子间的相互作用，而不是电子与离子间的相互作用，以 $\rho \propto T^2$ 的规律趋于零，但大多数金属的电阻率表现为常数，$\rho = \rho'$，这是由点阵畸变造成的残留电阻所引起的，即 ρ' 为残留电阻。有些金属在接近 $0K$ 以上的某临界温度下，电阻率突然降为零，产生超导现象。

通常对金属导电性的研究在德拜温度以上，可应用式（14-6）计算电阻率。对于大多数金属，电阻温度系数 $\alpha \approx 10^{-3}\,K^{-1}$；对于过渡族金属，特别是铁磁性金属，$\alpha$ 高一些。

大多数金属熔化成液态时，电阻率会突然增大 1～2 倍。这是由于原子长程排列被破

坏，加强了对电子的散射。但也有些金属（如锑、铋、镓等）熔化时电阻率反而下降。锑在固态下为层状结构，具有小的配位数，主要呈共价键型晶体结构，熔化时共价键破坏，转为以金属键结合为主，使电阻率下降。铋和镓熔化时，电阻率下降也是由近程原子排列变化引起的。

2. 冷塑性变形和应力的影响

冷塑性变形使金属的电阻率增大，这是冷塑性变形使晶体点阵畸变和晶体缺陷增加，特别是空位浓度增大，造成点阵电场不均匀而加剧对电磁波散射的结果。此外，冷塑性变形使原子间距改变，也会对电阻率产生一定影响。回复过程可以显著降低点缺陷浓度，使电阻率明显恢复。因为再结晶过程可以消除冷塑性变形时造成的点阵畸变和晶体缺陷，所以再结晶退火可使电阻率恢复到冷塑性变形前的水平。

由于淬火可以保留高温时形成的点缺陷，因而可使金属的电阻率升高。拉应力使金属原子间距增大，点阵畸变增大，从而使电阻率增大；而压应力使金属离子间距减小，点阵畸变减小，从而使电阻率减小。

3. 合金化的影响

纯金属的导电性与其在元素周期表中的位置有关，由不同的能带结构决定。而合金的导电性表现得更为复杂，因为金属元素之间形成合金后，其异类原子引起点阵畸变，组元间相互作用而引起有效电子数的变化、能带结构的变化及合金组织结构的变化等，都会对合金的导电性产生明显影响。

（1）固溶体的导电性。

一般情况下，形成固溶体时，合金的电导率降低，电阻率增大，即使是溶质的电导率比溶剂的电导率高时也是如此。固溶体的电阻率比纯金属高的主要原因是溶质原子的溶入引起了溶剂点阵的畸变，增加了电子的散射，使电阻率增大。同时，组元间化学相互作用的增强使有效电子减少，也会造成电阻率增大。

当溶质浓度较小时，固溶体电阻率 ρ_s 的变化规律符合马西森定则，即

$$\rho_s = \rho_{s1} + \rho_{s2} = \rho_{s1} + r_c\zeta \qquad (14-8)$$

式中，ρ_{s1} 为溶剂的电阻率；ρ_{s2} 为溶质引起的电阻率，$\rho_{s2} = r_c\zeta$；r_c 为溶质的量比；ζ 为百分之一溶质量比的附加电阻率。

马西森定则指出，合金电阻由两部分组成：一是溶剂的电阻，它随着温度的升高而增大；二是溶质引起的附加电阻，它与温度无关，只与溶质原子的浓度有关。

固溶体有序化对合金的电阻有显著影响。异类原子使点阵的周期场遭到破坏而使电阻率增大，而固溶体的有序化有利于改善离子电场的规整性，从而减少电子的散射，使电阻率减小。

在有些合金中，可形成不均匀固溶体，即固溶体中的溶质原子产生偏聚，使电子散射增加、电阻率增大。

冷塑性变形使固溶体电阻率增大，对固溶体合金电阻的影响比纯金属大得多。

（2）金属化合物的导电性。

金属化合物的导电性都比较差，电导率比各组元小得多。因为组成化合物后，原子间的部分金属键转化为共价键或离子键，导电电子减少。由于键合性质发生变化，还常因形成化合物而变成半导体，甚至完全失去导体的性质。

（3）多相合金的电阻率。

多相合金的导电性不仅与组成相的导电性及相对量有关，还与组成相的形貌（合金的组织形态）有关。

由于电阻率是一个组织结构敏感的物理量，因此很难对多相合金的电阻率进行定量计算。当退火态的二元合金组织为两相机械混合物时，如合金组成相的电阻率接近，则电阻率和两组元的体积分数呈线性关系。通常，可近似认为多相合金的电阻率为各相电阻率的加权平均值。

14.1.4　电阻测量与应用

由于材料组织结构变化引起的电阻变化较小，因此测量电阻必须采用精密测量方法。除常用的安培-伏特计法、电桥法和电位差计法外，还可采用直流四端电极法（图 14.10）测量半导体电阻。

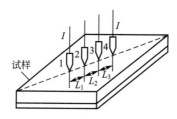

图 14.10　直流四端电极法

由于材料的电阻率对组织结构变化敏感，因此常用测量电阻率的变化来研究金属与合金的组织结构变化，如固溶体溶解度曲线、TTT 曲线、回火转变、回复与再结晶过程、合金时效及有序无序转变等。

14.2　热 电 性 能

当材料中存在电位差时会产生电流，存在温度差时会产生热流。从电子论的观点来看，在金属和半导体中，无论是电流还是热流都与电子的运动有关，故电位差、温度差、电流、热流之间存在交叉联系，构成了热电效应。

14.2.1　热电效应

金属的热电现象可以概括为三个基本热电效应：塞贝克效应、帕尔帖效应和汤姆逊效应。

1. 塞贝克效应

当两种金属或合金 A、B 组成闭合回路，且两接点处温度不同时，回路中产生电流，这种现象称为塞贝克效应，如图 14.11 所示。相应的电动势称为热电势，其方向取决于温度梯度的方向。

塞贝克效应的实质是两种金属接触时会产生接触电势差 V_{AB}。这种接触电势差是由两种金属中电子逸出功不同及两种金属中电子浓度不同造成的。

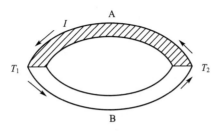

图 14.11　塞贝克效应

$$V_{AB} = V_B - V_A + \frac{kT}{e} \ln \frac{N_A}{N_B} \tag{14-9}$$

式中，V_A 和 V_B 分别为金属 A 和金属 B 的逸出电势；N_A 和 N_B 分别为金属 A 和金属 B 的有效电子密度，它们都与金属本质有关；k 为玻尔兹曼常数；T 为热力学温度；e 为电子电量。

由式（14-9）可以得出，金属 A 和金属 B 组成回路的热电势 E_{AB}，即

$$\begin{aligned}
E_{AB} &= V_{AB}(T_1) - V_{AB}(T_2) \\
&= V_B - V_A + \frac{kT_1}{e} \ln \frac{N_A}{N_B} - V_B + V_A - \frac{kT_2}{e} \ln \frac{N_A}{N_B} \\
&= (T_1 - T_2) \frac{k}{e} \ln \frac{N_A}{N_B}
\end{aligned} \tag{14-10}$$

回路的热电势与两金属的有效电子密度有关，并与两接触端的温差有关。

2. 帕尔帖效应

在不同金属中，自由电子具有不同的能量状态。如图 14.12 所示，在某温度下，当两种金属 A 和 B 接触时，若金属 A 的电子能量高，则电子从金属 A 流向金属 B，使金属 A 的电子减少，而金属 B 的电

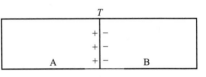

图 14.12　帕尔帖效应

子增加，由此导致金属 A 的电位变正，金属 B 的电位变负。于是在金属 A 与金属 B 之间产生一个静电势 V_{AB}，称为接触电势。由于存在接触电势，若沿 AB 方向通电流，则接触点处吸收热量；若从反方向通电流，则接触点处释放热量，这种现象称为帕尔帖效应。吸收或放出的热量 Q_P 称为帕尔帖热，即

$$Q_P = P_{AB} I t \tag{14-11}$$

式中，P_{AB} 为帕尔帖系数或帕尔帖电势，与金属的性质和温度有关；I 为电流；t 为电流通过的时间。帕尔帖热可以用实验法确定，通常帕尔帖热和焦耳热总是叠加在一起的，由于焦耳热与电流方向无关，帕尔帖热与电流方向有关，因此可用正反通电法测出帕尔帖热。

3. 汤姆逊效应

当一根金属导线两端温度不同时，若通电流，则除在导线中产生焦耳热外，还要产生额外的吸（放）热现象，这种热电现象称为汤姆逊效应。当电流方向与导线中热流方向一致时，产生放热效应，反之产生吸热效应。吸收或释放的热量称为汤姆逊热 Q_T，即

$$Q_T = S I t \Delta T \tag{14-12}$$

式中，S 为汤姆逊系数；I 为电流；t 为通电时间；ΔT 为导线两端温差。Q_T 也可用正反通电法测出。

在三种热电效应中，应用较多的是塞贝克效应。

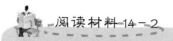
阅读材料 14-2

塞贝克、帕尔帖、汤姆逊

塞贝克是德国物理学家，其研究领域包括光致发光、太阳光谱不同波段的热效应、化学效应、偏振、电流的磁特性和磁滞现象等。1806年，他揭示了热量和化学对太阳光谱中不同颜色的影响。1808年，他首次获得氨与氧化汞的化合物。1821年，他在研究电流与热的关系时发现，当两种金属组成闭合回路且在两结点处温度不同时，指南针的指针会发生偏转，由于当时没有发现回路中的电流，他认为温差使金属产生了磁场，因此把这个现象称为"热磁效应"。丹麦物理学家奥斯特重新研究了这个现象，并称之为"热电效应"。

帕尔帖是法国物理学家。1834年，帕尔帖发现直流电通过由两种导体组成的电偶时，一个接头处放出热量而变热，另一个接头处吸收热量而变冷，发生了能量转移，称为"帕尔帖效应"。随着近代半导体的发展，科学家应用帕尔帖效应发明了半导体制冷器。帕尔帖效应是塞贝克效应的逆效应。

汤姆逊是英国物理学家，他在数学、物理、热力学、电磁学、弹性力学、以太理论和地球科学等方面都有重大贡献。他10岁入读格拉斯哥大学，15岁时凭一篇题为《地球形状》的文章获得大学金奖章。1846年，他在格拉斯哥大学担任自然哲学（物理学）教授，创建了第一所现代物理实验室。他在24岁时发表了热力学专著，建立温度的"绝对热力学温标"；27岁时出版了《热力学理论》，建立热力学第二定律，其成为物理学基本定律。他与焦耳共同发现了气体扩散时的焦耳-汤姆逊效应。他利用实验室精密测量结果，历经9年协助建立跨越欧美的大西洋海底电缆。1856年，汤姆逊利用其创立的热力学原理对塞贝克效应和帕尔帖效应进行了全面分析，建立了帕尔帖系数和塞贝克系数的联系。汤姆逊认为，在绝对零度下，帕尔帖系数与塞贝克系数之间存在简单的倍数关系。当电流在温度不均匀的导体中流过时，导体除产生不可逆的焦耳热外，还吸收或放出一定的热量（汤姆逊热）；反过来，当一根金属棒的两端温度不同时会形成电势差（汤姆逊效应），成为继塞贝克效应和帕尔帖效应之后的第三个热电效应。塞贝克-帕尔帖-汤姆逊效应是热力学可逆的，焦耳热是不可逆的。

热电效应制冷：根据帕尔帖效应，半导体温差电制冷器体积小，无噪声及磨损，可靠性和可调节性好，适用于潜艇、精密仪器的恒温槽、小型仪器的降温、血浆的储存和运输等场合，用于制造小型热电制冷器如红酒柜、啤酒机、小冰箱等。

铠装热电偶：选用适当金属热电偶（如铂铑、镍铬-镍硅等），实现−180～2800℃的测量范围。

合金鉴定：将未知金属与已知金属连接，保持温度不变，可以根据测得的电压算出未知金属的塞贝克系数，从而判断材料。

半导体制冷

半导体制冷又称热电制冷或温差电制冷，其是利用半导体材料的"帕尔帖效应"的一种制冷方法，与压缩式制冷和吸收式制冷并称为世界三大制冷方式。20世纪90年代，苏联科学家约飞发现碲化铋Bi_2Te_3为基的化合物是最好的热电半导体材料。P型半导体（Bi_2Te_3-Sb_2Te_3）和N型半导体（Bi_2Te_3-Bi_2Se_3）的热电势差最大，既可制冷又可加热，使用温度为$5\sim65℃$。

半导体制冷属电子物理制冷，不需制冷工质和机械运动部件，彻底解决了介质污染和机械振动等机械制冷存在的问题，如家用小型冰箱、车载冰箱、饮水机等。

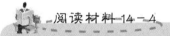

拓扑绝缘体与量子计算机

高性能热电材料要求材料同时具有高的导电和低的热传导性能（保证大的温差），而一般材料的导电机理和导热机理类似且变化趋势相同。单晶材料对载流子和声子的散射均很低，具有极高的电导率和热导率。由于多晶材料存在晶界散射，因此电导率和热导率低。高性能热电材料要解决高导电和低热导的问题。

拓扑绝缘体是体内为绝缘体态，表面具有金属性，电子在表面自由流动，不损耗任何能量。将量子自旋霍尔效应与拓扑绝缘材料结合，通过控制电子的自旋运动来降低能耗，可以大大提高电流速度和芯片运算速度。

量子计算机是一类遵循量子态的叠加性和相干性等量子力学规律进行高速数学和逻辑运算、存储及处理量子信息的物理装置。量子计算机的基本信息单位是量子比特，运算对象是量子比特序列，可以处于各种正交态的叠加态上，还可以处于纠缠态上。一台40量子比特的量子计算机能在很短的时间内解开1024位计算机需要10年才能解决的问题。量子计算机的量子比特特性是凝聚态物理的研究焦点。

14.2.2　影响热电势的因素

1. 金属本性的影响

不同金属的电子逸出功和自由电子密度不同，热电势也不相同。纯金属的热电势可按以下顺序排列（其中任一后者的热电势相对于前者为负）：Si、Sb、Fe、Mo、Cd、W、Au、Ag、Zn、Rh、Ir、Tl、Cs、Ta、Sn、Pb、Mg、Al、Hg、Pt、Na、Pd、K、Ni、Co、Bi。

例如，在两根不同的金属丝之间串联另一种金属，只要串联金属两端的温度相同，回路中产生的总热电势就只与原有的两种金属的性质有关，而与串联的中间金属无关，称为中间金属定律。

将两种金属的一端焊在一起作为热端，而将另一端分开，并保持恒温，就构成了简单的热电偶。在应用中，可通过冷端测量热电偶的热电势来研究金属。

2. 温度的影响

由式（14-12）可以看出，热电势与导线两端温差成正比，如果保持冷端温度不变，则热电势应与热端温度成正比。而实际上，热电势还受其他因素的影响，故这种正比关系只能近似成立，常用经验公式表示热电势 E 与温度的关系，即

$$E = at + bt^2 + ct^3 \tag{14-13}$$

式中，t 为热端温度（冷端温度为 $0℃$）；a、b、c 为表征形成热电偶金属本质的常数。

3. 合金化的影响

目前，对合金热电势的研究还不够。形成连续固溶体时，热电势与浓度的关系呈悬链式变化，但过渡族元素往往不符合这种规律。当合金的某成分形成化合物时，其热电势会发生突变（升高或降低）。当化合物具有半导体性质时，由于共价结合作用增强，其热电势显著增大，多相合金的热电势处于组成相的热电势之间。若两相的电导率相近，则热电势几乎与体积浓度呈直线关系。

4. 含碳量对钢热电势的影响

钢的含碳量和组织状态对热电势有显著影响。当纯铁和钢组成热电偶时，纯铁的热电势为正，钢的热电势为负，而且钢的含碳量越高，铁与钢组成的热电偶的热电势越大。含碳量相同时，淬火态比退火态的热电势高，表明碳在 $\alpha\text{-Fe}$ 中的固溶所引起的热电势的变化比形成碳化物强烈得多。

14.3 半导体导电性的敏感效应

半导体的禁带宽度比较小，数量级约为 $1eV$，通常很多电子被激发到导带，从而具有一定的导电能力。半导体的导电性受环境的影响很大，产生了一些半导体敏感效应。

14.3.1 热敏效应

半导体导电主要是由电子和空穴造成的。温度上升，电子动能增大，晶体中自由电子和空穴增加，从而使电导率增大。通常电导率 σ 与温度 T 的关系为

$$\sigma = \sigma_0 e^{-\frac{B}{T}} \tag{14-14}$$

电阻率 ρ 与温度 T 的关系为

$$\rho = \rho_0 e^{\frac{B}{T}} \tag{14-15}$$

式中，σ_0 和 ρ_0 分别为温度为 $0℃$ 时的电导率和电阻率；B 为材料的电导活化能，B 值越大，感受微弱温度变化时电阻率的变化越明显。

还有一些半导体材料在某些特定温度附近电阻率变化显著。例如掺杂的$BaTiO_3$（添加稀土金属氧化物）在居里点附近，当发生相变时电阻率剧增$10^3 \sim 10^6$数量级。具有热敏特性的半导体可以制成热敏温度计、电路温度补偿器、无触点开关等。

14.3.2　光敏效应

光敏效应

光的照射使某些半导体材料的电阻率明显减小，这种用光的照射使电阻率减小的现象称为光电导。光电导是由于具有一定能量的光子照射到半导体时把能量传给它，在这种外来能量的激发下，半导体材料产生大量自由电子和空穴，促使电阻率急剧减小。光子的能量只有大于半导体禁带宽度才能产生光电导。光敏材料可用于制成光敏电阻器，广泛应用于各种自动控制系统，如利用光敏电阻器可以实现照明自动化等。

14.3.3　压敏效应

压敏效应包括电压敏感效应和压力敏感效应。

1. 电压敏感效应

某些半导体材料对电压的变化十分敏感，如半导体氧化锌陶瓷，通过它的电流和电压呈非线性关系，即电阻随电压而变，采用具有压敏特征的材料可以制成压敏电阻器。往往用非线性系数描述压敏电阻器的灵敏性，即

$$\alpha = \lg \frac{I_2}{I_1} \Big/ \lg \frac{U_2}{U_1} \tag{14-16}$$

压敏电阻器可用于过电压吸收、高压稳压、避雷器等。

2. 压力敏感效应

对一般材料施加应力时，会产生相应的变形，从而使材料的电阻发生改变，但不改变材料的电阻率。对半导体材料施加应力时，除产生变形外，能带结构也会相应地发生改变，因而使材料的电阻率（或电导率）发生改变。这种应力的作用使电阻率发生改变的现象称为压力敏感效应。

应力对半导体电阻的影响比较复杂，简单来说，半导体的压阻效应和应力的关系为

$$\frac{\Delta\rho}{\rho_0} = \beta T \tag{14-17}$$

式中，ρ_0为未加应力时的电阻率；$\Delta\rho$为施加应力后电阻率的变化量，$\Delta\rho = \rho - \rho_0$；$T$为施加的应力，拉应力为正，压应力为负；$\beta$为压阻系数，严格来说，$\beta$值是各向异性的，它与应力、晶体的取向、电流的方向有关，这里不详细讨论。

14.3.4　磁敏效应

半导体在电场和磁场中产生的效应主要包括霍尔效应和磁阻效应。

1. 霍尔效应

将通有电流的半导体放在均匀磁场中，设电场沿x方向，电场强度为E_x；磁场方向与电场垂直，沿z方向，磁感应强度为B_z，则在垂直于电场和磁场的$+y$或$-y$方向产生一个横向电

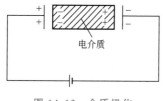

磁敏传感器

场 E_y，这个现象称为霍尔效应。霍尔电场 E_y 与电流密度 J_x 和磁感应强度 B_z 成正比，即

$$E_y = R_H J_x B_z \qquad (14-18)$$

式中，R_H 为霍尔系数，它是一个比例系数。

根据霍尔效应制成的霍尔器件在测量技术、自动化及信息处理等方面得到了广泛应用。

2. 磁阻效应

半导体中，在与电流垂直的方向施加磁场后，电流密度减小，即磁场使半导体的电阻增大，这种现象称为磁阻效应。通常用电阻率的相对改变来表示磁阻。

除霍尔效应和磁阻效应外，在半导体中还存在气敏效应、光磁效应、热磁效应、热电效应等。

14.4 介质极化与介电性能

14.4.1 介质极化的基本概念

电介质

图 14.13 介质极化

在真空平行板电容器的电极板间嵌入介质并在电极之间加外电场时，可以在介质表面感应出电荷，即正极板附近的介质表面感应出负电荷，负极板附近的介质表面感应出正电荷，如图 14.13 所示。由于这种感应电荷不会移动到对面极板上形成电流，因此称它们为束缚电荷。介质在电场作用下产生感应电荷的现象称为介质极化，这类材料称为电介质。

14.4.2 介质极化的基本形式

介质极化是由电子极化、离子极化和偶极子转向极化组成的，这些极化的基本形式大致可以分为两大类，即位移式极化和松弛极化。

位移式极化是一种弹性的、瞬时完成的极化，极化过程不消耗能量，电子位移极化和离子位移极化属于这种类型。经典理论认为，在外电场作用下，原子外围的电子云相对于原子核发生位移，形成的极化称为电子位移极化。电子位移极化具有一个弹性束缚电荷在强迫振动中表现出来的特性。离子位移极化和电子位移极化的表达式都具有弹性偶极子的极化性质。

松弛极化与热运动有关，完成这种极化需要一定的时间，属于非弹性极化，极化过程需要消耗一定的能量。电子松弛极化和离子松弛极化属于这种类型。电子松弛极化是由弱束缚电子引起的。晶格的热振动、晶格缺陷、杂质、化学成分的局部改变等因素都能使电子能态发生变化，出现位于禁带中的局部能级，形成弱束缚电子。晶格热振动时，这些弱束缚电子吸收一定的能量，由较低的局部能级跃迁到较高的能级，连续由一个阴离子结点转移到另一个阴离子结点。外电场力图使这种弱束缚电子运动具有方向性，形成极化状态。电子松弛极化建立的时间为 $10^{-13} \sim 10^{-12}$ s，当电场频率高于 10^9 Hz 时，这种极化形式不存在。离子松弛极化是由弱联系离子产生的。在玻璃态材料、结构松散的离子晶体中及晶体的缺陷和杂质区域，离子本身能量较高，易被活化迁移，称为弱联系离子。弱联系离子的极化可以从一个平衡位置到另一个平衡位置，这种迁移过程可与晶格常数进行比较，因而比弹性位移距离大。但离子松弛极化的迁移又与离子电导不同，松弛极化粒子仅进行有限距离的迁移，它只能在结构松散区或缺陷区附近移动。

偶极子转向极化主要发生在极性分子介质中。当无外电场时，各极性分子的取向在各个方向的概率是相等的。就介质整体来看，偶极矩为零。当外电场作用时，偶极子发生转向，趋于与外电场一致。但因为热运动抵抗这种趋势，所以体系最后建立一个新的平衡。在这种状态下，沿外电场方向取向的偶极子比与它反向的偶极子多，整个介质出现宏观偶极矩。转向极化建立的时间为 $10^{-13} \sim 10^{-12}$ s。

14.4.3　介电常数

介电常数是综合反映介质极化行为的一个主要宏观物理量。介电常数表示电容器（两极板间）有电介质时的电容与真空状态（无电介质）下的电容比较时的增长倍数。

假设在平行板电容器的两极板上充一定的自由电荷，当两极板存在电介质时，其电位差总是比没有电介质时（真空）低。这是由于介质极化，在表面出现了感应电荷，部分屏蔽了极板上的电荷所产生的静电场的缘故。根据静电场理论，电容器极板上的自由电荷面密度称为电位移，其方向从自由正电荷指向自由负电荷，单位与极化强度 P 一致。在电介质中，与极化有关的宏观参数（χ，ε_r，E）和微观参数（α，n_0，E_{loc}）的关系为

$$P = \chi \varepsilon_0 E = (\varepsilon_r - 1) \varepsilon_0 E = n_0 \alpha E_{loc} \tag{14-19}$$

$$\varepsilon_r = 1 + \frac{n_0 \alpha E_{loc}}{\varepsilon_0 E} \tag{14-20}$$

式中，χ 为电介质材料的极化率；ε_0 为真空介电常数；E 为宏观平均电场强度；α 为粒子的极化率；E_{loc} 为作用在粒子上的局部电场强度；n_0 为单位体积中的偶极子数。

ε_r 为相对介电常数（简称介电常数，量纲为 1），其值恒大于 1。常用材料的介电常数见表 14-2。

表 14-2　常用材料的介电常数

材　料	介电常数 ε_r	材　料	介电常数 ε_r	材　料	介电常数 ε_r
石蜡	$2.00 \sim 2.50$	石英晶体	$4.27 \sim 4.34$	TiO_2 晶体	$86 \sim 170$
聚乙烯	2.26	Al_2O_3 陶瓷	$9.50 \sim 11.20$	TiO_2 陶瓷	$80 \sim 110$
聚氧乙烯	4.45	NaCl 晶体	6.12	$CaTiO_3$ 陶瓷	$130 \sim 150$
天然橡胶	$2.60 \sim 2.90$	LiF 晶体	9.27	$BaTiO_3$ 晶体	$1600 \sim 4500$
酚醛树脂	$5.10 \sim 8.60$	云母晶体	$5.40 \sim 6.20$	$BaTiO_3$ 陶瓷	1700

14.4.4　影响介电常数的因素

由于材料的介电常数与电极化强度有关，因此影响电极化的因素都对它有影响。

（1）极化类型对介电常数的影响。电介质极化过程是非常复杂的，其极化形式也是多种多样的，根据产生极化的机理不同，有以下常见极化形式：弹性位移极化、偶极子转向极化、松弛极化、高介晶体中的极化、谐振式极化、夹层式极化与高压式极化、自发极化等。介质材料的极化形式与结构紧密程度相关。

（2）环境对介电常数的影响。首先是温度的影响，根据介电常数与温度的关系，电介质可分为两大类：一类是介电常数与温度呈强烈非线性关系的电介质，对于这类材料，很难用介电常数的温度系数描述其温度特性；另一类是介电常数与温度呈线性关系，对于这类材料，可以用介电常数的温度系数 TKε 描述介电常数与温度的关系。介电常数温度系数是温度变动时介电常数 ε 的相对变化率，即

$$TK\varepsilon = \frac{1}{\varepsilon} \cdot \frac{d\varepsilon}{dT} \tag{14-21}$$

不同的材料具有不同的极化形式，而极化情况与温度有关，有的材料随温度的升高极化程度增大；而有的材料随温度的升高极化程度减小。因此，有些材料的 TKε 为正值，有些为负值。经验表明，一般介电常数较大的材料，其 TKε 为负值；介电常数较小的材料，其 TKε 为正值。

14.4.5　压电性能

当在一定方向上对石英晶体施加作用力时，其两端表面会出现数量相等、符号相反的束缚电荷；当作用力反向时，表面荷电性质也相反，而且在一定范围内电荷密度与作用力成正比。反之，石英晶体在一定方向的电场作用下会产生外形尺寸的变化，在一定范围内，其形变与电场强度成正比。前者称为正压电效应，后者称为逆压电效应，统称压电效应。具有压电效应的物体称为压电体。

晶体压电效应的本质是机械作用（应力与应变）引起晶体介质极化，使得介质两端表面出现符号相反的束缚电荷，其机理可用图14.14解释。

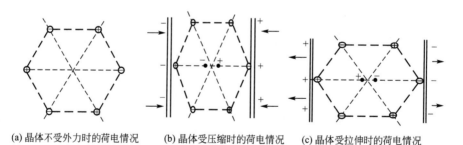

(a)晶体不受外力时的荷电情况　(b)晶体受压缩时的荷电情况　(c)晶体受拉伸时的荷电情况

图14.14　晶体压电效应机理

图14.15（a）所示为晶体不受外力时的荷电情况。此时，晶体不受外力作用，正电荷重心与负电荷重心重合，整个晶体的电矩为零（这是简化的假定），因而晶体表面不荷电。但是当沿某方向对晶体施加作用力时，晶体由于发生形变而导致正、负电荷重心不重合，即电矩发生变化，从而引起晶体表面荷电；图14.15（b）所示为晶体受压缩时的荷电情况；图14.15（c）所示为晶体受拉伸时的荷电情况。在后两种情况下，晶体表面电荷的符号相反。如果将一块压电晶体置于外电场中，受电场作用，其内部正、负电荷重心产生位移，该位移导致晶体发生形变，产生逆压电效应。

压电效应与晶体的对称性有关。压电效应的本质是对晶体施加应力时，改变了晶体内的电极化，这种电极化只能在不具有对称中心的晶体内发生。具有对称中心的晶体都不具有压电效应，这类晶体受到应力作用后内部发生均匀形变，仍然保持质点间的对称排列规律，并无不对称的相对位移，正、负电荷重心重合，不产生电极化，没有压电效应。如果晶体不具有对称中心，质点排列不对称，在应力作用下，受到不对称的内应力，产生不对称的相对位移，形成新的电矩，产生压电效应。

在正压电效应中，电荷 D（C/m^2）与应力 T（N/m^2）成正比；在逆压电效应中，应变 S 与电场强度 E（V/m）成正比。比例常数 d 在数值上是相等的，称为压电常数（C/N）。

$$d = \frac{D}{T} = \frac{S}{E} \tag{14-22}$$

表征压电效应的主要参数除介电常数、弹性常数和压电常数，还包括谐振频率、频率常数、机电耦合系数等。

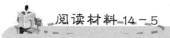

阅读材料 14 - 5

压电材料及其应用

1880 年，居里兄弟发现了"压电效应"。压电材料包括无机压电材料（压电晶体和压电陶瓷）、有机压电材料和复合压电材料。

压电晶体： 按晶体空间点阵长程有序生长而成的压电单晶体。由于晶体结构无对称中心，因此具有压电性。水晶（石英晶体）、镓酸锂、锗酸锂、锗酸钛以及铁晶体管铌酸锂、钽酸锂等都是压电晶体。

压电陶瓷： 泛指压电多晶体，如钛酸钡、锆钛酸铅、改性锆钛酸铅、偏铌酸铅、铌酸铅钡锂、改性钛酸铅等。1942 年，第一个压电陶瓷材料——钛酸钡先后在美国、苏联和日本制成。1947 年，第一个压电陶瓷器件——钛酸钡拾音器诞生。20 世纪 50 年代初，科学家成功研制出锆钛酸铅，用多种元素改进以锆钛酸铅为基础的多元系压电陶瓷应运而生。

钛酸钡晶体结构（钙钛矿型）如图 14.15 所示。钛酸钡机电耦合系数较高，化学性质稳定，有较大的工作温度范围。锆酸铅为反铁电体，具有双电滞回线，在居里点（230℃）以下为斜方晶系。

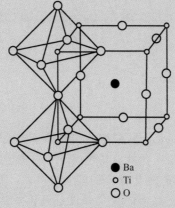

钛酸钡

● Ba
○ Ti
○ O

图 14.15　钛酸钡晶体结构（钙钛矿型）

钛酸钡和锆酸钡的固溶体陶瓷具有优良的压电性能，发展了复合钙钛矿型化合物压电材料。锆钛酸铅 [PZT，Pb（Zr，Ti）O₃] 为二元系压电陶瓷，在四方晶相（富钛边）和菱形晶相（富锆一边）的相界附近极化时，更容易重新取向，耦合系数和介电常数较高。其相界约在 Pb（Ti₀.₄₆₅Zr₀.₅₃₅）O₃ 处，机电耦合系数 $k_{33} = 0.6$，$d_{33} = 200 \times 10^{-12} C/N$。此外，偏铌酸盐系压电陶瓷，不具有毒性的铅，更环保。

压电晶体

压电陶瓷还包括钨青铜型、含铋层状化合物、焦绿石型和钛铁矿型等非钙钛矿型材料，硫化镉、氢化锌、氮化铝等压电半导体薄膜，锆钛酸铅镧陶瓷，等等。

压电陶瓷性能优异、灵敏度高、制造简单、成本低廉，广泛应用于制造压电点火器、炮弹引爆装置、扬声器、水下通信和探测的水声换能器和鱼群探测器、超声无损探伤、超声切割清洗、超声医疗、精密测量的压力计、流量计、厚度计、红外热电探测器等。

压电聚合物：包括聚偏氟乙烯、偏氟乙烯-四氟乙烯共聚物、聚偏二氟乙烯共三氟乙烯、聚丙烯腈共乙酸乙烯等。其具有质轻柔韧、阻抗小和压电常数高等优点，应用于水声超声测量、压力传感和引燃引爆等领域。

复合压电材料：在有机聚合物基底材料中嵌入片状、棒状、杆状或粉末状压电材料构成的。其在水声、电声、超声、医学等领域得到了广泛的应用。

14.4.6　铁电性能

晶体因温度均匀变化而发生极化强度改变的现象称为晶体的热释电效应。在热释电晶体中，有些晶体有两个或两个以上自发极化取向，随着电场的改变出现电滞回线（图 14.16），这种特性称为铁电性，具有铁电性的晶体称为铁电体。

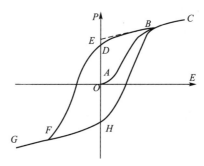

图 14.16　电滞回线

铁电体中存在固有的自发极化电畴结构，当晶体足够大时，不同电畴的电矩因取向不同而相互抵消，不显露宏观极化。在外电场作用下，自发极化电矩改变方向。若在交变外电场 E 的作用下，则极化强度 P 随电场 E 的增大而增大，如图 14.16 中 OA 段曲线所示。最后使晶体只具有单个铁电畴，晶体的极化强度达到饱和；若电场自 C 处降低，则 P 随之减小，但在零电场时，仍存在剩余极化强度（D 点）。当电场反向达到矫顽电场强度（F 点）时，剩余极化全部消失，反向电场的值继续增大时，极化强度反向。如果矫顽电场强度大于晶体的击穿场强，那么在极化反向之前晶体被击穿而失去铁电性。铁电体的宏观极化强度 P 与电场 E 的关系出现回线，与铁磁性十分相似，故称铁电性。

当温度高于某临界温度时，晶体的铁电性消失，晶格也发生转变，这一温度是铁电体的居里点。在铁电相中，自发极化强度与晶体的自发电致形变相关，所以铁电相晶格结构的对称性要比非铁电相（顺电相）低。

具有热释电效应的晶体一定是具有自发极化（固有极化）的晶体。与压电体的要求一致，具有对称中心的晶体不可能具有热释电效应，但具有压电性的晶体不一定具有热释电性。介电体、压电体、热释电体和铁电体的关系如图 14.17 所示。

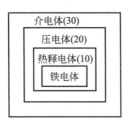

图 14.17　介电体、压电体、热释
电体和铁电体的关系

在晶体的 32 种宏观对称类型中，不具有对称中心的有 21 种，其中一种（点群 43）的压电常数为零，其余 20 种都具有压电效应。含有固有电偶极矩的晶体称为极性晶体，在 21 种不具有对称中心的晶体中，有 10 种是极性晶体，它们都具有热释电效应。

铁电体是一种极性晶体，属于热释电体。它的结构是非中心对称的，因而也一定是压电体。压电体必须是介电体。

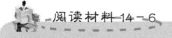

阅读材料 14 – 6

铁电材料及其应用

1921 年瓦拉塞克首先发现铁电性。铁电材料中不一定含有铁。

典型铁电材料：磷酸二氢钾（KH_2PO_4）和钛酸钡（$BaTiO_3$）。磷酸二氢钾是氢键型铁电材料。在居里点以上，质子沿氢键对称分布；在居里点以下，质子集中分布在靠近氢键一端。在钛酸钡中，正、负离子中心发生相对位移而不重合引起自发极化。

铁电材料的应用：主要利用其高介电常数及压电性、热释电性、电光性能。

可以利用铁电材料的高介电常数制作大容量电容器、高频用微型电容器、高压电容器、叠层电容器和半导体陶瓷电容器等，电容量可高达 $0.45\mu F/cm^2$。

可以利用铁电材料的介电常数随外电场呈非线性变化的特性制作介质放大器和相移器等。

可以利用铁电材料的热释电性制作红外探测器等。

电光效应：氧化铅（镧）、氧化锆（钛）系透明铁电陶瓷具有电光效应（电畴状态变化伴随光学性质的改变而改变），通过外电场控制电畴状态产生电控双折射、电控光散射、电诱相变和电控表面变形等特性，广泛用于制造光阀、光调制器、光存储器、光显示器、光电传感器、光谱滤波器、激光防护镜、热电探测器和全息照像等。

▶ 铁电材料

14.5 绝缘材料的抗电强度

14.5.1 绝缘材料在强电场作用下的破坏

当在强电场中工作的绝缘材料承受的电压超过临界值 $V_穿$ 时会丧失绝缘性而击穿，这种现象称为电介质击穿，$V_穿$ 称为击穿电压（V）。通常采用相应的击穿场强来比较各种材料的耐击穿能力。材料所能承受的最大电场强度称为材料的抗电强度或介电强度，其数值等于相应的击穿场强（V/m），即

$$E_穿 = \frac{V_穿}{d} \qquad\qquad (14-23)$$

式中，d 为击穿处试样的厚度。

固体介质的击穿同时伴随着材料的破坏，而气体介质及液体介质被击穿后，随着外电场的撤销仍然能恢复材料性能。

材料的击穿电压除与材料本身的性质有关，还与一系列外界因素有关，如试样和电极的形状、外界的媒介、温度、压力等。因此，$E_穿$ 不仅表示材质的优劣，而且反映材料进行击穿试验时的条件。

14.5.2 击穿形式

电介质的击穿形式有电击穿、热击穿和化学击穿。对于任一种材料，这三种形式的击穿都可能发生，主要取决于试样的缺陷情况及电场的特性（交流和直流、高频和低频、脉冲电场等）及器件的工作条件。

介质在电场中的击穿相当复杂，一个器件的击穿可能有多种击穿形式，其中一种是主要击穿形式。

1. 电击穿

电击穿是一个"电过程"，即仅有电子参加。在强电场的作用下，原来处于热运动状态的少数"自由电子"将沿反电场方向定向运动，其在运动过程中不断撞击介质内的离子，同时将部分能量传递给这些离子。当外电压足够高时，自由电子定向运动的速度超过一定临界值（获得一定电场能），可使介质内的离子电离出新的电子——次级电子。无论是失去部分能量的电子还是刚冲击出的次级电子都会从电场中吸取能量而加速，具有一定速度又撞击出第三级电子。这种连锁反应将使得大量自由电子形成电子潮，这个现象称为"雪崩"，它使贯穿介质的电流迅速增大，导致介质击穿。这个过程大概只需要 $10^{-8} \sim 10^{-7} \, \text{s}$，因此电击穿往往是瞬间完成的。

能带理论认为：当电场强度增大时，电子能量增大，当有足够的电子获得能量越过禁带而进入上层导带时，绝缘材料会被击穿而导电。

2. 热击穿

绝缘材料在电场下工作时会有各种形式的损耗，部分电能转变成热能，使介质被加热。若外电压足够高，则出现器件内部产生的热量大于器件散发出去的热量的不平衡状

态，热量在器件内部积聚，使器件温度升高，从而增大损耗，使发热量增大。这种恶性循环的结果是器件温度不断上升。当温度超过一定限度时，介质出现烧裂、熔融等现象而完全丧失绝缘能力，这就是介质热击穿。

3. 化学击穿

长期运行在高温、潮湿、高电压或腐蚀性气体环境下的绝缘材料往往会发生化学击穿。化学击穿与材料内部的电解、腐蚀、氧化、还原、气孔中气体电离等一系列不可逆变化有很大关系，并且需要相当长时间，材料老化而逐渐丧失绝缘性，最后被击穿而破坏。

化学击穿有两种主要机理：一种是在直流低频交变电压下，由于离子式电导引起电解过程，材料中发生电还原作用，因此材料的电导损耗急剧增大，最后由于强烈发热成为热化学击穿；另一种化学击穿是当材料中存在封闭气孔时，气体游离放出的热量使器件温度迅速上升，在高温下变价金属氧化物（如 TiO_2）的金属离子加速从高价离子还原成低价离子，甚至还原成金属原子，使材料电子式电导大大增大，电导的增大反过来使器件强烈发热，导致最终被击穿。

14.5.3　影响抗电强度的因素

抗电强度主要用材料的耐电强度表示，其数值等于相应的击穿场强 $E_{穿}$。抗电强度除取决于材料的组成与结构，还受外界环境的影响。

（1）温度。

温度对电击穿影响不大。由于在电击穿过程中，电子的运动速度、粒子的电离能力等均与温度无关，因此，在电击穿的范围内，温度变化对 $E_{穿}$ 没有什么影响。

温度对热击穿影响较大，首先温度升高使材料的漏导电流增大，从而使材料的损耗增大，发热量增大，促进热击穿的产生。此外，温度升高使元器件内部的热量不容易散发，进一步增大热击穿的倾向。

温度升高还会使材料的化学反应加速，促使材料老化，从而加快了化学击穿的进程。

（2）频率。

频率对介质损耗有很大影响，而介质损耗是产生热击穿的主要原因，因此，频率对热击穿有很大影响。一般情况下，如果其他条件不变，则 $E_{穿}$ 与频率 ω 的平方根成反比，即

$$E_{穿} = \frac{A}{\sqrt{\omega}} \tag{14-24}$$

式中，A 为取决于试样形状和尺寸、散热条件及 ω 等因素的常数。

此外，器件的形状和尺寸、散热条件都对击穿有很大影响。例如，为了提高热击穿场强，防止器件被击穿，可以采取强制制冷等散热措施来提高器件的抗击穿能力。

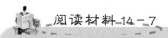 阅读材料 14-7

绝缘材料

绝缘材料包括气体绝缘材料、液体绝缘材料和固体绝缘材料，广泛应用于电工、石化、轻工、建材、纺织等行业。

气体绝缘材料：常温常压下的干燥气体［空气、六氟化硫（SF_6）气体等］均具有

良好的绝缘性。空气被击穿后可瞬时自动恢复绝缘性，但击穿电压较低，压缩空气或真空的击穿电压提高。六氟化硫气体的击穿电压是空气的 2.5 倍，其灭弧能力是空气的 100 倍，广泛应用于高压电器；但会在 600℃下发生分解，产生有毒物质。

液体绝缘材料： 类型有天然矿物油、天然植物油和合成油。天然矿物油具有很好的化学稳定性和电气稳定性，主要用于电力变压器、高压电缆和油浸式电容器等设备。天然植物油有蓖麻油、大豆油等。合成油有氧化联苯甲基硅油、苯甲基硅油等，主要用于高压电缆和油浸纸介电容器。绝缘油在储存和使用过程中会受温度、日光、大气环境的影响而产生污染和老化。

固体绝缘材料： 最早使用的绝缘材料为棉布、丝绸、云母、橡胶等天然制品。20世纪初工业合成第一个聚合物——酚醛树脂，从此人工合成绝缘材料得到迅速发展，主要有脲醛树脂、缩醛树脂、氯丁橡胶、聚氯乙烯、丁苯橡胶、聚酰胺、三聚氰胺、聚乙烯、聚四氟乙烯、不饱和聚酯、环氧树脂、粉云母纸、聚酰亚胺、聚芳酰胺、聚芳砜、聚苯硫醚等，广泛用于电力电容器、高压电器等，形成系列耐高压、耐热绝缘、耐冲击、耐腐蚀、耐深冷、耐辐照的环保绝缘材料。

综合习题

一、填空题

1. 金属及半导体的导电机理包括_____、_____和_____。

2. 经典电子导电理论的观点认为正离子_____，价电子_____。
导电机理是_____，电阻的产生原因是_____。

3. 量子力学自由电子理论的观点认为正离子_____，价电子_____。
导电机理是_____，电阻的产生原因是_____。

4. 能带理论的观点认为正离子_____，价电子_____。
导电机理是_____，电阻的产生原因是_____。

5. 陶瓷、玻璃、高分子材料的带电粒子（载流子）有_____。

6. 决定超导材料性能优劣的三个基本性能指标是_____、_____、_____。

7. 三种热电效应包括_____、_____和_____效应。

二、选择题（单选或多选）

1. 下列关于半导体导电性表述，正确的是（   ）。

A. 杂质浓度越高，导电性越好 　　　　　　 B. 载流子浓度越高，导电性越好

C. 温度越高，导电性越好 　　　　　　　　 D. 载流子迁移率越高，导电性越好

2. 金属及半导体的导电机理包括（   ）。

A. 能带理论 　　　　　　　　　　　　　　 B. 量子自由电子理论

C. 离子空穴 　　　　　　　　　　　　　　 D. 经典自由电子理论

3. 下列（   ）不是经典电子导电机理的观点。

A. 在外电场作用下，自由电子定向运动

B. 电阻的产生是自由电子之间的碰撞

C. 价电子自由分布、运动

D. 正离子形成均匀的电场

4. 下列（　　）不是量子力学自由电子导电机理的观点。

A. 正离子形成不均匀的电场

B. 价电子自由运动，服从量子力学规律，具有量子化能级

C. 接近费米能级 E_f 的少量电子在外电场作用下定向运动

D. 产生电阻的原理是电子波在传播过程中被点阵离子散射

5. 下列（　　）不是能带理论的观点。

A. 电阻是由电子越过禁带需要克服能垒而产生的

B. 正离子电场不均匀，呈周期性变化，从而形成周期势场

C. 导电机理是在外电场作用下，电子从一个能级转到另一能级

D. 正离子电场在周期势场作用下发生能带分裂

6. 下列（　　）不是陶瓷、玻璃和高分子材料的带电粒子。

A. 离子空穴　　　　　　B. 电子空穴　　　　　　C. 电子

D. 间隙原子　　　　　　E. 离子

7. 决定超导材料性能的三个基本性能指标有（　　）。

A. 临界磁场 H_c　　　　　　　　　　B. 临界温度 T_c

C. 临界电阻　　　　　　　　　　　　D. 临界电流密度 J_c

8. 三种热电效应包括（　　）。

A. 帕尔帖效应　　　　　　　　　　　B. 巴克豪森跳跃效应

C. 汤姆逊效应　　　　　　　　　　　D. 塞贝克效应

9. 下列（　　）不属于半导体敏感效应。

A. 磁敏效应　　　　　　B. 光敏效应　　　　　　C. 热敏效应

D. 压敏效应　　　　　　E. 以上都是

10. 下列影响材料导电性的因素中，说法正确的是（　　）。

A. 由于晶格振动加剧，散射增大，金属和半导体电阻率均随温度上升而增大

B. 冷塑性变形对金属电阻率的影响没有规律

C. 一般情况下，固溶体的电阻率高于组元的电阻率

D. "热塑性变形＋退火态"的电阻率高于"热塑性变形＋淬火态"的电阻率

11. 下列（　　）利用了压电材料的热释电性。

A. 电控光闸　　　　　　　　　　　　B. 红外探测器

C. 铁电显示器件　　　　　　　　　　D. 晶体振荡器

12. 下列关于铁磁性和铁电性的说法中，不正确的是（　　）。

A. 都以存在畴结构为必要条件　　　　B. 都存在矫顽场

C. 都以存在畴结构为充分条件　　　　D. 都存在居里点

13. 下列关于离子导体导电机制的叙述，正确的是（　　）

A. 低温下以杂质导电为主，高温下以本征导电为主

B. 高温下以杂质导电为主，低温下以本征导电为主

C. 低温和高温下都以杂质导电为主

D. 低温和高温下都以本征导电为主

14. 根据电介质的分类，H_2O 属于（　　　）。

A. 非极性电介质　　　　　　　　　　B. 极性电介质

C. 铁电体　　　　　　　　　　　　　D. 铁磁体

15. 超导体具有的特性包括（　　　）。

A. 零电阻　　　　　　　　　　　　　B. 完全抗磁性

C. 巴克豪森效应　　　　　　　　　　D. 约瑟夫森效应

16. 金属的电阻率随温度升高而（　　　），半导体的电阻率随温度升高而（　　　）。

A. 增大，增大　　　　　　　　　　　B. 增大，减小

C. 减小，减小　　　　　　　　　　　D. 减小，增大

17. 当晶体缺陷浓度增大时，导电金属的电导率（　　　），半导体的电导率（　　　）。

A. 增大，增大　　　　　　　　　　　B. 增大，减小

C. 减小，减小　　　　　　　　　　　D. 减小，增大

三、文献查阅及综合分析

1. 查阅文献，举例说明量子力学理论对电学性能的解释。在电学研究领域作出突出贡献的科学家有哪些？任举三人，并说明他们的重要贡献。

2. 查阅近期科学研究论文，任选一种材料，以材料的电学性能为切入点，分析材料的电学性能与成分、结构、工艺之间的关系（给出必要的图、表、参考文献）。

四、工程案例分析

请举一个实际工程案例，说明材料断裂的原因、机理及其性能指标在其中的应用，完成 PPT 制作、课堂汇报与讨论，并提供案例来源、文字说明、图片、视频等资源。

第14章 试验方法(国家标准)

在线答题

第15章
材料的光学性能

本章知识构架

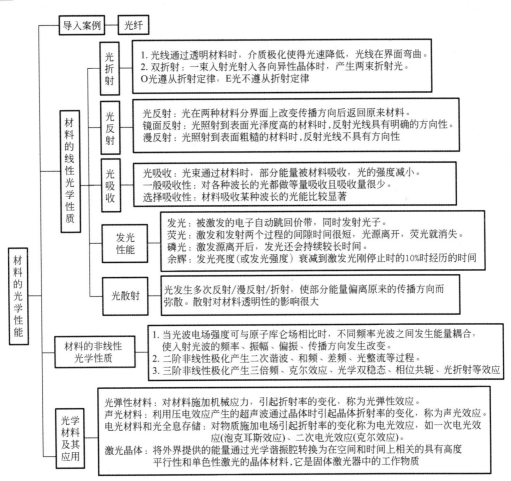

导入案例

"光纤之父"
——高锟

"中国光纤之父"
——赵梓森

光纤传感器
——杜彦良

光纤

21世纪是属于 LED 照明的时代，LED 采用 3～5 V 电源供电，可使用 10 万小时，没有传统照明产品中的有害物质——汞元素，它是节能、使用寿命长的绿色产品，广泛用于家用照明、户外照明、交通信号灯、汽车灯、液晶屏背光源、体育馆照明等。

1966 年，高锟发表论文《光频率介质纤维表面波导》，开创性地提出光导纤维应用于通信的基本原理，描述了长程及高信息量光通信所需绝缘性纤维的结构和材料特性，率先提出只要解决玻璃纯度和成分等问题，就能够利用玻璃制作光学纤维，利用玻璃纤维传送激光脉冲来代替用金属电缆输出电脉冲的通信方法以高效传输信息，从而发起了一场世界通信技术的革命。2009 年高锟获得诺贝尔物理学奖。光纤在互联网、计算机、机器人、影像传送、电话、计算机、电视、医疗、传感器、智能检测和监测等领域得到广泛应用。

1977 年，赵梓森发明了具有我国自主知识产权的第一根实用型、短波长、阶跃型石英光纤，并制备了光纤光缆和第一套光纤通信系统。他被誉为"中国光纤之父"。

2022 年，我国首次制成单晶有机金属钙钛矿光纤。2023 年，我国科学家实现千公里无中继光纤量子密钥分发和 508 公里光纤量子通信。杜彦良院士结合高速铁路运营安全的特殊需求，自主开发了基于分布式光纤传感的钢轨裂纹在线监测与预警技术、道床与路基连续检测与病害识别技术、高速铁路轮轨力监测与钢轨磨耗预测技术等。

光具有波粒二相性，既可把光看成一个粒子（光量子，简称光子），又可把光看作具有一定频率的电磁波。电磁波频率范围很广，包括无线电波、红外线、可见光、紫外线、X 射线和 γ 射线等，如图 15.1 所示。

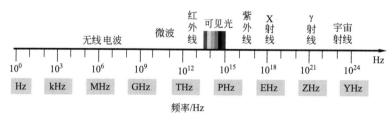

图 15.1　电磁波频率范围

材料的光学性质本质上是材料与电磁波的相互作用，包括材料对电磁波的反射和吸收、材料在光作用下的发光、光在材料中的传播及光电作用和光磁作用等。金属、陶瓷和高分子材料都可成为光学材料，其也是光学仪器的基础。

光学玻璃的传统应用主要是望远镜、显微镜、照相机、摄影机、摄谱仪等使用的光学透镜，现代应用主要包括高透明的光通信玻璃纤维等。采用这种玻璃制成的纤维对工作频率下电磁波的吸收率很低，仅为普通玻璃的万分之几，使长距离光通信成为可能。

光学塑料在隐形眼镜上应用广泛。聚甲基丙烯酸甲酯、苯乙烯、聚乙烯、聚四氟乙烯等光学塑料的优点之一就是对紫外线和红外线的透射性比光学玻璃好。许多陶瓷和塑料制品在可见光下完全不透明，但可以用作食品容器，因为它们对微波透明。由于金和铝对红外线的反射能力强，因此常用来作为红外辐射腔的内镀层。陶瓷、橡胶和塑料在一般情况下对可见光不透明，但是橡胶、塑料、半导体锗和硅对红外线透明；同时，锗和硅的折射率大，常用来制造红外透镜。

本章主要介绍材料的线性光学性质、非线性光学性质及其影响因素，并在此基础上介绍光弹性材料、声光材料、电光材料、激光晶体等。

15.1 材料的线性光学性质

材料的光学性质取决于电磁辐射与材料表面、近表面及材料内部的电子、原子、缺陷之间的相互作用。当光从一种材料进入另一种材料时，一部分被材料吸收，另一部分在两种材料的界面被反射（一部分被散射，另一部分透过材料）。光与材料的作用如图15.2所示。

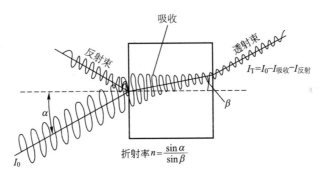

α—λ射角；β—折射角；I_0—入射光强度；I_T—透射光强度。

图 15.2 光与材料的作用

15.1.1 光折射

折射是指光线通过透明材料时，介质极化使得光速降低，光线在界面弯曲的现象。折射率表示光从透明材料进入其他材料时传播方向的变化，其值与材料的性质（原子或离子的尺寸、介电常数、磁导率、结构、晶型、内应力、同质异构体等）和波长有关。当光进入非均匀材料时，入射光线分为振动方向相互垂直、传播速度不相等的两个波，分别构成两条折射光线，即出现双折射现象，如图15.3所示。一束入射光射入各向异性晶体时，产生两束折射光的现象称为双折射现象。在介质内，这两束光被称为O光与E光。O光遵从折射定律，E光不遵从折射定律。双折射现象表明，E光在各向异性介质（晶体）内，各个方向的折射率不相等，而折射率与传播速度有关，因此E光在晶体内的传播速度随光线传播方向的不同而不同。O光则不同，在晶体内各个方向上的折射率及传播速度都是相等的。

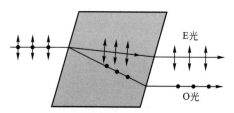

图 15.3 双折射现象

表 15-1 列出了常见玻璃的平均折射率。表 15-2 列出了常见晶体的折射率。表 15-3 列出了常见透明材料的平均折射率。若要提高玻璃的折射率，则可掺入铅和钡的氧化物。例如，铅玻璃（氧化铅含量为 90%）的折射率 $n=2.1$，远高于典型玻璃折射率。

表 15-1 常见玻璃的平均折射率

玻璃	平均折射率	材料	平均折射率
钾长石玻璃	1.510	高硼硅酸玻璃（90% SiO_2）	1.458
钠长石玻璃	1.490	钠钙硅玻璃	1.510～1.520
霞石正长岩玻璃	1.500	硼硅酸玻璃	1.470
氧化硅玻璃	1.458	重燧石光学玻璃	1.600～1.700
		硫化钾玻璃	2.660

表 15-2 常见晶体的折射率

材料	折射率		材料	折射率	
	平均折射率	双折射率		平均折射率	双折射率
四氯化硅	1.412	—	金红石	2.710	0.287
氟化锂	1.392	—	碳化硅	2.680	0.043
氟化钠	1.326	—	氧化铅	2.610	
氟化钙	1.434	—	硫化铅	3.912	
刚玉	1.760	0.008	方解石	1.650	0.170
方镁石	1.740	—	硅	3.490	—
石英	—	—	碲化镉	2.470	—
尖晶石	1.720	—	硫化镉	2.500	—
锆英石	1.950	0.055	钛酸锶	2.490	—
正长石	1.525	0.007	铌酸锂	2.310	—
钠长石	1.529	0.008	氧化钇	1.920	—
钙长石	1.585	0.008	硒化锌	2.620	—
硅灰石	1.650	0.021	钛酸钡	2.400	—
莫来石	1.640	0.001			

表 15-3　常见透明材料的平均折射率

材料	平均折射率	材料	平均折射率
氧化硅玻璃	1.458	石英（SiO_2）	1.550
钠钙玻璃	1.510	尖晶石（$MgAl_2O_4$）	1.720
硼硅酸玻璃	1.470	聚乙烯	1.350
重火石玻璃	1.650	聚四氟乙烯	1.600
刚玉	1.760	聚甲基丙烯酸酸甲酯	1.490
方镁石（MgO）	1.740	聚丙烯	1.490

15.1.2　光反射

光在两种材料分界面上改变传播方向后返回原来材料的现象，称为光反射。材料表面光泽度的不同会引起镜面反射和漫反射两种现象，如图 15.4 所示。当光照射到表面光泽度高的材料时，反射光线具有明确的方向性，称为镜面反射；当光照射到表面粗糙的材料时，反射光线不具有方向性，称为漫反射。

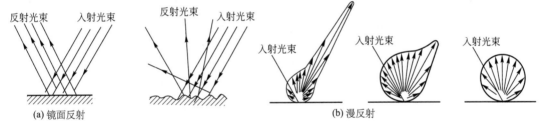

图 15.4　镜面反射和漫反射

当光从材料 1 穿过界面进入材料 2 时出现一次反射；当光在材料 2 中经过第二个界面时仍发生反射和折射，称为多次反射现象，如图 15.5 所示。

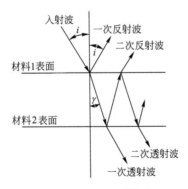

图 15.5　多次反射现象

当光进入的材料对光的吸收量很小时，根据反射定律和能量守恒定律可以推导出，入射光线垂直或接近垂直于材料界面时，其反射率

$$R=\left(\frac{n_{21}-1}{n_{21}+1}\right)^2, n_{21}=\frac{n_2}{n_1} \tag{15-1}$$

式中，n_1 和 n_2 分别为两种材料的折射率。材料的反射率 R 与材料的折射率 n 有关，如果两种材料的折射率相差很大，则反射损失较大；如果两种材料的折射率相等，则反射率 $R=0$，即当光线垂直入射时，光全部透过材料。

陶瓷、玻璃等材料的折射率比空气的折射率大，反射损失较大。为了减小反射损失，经常采取以下措施：①材料表面镀增透膜；②使用折射率与玻璃相近的胶将多次透过的玻璃粘起来，以减小空气界面造成的损失。

在非垂直入射的情况下，材料的反射率还与入射角有关。当光从光密介质传输到光疏介质（$n_2 < n_1$）时，折射角大于入射角，当入射角达到某临界入射角 α 时，折射角为 $90°$，相当于光线沿界面传播，对于任一大于 α 的入射角，光线全部向内反射回光密介质。临界入射角 α 与折射率的关系为

$$\sin\alpha = \frac{n_2}{n_1} \qquad (15-2)$$

图 15.6　光线在光纤中的全反射传播

光纤传输原理：当光线从玻璃纤维（光密介质）内部传输到空气（光疏介质）时存在临界入射角。对于典型玻璃 $n=1.5$，根据式（15-2）得到临界入射角约为 $42°$。即当入射角大于临界入射角时，光线全部内反射，没有折射能量损失，如图 15.6 所示。因而通过合理布线，调整弯曲角度，玻璃纤维可以实现全部光线的无能量损失传播，得到应用广泛的光纤。

光纤类型：常见光纤主要有石英玻璃光纤、氟化物玻璃光纤、硫系玻璃光纤、晶体光纤、塑料光纤和复合光纤等，其中石英光纤以二氧化硅（SiO_2）为主要原料，并按不同的掺杂量控制纤芯和包层的折射率分布。石英（玻璃）系列光纤广泛应用于有线电视和通信系统。元素掺杂可以调整石英光纤的性质，掺氟光纤为典型产品，氟元素主要用于降低 SiO_2 的折射率。石英光纤与其他原料的光纤相比，具有从紫外线到近红外线的透光范围，除具有通信用途外，还可应用于传导图像等领域。

15.1.3　光吸收

当光束通过材料时，部分能量被材料吸收，光的强度减小，称为光吸收，如图 15.7 所示。假设强度为 I_0 的平行光束通过厚度为 l 的均匀介质，光通过一段距离 l_0 后，强度减小为 I，再通过一个薄层 dl 后，强度变成 $I+dI$。假定光通过单位距离时能量损失的比率为 α，则

$$\frac{dI}{I} = -\alpha dl \qquad (15-3)$$

式中，负号表示光的强度随着 l 的增大而减弱；α 为吸收系数，单位为 cm^{-1}，其值取决于材料的性质和光的波长。对一定波长的光而言，吸收系数是与材料性质有关的常数。对式（15-3）进行积分，得

$$I = I_0 e^{-\alpha l} \qquad (15-4)$$

式（15-4）称为朗伯-比尔定律。该定律表明，在介质中，光的强度随传播距离呈指数衰减。当光的传播距离为 $1/\alpha$ 时，光的强度衰减到入射时的 $1/e$。α 越大、材料越厚，光被吸收得越多，透过后的光强度就越小。

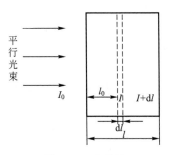

图 15.7　光吸收

在某波长范围内，若某种材料对通过它的各种波长的光等量吸收且吸收量很少，则称这种材料具有一般吸收性。例如，石英在整个可见光波段的吸收系数都很小且几乎不变。若材料吸收某种波长的光比较显著，则称它具有选择吸收性。如果不把光局限于可见光范围，则可以说一切材料都具有一般吸收性和选择吸收性两种特性。常用无机材料的透光波长范围见表15-4。

表 15-4　常用无机材料的透光波长范围

材　料	透光波长范围 $\lambda/\mu m$	材　料	透光波长范围 $\lambda/\mu m$
熔融二氧化硅	0.16～4.00	多晶氟化钙	0.13～11.80
熔融石英	0.18～1.20	单晶氟化钙	0.13～12.00
铝酸钙玻璃	0.40～5.50	氟化钡-氟化钙	0.75～12.00
偏铌酸锂	0.35～5.50	三硫化砷玻璃	0.60～13.00
方解石	0.20～5.50	硫化锌	0.60～14.50
二氧化钛	0.43～6.20	氟化钠	0.14～15.00
钛酸锶	0.39～6.80	氟化钡	0.13～15.00
三氧化二铝	0.20～7.00	硅	1.20～15.00
蓝宝石	0.15～7.50	氟化铅	0.29～15.00
氟化铝	0.12～8.50	硫化镉	0.55～16.00
氧化钇	0.26～9.20	硒化锌	0.48～22.00
单晶氧化镁	0.25～9.50	锗	1.80～23.00
多晶氧化镁	0.30～9.50	碘化钠	0.25～25.00
单晶氟化镁	0.45～9.00	氯化钠	0.20～25.00
多晶氟化镁	0.15～9.60	氯化钾	0.21～25.00

选择吸收的本质是价电子吸收足够强的辐射后，受激发越过禁带而进入导带或进入位于禁带中的杂质或缺陷能级。被吸收的光子能量应大于禁带宽度。每种非金属材料都吸收特定波长以下的电磁波，具体的波长取决于禁带宽度 E_g，可用式（15-5）表示。

$$\lambda = \frac{h_c}{E_g} \tag{15-5}$$

例如，金刚石的 $E_g = 5.6\,eV$，因而波长小于 $0.22\mu m$ 的电磁波都会被吸收。

选择吸收性是材料呈现颜色的主要原因。当简单离子的外层电子属于比较稳定的惰性气体型结构或铜型结构时，只有能量较高的光子才能激发电子跃迁，选择性吸收仅发生在紫外线区，对可见光没有影响。过渡族元素的外层电子壳层具有未填满的 d 层结构，镧系稀土元素因含未成对的 f 状态电子而不稳定，较少能量即可激发，能够选择性吸收可见光。例如，Co^{2+} 吸收红色光、橙色光、黄色光和部分绿色光，透过紫蓝色光；Cu^{2+} 吸收红色光、橙色光、黄色光及紫色光，透过蓝绿色光；Cr^{2+} 吸收黄色光；Cr^{3+} 吸收橙色光和黄色光，呈鲜艳的紫色；U^{6+} 吸收紫色光和蓝色光，呈黄绿色。复合离子因相互作用强烈而极化，电子轨道变形或能级分裂而吸收可见光子，如 V^{5+}、Cr^{5+}、Mn^{7+}、O^{2-} 均无色，VO_3^- 和 CrO_4^{2-} 呈黄色，MnO_4^- 呈紫色。红宝石的化学组成是 Al_2O_3 ＋（$0.5\%\sim2\%$）Cr_2O_2，加入 Cr_2O_2 后，部分 Al^{3+} 被 Cr^{3+} 代替，在很宽的禁带中引入杂质能级，对蓝色光和黄色光有特别强的吸收能力，只可透过红色光，呈现亮红色。掺杂其他离子的杂质能级不同，呈现不同的颜色。对于一般吸收性的材料，随着吸收程度的增大，颜色从灰色变为黑色。

金属的颜色：金属中的价带与导带是重叠的，没有禁带，电子可以吸收任何能量（频率）的入射光子而跃迁到新能态。因此，金属能吸收全部可见光光子，呈不透明黑色。但实际上看到的铝是银白色的，纯铜是紫红色的，金是黄色的，这是因为当金属中的电子吸收光子能量而跃迁到高能级时处于不稳定状态，又立刻回迁到能量较低的稳定态，同时发射与入射光子波长相同的光子束，这就是反射光。大部分金属反射光的能力都很强，反射率为 $0.90\sim0.95$。金属本身的颜色是由反射光的波长决定的。

15.1.4　发光性能

材料受到激发（如光照、外加电场或电子束轰击等）后，被激发的原子处于高能级状态，将自发回到低能级状态，即被激发的电子自动跳回价带，同时发射光子，称为**发光**。因此，发光的过程是先激发再发射。根据激发光源的不同，发光分为光致发光（以光为激发源，如紫外线等）、电致发光（以电能为激发源）和阴极发光（以阴极射线或电子束为激发源）等。

荧光和磷光：发光材料的一个重要特性指标是发光持续时间，根据发光持续时间将发光分为荧光和磷光。若激发和发射两个过程的间隙时间很短（$<10^{-8}$ s），则称为荧光。只要光源离开，荧光就消失。如果材料中含有杂质，并在能隙中建立施主能级，当激发的电子从导带跳回价带时，先跳到施主能级并被俘获。电子需要从俘获陷阱中逸出后跳回价带，从而缩短了发光持续时间（$>10^{-8}$ s），称为磷光，激发源离开后，发光还会持续较长时间。

余辉：当材料的发光亮度（或发光强度）衰减到激发光刚停止时的 10% 时经历的时间称为余辉时间，简称**余辉**。余辉分为六种（表 15-5）。长余辉发光材料又称夜明材料，它是吸收太阳光或人工光源发出可见光，并在激发停止后仍可继续发光的物质，常用于安全应急（消防器材标志、紧急疏散标志灯）、交通运输、建筑装潢、仪表、电气开关显示等方面。

表 15-5　余辉种类

极短余辉	$<1\mu s$	短余辉	$1\sim10\mu s$
中短余辉	$0.01\sim1ms$	极长余辉	$>1s$
长余辉	$0.1\sim1s$	中余辉	$1\sim100ms$

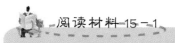

光致发光材料

光致发光材料由基质晶体、激活剂和敏化剂组成。基质晶体包括 ZnS、CaWO₄ 和 Zn₂SiO₄ 等；激活剂包括 Mn^{2+}、Sn^{2+}、Pb^{2+}、Eu^{2+} 等阳离子，它是发光活性中心。发光材料吸收激活能 $h\nu$，发射出能量为 $h\nu'$ 的光，而 ν' 总小于 ν，即发射光波长大于激发光波长（$\lambda'>\lambda$），称为斯托克斯位移，具有这种性质的磷光体称为斯托克斯磷光体。荧光体和磷光体的发光机制如图 15.8 所示。

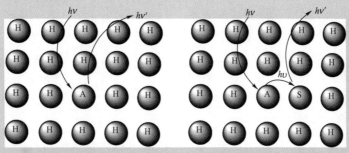

(a) 荧光体的发光机制　　(b) 磷光体的发光机制

图 15.8　荧光体和磷光体的发光机制

日光灯是磷光材料的重要应用。日光灯的构造如图 15.9 所示。激发源汞原子受到灯丝发出的电子轰击而被激发到较高能级，返回基态时发出波长为 254nm 和 185nm 的紫外线，照涂在灯管内壁的磷光体而发出白光。应用广泛的磷光材料是掺杂 Sb^{3+} 和 Eu^{2+} 的磷灰石，在基质 $Ca_5(PO_4)_3F$ 中掺入 Sb^{3+} 后发蓝光，掺入 Mn^{2+} 后发橘黄色光，掺入以上两者后发出近似白色光。用 Cl^- 部分取代磷灰石中的 F^- 可以改变激活剂离子的能级，从而改变发射光谱波长，获得较好的荧光颜色。表 15-6 列出了某些灯用磷光体。

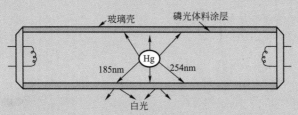

图 15.9　日光灯的构造

表 15-6　某些灯用磷光体

磷光体	激活剂	颜色
Zn_2SiO_4	Mn	绿色
Y_2O_3	Eu	红色
透辉石 $CaMg(Si_2O_6)$	Tl	蓝色
硅灰石 $CaSiO_3$	Pb，Mn	黄橘色
$(Sr, Zn)(PO_4)_2$	Sn	橘色
$Ca(PO_4)_2 \cdot Ca(Cl, F)_2$	Sn，Mn	白色

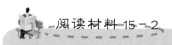

阅读材料 15 - 2

发光二极管

硅和锗是间接带隙半导体，导带最小值（导带底）和满带最大值在 k 空间的不同位置，形成半满带时需要吸收能量和改变动量。在常温下，电子与空穴的复合是非辐射跃迁，不能释放光子，因此硅二极管和锗二极管不能发光，而是把能量转换为热能。

发光二极管（light emitting diode，LED）是直接带隙型的，导带最小值（导带底）和满带最大值在 k 空间的同一位置。电子要跃迁到导带上产生导电的电子和空穴（形成半满能带）只需吸收能量，能量以光子形式释放。

发光二极管是一种新型固态冷光源。当发光二极管两端加正向电压，空穴和电子复合时，电子能级降低，多余能量以光子形式释放，电能转换为光能，发出不同颜色的光，即电致发光。加反向电压，载流子难以注入，不发光。LED 光强度与电流有关，电流越大，光强度越大。发射光波长（颜色）由禁带宽度决定。常用发光二极管的无机半导体原料及发光颜色见表 15 - 7。

表 15 - 7　常用发光二极管的无机半导体原料及发光颜色

单色				多原色/宽频段			
				紫色		白色	
颜色	波长 λ/nm	正向偏置/V	半导体	正向偏置/V	构成	正向偏置/V	构成
红外	＞760	＜1.90	砷化镓 GaAs，铝砷化镓 AlGaAs				
红色	610~760	1.63~2.03	铝砷化镓 AlGaAs，砷化镓磷化物 GaAsP，磷化铟镓铝 AlGaInP，磷化镓（掺杂氧化）GaP：ZnO	2.48~3.70	红发光二极管＋蓝发光二极管	2.90~3.50	蓝发光二极管或紫外线发光二极管＋黄色磷光体
橙色	590~610	2.03~2.10	砷化镓磷化物 GaAsP，磷化铟镓铝 AlGaInP				
黄色	570~590	2.10~2.18	砷化镓磷化物 GaAsP，磷化铟镓铝 AlGaInP，磷化镓（掺杂氮）GaP：N		蓝发光二极管＋红色磷光体		
绿色	500~570	2.18~4.00	铟氮化镓 InGaN，氮化镓 GaN，磷化镓 GaP，磷化铟镓铝 AlGaInP，铝磷化镓 AlGaP				红发光二极管＋绿发光二极管＋蓝发光二极管
蓝色	450~500	2.48~3.70	硒化锌 ZnSe，铟氮化镓 InGaN，碳化硅 SiC，硅 Si		白发光二极管＋紫色滤光器		
紫色	380~450	2.76~4.00	铟氮化镓 InGaN				
紫外	＜380	3.10~4.40	氮化铝 AlN，铝镓氮化物 AlGaN，氮化铝镓铟 AlGaInN				

发光二极管具有电光转化效率高（60%）、使用寿命长（10万小时）、工作电压低（3V）、反复开关不损耗寿命、体积小、发热量少、亮度高、易调光、色彩多样、光束集中稳定、启动无延时、绿色环保等优点。发光二极管广泛用于大屏幕显示、交通信号灯、汽车尾灯、民用照明等方面。

有机发光二极管（organic light emitting diode，OLED）的发光物是有机聚合物，工艺简单，成本较低，适合制作大面积、柔软、透明的照明灯具和显示器。

15.1.5 光散射

光通过气体、液体、固体等介质时，遇到烟尘、微粒、悬浮液滴或者结构成分不均匀的微小区域会发生多次反射（包括漫反射）和折射，使部分能量偏离原来的传播方向而向四面八方弥散，这种现象称为光散射。弹性散射是光散射粒子能量与结构不发生变化的散射，如米氏散射和瑞利散射等。非弹性散射是指散射前后光的波长和能量发生了改变的散射，如拉曼散射、布里渊散射、康普顿散射等。

光散射使得原来传播方向上的光强度降低。如果同时考虑各种散射因素，光强度随传播距离的减小仍符合指数衰减规律，只是比单一吸收时衰减得快，关系为

$$I = I_0 \mathrm{e}^{-al} = I_0 \mathrm{e}^{-(a_a + a_s)l} \tag{15-6}$$

式中，I_0 为光的原始强度；I 为光束通过厚度为 l 的试样后，因散射而在光前进方向上的剩余强度；a_a 和 a_s 分别称为吸收系数和散射系数，其是衰减系数的两个组成部分。散射系数与散射质点的尺寸、数量及散射质点与基体的相对折射率等因素有关。当散射作用非常强烈，以致几乎没有光透过时，材料就看起来不透明了。

散射对材料透明性的影响：许多本来透明的材料也可以被制成半透明或不透明，其基本原理是设法增强散射作用。引起内部散射的因素是多方面的。一般来说，由折射率各向异性的微晶组成的多晶试样是半透明或不透明的。在这类材料中，微晶取向无序，光线在相邻微晶界面上必然发生反射和折射。光线经过无数次反射和折射后变得弥散。同理，当光线通过细分散体系时，因两相的折射率不同而发生散射。两相折射率相差越大，散射作用越强。

高聚物材料的透明性：在纯高聚物（不加添加剂和填料）中，非晶态均相高聚物应该是透明的，而结晶高聚物一般为半透明或不透明的。因为结晶高聚物是晶区和非晶区混合的两相体系，晶区和非晶区的折射率不同，而且结晶高聚物多是晶粒取向无序的多晶体系，所以光线通过结晶高聚物时易发生散射。结晶高聚物的结晶度越高，散射作用越强。因此，只有厚度很小或者薄膜中结晶的尺寸与可见光波长为同一数量级或更小，结晶高聚物才是半透明或不透明的，如聚乙烯、尼龙、聚四氟乙烯、聚甲醛等。另外，高聚物中的嵌段共聚物、接枝共聚物和共混高聚物多为两相体系，除非特意使两相折射率接近，否则一般是半透明或不透明的。

陶瓷材料的透明性：如果陶瓷材料是单晶体，则一般是透明的。但大多数陶瓷材料是多晶体的多相体系，由晶相、玻璃相和气相（气孔）组成，因此陶瓷材料多是半透明或不透明的。乳白玻璃、釉、搪瓷、瓷器等的外观及用途很大程度上取决于它们对光的反射和透射。若使釉及搪瓷和玻璃具有低的透射性，则需向这些材料中加入散射质点（乳浊剂）。

显然，这些乳浊剂的折射率必须与基体有较大差别。例如，硅酸盐玻璃的折射率 $n=1.49$ ~1.65，加入的乳浊剂应当具有显著不同的折射率（表 15 - 8）。

表 15 - 8　硅酸盐玻璃介质的乳浊剂（玻璃 $n=1.5$）

乳浊剂	折射率	与基体玻璃折射率之比
SnO_2	1.99~2.09	1.33
$ZrSiO_4$	1.94	1.30
ZrO_2	2.13~2.20	1.47
ZnS	2.40	1.6
TiO_2	2.50~2.90	1.8

15.2　材料的非线性光学性质

非线性光学（nonlinear optics，NLO）性质取决于入射光的强度，其只有在激光等强相干光作用下才表现出来的光学性质称为强光作用下的光学性质。非线性光学的原理是当光波的电场强度可与原子内部的库仑场相比时，不同频率光波之间发生能量耦合，使入射光波的频率、振幅、偏振及传播方向发生改变。材料性质的物理量（如极化强度等）不仅与场强 E 的一次方有关，还与 E 的更高幂次项有关，材料极化率 P 与场强的关系可写成

$$P=\varepsilon_0 \cdot [x^{(1)}E+x^{(2)}E^2+x^{(3)}E^3+\cdots] \tag{15-7}$$

式中，第一项 $x^{(1)}$ 为线性光学，$x^{(2)}$ 和 $x^{(3)}$ 分别为二阶非线性极化率和三阶非线性极化率。二阶非线性极化产生二次谐波、和频、差频和光整流等过程；三阶非线性极化产生三倍频、克尔效应、光学双稳态、相位共轭、光折射等效应。

非线性光学性能的应用：利用非线性光学晶体的倍频、和频、差频、光参量放大和多光子吸收等过程可以得到与入射光频率不同的激光，从而达到光频率变换的目的。非线性光学晶体广泛应用于激光频率转换、四波混频、光束转向、图像放大、光信息处理、光存储、光纤通信、水下通信、激光对抗及核聚变等领域。例如，①利用非线性晶体做成电光开关和实现激光的调制。②利用二次及三次谐波的产生、二阶及三阶光学和频与差频实现激光频率的转换，获得紫外线至远红外线的激光；同时，可通过实现红外线频率上的转换来克服在红外线接收方面的困难。③利用光参量振荡实现激光频率的调谐，与倍频、混频技术结合可实现从中红外线到紫外线的调谐。④利用一些非线性光学效应中输出光束具有的位相共轭特征，进行光学信息处理、提高成像质量和光束质量。⑤利用折射率随光强度变化的性质做成非线性标准器件。⑥利用非线性光学效应，特别是共振非线性光学效应及瞬态相干光学效应，研究物质的高激发态及高分辨率光谱，以及物质内部能量和激发的转移过程及其他弛豫过程等。

非线性光学材料的性能要求：①有较高的非线性极化率。这是基本且非唯一要求。由于激光器的功率很高，即使非线性极化率不高，也可通过增强入射激光功率来增强非线性光学效应。②透明度高，透光波段宽。③能实现位相匹配（基频光与倍频光）。④材料的损伤阈值较高，能承受较大的激光功率或能量，光转换效率高。⑤物理化学性能稳定，硬度大，不潮解，温度稳定性好。二阶非线性光学材料大多是不具有中心对称性的晶体。三

阶非线性光学材料的范围很广，不受"具有中心对称"的限制。

 阅读材料 15－3

非线性光学材料

非线性光学材料可分为矿物氧化物和铁电晶体、半导体材料、有机材料三类，如铌酸锂（$LiNbO_3$）、钛酸钡（$BaTiO_3$）、石英、硒化镉（CdSe）、磷酸二氢钾（KDP）、磷酸钛氧钾（KTP）、磷酸二氢铵（ADP）、偏硼酸钡（BBO）、LiB_3O_5（LBO）、$KBe_2BO_3F_2$（KBBF）、GaAs/GaAlAs等。

KDP晶体是最早人工生长和应用的功能晶体［图15.10（a）］。它是负光性单轴晶，其透光波段为 0.178～1.45μm，非线性光学系数 d_{36}（1.064μm）＝0.39pm/V，常作为非线性效应的比较标准。

KTP晶体是正光性双晶，其透光波段为 0.35～4.5μm，有较高的抗光损伤阈值，用于中功率激光倍频，可实现 1.064μm 钕离子激光及其他波段激光倍频、和频、光参量振荡的位相匹配；具有大的非线性光学系数（是KDP晶体的15倍），高的使用温度和大的使用角度，机械强度适中，不溶于水及有机溶剂，不潮解，倍频转化效率超过70%，其是中小功率固体绿光激光器的最佳倍频材料［图15.10（b）］。

  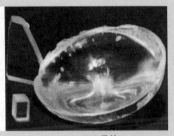

(a) 大尺寸KDP晶体　　(b) KTP晶体　　(c) BBO晶体

图15.10　非线性光学晶体

BBO（$\beta-BAB_2O_4$）晶体是中国科学院福建物质结构研究所首创的综合性能优良的紫外非线性晶体［图15.10（c）］，为负光性单轴晶，具有大的透光范围（190～3500nm）和位相匹配范围（409.6～3500nm）、较大的非线性系数（是KDP晶体的6倍）、很高的光损伤阈值、大温度带宽（约为55℃）以及良好的光学均匀性，从紫外线到中红外线的非线性频率转换性能非常好，双折射率高，色散小，可实现Nd：YAG的倍频、三倍频、四倍频及和频等，可作为红宝石激光器、氩离子激光器、染料激光器的倍频材料，产生213nm紫外线。它是应用广泛的紫外倍频晶体，可用于激光器的频率转换，以及制作倍频器和光参量振荡器。

KBBF晶体是继$\beta-$BBO晶体、LBO晶体后的第三个国产非线性光学晶体。1995年，KBBF晶体可直接通过倍频方法实现深紫外（波长小于200nm）谐波光输出，在国际上首次使用倍频方法获得184.7nm深紫外相干光输出，首次突破全固态激光200nm（深紫外）的壁垒。

有机非线性光学晶体种类繁多，如 m－硝基苯胺、香豆素、孔雀石绿、尿素、苦味酸等。有机分子可裁剪，宜采用常温溶液法生长优质晶体，便于进行分子设计、合成、生长新型有机晶体，非线性光学系数比无机晶体高 1～2 个数量级，响应速度和光损伤阈值超高；但有机晶体硬度小，机械力学性能差，熔点低，在氧气和水蒸气下的化学稳定性差，要求严格封装，限制了其在中大功率激光倍频方面的应用。

15.3　光学材料及其应用

15.3.1　光弹性材料

对材料施加机械应力，引起折射率的变化，称为光弹效应。机械应力引起材料的应变，使得晶格内部结构改变，同时改变了弱连接的电子轨道的形状和尺寸，从而引起极化率和折射率的改变。应变 ε 和折射率的关系如下。

$$\Delta\left(\frac{1}{n^2}\right)=\frac{1}{n^2}-\frac{1}{n_0^2}=P\varepsilon \tag{15-8}$$

式中，n_0 和 n 分别是施加应力前后材料的折射率；P 是光弹性系数，由式（15-9）给出。

$$P_{平均}=\frac{(n^2-1)(n^2+2)}{3n^4}\left(1+\frac{\rho}{\alpha}\cdot\frac{\mathrm{d}\alpha}{\mathrm{d}\rho}\right) \tag{15-9}$$

式中，ρ 是密度。

式（15-9）表明光弹性系数取决于压力。压力越大，原子堆积越紧密，密度和折射率越大，同时固体被压缩时电子结合得越紧密，极化率越小，因此 $\mathrm{d}\alpha/\mathrm{d}\rho$ 为负值。由于这两个因素的影响有相互抵消的作用，而且为同一数量级，因此一些氧化物（如 Al_2O_3）的折射率随压力的增大而增大，而一些氧化物的折射率随压力的增大而减小，还有一些氧化物（$Y_3Al_5O_{12}$）的折射率是常数。

如果物体受单向压缩和拉伸，则在物体内部产生轴向各向异性，这种物体的光学性质与单轴晶体类似，会产生双折射现象。可以利用偏振仪测定玻璃的光程差，求出内应力。

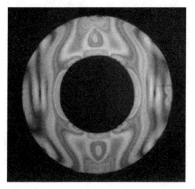

图 15.11　对径受压圆环的等差线条纹图

除玻璃外，赛璐珞、酚醛树脂、环氧树脂等也是常用的光弹性材料。

在工程上，常利用光弹效应分析复杂形状的应力分布。在实际工程中，存在很多圆环形构件，如螺母、垫圈、水泥管等，其承受载荷时，构件内部的应力分布往往是不均匀的，在某些区域应力集中而易破裂，在某些区域应力很小。因此，在一定载荷下分析构件内部的应力状态是工程设计的基本前提。可以用环氧树脂等光弹性材料制成与实物相似的模型，在对径受压的情况下得到等差线条纹图，如图 15.11 所示，根据应力连续性原则，条纹级次也是连续变化的，可以通过计算机图像处理技术，按条纹级次绘制出内孔边界的应力分布曲线。此外，等差线条纹图在声学器件、光开关、光调制器和扫描器等方面也有很重要的应用。

15.3.2　声光材料

利用压电效应产生的超声波通过晶体时引起晶体折射率的变化，称为声光效应。大多数声光晶体材料的熔点为 $700 \sim 1000℃$，如 $\alpha - HIO_3$、$PbMO_3$、$Sr_{0.75} Ba_{0.25} Nb_2 O_6$、$TeO_2$、$Pb_5 (GeO_4)(VO_4)_2$、$TeWO_4$、$Ti_3 AsS_4$ 和 $\alpha - HgS$ 等。此外，声光玻璃和水也是常见的声光材料。

由于超声波是弹性波，当超声波通过晶体时，晶体内部质点产生随时间变化的压缩应变和伸长应变，其间距等于声波的波长。根据光弹性效应，它使介质的折射率发生相应变化。因此，当光束通过压缩-伸张应变层时，产生光的折射或衍射现象。

当超声波频率低［超声波波长比入射光宽度（如光束的直径）大得多］时，产生光的折射现象；当超声波频率高（入射光的宽度远比超声波波长大）时，折射率随位置的周期性变化起着衍射光栅的作用，产生光的衍射现象，称为超声光栅，光栅常数等于超声波波长 λ_s。声光布拉格衍射如图 15.12 所示，其类似于晶体对 X 射线的衍射，可以用布拉格方程描述。

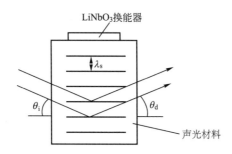

图 15.12　声光布拉格衍射

$$\theta_i = \theta_d = \theta_B \tag{15-10}$$
$$\lambda = 2\lambda_s \sin\lambda \tag{15-11}$$

式中，θ_i 为入射角；θ_d 为衍射角；θ_B 为布拉格角；λ 为激光束的波长。由此可知，衍射可使光束产生偏转，这类偏转称为声光偏转，偏转角为 $1° \sim 4.5°$。

偏转角与超声波的频率有关，衍射光的频率和强度还与弹性应变成比例。因此，可以通过改变超声波的频率改变衍射光束的方向，依此制成高速偏转光束的声光偏转器；可以通过调制超声波的振幅来调制衍射光的强度，从而实现对衍射光强度的调制，制成声光调制器。此外，还可以将声光效应应用于信息处理和滤光等方面。

15.3.3　电光材料和光全息存储

对物质施加电场引起折射率的变化称为电光效应。具有电光效应的光学材料称为电光材料。电光效应是电场 E 的函数。

$$\Delta\left(\frac{1}{n^2}\right) = \frac{1}{n^2} - \frac{1}{n_0^2} = \lambda E + P E^2 \tag{15-12}$$

式中，n_0 和 n 分别是加电场前后的折射率；E 是电场强度；P 是电光平方效应系数。若 P 值很小以致可以忽略不计或等于零，则称为一次电光效应或泡克耳斯效应；P 与 E^2 成正

比的效应称为**二次电光效应**或者**克尔效应**。

　　由于沧克耳斯效应是线性关系，因此在具有对称中心的晶体中不会出现；而克尔效应**在所有晶体中都会出现**。常见电光材料有 $LiNbO_3$、$LiTaO_3$、$Ca_2Nb_2O_7$、$Sr_xBa_{1-x}Nb_2O_6$、KH_2PO_4、$K(Ta_xNb_{1-x})$ 和 $BaNaNb_5O_{15}$。这些材料晶体的结构单位大多由铌（Nb）离子或钽（Ta）离子的氧配位八面体构成。由于折射率随电场变化，因此可以通过施加电场来控制入射光在晶体中的折射率，以达到调制光信号的目的。电光晶体（图 15.13）可用作光振荡器、电压控制开关及光通信用调制器等。

(a) KH_2PO_4晶体　　　　　　　　(b) $LiNbO_3$晶体

图 15.13　电光晶体

　　掺杂 $LiNbO_3$ 或 $Sr_xBa_{1-x}Nb_2O_6$ 等的晶体还可具有全息存储功能。当光照射到这些晶体时，晶体中的电子缺陷释放自由电子，这些自由电子从照射区扩散到较黑暗的区域，从而形成空间电荷电场。该电场通过电光效应调制了晶体内各处的扩射率，形成相位光栅，留下物质的信息。若再经温和加热，则可使正离子扩散到负空间电荷处中和该局部电场，冷却后使晶体内部处于均匀的电中和状态，留下不均匀的离子分布，也就是将相位光栅固定下来，达到全息存储。因为全息存储把一组信息记录在一个点上，所以存储密度很高、记录方便，其也是光存储的主要发展方向。

阅读材料 15-4

太阳能电池

　　太阳能电池是利用光电效应或者光化学效应，直接把光能转化成电能的装置，其结构原理如图 15.14 所示。

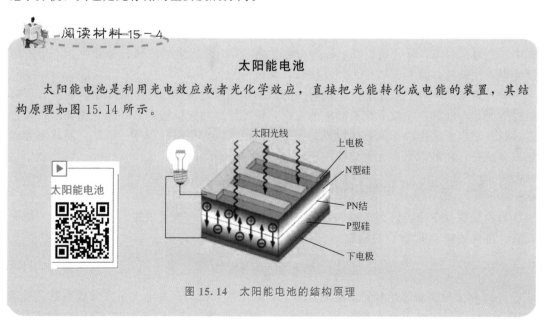

图 15.14　太阳能电池的结构原理

15.3.4 激光晶体

激光晶体是将外界提供的能量通过光学谐振腔转换为在空间和时间上相关的具有高度平行性和单色性激光的晶体材料。它是固体激光器中的工作物质。常见的激光晶体有红宝石晶体、钛宝石晶体、钇铝石榴石晶体（YAG）、钒酸钇晶体、钆镓石榴石晶体（GGG）、掺钛蓝宝石晶体等，其产品如图 15.15 所示。

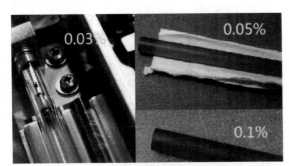
(a) 红宝石晶体激光棒

(b) 钛宝石晶体激光棒

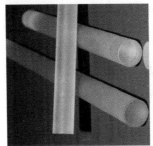
(c) Nd∶YAG晶体激光棒

(d) Nd∶GGG晶体激光片

图 15.15　激光晶体产品

红宝石是最早被人们用于固体激光器的人造晶体，成分为掺少量（$<0.05\%$）Cr 的 $Cr^{3+}\!:\!Al_2O_3$。与天然红宝石一样，其基质为刚玉，激活离子为 Cr^{3+}，吸收光泵的能量后，可以发出 694.3nm 和 692.9nm 两个波长的红色激光。这种晶体吸收带宽、荧光效率高，是一种优良的激光晶体。

固体激光器主要由闪光灯、激光工作物质、反射镜片和谐振腔组成，一个激发中心的荧光发射激发其他中心进行同位相的发射。红宝石激光器的结构如图 15.16 所示。红宝石激光器呈棒状，两端面平行，靠近两个端面各放置一面反射镜，构成激光器的谐振腔。谐振腔的作用是选择频率一定、方向一致的光优先放大，而抑制其他频率和方向的光。不沿谐振腔轴线运动的光子均很快逸出腔外，与工作介质不再接触。沿轴线运动的光子在腔内继续前进，并经两反射镜的反射不断往返运行而产生振荡，运行时不断与受激粒子相遇而产生受激辐射，沿轴线运行的光子不断增殖，在腔内形成传播方向一致、频率和相位相同的强光束，这就是激光。

为了从谐振腔引出激光，把一面反射镜做成部分透射的，透射部分成为可利用的激光，反射部分留在谐振腔内继续增殖光子。激光棒沿着长度方向被闪光灯激发。大部分闪光的能量以热的形式散失，小部分被激光棒吸收；而在 694.3nm 处，三价铬离子以窄的

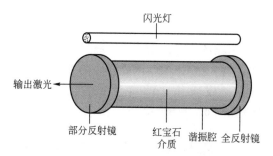

闪光灯

输出激光

部分反射镜 红宝石 谐振腔 全反射镜
介质

图 15.16　红宝石激光器的结构

谱线发射，经过谐振腔震荡后，从激光棒一端（部分发射端）穿出。

还有一种重要的晶体激光物质是出现于 20 世纪 70 年代的掺杂 Nd 的钇铝石榴石晶体（$Y_3Al_5O_{12}$，Nd∶YAG），其辐射波长为 $1.06\mu m$，在晶体中掺入不同激活离子可获得不同波长和特点的激光，通过非线性晶体的变频，激光器的波段可进一步扩展。该晶体属于立方晶系，具有各向同性、热导率高、易获得大尺寸高质量晶体、机械性能良好等优点，可制成科研、工业、医学和军事应用中的重要固体激光器，特别是高功率连续固体激光器和高平均功率固体激光器。

有的激光晶体发射激光的波长是可以调节的，称为可调谐激光晶体。其典型代表为掺钛蓝宝石晶体（Ti∶Al_2O_3），它是掺有三价钛离子的氧化铝晶体，呈红色，属于六角晶系。其物理化学性质与红宝石相似，稳定性好，热导率为 Nd∶YAG 的 3 倍，熔点高（2050℃），硬度大（9 级），折射率为 1.76。掺钛蓝宝石晶体的生长方法很多，主要是提拉法和热交换法。采用提拉法可拉出直径和长度大的晶体；采用热交换法生长的晶体尺寸较小，但能获得光学质量较好的晶体。

通过基质晶体中阳离子置换形成的掺钕钆镓石榴石晶体（Nd∶GGG）与 Nd∶YAG 相比，容易在平坦固液界面下生长，不存在杂质、应力集中等，整个截面都可有效利用，容易得到应用于大功率激光器的大尺寸板条 GGG。同时，GGG 具有较宽的相均匀性，可在较高速度（5mm/h）下拉出大尺寸、光学均匀性好的晶体。Nd^{3+} 在 GGG 中易实现高掺杂，有利于提高泵浦效率。

激光可用于焊接、切割（图 15.17）、打孔、淬火、热处理、修复电路、布线、清洗等，还可制成武器（图 15.18）。

图 15.17　激光切割

图 15.18　激光武器

激光武器

15.3.5 隐形材料

雷达和通信设备工作时发出电磁波，表面反射电磁波，运转中的发动机和发热部件辐射红外线，物体反射照射它的雷达波，使武器装备与它所处的背景形成鲜明对比，易被敌人发现。隐形（隐身）技术（stealth technology）是"低可探测技术"（low observable technology），利用各种技术可减弱自身可探测特征信号，降低对外来电磁波、光波和红外线的反射，减小雷达反射截面面积，难以区分背景，从而把自己隐藏起来。隐形技术涉及电子学、材料学、声学、光学等技术领域，是第二次世界大战后的重大军事技术突破。

隐形技术与反隐身雷达

隐形技术包括雷达隐形、红外隐形、磁隐形、声隐形和可见光隐形等。降低雷达截面面积和减小自身的红外辐射可以实现隐形。电磁隐形方法包括外形隐形、等离子体隐形和材料隐形等。隐形材料包括手性材料、纳米隐形材料、导电高聚物材料、多晶铁纤维吸收剂、智能型隐形材料、超材料等。

手性材料。手性是指一种物体与其镜像不具有几何对称性且不能通过任何操作使物体与镜像重合的现象。手性材料能够减少入射电磁波的反射并吸收电磁波。雷达吸波型手性材料是在基体材料中掺杂手性结构材料而形成的手性复合材料。

纳米隐形材料。纳米材料作为新一代隐形材料，具有极好的吸波特性。

导电高聚物材料。导电高聚物与无机磁损耗物质或超微粒子复合后形成轻质宽频带微波吸收材料。

多晶铁纤维吸收剂。采用多晶铁纤维作为吸收剂的轻质磁性雷达吸波涂层，可在很宽的频带内实现高吸收效果，质量减轻 $40\% \sim 60\%$，克服了大多数磁性吸收剂过重的缺点。

智能型隐形材料。智能型隐形材料是一种具有感知功能、信息处理功能、自我指令并对信号作出最佳响应功能的材料。

超材料。超材料是具有天然材料不具备的超常物理性质和功能的人工复合材料，包括左手材料、光子晶体和超磁性材料等。左手材料在一定频段下同时具有负的磁导率和负的介电常数，对电磁波的传播形成负的折射率。纳米级微小粒子组成的超材料可以让光线拐弯，绕过障碍物。超材料曾被认为是不可能存在的，因为它违反了光学定律。2006 年，研究者成功使用超材料在微波射线下，在二维平面使物体隐形，这是第一次实现普通物体隐形。2010 年，金膜块在 $1.4 \sim 2.7 \mu m$ 波下，在三维空间成功隐形。方解石是一种能够弯曲光线的碳酸盐矿物，利用方解石可以隐形。超材料智能蒙皮、超材料雷达天线、吸波材料、电子对抗雷达、超材料通信天线、无人机雷达、声学隐身技术等产品的研发成为各国焦点。

超材料

综合习题

一、选择题（单选或多选）

1. 在光的弹性散射过程中，散射粒子能量（　　）。

A. 增大　　　　　B. 不变化　　　　　C. 减小　　　　　D. 不确定

2. 以下（　　）是弹性散射。

A. 廷德尔散射 B. 拉曼散射

C. 瑞利散射 D. 米氏散射 E. 布里渊散射

3. 色散是材料的（ ） 随入射光波长变化的现象。

A. 吸收率 B. 反射率 C. 透射率 D. 折射率

4. 偏振光是指光的（ ） 在不同方向上的振动强度不同的光。

A. 磁场矢量 B. 电场矢量 C. 波长 D. 频率

5. 双折射是指光通过（ ） 时，分解成两束传播方向不同的偏振光。

A. 完美晶体 B. 非均质晶体 C. 均质晶体 D. 非晶体

6. 材料对光的吸收包括（ ）。

A. 弹性吸收 B. 一般吸收 C. 非弹性吸收 D. 选择吸收

7. 如果大部分可见光没有被材料吸收，则材料（ ）。

A. 不透明 B. 透明 C. 半透明

8. PPT 的背景是黑色的表明背景（ ）。

A. 反射可见光 B. 吸收可见光

C. 散射可见光 D. 透过可见光

9. 红色物体表示（ ）。

A. 反射可见光 B. 吸收可见光

C. 吸收红光 D. 不吸收红光

10. 非线性光学效应的倍频效应是指光穿越介质后（ ） 加倍。

A. 波长 B. 频率 C. 透射率 D. 折射率

二、概念辨析

1. 线性光学与非线性光学；2. 弹性散射与非弹性散射；3. 折射与双折射。

三、文献查阅及综合分析

1. 在光学研究领域作出突出贡献的科学家有哪些？任举三人，并说明其重要贡献。

2. 查阅近期科学研究论文，任选一种材料，以材料的光学性质或光–电转换等性能为切入点，分析材料的光学性能与成分、结构、工艺之间的关系（给出必要的图、表、参考文献）。

四、工程案例分析

请举一个实际工程案例，说明材料断裂的原因、机理及其性能指标在其中的应用，完成 PPT 制作、课堂汇报与讨论，并提供案例来源、文字说明、图片、视频等资源。

第15章 试验方法（国家标准）

在线答题

附录　试卷和答案

试卷1

试卷2

试卷3

参 考 文 献

王吉会，郑俊萍，刘家臣，等，2006. 材料力学性能 ［M］. 天津：天津大学出版社.

束德林，2003. 工程材料力学性能 ［M］. 北京：机械工业出版社.

王从曾，2001. 材料性能学 ［M］. 北京：北京工业大学出版社.

王磊，2005. 材料的力学性能 ［M］. 沈阳：东北大学出版社.

高建明，2004. 材料力学性能 ［M］. 武汉：武汉理工大学出版社.

姜伟之，赵时熙，王春生，等，2000. 工程材料的力学性能：修订版 ［M］. 北京：北京航空航天大学出版社.

刘瑞堂，刘文博，刘锦云，2001. 工程材料力学性能 ［M］. 哈尔滨：哈尔滨工业大学出版社.

赵新兵，凌国平，钱国栋，2006. 材料的性能 ［M］. 北京：高等教育出版社.

何业东，齐慧滨，2005. 材料腐蚀与防护概论 ［M］. 北京：机械工业出版社.

孙秋霞，2001. 材料腐蚀与防护 ［M］. 北京：冶金工业出版社.

曾荣昌，韩恩厚，等，2006. 材料的腐蚀与防护 ［M］. 北京：化学工业出版社.

邓增杰，周敬恩，1995. 工程材料的断裂与疲劳 ［M］. 北京：机械工业出版社.

陈华辉，邢建东，李卫，2006. 耐磨材料应用手册 ［M］. 北京：机械工业出版社.

金伟良，2011. 腐蚀混凝土结构学 ［M］. 北京：科学出版社.

叶佩弦，2007. 非线性光学物理 ［M］. 北京：北京大学出版社.